gongbu-haja 저

다락원

손해평가사는 농작물재해보험에 가입한 농지 또는 과수원이 재해로 인하여 피해를 입은 경우, 피해사실을 확인하고, 보험가액 및 손해액을 평가하는 업무를 하는 사람입니다. 우리나라에서는 2015년부터 손해평가사 국가자격제도를 도입해서 운영 중에 있습니다.

손해평가사 자격증은 공인중개사 자격증과 함께 대표 노후 대비 자격증으로, 정년을 앞둔 50 ~ 60대뿐 아니라 일찍 불안한 노후 대비를 하고자 하는 30 ~ 40대 사이에서 해마다 그 인기가 높아지고 있습니다. 2019년 4천 명이 채 되지 않던 1차 시험 응시자 수가 2020년 8천 명을 넘어섰고, 2023년에는 1만 5천 명이 넘는 등 폭발적인 증가세를 보이고 있습니다.

정부에서는 농가를 보호하고, 안정적인 식량자원 확보를 위해서 해마다 농작물재해보험에 대한 지원을 늘려가고 있습니다. 또한, 코로나19로 인해 식량자원의 중요성에 대한 인식이 국가별로 더욱더 강화되고 있어, 우리나라에서도 정부 및 지방자치단체의 지원은 계속해서 늘어날 것으로 예상되고 있습니다. 따라서, 손해평가사가 담당할 업무도 증가될 것입니다. 그 이유는 첫째, 농작물재해보험에 가입 가능한 품목 수가 확대되고 있습니다. 기존에는 농작물재해보험에 가입할 수 없었던 품목들도 매년 신규로 추가되고 있습니다. 둘째, 농작물재해보험에 가입하는 가입농가 수도 해마다 급격하게 늘어나고 있습니다. 셋째, 기존에는 손해평가사가 담당하지 않던 조사 업무들도 점차 손해평가사들이 담당하고 있기 때문입니다.

손해평가사 시험은 1차 객관식(4지 택일형)과 2차 주관식(단답형 및 서술형)으로 이루어져 있습니다. 1차 시험은 주어진 선택지 중에서 답을 선택하는 객관식이며, 합격률이 60 ~ 70% 정도이며 일정 시간을 투자해서 공부한다면 상대적으로 어렵지 않게 합격할 수 있습니다. 하지만 2차 시험은 주관식으로 내용을 서술하거나 계산을 해서 답을 써야 하기 때문에 해마다 차이는 있지만 합격률은 10% 정도로, 상당한 노력과 시간 투자를 요합니다.

2차시험은 제1과목 '농작물재해보험 및 가축재해보험의 이론과 실무'와 제2과목 '농작물재해보험 및 가축재해보험 손해평가의 이론과 실무'로 이루어져 있습니다. 매 과목 40점 이상 득점하고, 두 과목 평균 60점 이상이면 합격입니다. 만점이나 고득점을 받아야 합격하는 시험이 아니고, 평균 60점만 넘으면 합격할 수 있는 시험입니다만, 해마다 많은 수험생들이 그 공략법을 제대로 알지 못해서 시험에 불합격합니다.

이번에 출간하는 〈원큐패스 손해평가사 기본서 1 농작물재해보험 및 가축재해보험의 이론과 실무〉는 다음과 같이 구성하였습니다.

〈원큐패스 손해평가사 기본서 1 농작물재해보험 및 가축재해보험의 이론과 실무〉

1. 기출유형 확인하기
   기출문제 출제유형을 철저하게 분석하여 파트별로 「기출유형 확인하기」를 수록하여 시험 출제 경향을 명확하게 파악할 수 있도록 하였습니다.

2. 기본서 내용 익히기
   「기본서 내용 익히기」를 통해서 농업정책보험금융원 발표 최신 내용을 정확하게 학습할 수 있도록 요약정리하였습니다.

3. 핵심내용 정리하기
   기본서 내용 중에서 중요한 개념 및 공식 등을 모아 중요한 사항을 암기할 수 있도록 「핵심내용 정리하기」를 수록하였습니다.

4. 워크북으로 마무리하기
   「워크북으로 마무리하기」를 통해서 대표계산문제, 괄호넣기, 약술형 문제 등을 확실하게 학습할 수 있도록 하였습니다.

끝으로 혼자서 손해평가사를 공부하는 데에 어려움이 있는 수험생들을 위해서 네이버 카페 "손해평가사 카페"(cafe.naver.com/sps2021)과 유튜브 채널 "손해평가사"를 운영 중에 있습니다. 저희 네이버 카페와 유튜브 채널을 이용하셔서 보다 효율적인 학습이 될 수 있기를 바랍니다. 이 책을 보시는 수험생 여러분의 합격을 진심으로 기원합니다.

네이버 카페 "손해평가사 카페" 카페지기
유튜브 채널 "손해평가사" 운영자

gongbu-haja

손해평가사 및 시험 접수

- 농작물재해보험에 가입한 농지 또는 과수원이 자연재해로 병충해, 화재 등의 피해를 입은 경우, 피해 사실을 확인하고, 보험가액 및 손해액을 평가하는 일을 수행하는 자격시험이다.
- 시험 접수 : 큐넷(www.q-net.or.kr)에서 접수

응시자격, 응시료, 시험 일정

- 응시자격 : 제한 없음 [단, 부정한 방법으로 시험에 응시하거나 시험에서 부정한 행위를 하여 시험의 정지/무효 처분이 있은 날부터 2년이 지나지 아니하거나, 손해평가사의 자격이 취소된 날부터 2년이 지나지 아니한 자는 응시할 수 없음 - (「농어업재해보험법」 제11조의4제4항)]
- 응시료 : 1차 20,000원 / 2차 33,000원
- 시험일정

구 분	접수 기간	시험 일정	합격자 발표
2024년 10회 1차	04. 29 ~ 05. 03	06. 08(토)	07. 10(수)
2024년 10회 2차	07. 22 ~ 07. 26	08. 31(토)	11. 13(수)

시험과목 및 배점

구 분	시험과목	문항수	시험시간	시험방법
1차 시험	1. 상법(보험편) 2. 농어업재해보험법령 3. 농학개론 중 재배학 및 원예작물학	과목별 25문항 (총 75문항)	90분	객관식 4지 택일형
2차 시험	1. 농작물재해보험 및 가축재해보험의 이론과 실무 2. 농작물재해보험 및 가축재해보험 손해평가의 이론과 실무	과목별 10문항	120분	단답형, 서술형

※ 1차·2차 시험 100점 만점으로 하여 매 과목 40점 이상과 전 과목 평균 60점 이상 득점한 사람을 합격자로 결정

기타

- 농업정책보험금융원에서 자격증 신청 및 발급 업무 수행

다년간의 기출유형을 파트별로 분석한 「기출유형 확인하기」

손해평가사 2차 시험 모든 기출문제를 분석하여 각 파트에서 어떠한 형식으로 문제가 출제되었는지를 한눈에 파악할 수 있도록 정리하였다.

01 기출유형 확인하기

제8회 보통보험약관이 해석에 관한 내용이다. ( )에 들어갈 내용을 쓰시오.

제9회 다음은 손해보험 계약의 법적 특성이다. 각 특성에 대하여 기술하시오.

02 기본서 내용 익히기

보험의 종류는 다양하지만 큰 틀에서 보면 재물과 관련된 손해보험과 인간의 된 생명보험으로 구분할 수 있다. 농작물재해보험이나 가축재해보험과 같은 정 본적으로는 손해보험의 틀을 유지하고 있기 때문에 일반 손해보험에 대한 내용 것은 정책보험을 이해하는 데에도 도움이 된다.

02 기본서 내용 익히기

1 밭작물

종합위험 수확감소보장방식	마늘, 양파, 양배추, 고구마, 감자(고랭지재배, 재배), 콩, 팥, 차(茶), 옥수수(사료용 옥수수)
종합위험 생산비보장방식	고추, 브로콜리, 무(고랭지무, 월동무), 당근, 추, 월동배추, 가을배추), 메밀, 단호박, 시금치 파, 쪽파·실파)
작물특정 및 시설종합위험 인삼손해보장방식	인삼

농업정책보험금융원 발표 최신 내용을 반영한 「기본서 내용 익히기」

최신 개정된 내용을 반영하여, 정확한 내용을 공부할 수 있도록 핵심적인 내용을 수록하였다.

핵심적인 내용을 모아 정리한 「핵심내용 정리하기」

여기 저기 흩어져 있는 내용과 복잡한 계산식, 해당 개념 등을 바로 계산문제 풀이에 적용하여 문제를 풀어낼 수 있도록 정리하였다.

03 핵심내용 정리하기

1 농업재해의 특성

1	불예측성	• 농업재해는 언제 어디에서 어느 정도로 발생할지 예측 다.
2	광역성	• 기상재해는 발생하는 범위가 넓다.
3	동시성·복합성	• 기상재해는 한 번에 발생하면 동시에 여러 가지 재해가
4	계절성	• 동일한 재해라도 계절에 따라 영향은 달라진다.
5	피해의 대규모성	• 가뭄이나 장마, 태풍 등이 발생하면 이로 인한 피해는
6	불가항력성	• 각종 재해를 방지하거나 최소화하기 위해 다양한 수단

03 워크북으로 마무리하기

01 다음은 가축재해보험 운영기관에 관한 내용이다. 아래 괄호에 알맞은 내용을 쓰시오.

구분	대상
사업총괄	( )
사업관리	( )
사업운영	농업정책보험금융원과 사업운영 약정을 체결한 (( ), ( ), ( ), ( ), ( ))
보험업 감독기관	( )

학습한 내용을 다시 확인하는 「워크북으로 마무리하기」

앞서 학습한 내용을 확인할 수 있도록 대표계산문제 또는 괄호넣기, 약술문제 등을 수록하였다.

차례

제 1 장

보험의 이해

제1절 위험과 보험

01 기출유형 확인하기

제8회 **위험관리 방법 중 물리적 위험관리(위험통제를 통한 대비) 방법 5가지를 쓰시오. (5점)**

02 기본서 내용 익히기

1 일상생활과 위험

우리는 일상에서 많은 위험에 직면한다. 개인, 기업, 국가 모두에게 위험은 산재해 있다. 개인의 경우, 일터로 가는 도중에 교통사고 위험, 일터에서는 화재나 기계적 오작동 등에 의한 사고 위험이 있다. 기업의 경우, 공장 화재, 직원의 질병이나 사고, 부도위험 등의 위험이 있다. 국가의 경우, 대형 건물에서의 화재나 붕괴, 대규모 정전사태, 무역마찰이나 전쟁 등의 위험이 있다. 개인이든 기업이든 국가든 일단 위험이 발생하면 육체적 및 정신적 고통과 아울러 막대한 경제적 손실을 초래한다. 그러나 이러한 위험이 항상 발생하는 것이 아니라 발생 가능성이 상존하는 것이며, 실제로 언제 어떤 규모로 발생할지는 누구도 알 수 없다. 따라서 위험 발생 가능성이 있다고 해서 불안해할 필요는 없으며 일상생활이 위축되어서도 안 된다. 평소에 정상적인 주의를 가지고 위험에 대비하면서 활동하면 대부분의 위험은 피할 수 있기 때문이다.

2 위험의 정의 및 분류

1 위험(危險, risk)의 정의

우리가 흔히 위험을 영어로는 'risk'로 번역하지만, 위험과 리스크(risk)는 엄밀하게는 다른 의미라고 하여 영어 발음대로 '리스크'를 그대로 쓰는 경우도 있다. Risk를 사전에서 찾아보면 "위험에 직면할[손해를 볼, 상처(따위)를 입을] 가능성이나 기회"(possibility or chance of meeting danger, suffering, loss, injury, etc)로 정의되어 있다. 일반적으로 위험은 '앞으로 안 좋은 일이 일어날 수 있는 가능성'을 뜻하는 말로 쓰이는데, 이 말을 들여다보면 ❶ 미래의 일이고, ❷ 안 좋은 일이며, ❸ 가능성으로

구성되어 있다고 볼 수 있다(석승훈 2020). 위험에 대해 합의된 정의는 없지만 제시된 다양한 정의를 종합 정리해보면 ❶ 손실의 기회(the chance of loss), ❷ 손실의 가능성(the possibility of loss), ❸ 불확실성(uncertainty), ❹ 실제 결과와 기대했던 결과와의 차이(the dispersion of actual from expected result), ❺ 기대와는 다른 결과가 나올 확률(probability of any outcome different from the one expected) 등이라고 할 수 있다(최정호 2014).

2 위험과 관련된 개념

(1) 위태(hazard)

hazard는 '위험 상황' 또는 '위험한 상태'를 말하며, 이를 줄여 '위태'(危殆)라고 한다. hazard를 '위험 상황'이나 '위험' 또는 '해이' 등으로 사용하기도 하는데 여기에서는 위태(危殆)로 사용하기로 한다. 위태는 특정한 사고로 인하여 발생할 수 있는 손해의 가능성을 새로이 창조하거나 증가시킬 수 있는 상태를 말한다.

(2) 손인(peril)

Peril은 손해(loss)의 원인으로서 이를 줄여 손인(損因)이라고 하기도 한다. 화재, 폭발, 지진, 폭풍우, 홍수, 자동차 사고, 도난, 사망 등이 바로 손인이다. 일반적으로 '사고'라고 부르는 것이다.

(3) 손해(loss)

위험한 상황(hazard)에서 사고(peril)가 발생하여 초래되는 것이 물리적·경제적·정신적 손해이다. 즉, 손해(損害, loss)는 손인의 결과로 발생하는 가치의 감소를 의미한다.

(4) 위태, 손인 및 손해의 관계

위태는 사고 발생 가능성은 있으나 사고가 발생하지는 않은 단계이고 손인은 이러한 위험 상황에서 실제로 위험이 발생한 단계를 말하며, 손해는 위험사고가 발생한 결과 초래되는 가치의 감소 즉 손실을 의미한다.

〈위태와 손인과 손해의 구분〉

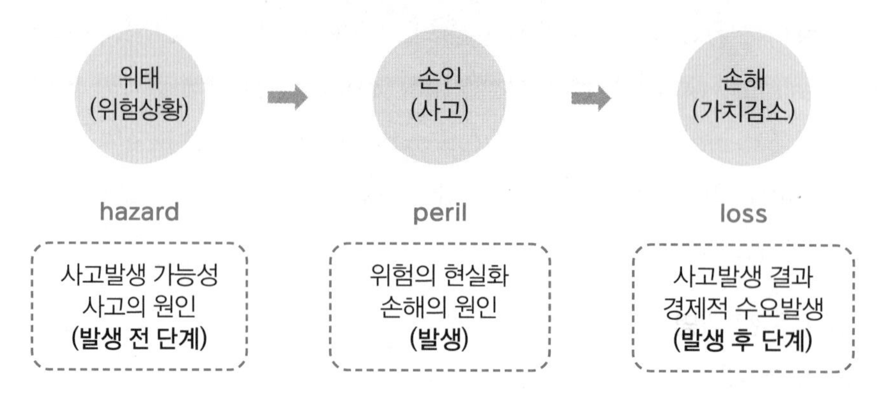

3 위험의 분류

위험의 분류가 중요한 이유는 위험이 지니는 속성에 따라 보험이라는 사회적 장치를 통해 전가할 수 있는지를 판가름하기 때문이다(허연 2000).

(1) 객관적 위험과 주관적 위험

① 위험 속성의 측정 여부에 따라 객관적 위험(objective risk)과 주관적 위험(subjective risk)으로 구분한다.

객관적 위험 (objective risk)	실증자료 등이 있어 확률 또는 표준편차와 같은 수단을 통해 측정 가능한 위험을 말한다.
주관적 위험 (subjective risk)	개인의 특성에 따라 평가가 달라져 측정이 곤란한 위험을 말한다.

② 페퍼(Irving Pfeffer)와 나이트(Frank H. Knight)처럼 측정 가능한 것을 위험, 측정이 불가능한 것을 불확실성으로 분류하는 학자도 있다(보험경영연구회 2021). 보험의 대상이 되는 위험은 객관적 위험이다.

(2) 순수위험과 투기적 위험

위험의 속성에 손실의 기회(chance of loss)만 있는가, 이득의 기회(chance of gain)도 함께 존재하는가에 따라 순수위험(pure risk)과 투기적 위험(speculative risk)으로 구분한다.

순수위험 (pure risk)	• 순수위험은 손실의 기회만 있고 이득의 기회는 없는 위험이다. 즉, 순수위험은 이득의 범위가 0에서 $-\infty$이다. 흔히 '잘해야 본전'이라는 말을 하는데 이러한 경우를 말한다. • 홍수, 낙뢰, 화재, 폭발, 가뭄, 붕괴, 사망이나 부상 및 질병 등이 여기에 해당한다.
투기적 위험 (speculative risk)	• 손실의 기회도 있지만 이익을 얻는 기회도 있는 위험을 말한다. 따라서 투기적 위험의 이득의 범위는 $-\infty$부터 $+\infty$까지 광범위하다.

1) 순수위험의 종류

순수위험에는 ❶ 재산손실위험(property loss risk), ❷ 간접손실위험(indirect loss risk), ❸ 배상책임위험(liability risk) 및 ❹ 인적손실위험(human risk)이 있다(보험경영연구회 2013).

재산손실위험 (property loss risk)	• 재산손실위험은 문자 그대로 각종 재산상의 손실을 초래하는 위험이다.
간접손실위험 (indirect loss risk)	• 간접손실위험은 재산손실위험에서 파생되는 2차적인 손실위험을 말한다. • 화재로 공장 가동이 중단되거나 영업활동을 못 하게 되는 경우 생산을 못하고 영업을 할 수 없더라도 고정 비용은 지출되어야 하고 추가적인 비용도 발생한다. • 그뿐만 아니라 생산 중단이나 영업 중단으로 순소득도 감소하게 되는데, 이러한 것들을 간접손실이라고 한다.
배상책임위험 (liability risk)	• 배상책임위험은 민사적으로 타인에게 위법행위로 인해 손해를 입힌 경우에 부담해야 하는 법적 손해배상책임위험을 말한다. • 배상책임위험은 피해자가 야기한 손해의 법적 회복에 필요한 추가 비용의 발생, 기업 활동의 제약 또는 법규의 준수 강제, 벌금 납부, 기업 이미지 손상 등을 동반한다.
인적손실위험 (human risk)	• 인적손실위험은 개인의 사망, 부상, 질병, 퇴직, 실업 등으로 인해 초래되는 위험이다. • 이러한 인적손실위험은 소득의 감소 및 단절, 신체 및 생명의 손실 등을 야기하는데 단기적인 것도 있지만 장기적이거나 영구적인 것도 있다.

(3) 정태적 위험과 동태적 위험

위험의 발생 빈도나 발생 규모가 시간에 따라 변하는지 그 여부에 따라 정태적 위험(static risk)과 동태적 위험(dynamic risk)으로 구분한다.

정태적 위험 (static risk)	정태적 위험은 화산 폭발, 지진 발생, 사고와 같이 시간의 경과에 따라 성격이나 발생 정도가 크게 변하지 않을 것으로 예상되는 위험을 말한다.
동태적 위험 (dynamic risk)	동태적 위험은 시간 경과에 따라 성격이나 발생 정도가 변하여 예상하기가 어려운 위험으로 소비자 기호의 변화, 시장에서의 가격 변동, 기술의 변화, 환율 변동과 같은 것이 이에 해당한다.

(4) 특정적 위험과 기본적 위험

위험이 미치는 범위가 얼마나 넓은가 또는 좁은가에 따라 특정적 위험(specific risk)과 기본적 위험(fundamental risk)으로 구분할 수 있다. 특정적 위험은 한정적 위험으로, 기본적 위험은 근원적 위험으로 불리기도 한다.

특정적 위험 (specific risk)	• 특정적 위험은 피해 당사자에게 한정되거나 매우 제한적 범위 내에서 손실을 초래하는 위험을 말한다. • 주택 화재나 도난, 가족의 사망이나 부상 등은 가족이나 가까운 친척에 영향을 준다.
기본적 위험 (fundamental risk)	• 기본적 위험은 불특정 다수나 사회 전체에 손실을 초래하는 위험을 의미한다. • 대규모 파업, 실업, 폭동, 태풍 같은 위험은 사회 전체에 영향을 준다. • 2020년 초부터 발생하여 아직 해소되지 않는 코로나(covid-19)는 전 세계적으로 영향을 미치고 있는데 대표적인 기본적 위험이라고 할 수 있다.

(5) 담보위험과 비담보위험 및 면책위험

보험계약이 성립되었을 때 보험자가 책임을 부담하는지 그 여부에 따라 담보위험, 비담보위험 및 면책위험으로 구분할 수 있다.

담보위험	• 담보위험은 보험자가 책임을 부담하는 위험이다. • 자동차보험에서 운행으로 인한 사고 등이 여기에 해당한다.
비담보위험	• 비담보위험(부담보위험)은 보험자가 담보하는 위험에서 제외한 위험이다. • 자동차보험에서 산업재해에 해당하는 위험을 제외한 경우 등을 예로 들 수 있다.
면책위험	• 면책위험은 보험자가 책임을 면하기로 한 위험이다. • 보험자의 담보범위에 있는 사고가 발생한 경우에도 보험자의 책임이 면제되는 점에서 비담보위험과 구분된다. 고의에 의한 사고를 예로 들 수 있다.

보충자료

위험은 여러 가지로 분류할 수 있는데 보험에 적합한 위험은 객관적 위험, 순수위험, 정태적 위험 및 특정적 위험이라고 할 수 있다. 그러나 기본적 위험과 동태적 위험의 경우 어떤 종류는 설령 손실 규모가 너무 크고 손실 발생의 예측이 어렵기는 하지만 사회복지나 경제 안정을 위해 국가가 직접 또는 간접적으로 개입하여 보험화하는 위험도 있다.

4 농업부문 위험

생산 위험	농축산물 생산과정에서 기후변화나 병해충, 가축질병 발생 등으로 인한 생산량과 품질의 저하에 따른 위험을 말한다. 농업은 다른 산업에 비해 기후, 병해충, 가축질병 등 인간이 통제하기 어려운 다양한 변수들에 의해 당초 예상한 것보다 생산량감소나 품질저하 등이 자주 발생하는 생산 위험이 존재한다.
가격 위험	생산한 농산물의 가격변동에 따른 위험을 말한다. 농산물 생산에는 일정한 기간이 소요된다. 때문에 생산 결정을 내리는 시점에는 산출물의 가격을 알지 못한다. 또한 시장이 청산되기 위해 가격이 조절되기 때문에, 전술한 생산 위험은 가격 위험에 영향을 미치게 된다. 특히, 농산물 시장은 경쟁적 시장이기 때문에 농산물 가격은 시장의 수요와 공급에 의해 결정되며, 일반 생산자는 시장 가격에 영향을 미치지 못하기 때문에 가격 위험은 농업부문 위험의 중요한 요인이다.

제도적 위험	농업관련 세금, 농산물 가격 및 농업소득지지, 환경규제, 식품안전, 노동 및 토지 규제 등 정부정책과 제도 등의 변동에 따른 위험을 말한다. 많은 국가에 있어서 농업 부문에 높은 수준의 정책 개입이 이루어지고 있기 때문에 제도적 위험은 농업에서 중요한 역할을 한다. 정부가 시행하는 농업 정책의 변화는 농가의 농업생산과 투자에 있어서 위험을 창출하게 된다. 그 밖에도 FTA 등 수입 개방정책 역시 농업경영 위험으로 작동한다.
인적 위험	인적위험은 개별 농민 혹은 농가 구성원의 사고, 질병, 사망 등에 따른 위험을 말한다.

3 위험관리의 의의 및 중요성

1 위험관리의 의의

① 위험관리란 위험을 발견하고 그 발생 빈도나 심도를 분석하여 가능한 최소의 비용으로 손실 발생을 최소화하기 위한 제반 활동을 의미한다.

② 위험관리는 우연적인 손실이 개인이나 조직에 미칠 수 있는 바람직하지 않은 영향을 최소화하기 위한 합리적, 조직적인 관리 또는 경영활동의 한 형태이다.

보충자료

최근에는 위험관리보다 광범한 위험치리(危險治理, risk governance)라는 용어가 쓰이기 시작하였다. 위험치리는 현대 사회에서 위험이 거대해짐에 따라 개인이나 조직의 입장에서 위험에 대처하고 관리하는 데 한계가 있음을 깨닫고 국가나 국제적인 차원의 대처가 필요하다는 자각과 함께 발전된 개념이라고 할 수 있다(석승훈 2020).

(1) 위험관리의 일반적인 목표

위험관리의 일반적인 목표는 ❶ 최소의 비용으로 손실(위험 비용)을 최소화하는 것이며, ❷ 개인이나 조직의 생존을 확보하는 것이다.

(2) 위험관리의 목적

위험관리의 목적은 사전적 목적과 사후적 목적으로 구분할 수 있다.

사전적 목적	❶ 경제적 효율성 확보, ❷ 불안의 해소, ❸ 타인에 전가할 수 없는 법적 의무의 이행 그리고 ❹ 기업의 최고 경영자에게 예상되는 위험에 대하여 안심을 제공하는 것 등이다.

사후적 목적	❶ 생존, ❷ 활동의 계속, ❸ 수익의 안정화, ❹ 지속적 성장, ❺ 사회적 책임의 이행 등을 들 수 있다.

2 위험관리의 구성요소

지식 (Knowledge)	위험 원인과 잠재적인 결과(outcomes) 등을 파악하는 활동을 의미한다. 즉, 앞서 언급한 불확실성과 위험의 구분에 따르면, 지식은 결과와 결과의 발생 가능성이 정확히 알려져 있지 않은 사건에서 결과와 결과의 발생 가능성이 정확히 알려져 있는 사건으로의 전화, 즉 불활실성(uncertainty)에서 위험(risk)으로의 전환을 의미한다. 농업에 있어서는 생산량, 기온, 강수량 등의 분포를 파악하는 활동이 이에 해당한다.
보험 (Insurance)	위험관리 차원에서 사고로부터 발생가능한 손실의 위험을 적당한 보험상품 가입을 통해 전가하는 것이다. 농업에 있어서는 농업재해보험에 가입하는 것이 이에 해당한다.
보호 (Protection)	좋지 않은 결과의 가능성을 축소하는 활동을 의미한다. 농업에 있어서는 농업용수관리, 관개 체계 정비, 경지정리, 예방 접종, 농약 살포 등의 활동이 이에 해당한다.
대응 (Coping)	좋지 않은 결과를 사후적으로(ex post) 완화하는 활동을 의미한다. 농업에 있어서는 다양한 판매 및 유통경로 개척, 효율적 노동 및 재무관리 등의 활동이 이에 해당한다.

4 위험관리 방법

위험관리 방법은 발생할 위험을 어떻게 대응하느냐에 따라 ❶ 위험통제를 통한 대비 방법과 ❷ 위험자금 조달을 통한 대비 방법으로 구분한다. ❶은 발생하는 위험을 줄이거나 해소하기 위하여 동원하는 물리적 방법을 의미하며, ❷는 위험 발생으로 인한 경제적 손실을 해결하는 재무적 방법을 의미한다.

1 물리적 위험관리 : 위험통제(risk control)를 통한 대비

(1) 위험회피

① 위험회피(risk avoidance)는 가장 기본적인 위험 대비 수단으로서 손실의 가능성을 원천적으로 회피해버리는 방법이다.

② 자동차 사고가 위험하다고 생각해 자동차를 타지 않는다든가 고소공포증이 있어 비행기를 타지 않는다든가 물에 빠지는 것을 무서워해 배를 타지 않는 것 등이 위험회피에 해당한다.

③ 손실 가능성을 회피하면 별다른 위험관리 수단이 필요 없다는 점에서 가장 편리한 방법일 수 있으나 위험회피가 항상 가능한 것은 아니다. 또한 위험회피는 또 다른 위험을 초래할 수도 있으며, 상당한 이득을 포기해야 하는 경우도 발생한다.

④ 예를 들어 자동차 사고가 무서워 자동차를 타지 않으면 다리도 아프고 시간이 많이 걸려 매우 비효율적이다.

(2) 손실통제

① 손실통제(loss control)는 손실의 발생 횟수나 규모를 줄이려는 기법, 도구, 또는 전략을 의미한다.

② 손실통제는 손실이 발생할 경우 그것을 복구하기 위해 소요되는 비용은 간접 비용과 기타 비용으로 인해 급격히 증가할 수 있으므로 손실의 발생을 사전적으로 억제, 예방, 축소하는 것이 바람직하다는 인식을 전제로 하고 있다.

③ 손실통제는 손실 예방과 손실 감소로 구분할 수 있다.

구분	내용
손실 예방 (loss prevention)	• 특정 손실의 발생 가능성 또는 손실 발생의 빈도를 줄이려는 조치를 말한다. • 예를 들면 고속도로의 속도제한, 홍수 예방 댐 건설, 음주단속, 방화벽 설치, 교통사고 예방 캠페인 등이 손실 예방에 해당한다.
손실 감소 (loss reduction)	• 스프링클러(자동차에 에어백 설치)와 같이 특정 손실의 규모를 줄이는 조치를 말한다. • 손실 감소 구분 : 사전적 손실과 사후적 손실 감소 - 사전적 손실 감소 : 특정 사건이나 사고로부터 피해를 입을 수 있는 재산, 인명 또는 기타 유가물의 수와 규모를 줄이는 데 초점을 둔다. - 사후적 손실 감소 : 손실의 확대를 방지하고 사고의 영향이 확산되는 것을 억제하기 위하여 비상 대책이나 구조대책, 재활 서비스, 보험금 또는 보상금의 청구 등에 초점을 둔다.

(3) 위험 요소의 분리

① 위험 요소의 분리는 잠재적 손실의 규모가 감당하기 어려울 만큼 커지지 않도록 하는 데 초점을 두는 것이다. 위험 분산 원리에 기초하며, 복제(duplication)와 격리(separation)로 구분할 수 있다.

구분	내용
복제 (duplication)	• 복제는 주요한 설계 도면이나 자료, 컴퓨터 디스크 등을 복사하여 원본이 파손된 경우에도 쉽게 복원하여 재난적 손실을 방지할 수 있다.
격리 (separation)	• 격리는 손실의 크기를 감소시키기 위하여 시간적·공간적으로 나누는 방법으로써 위험한 시간대에 사람들이 한꺼번에 몰리지 않도록 하거나 재산이나 시설 등을 여러 장소에 나누어 격리함으로써 손실 규모가 커지지 않도록 한다. • 위험물질이나 보관물품을 격리 수용하는 방법도 이에 해당한다.

② 위험 요소의 분리와 반대로 위험결합을 통한 위험관리 방법도 가능하다. 제품의 다양화를 통해 단일 제품 생산으로 인한 위험 집중을 완화할 수 있다. 또한 대규모 시설을 분산 설치하여 큰 위험 발생으로 인한 경제적 손실 가능성을 감소시키며, 위험의 심도와 빈도를 줄일 수 있다.

(4) 계약을 통한 위험전가

계약을 통한 위험전가(risk transfer)는 발생 손실로부터 야기될 수 있는 법적, 재무적 책임을 계약을 통해 제3자에게 전가하는 방법이다. 임대차 계약이나 하도급 또는 하청 작업 등이 이에 해당한다.

(5) 위험을 스스로 인수

위험에 대해 어떠한 조치도 취하지 않고 방치하는 경우이다. 즉, 스스로 위험을 감당(risk taking)하는 것이다. 위험으로 인한 손실이 크지 않을 수도 있고, 위험으로 인식하지 못하거나 인식하지만 별다른 대응방법이 없을 경우에 해당된다고 할 수 있다.

합격노트

[제8회 기출문제]

위험관리 방법 중 물리적 위험관리(위험통제를 통한 대비) 방법 5가지를 쓰시오. (5점)

답 : 위험회피, 손실통제, 위험 요소의 분리, 계약을 통한 위험전가, 위험을 스스로 인수 끝

2 재무적 위험관리 : 위험자금 조달(risk financing)을 통한 대비

(1) 위험보유

① 위험보유(risk retention)는 우발적 손실을 자신이 부담하는 것을 말한다. 위험을 스스로 인수하여 경제적 위험을 완화하는 것으로 각자의 경상계정에서 손실을 흡수하는 것을 말한다. 즉, 준비금이나 기금의 적립, 보험 가입 시 자기책임분 설정, 자가보험 등이 이에 해당한다.

② 위험보유는 자신도 모르는 사이에 위험을 보유하는 소극적 위험보유와 위험 발생 사실을 인지하면서 위험관리의 효율적 관리를 목적으로 위험을 보유하는 적극적 위험보유로 구분할 수 있다.

(2) 위험을 제3자에게 전가

계약을 통해 제3자에게 위험을 전가하는 것을 말한다. 물론 제3자에게 위험을 전가하는 데에는 그만큼 비용이 발생한다. 보험(insurance)은 계약자 또는 피보험자의 위험을 계약에 의해 보험자에게 떠넘기는 것으로 위험전가의 대표적인 방법이다.

(3) 위험결합을 통한 위험 발생 대비

다수의 동질적 위험을 결합하여 위험 발생에 대비하는 것으로 보험이 이에 해당한다. 비슷한 위험을 가진 사람들끼리 모여 공동으로 위험에 대응함으로써 개인이 감당할 수 없는 규모의 위험을 대비하는 방법이다.

3 위험관리 방법의 선택

① 이상에서 살펴본 바와 같이 개인이나 기업 차원에서 위험관리에 동원할 수 있는 방법은 다양하다. 개인이나 기업의 사정에 따라 위험관리를 선택할 방법은 상이하고 경우에 따라서는 제한적일 수 있다.

② 현실적으로는 각자가 처한 상황에서 최선의 방법을 선택하는 것이고 어느 하나의 방법만을 고집할 필요는 없고 가능한 다양한 방법을 동원하면 그만큼 위험관리가 신축성이 있고 효과도 클 것이다.

③ 위험관리 방법을 선택할 경우에는 다음 세 가지 사항을 고려(예측)할 필요가 있다. 위험관리 방법은 다양하여 모든 것을 활용할 수 없고 할 필요도 없으며 각자에게 가장 바람직한 방법을 선택하면 된다.

- 첫째, 예상 손실의 발생 빈도와 손실 규모를 예측해야 한다.
- 둘째, 각각의 위험통제 기법과 위험재무 기법이 위험의 속성(발생 빈도 및 손실 규모)에 미칠 영향과 예정손실 예측에 미칠 영향을 고려해야 한다.
- 셋째, 각각의 위험관리 기법에 소요될 비용을 예측해야 한다.

④ 위험 특성에 따른 위험관리 방법

위험의 발생 빈도와 평균적인 손실 규모에 따라 네 가지 위험관리 수단이 고려될 수 있다.

손실횟수(빈도) / 손실 규모(심도)	적음(少)	많음(多)
작음(小)	㉠ 위험보유	㉢ 손실통제
큼(大)	㉡ 위험전가 - 보험	㉣ 위험회피

- 손실 규모와 발생 빈도가 낮은 경우(㉠)는 개인이나 조직 스스로 발생 손실을 부담하는 자가보험과 같은 보유가 적절하다.
- 손실의 빈도는 낮지만 발생 손실의 규모가 큰 경우(㉡)에는 외부의 보험기관에 보험을 가입함으로써 개인이나 조직의 위험을 전가하는 것이 바람직하다.
- 발생 빈도가 높지만 손실 규모가 상대적으로 작은 경우(㉢)에는 손실통제를 위주로 한 위험보유 기법이 경제적이다.
- 손실 발생 빈도가 높고 손실 규모도 큰 경우(㉣)에는 위험회피가 적절하다.

4 농업부문 위험관리 방안

농업의 특수성으로 인해 농업은 다른 산업에 비해 위험이 더 크게 존재한다.

(1) 생산 위험 관리 방안

생산의 위험을 여러 종류의 생산물에 분산시켜 전체 생산의 위험을 감소시키는 영농다각화(diversification) 방법이 있다. 어느 한 농작물의 생산이 감소할 경우, 다른 농작물의 생산으로 이를 완화하는 방식이 생산의 다각화이다.

다음으로 농작물 보험에 가입하는 것이다. 수확량의 감소로 손실을 입었을 때, 보험에 가입하여 생산량 감소로 인한 수입 감소의 위험을 어느 정도 줄일 수 있다. 농작물보험의 한 형태인 농업재해보험(yield insurance)에 가입하여 기상재해나 병충해 등 생산의 위험을 완화할 수 있다. 우리나라를 비롯한 미국, EU, 일본 등 주요국들은 농가가 직면하는 생산위험을 줄여주기 위해 보험료를 일부를 지원해 주는 정책보험 형태로 농작물 보험제도를 운영하고 있다.

이외에도 재해대비 기술의 수용을 통해 생산 위험을 관리할 수 있다. 예를 들어 농가는 방상팬 설치를 통해 냉해를 방지하여 생산 위험을 감소시킬 수 있다.

(2) 가격 위험 관리 방안

영농 다각화는 생산의 위험뿐만 아니라 가격 위험도 낮출 수 있다. 특히 서로 다른 시기에 동일한 작물을 경작하는 시간 배분적 다각화를 통해 가격 변동의 위험을 완화할 수 있다.

또한 농작물을 시기적으로 분산하여 판매하는 분산 판매를 통해 가격의 연중 변동에 따른 위험을 감소할 수 있다. 단, 이때 판매시기를 분산시키 위해 농산물을 저장해야 하는데 이에 따른 저장비용을 감안해야 한다.

또한 농작물 보험의 한 형태인 수입보장보험 가입을 통해 수확량 감소 위험 뿐만 아니라 가격하락에 따른 위험을 완화할 수 있다. 실제 농업수입이 보장된 기준 농업수입보다 적을 경우 그 차액을 보험금으로 지급하기 때문에, 수확량 감소와 가격 하락 위험을 모두 부분적으로 관리할 수 있다.

이외에도 현재 정해진 가격으로 미래의 일정 시점에 상품의 인도 및 대금 지급을 약정하는 선도거래(forward transaction), 농가가 대량수요처나 가공공장 등과 장기 공급계약을 하고 생산 및 판매하는 계약생산 등을 통해 가격 위험을 관리할 수 있다.

(3) 농업위험에 대한 정책개입의 이유와 주요 정책 수단

국내외적으로 다양한 농업경영위험에 직면하는 농업생산자들은 영농다각화, 계약재배, 선도거래, 선물 및 옵션시장 활용, 판매시기 조절, 가공제품 개발, 등의 자구적 노력을 하고 있다.

하지만 농업은 다른 산업에 비해 기후와 병해충 등 인간이 통제하기 어려운 다양한 변수들에 의해 많은 영향을 받을 뿐 아니라 수급 특성상 가격 불확실성이 매우 크기 때문에 개별 농업생산자가 직면하는 다양한 경영위험을 관리하기는 매우 어려운 측면이 있다.

따라서 어느 국가나 개별 농가가 모두 해결하기 어려운 경영위험을 줄여주기 위한 정책 수단을 마련하는 것이 필수적이다. 특히 미국, EU, 일본 등 주요 선진국들은 농

가가 직면하는 다양한 경영위험별로 아래 표와 같은 정책수단을 주로 사용하고 있다.

〈농업위험의 유형과 정책수단〉

위험의 유형	주요 정책 수단
생산위험	농작물재해보험(수량보험, 수입보험), 비보험작물재해지원, 긴급농업재해대책
가격위험	최저가격보장제, 가격손실보상제, 수입손실보상제, 수입보장보험
제도위험	환경보전 및 식품안전 규제에 대한 비용분담, 장려금 지원, 영농컨설팅 및 전업을 위한 교육훈련 지원, FTA 피해보전직불제 등
인적위험	농업인안전보험, 농기계보험, 농업고용인력 중개지원 등

세계적인 기상이변으로 인한 자연재해의 빈발과 1995년 WTO 체제 출범 이후 가격지지정책에 의한 농업경영 및 소득지원이 한계에 달한 상황에서 국제적으로 농업재해보험제도가 농가의 경영위험을 줄여주기 위한 정책수단의 하나로 적극 활용하고 있다. 농업재해보험은 크게 농작물의 생산수량 감소에 대응하기 위한 단수보험(yield insurance)이 있고, 가격하락 위험까지 고려한 수입보험(revenue insurance)으로 구분할 수 있으며, 특히 미국, 일본 등 선진국에서는 최근 빈발하는 농업재해와 농산물 가격변동성 증대에 대비한 농가의 농업경영위험 관리의 핵심 수단으로 자리매김하고 있다. 이에 농업재해보험의 가입은 농가의 위험관리 의사결정의 중요한 요소로 인식되어야 한다.

03 워크북으로 마무리하기

01 다음은 위험 관련 개념에 관한 내용이다. 아래 괄호에 알맞은 내용을 쓰시오.

(①) : 사고 발생 가능성은 있으나 사고가 발생하지는 않은 단계
(②) : 위험사고가 발생한 결과 초래되는 가치의 감소
(③) : 위험 상황에서 실제로 위험이 발생한 단계

02 위험은 각 분류 기준에 따라 객관적 위험, 주관적 위험 등 여러 가지로 분류할 수 있다. 이 중 보험에 적합한 위험을 4가지만 쓰시오.

03 손실 규모가 너무 크고 손실 발생의 예측이 어렵기는 하지만 사회복지나 경제 안정을 위하여 국가가 직접 또는 간접적으로 개입하여 보험화하는 위험의 종류를 2가지만 쓰시오.

04 다음은 위험 특성에 따른 위험관리 방법에 관한 표이다. 아래 괄호에 알맞은 내용을 쓰시오.

손실횟수(빈도) / 손실 규모(심도)	적음(少)	많음(多)
작음(小)	① ( )	③ ( )
큼(大)	② ( )	④ ( )

정답

01 답 : ① 위태 ② 손해 ③ 손인 끝
02 답 : 객관적 위험, 순수위험, 정태적 위험, 특정적 위험 끝
03 답 : 기본적 위험, 동태적 위험 끝
04 답 : ① 위험보유, ② 위험전가-보험, ③ 손실통제, ④ 위험회피 끝

제2절 보험의 의의와 원칙

01 기본서 내용 익히기

1 보험의 정의와 특성

1 보험의 정의

① 위험관리의 한 방법으로 자신의 위험을 제3자에게 전가하는 제도이다.

② 위험결합으로 불확실성을 확실성으로 전환시키는 사회적 제도를 말한다.

③ 보험은 다수의 동질적인 위험을 한 곳에 모으는 위험결합 행위(pooling)를 통해 가계나 기업이 우연적인 사고 발생으로 입게 되는 실제 손실(actual loss)을 다수의 동질적 위험의 결합으로 얻게 되는 평균손실(average loss)로 대체하는 것이다.

④ 다수가 모여 보험료를 각출하여 공동재산을 조성하고, 우연히 사고가 발생한 경우 손실을 입은 자에게 일정한 방법으로 보험금을 지급하는 제도(수단)라고 정의할 수 있다.

⑤ 보험에 대한 정의가 다양한 것은 보험이 본질적으로 다양한 속성을 지니고 있기 때문이며, 적어도 경제적, 사회적, 법적 및 수리적 관점에서 정의될 수 있다(이경룡 2013).

경제적 관점	• 경제적 관점에서 보험의 근본 목적은 재무적 손실에 대한 불확실성. 즉, 위험의 감소(reduction of risk)이며, 그것을 달성하기 위하여 위험전가(transfer of risk) 및 위험결합(pooling or combination of risk)을 이용한다. • 보험은 개별적 위험과 집단적 위험을 모두 감소시키는 기능을 갖고 있다. 경제적 관점에서 특히 중요한 보험의 속성은 위험을 결합하여 위험을 감소시키는 것이다. 따라서 위험의 합리적 결합 방법을 이용하지 않는 수단 또는 제도는 보험이라고 할 수 없다.

사회적 관점	• 사회적 관점에서 보험은 사회의 구성원에게 발생한 손실을 다수인이 부담하는 것을 목적으로 하며, 손실의 분담(sharing of loss)을 가능하게 하는 것은 다수인으로부터 기금을 형성하는 것이다. • 예기치 못한 손실이 사회에 발생하지만 그 손실이 누구에게 나타나는가는 불확실하며, 이러한 불확실성(위험)에 대비하기 위하여 사회적 제도로서 보험을 고안한 것이다. • 보험의 사회적 특성을 가장 잘 표현하고 있는 문구는 "만인은 일인을 위하여, 일인은 만인을 위하여"라고 할 수 있다. 이 문구가 함축하고 있는 뜻을 살펴보면, 우선 보험은 소수인으로 성립할 수 없고 다수인이 참여할 때 보험다운 보험이 성립할 수 있다는 것이다. • 상부상조의 정신에 입각해 다수의 힘으로 소수를 돕는 운영원리이다. • 보험의 건전한 운영과 발전을 위하여 구성원 모두가 각각 개별적으로 중요한 책임을 갖고 있다는 것이다.
법적인 관점	• 법적인 관점에서 보험은 보험자와 피보험자 또는 계약자 사이에 맺어진 재무적 손실의 보전(indemnity of financial loss)을 목적으로 하는 법적 계약이다. • 법적인 관점에서 보험의 이해가 중요한 것은 보험과 다른 제도를 명확히 구별하고 실질적 제도 운용의 원칙과 방법을 파악하는 데에 있다. • 법에 의한 제도적 뒷받침 없이 보험은 현실적으로 존재할 수 없다.
수리적 관점	• 수리적 관점에서 보험은 확률이론과 통계적 기법을 바탕으로 미래의 손실을 예측하여 배분하는 수리적 제도이다. 즉 보험제도의 실제 운영은 수리적 이론과 기술을 바탕으로 하고 있기 때문에 보험에 대한 이해가 수리적 관점에서 필요하다.

2 보험의 특성

(1) 예기치 못한 손실의 집단화

예기치 못한 손실	• 예기치 못한 손실이란 계약자나 피보험자의 입장에서 전혀 예상할 수 없었던 불의의 손실을 의미하며, 계약자나 피보험자의 고의적인 손실은 보상하지 않는다는 의미이다. • 이는 계약자나 피보험자의 입장에서 고의적이지 않은 손실은 모두 보상된다는 의미이다.
손실의 집단화	• 손실의 집단화(the pooling of fortuitous losses)는 손실을 한곳에 모음으로써 개별위험을 손실집단으로 전환시키는 것을 의미한다. • 위험을 집단화하기 전에는 각자가 개별위험에 대해 책임을 져야 하지만 손실을 집단화함으로써 개별적 위험의 의미는 퇴색하고 개인이 부담해야 하는 실제 손실은 위험집단의 평균손실로 대체된다.

※ 손실을 집단화할 때 중요한 것은 발생 빈도와 평균손실의 규모 면에서 동종의 손실이거나 그와 비슷한 것이어야 한다. 이질적인 손실을 집단화하게 되면 보험료 책정이나 보상 측면에서 동일한 기준을 적용하는 과정에서 많은 문제가 발생하게 된다.

(2) 위험 분담

위험의 집단화는 다른 측면에서 보면 위험을 서로 나누어 부담하는 위험 분담(risk sharing)이 된다. 위험 분산은 개별적으로 부담하기 힘든 손실을 나누어 분담함으로써 손실로부터의 회복을 보다 용이하게 한다. 이러한 상호부조 관계가 당사자 간의 자율적인 시장거래를 통해 달성된다는 점이 보험의 주요한 특징이다.

(3) 위험전가

보험은 계약에 의한 위험의 전가(risk transfer)이다. 계약을 통해 재정적으로 능력이 취약한 개인이나 조직이 재정적인 능력이 큰 보험자에게 개인의 위험을 전가하는 것이다. 특히 빈도는 적지만 규모가 커서 스스로 부담하기 어려운 위험을 보험자에게 전가함으로써 개인이나 기업이 위험에 대해 보다 효과적으로 대응할 수 있게 해주는 장치이다.

(4) 실제 손실에 대한 보상

보험자가 보상하는 손실 보상(indemnification)은 실제로 발생한 손실을 원상회복하거나 교체할 수 있는 금액으로 한정되며 보험 보상을 통해 이익을 보는 경우는 없다. 실제 손실에 대한 보상(實損補償)은 중요한 보험의 원칙 중 하나로 발생손실만큼만 보상을 받게 되면 보험사기 행위와 같은 도덕적 해이를 줄일 수 있다.

〈위험의 분담, 전가, 결합 및 보험의 관계〉

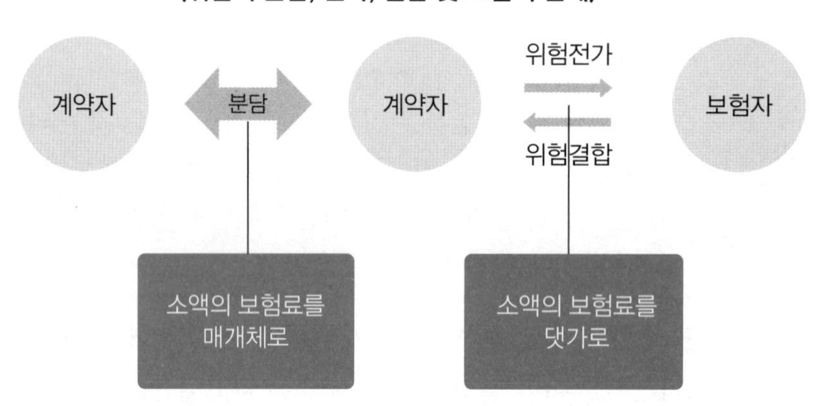

(5) 대수의 법칙

대수의 법칙(the law of large numbers)은 표본이 클수록 결과가 점점 예측된 확률에 가까워진다는 통계학적 정리이다. 즉, 표본의 수가 늘어날수록 실험 횟수를 보다 많이 거칠수록 결과값은 예측된 값으로 수렴하는 현상을 '대수의 법칙 또는 평균의 법칙(the law of averages)'이라고 한다. 계약자가 많아질수록 보험자는 보다 정확하게 손실을 예측할 수 있다.

2 보험의 성립 조건

보험은 위험관리의 한 방법이다. 위험 분류상으로 순수위험과 객관적 위험이 보험 가능한 위험이라고 했으나, 이들 위험도 일정한 조건을 갖추어야 보험으로 성립할 수 있고 제 기능을 할 수 있다. 아래의 조건을 모두 충족하면 가장 이상적이지만 현실적으로는 쉽지 않으며, 분야에 따라서는 가능하지 않을 수도 있다. 그렇다고 해서 보험이 전혀 불가능한 것은 아니며, 보완적인 방법이나 유사한 조건으로 불완전하지만 보험을 설계할 수는 있다.

1 동질적 위험의 다수 존재

① 동질적 위험이란 발생의 빈도와 피해 규모가 같거나 유사한 위험을 의미한다. 특성이 같거나 유사한 위험끼리 결합되어야 동일한 보험료(체계)가 적용되어도 형평성을 유지할 수 있기 때문이다.

> 자가용 승용차와 영업용 택시에게 동일한 보험료 체계가 적용되면 상대적으로 운행 거리가 짧고 운행 시간도 적은 자가용 승용차가 불리할 것이다. 마찬가지로 일반주택과 고층 아파트 및 고층 건물을 동일하게 취급할 수는 없다.

② 동질적 위험이 '다수' 존재해야 한다는 것은 손실 예측이 정확해지기 위해서는 대수의 법칙이 적용될 수 있을 정도로 사례가 많아야 하는데, 이를 위해서는 계약자가 많을수록 좋다.

③ 동질적 위험은 각각 독립적이어야 한다. 독립적이라는 것은 하나의 손실 발생이 다른 손실 발생과 무관하다는 것을 의미한다.

> 예를 들어 1m 간격으로 건설된 공장건물의 경우 한 공장건물에서 화재가 발생하면 인접한 공장건물로 옮겨붙을 가능성이 매우 높기 때문에 개별 위험으로 보지 않고 하나의 위험으로 간주하게 된다. 그러나 동질적 위험 특성을 너무 엄격히 적용하다가는 개별위험에 대한 동질성 여부를 파악하는데 많은 시간과 노력이 소모되고 대수의 법칙을 적용할 수 있는 수준에 도달하지 못하면 개별위험에 대한 속성 파악과 보험료 산정에 지나친 비용을 소비하는 비효율이 발생하게 된다. 따라서 일반적으로는 위험 속성이 크게 다르지 않고 유사하다면 동질적 위험으로 보고 보험을 실행하면서 문제점을 보완해 간다.

2 손실의 우연적 발생

① 보험이 가능하려면 손실이 인위적이거나 의도적이지 않고, 누구도 예기치 못하도록 순수하게 우연적으로 발생한 것이어야 한다.

② 계약자의 고의나 사기 의도가 개입될 여지가 없는 통제 불가능한 위험만이 보험화가 가능하다. 사고 발생여부가 고의성이 있는지 모호할 경우 보험자가 고의성을 입증해야 하며, 입증하지 못하면 우연적인 것으로 간주된다.

3 한정적 손실

① 보험이 가능하기 위해서는 피해 원인과 발생 시간, 장소 및 피해 정도 등을 명확하게 판별하고 측정할 수 있는 위험이어야 한다.

② 피해 원인과 피해 장소 및 범위, 그리고 피해 규모 등을 정확하게 판단하기 어려우면 정확한 손실 예측이 어렵고 이에 따라 보험료 계산이 불가능하기 때문에 보험으로 인수하기 어렵다.

③ 급속하게 퍼지는 전염병이나 질병의 경우 언제 어떻게 어느 정도의 규모로 발생할지 또는 후유증 유무 및 정도 등을 예측할 수 없어 손실을 한정 지을 수 없다.

④ 즉, 전염병이나 대규모로 발생하는 질병은 보험 대상으로 하기 어렵다. 전염병이나 질병의 경우 국민의 건강과 직결되기 때문에 국가 차원에서 대응하는 것이 보통이며, 상황에 따라서는 국가의 적극적 개입 하에 보험화하는 경우가 있다.

4 비재난적 손실

① 손실 규모가 지나치게 크지 않아야 한다. 손실이 재난적일 만큼 막대하다면 보험자가 감당하기 어려워 파산하게 되고 결국 대다수 계약자가 보장을 받을 수 없는 상황으로 전개될 수 있다. 보험자가 안정적으로 보험을 운영하기 위해서는 감당할 만한 수준의 위험을 인수해야 한다.

② 재난적 규모의 손실 발생은 천재지변의 경우에 자주 발생한다. 지진이나 쓰나미 등이 이러한 천재지변에 해당한다.

③ 최근에는 천재지변만이 아닌 9·11사건과 같이 인위적인 사고도 재난 규모로 발생하기도 한다. 그러나 천재지변에 해당하는 재난적 손실도 국가 차원에서 국민의 생명과 재산을 보호하기 위해 국가가 직접 보험사업을 추진하거나 민영보험사를 통해 운영하기도 한다.

5 확률적으로 계산 가능한 손실

① 보험으로 가능하기 위해서는 손실 발생 가능성, 즉 손실발생확률을 추정할 수 있는 위험이어야 한다. 장차 발생할 손실의 빈도나 규모를 예측할 수 없으면 보험료 계산이 어렵다.

② 정확하지 않은 예측을 토대로 보험을 설계할 경우 보험을 지속적으로 운영하기 어려우며, 결국 보험을 중단하게 되는 상황도 벌어진다.

6 경제적으로 부담 가능한 보험료

① 확률적으로 보험료 계산이 가능하더라도, 또는 정확도 높은 손실발생 확률을 반영한 보험료를 산출했더라도 보험료 수준이 너무 높아 보험 가입대상자들에게 부담으로 작용하면 보험을 가입할 수 없어 보험으로 유지되기 어렵다.

② 보험이 가능한 위험이 되기 위해서는 그 위험이 발생하는 빈도와 손실 규모로 인한 손실이 종적(시간적) 및 횡적(계약자 간)으로 분산 가능한 수준이어야 한다.

③ 국가의 개입이 필요한 대규모 손실이나 재난적 손실의 보험화의 경우, 보험가입자의 부담 경감을 위해 국가가 보험료를 지원하기도 하며, 농작물재해보험과 가축재해보험이 이에 해당된다.

제3절 보험의 기능

01 기본서 내용 익히기

1 보험의 순기능

1 손실 회복

① 보험의 일차적 기능은 손실이 발생하였을 경우 계약자에게 보험금을 지급함으로써 경제적 손실을 회복하거나 최소화한다.

② 보험에 가입하지 않은 상황에서 불시에 발생한 위험으로 인한 경제적 충격이 클 경우 개인이나 기업이 파산에 이르기도 하는데 보험금은 이러한 극단적인 상황을 피할 수 있게 해준다. 또한, 보험금을 바탕으로 경제활동을 지속할 수 있어 단기간에 원상회복이 가능할 수 있다.

2 불안 감소

① 보험은 개인이나 기업에게 불안감을 해소시켜준다. 개인이나 기업은 언제 어떻게 발생할지 불확실한 위험에 보험으로 대비함으로써 안심하고 경제활동을 할 수 있다.

② 구체적인 대책이 마련되지 않은 상황에서 대규모 재해가 발생하면 피해 당사자는 물론 국가·사회적으로도 불안 요인으로 작용한다.

③ 보험을 통해 이러한 위험에 대비하여 다수의 개인과 기업이 안정되면 사회도 안정되고 국가도 국정을 원만하게 운영할 수 있다.

3 신용력 증대

① 보험은 계약자의 신용력을 높여준다. 보험은 예기치 않은 대규모 위험이 닥치더라도 일정 수준까지는 복구할 수 있는 보호 장치이기 때문에 그만큼 계약자의 신용력은 높아진다.

② 금융기관에서 개인이나 기업에게 대출할 경우 보험 가입 여부를 확인하거나 일정한 보험을 가입하도록 권유하는 것은 보험을 통해 계약자의 일정 수준의 신용력을 확보하기 위해서이다.

4 투자 재원 마련

① 계약자에게는 소액에 불과할지라도 다수의 계약자로부터 납부된 보험료가 모이면 거액의 자금이 형성된다. 이러한 자금을 자금이 필요한 기업 등에게 제공함으로써 경제성장에도 기여할 수 있다.

② 보험자 입장에서는 수익을 올려 보험사업을 보다 안정적으로 운용할 수 있게 되고, 기업 입장에서는 원활하게 필요자금을 조달함으로써 기업경영에 도움이 된다.

5 자원의 효율적 이용 기여

① 개인이나 기업 등의 경제주체는 한정된 자원을 효율적으로 투자하여 최대의 성과를 얻으려고 한다. 각 경제주체는 투자할 때 각각의 자원 투입에 따른 기대수익 및 위험도 등을 고려하여 의사결정을 하게 된다.

② 설령 기대수익이 높은 것으로 판단되어도 손실 발생이 우려된다고 판단하면 투자를 주저하게 된다. 이런 경우에 보험을 통해 예상되는 손실 위험을 해소할 수 있다면 투자자 입장에서는 유한한 자원을 보다 효율적으로 활용하게 된다. 이는 개인이나 기업이나 마찬가지이다.

6 안전(위험 대비) 의식 고양

① 보험에 가입한다는 것은 이미 위험에 대비할 필요성을 인지하고 있다고 볼 수 있다. 보험에 가입하더라도 보험료 부담을 줄이기 위해서는 각종 위험 발생에 스스로 대비하는 노력을 하도록 한다.

② 보험의 제도적 측면에서는 일정한 요건을 갖추어야 보험 가입이 가능하다거나 보험 가입 중이더라도 위험에 대비하는 조치나 장치를 한 경우에는 보험료를 경감해 주는 것도 위험에 대한 대비를 권장하기 위한 것이다. 이러한 안전 의식이 고양되면 보험 운영은 보다 안정적으로 운영될 수 있을 것이다.

2 보험의 역기능

1 사업 비용의 발생

① 보험사업을 유지하기 위해서는 불가피하게 비용이 초래된다. 이러한 비용(지출)은 보험이 없다면 다른 분야에 유용하게 사용될 수 있는 것이다. 즉, 사회 전체로 보면 '기회비용'이라고 할 수 있다. 주요 비용 항목은 보험자 직원의 인건비를 비롯해 보험판매 수수료, 건물 임차료 및 유지비, 각종 세금 및 공과금, 영업이윤 등이다.

② 이 외에 광고비 및 판촉비도 적지 않다. 보험시장이 경쟁적일수록 이러한 비용은 커지게 된다.

③ 보험사업을 운영하기 위해 어느 정도의 비용 발생은 불가피하다고 하더라도 운영을 방만하게 하면 계약자의 위험 대비 수단으로써의 기능은 저하될 것이다.

2 보험사기의 증가

① 보험은 만일의 경우에 대비하는 것인데 사고의 발생, 원인 또는 내용에 관하여 보험자를 기망하여 보험금을 청구하기 위해 보험에 가입하는 경우도 발생한다. 더욱이 고의로 사고를 발생시켜 보험금을 받는 보험사기도 종종 발생한다. 다수가 결합하여 위험에 대비하는 건전한 제도임에도 불구하고 이를 악용하는 사례가 증가하면 보험 본연의 취지를 퇴색시키고 사회 질서를 문란하게 한다.

② 이러한 사례가 증가할 경우, 이로 인해 발생하는 추가 비용은 다수의 선의의 계약자에게 부담으로 전가되어 보험사업의 정상적 운영을 어렵게 하고 극단적인 경우에는 보험 자체가 사라지는 결과를 초래할 수도 있다.

3 손실 과장으로 인한 사회적 비용 초래

① 보험에 가입한 손실이 발생할 경우 손실의 크기를 부풀려 보험금 청구 규모를 늘리려는 경향이 있다.

② 예를 들어 자동차 충돌로 인한 사고 발생 시 충돌로 인한 고장이나 부품만이 아니라 사고 전에 있던 결함이 있는 부분까지도 자동차보험으로 청구하는 경우가 있다.

③ 또한 경미한 자동차 사고로 병원에 입원한 경우 과잉진료를 하거나 완치되었음에도 불구하고 진료비를 늘리기 위하여 퇴원을 미루어 결과적으로 보험금이 과잉 지급되는 결과를 초래하기도 한다.

④ 이러한 보험금 과잉 청구도 보험의 정상적인 운영에 지장을 초래하며, 사회적으로도 불필요한 비용을 발생시킨다.

3 역선택 및 도덕적 해이

보험은 보험자가 계약자의 정보를 완전히 파악한 상태에서 설계하는 것이 가장 이상적이다. 따라서 보험자가 최대한 노력하여 계약자의 정보를 완전히 확보하려고 하지만 현실적으로 쉽지 않다. 보험자가 계약자에 대한 정보를 완전히 파악하지 못하고 계약자는 자신의 정보를 보험자에게 제대로 알려주지 않아 정보 비대칭(asymmetric

information)이 발생하면 역선택(adverse selection)과 도덕적 해이(moral hazard)가 발생한다.

1 역선택

역선택이란 실제로 보험금을 탈 가능성이 많은 사람들(위험발생 확률이 보통 이상인 사람들)이 보험에 가입하는 경향이 높은 현상을 의미한다. 보험자는 보험에 가입하려는 계약자의 위험을 정확하게 파악하고 측정할 수 있어야 손실을 정확히 예측할 수 있으며, 적정한 보험료를 책정·부과할 수 있다. 따라서 보험자는 계약자의 위험 특성을 파악하여 보험을 판매할 것인지 거부할 것인지를 결정한다. 그러나 보험자가 계약자의 위험 특성을 제대로 파악하지 못하면, 즉 계약자 또는 피보험자가 보험자보다 더 많은 정보를 가지고 있는 상태가 되면, 정보를 갖지 못한 보험자 입장에서 볼 때 바람직하지 못한 계약자와 거래를 할 가능성이 높아지는 역선택 현상이 일어날 수 있다. 즉, 보험자는 사고의 확률이 낮은 사람이 보험에 가입하기 원하지만, 막상 가입을 원하는 사람들을 보면 대부분 사고의 확률이 한층 더 높은 사람들일 가능성이 높다. 이러한 역선택이 존재하는 상황에서 평균적인 사고 발생 확률에 기초해 보험료를 산정하면 보험회사는 손실을 보게 된다. 손실을 막기 위해 보험 회사는 보험료를 인상하려고 하고, 비싼 보험료로 인해 사고의 확률이 높은 사람들만 보험에 가입하는 악순환이 빚어지게 될 수 있다.

보충자료

〈역선택〉

역선택이란 경제학 용어는 중고차 시장에서 유래되었다고 한다(보험경영연구회 2021).

> 중고차를 구입하려는 소비자들이 중고차의 품질을 평가하기는 쉽지 않다. 시장에 나온 중고차가 좋은 차(peach car)인지 외형상으로는 멀쩡하지만 고장이 잦은 엉터리 차(lemon car)인지 간단히 파악할 수 없다. 좋은 차와 엉터리 차를 구별하지 못하면 중고차 가격은 두 차 가격의 중간이나 평균값으로 결정될 것이다. 이와 같이 좋은 차와 나쁜 차를 구별하지 못하면 나쁜 차의 주인은 자신만이 알고 있는 자동차의 결함에 대한 정보를 숨기고 구입자는 이러한 정보를 모른다는 점을 이용하여 고가에 차를 팔려고 한다. 반대로 좋은 차 주인은 차를 구입하려는 소비자가 자신의 차를 평가절하하여 평균 가격으로 구입하려고 하면 팔기를 꺼려할 것이다.

이렇게 정보의 비대칭으로 역선택 문제가 팽배해지면 중고차 시장은 엉터리 차가 주로 매물로 나오게 되고 중고차 시장에 나오는 차의 품질은 점점 떨어질 것이다. 이를 소비자들이 알게 되면 찾아오는 소비자가 점점 줄게 되고 결국 그 중고차 시장은 문을 닫는 상황에 이를 수 있다. 보험시장에서도 이러한 역선택 문제가 발생할 가능성은 상존하고 있다.

2 도덕적 해이

도덕적 해이는 일단 보험에 가입한 사람들이 최선을 다해 나쁜 결과를 미연에 방지하려는 노력을 하지 않는 경향을 의미한다. 광의로 보면 윤리적으로나 법적으로 자신이 해야 할 최선을 다하지 않고 일부러 게을리 하는 것 전반을 지칭한다. 도덕적 해이는 정보를 가진 계약자 측에서 바람직하지 않은 행동을 취하는 경향이 있는데, 이러한 행동이 나타났을 때 도덕적 해이가 일어났다고 말한다. 즉, 계약자가 보험에 가입한 후부터 평소의 관리를 소홀히 한다거나 손실이 발생할 경우 경감하려는 노력을 하지 않는 경우 등이 도덕적 해이에 해당한다.

3 역선택과 도덕적 해이의 비교

공통점	• 역선택과 도덕적 해이는 보험가액에 비해 보험금액의 비율이 클수록 발생 가능성이 높다. • 이익은 역선택이나 도덕적 해이를 야기한 당사자에게 귀착되는 반면, 피해는 보험자와 다수의 선의의 계약자들에게 돌아가 결국 보험사업의 정상적 운영에 악영향을 미친다는 점에서 유사하다(황희대 2010).
차이점	• 역선택은 계약 체결 전에 예측한 위험보다 높은 위험(집단)에 가입하여 사고 발생률을 증가시키는데 비해 도덕적 해이는 계약 체결 후 계약자가 사고 발생 예방 노력 수준을 낮추는 선택을 한다는 점이다.

02 워크북으로 마무리하기

01 보험의 순기능에 대해서 6가지 쓰시오.

02 역선택과 도덕적 해이의 차이점을 약술하시오.

정답

01 답 : 손실 회복, 불안 감소, 신용력 증대, 투자 재원 마련, 자원의 효율적 이용 기여, 안전(위험 대비) 의식 고양 끝

02 답 : 역선택과 도덕적 해이 차이점은 역선택은 계약 체결 전에 예측한 위험보다 높은 위험(집단)에 가입하여 사고 발생률을 증가시키는데 비해 도덕적 해이는 계약 체결 후 계약자가 사고 발생 예방 노력 수준을 낮추는 선택을 한다는 점이다. 끝

제4절 손해보험의 이해

01 기출유형 확인하기

제8회 보통보험약관이 해석에 관한 내용이다. ( )에 들어갈 내용을 쓰시오. (5점)

제9회 다음은 손해보험 계약의 법적 특성이다. 각 특성에 대하여 기술하시오. (15점)

02 기본서 내용 익히기

보험의 종류는 다양하지만 큰 틀에서 보면 재물과 관련된 손해보험과 인간의 생명과 관련된 생명보험으로 구분할 수 있다. 농작물재해보험이나 가축재해보험과 같은 정책보험도 기본적으로는 손해보험의 틀을 유지하고 있기 때문에 일반 손해보험에 대한 내용을 살펴보는 것은 정책보험을 이해하는 데에도 도움이 된다.

1 손해보험의 의의와 원리

1 손해보험의 의의

(1) 정의

손해보험은 보험사고 발생 시 손해가 생기면 생긴 만큼 손해액을 산정하여 보험금을 지급하는 보험이라고 할 수 있다.

(2) 「상법」과 「보험업법」상 정의

- 「상법」에서는 손해보험에 관한 정의를 내리지 않고 있다.
- 「보험업법」에서는 제2조(정의)에서 '보험상품'을 정의하면서 '손해보험상품'을 정의하고 있다. 「보험업법」에서는 손해보험상품을 "위험보장을 목적으로 우연한 사건(질병·상해 및 간병은 제외)으로 발생하는 손해(계약상 채무불이행 또는 법령상 의무 불이행으로 발생하는 손해를 포함)에 관하여 금전 및 그 밖의 급여를 지급할 것을 약속하고 대가를 수수하는 계약으로서 대통령령으로 정하는 계약"으로 정의하고 있어 이를 통해 손해보험의 의미를 유추할 수 있다.
- 실제로 '손해보험'이라는 보험상품은 없으며, 생명보험을 제외한 대부분의 보험을 포괄하는 의미라고 할 수 있다.

※ 엄격한 의미에서는 손해보험은 재산보험을 말하지만, 실질적으로는 생명보험 중 생

명 침해를 제외한 신체에 관한 보험도 포함한다고 할 수 있다(김창기 2020).

2 손해보험의 원리

(1) 위험의 분담

1만 명이 1억 원짜리(땅값을 뺀 건물값만) 집을 한 채씩 가지고 있다. 그런데 평균적으로 1년에 한 채씩 화재가 나서 소실되고 만다. 불이 난 그 집은 평생 모은 재산을 하루아침에 잃게 된다. 그런데 1만 명 중 누가 그 불행을 겪게 될지는 아무도 모른다. 그래서 모두가 불안하다. 이럴 때 한 집 당 1만 원씩 부담해서 1억 원을 모아 두었다가 불이 난 집에 주기로 하면 모두가 안심하고 생활을 할 수 있게 된다.

① 이와 같이 소액의 보험료를 매개체로 하여 큰 위험을 나누어 가짐으로써 경제적 불안으로부터 해방되어 안심하고 생활할 수 있도록 해주는 제도가 보험이다.

② 이와 같이 손해보험은 계약자가 보험단체를 구성하여 위험을 분담하게 되는데 독일의 보험학자 「마네즈」는 보험을 일컬어 「1인은 만인을 위하여, 만인은 1인을 위하여」 서로 위험을 분담하는 제도라고 하였다.

(2) 위험 대량의 원칙

① 수학이나 통계학에서 적용되는 대수의 법칙을 보험에 응용한 것이 위험 대량의 원칙이다. 보험이 성립하기 위해서는 일정 기간 중에 그 위험집단에서 발생할 사고의 확률과 함께 사고에 의해 발생할 손해의 크기를 파악할 수 있어야 한다.

② 위험 대량의 원칙은 보험에 있어서 사고 발생 확률이 잘 적용되어 합리적 경영이 이루어지려면 위험이 대량으로 모여서 하나의 위험단체를 구성해야 한다는 것이다. 이로 인해 보험계약은 단체성의 특성을 갖게 된다.

예를 들어 자동차를 가지고 있는 사람 100명이 모여서 보험을 가입할 경우, 그 100명이 우연히도 사고를 많이 내는 사람들이라면 보험자는 곧 문을 닫게 될 수도 있고 그 반대의 경우에는 보험자가 고스란히 이익을 보게 될 수도 있다. 그러나 계약자가 1만 명, 10만 명, 100만 명으로 늘어나게 되면 사고 발생 확률이 보다 잘 적용되어 안정적인 보험경영이 가능해진다.

(3) 급부·반대급부 균등의 원칙(계약자 개개인의 관점에서 본 원칙)

① 급부·반대급부 균등의 원칙(給付 反對給付 均等의 原則)에서 '급부(給付)'는 계약자가 내는 보험료를 의미하며 '반대급부(反對給付)'는 보험자로부터 받게 되는 보험금에 대한 기대치를 의미한다.

② 즉, 위험집단 구성원 각자가 부담하는 보험료는 지급보험금에 사고 발생의 확률을 곱한 금액과 같다. 이를 급부·반대급부 균등의 원칙이라 한다.

보험료 = 지급보험금 × 사고 발생 확률

예를 들어 1만 명이 1억 원짜리(땅값을 뺀 건물값만) 집을 한 채씩 가지고 있고 평균적으로 1년에 한 채씩 화재가 나서 소실된다면 1만 원씩 내서 1억 원을 모아 두었다가 불이 난 집에 주기로 하면 된다. 이때 보험료 1만 원은 보험금 1억 원에 사고발생확률 1만분의 1을 곱한 금액과 같게 된다.

(4) 수지상등의 원칙(계약자 전체 관점에서 본 원칙)

① 보험자가 받은 보험료가 지급한 보험금보다 부족하거나 또는 반대로 지나치게 많아서는 안 된다. 이것이 수지상등의 원칙(收支相等의 原則)이다. 여기에서 '수(收)'는 보험자가 받아들이는 수입(보험료)을 말하며 '지(支)'는 지출(보험금)을 의미한다.

② 즉, 보험자가 받아들이는 수입 보험료 총액과 사고 시 지급하는 지급보험금 총액이 같아져야 한다는 것이 수지상등의 원칙이다.

수입 보험료 합계 = 지출 보험금의 합계
계약자 수 × 보험료 = 사고 발생 건수 × 평균 지급보험금

위에서 예를 든 화재보험의 경우 보험자가 1인당 1만 원씩 1만 명에게 받은 총 보험료는 1억 원이 되고 이는 곧 지급하는 총 보험금 1억 원과 같아진다는 것이다. 실제로는 앞의 수입부분에는 계약자가 납부하는 보험료 외에 자금운용수익, 이자 및 기타 수입 등이 포함되며, 지출부분에는 지급보험금 외에 인건비, 사업 운영비, 광고비 등 다양한 지출항목이 포함된다.

(5) 이득금지의 원칙

① 손해보험의 가입 목적은 손해의 보상에 있으므로 피보험자는 보험사고 발생 시 실제로 입은 손해만을 보상받아야 하며, 그 이상의 보상을 받아서는 안 된다는 것이다.

② 계약자가 손해보험에 가입하고 사고가 발생한 결과 피보험자가 사고 발생 직전의 경제 상태보다 더 좋은 상태에 놓이게 된다면 보험에 의해 부당한 이익을 얻는 것이 된다. 이럴 경우 그 이득을 얻기 위해 인위적인 사고를 유발할 요인이 될 수 있고 결과적으로 공공질서나 미풍양속을 해칠 우려가 있어 '보험에 의해 이득을 보아서는 안 된다'는 이득금지의 원칙이 손해보험의 대원칙으로 적용되고 있다.

③ 이러한 이득금지의 원칙을 실현하기 위한 대표적인 법적 규제로는 초과보험, 중복보험, 보험자대위 등에 관한 규정이 있다.

2 손해보험 계약의 의의와 원칙

1 손해보험 계약의 의의

① 손해보험은 피보험자의 재산에 직접 생긴 손해 또는 다른 사람에게 입힌 손해를 배상함으로써 발생하는 피보험자의 재산상의 손해를 보상해주는 보험이다.

② 「상법」(제638조)에서는 "보험계약은 당사자 일방이 약정한 보험료를 지급하고 재산 또는 생명이나 신체에 불확정한 사고가 발생할 경우에 상대방이 일정한 보험금이나 그 밖의 급여를 지급할 것을 약정함으로써 효력이 생긴다."라고 보험계약의 의의를 정의하고 있다.

2 손해보험 계약의 법적 특성

불요식 낙성계약성	• 손해보험 계약은 특별히 정해진 요식행위를 필요로 하지 않고 계약자의 청약과 보험자의 승낙이라는 당사자 쌍방 간의 의사 합치만으로 성립하여 불요식·낙성계약(諾成契約)이다. • 특별한 요식행위를 요구하지 않는다는 점에서 불요식(不要式)이며, 당사자 간의 청약과 승낙으로 계약이 이루어진다는 점에서 낙성(諾成)이다.
유상계약성	• 손해보험 계약은 계약자의 보험료 지급과 보험자의 보험금 지급을 약속하는 유상계약(有償契約)이다.
쌍무계약성	• 보험자인 손해보험회사의 손해보상 의무와 계약자의 보험료 납부 의무가 대가(對價) 관계에 있으므로 쌍무계약(雙務契約)이다.
상행위성	• 손해보험 계약은 상행위이며(「상법」 제46조) 영업행위이다.
부합계약성	• 손해보험 계약은 동질(同質)의 많은 계약을 간편하고 신속하게 처리하기 위해 계약조건을 미리 정형화(定型化)하고 있어 부합계약(附合契約)에 속한다. • 부합계약이란 당사자 일방이 만들어 놓은 계약조건에 상대방 당사자는 그대로 따르는 계약을 말한다. • 보험계약의 부합계약성으로 인해 약관이 존재하게 된다.

최고 선의성	• 손해보험 계약에 있어 보험자는 사고의 발생 위험을 직접 관리할 수 없기 때문에 도덕적 해이의 발생 가능성이 큰 계약이다. 따라서 신의성실의 원칙이 무엇보다도 중요시되고 있다.
계속계약성	• 손해보험 계약은 한 때 한 번만의 법률행위가 아니고 일정 기간에 걸쳐 당사자 간에 권리의무 관계를 존속시키는 법률행위이다.

3 보험계약의 법적 원칙

(1) 실손보상 원칙

1) 실손보상 원칙의 정의

실손보상(實損補償)의 원칙(principle of indemnity)은 문자 그대로 실제 손실을 보상한다는 것이다. 이는 보험의 기본인 이득금지 원칙과 일맥상통하는 것으로 보험으로 손해를 복구하는 것으로 충분하며, 이득까지 보장하는 것은 지나치다는 원칙이다.

예를 들어 가격이 2,000만 원인 자동차가 사고로 300만 원의 물적 손해를 입었다면 300만 원까지만 보험으로 보상해주는 것이다.

2) 실손보상 원칙의 목적

① 실손보상 원칙의 목적 중 하나는 앞에서도 언급한 것처럼 피보험자의 재산인 자동차를 손해 발생 이전의 상태로 복원시키는 것이다. 사고 이전의 상태로 회복시키는 것을 넘어서는 이득을 얻을 수는 없다.

② 또 다른 목적은 도덕적 해이를 감소시키는 것이다. 손실(사고)이 발생하면 보험으로부터 보상받는데 원상회복을 넘어서는 이득을 얻을 수 있다면 고의로 사고를 일으킬 가능성이 크기 때문이다.

3) 실손보상 원칙의 예외

실손보상 원칙의 예외로는 ❶ 기평가계약, ❷ 대체비용보험, ❸ 생명보험이 있다(보험경영연구회 2021).

기평가계약 (valued policy)	• 전손(全損)이 발생한 경우 미리 약정한 금액을 지급하기로 한 계약이다. • 골동품, 미술품 및 가보 등과 같이 손실 발생 시점에서 손실의 현재가치를 산정할 수 없는 경우 계약자와 보험자가 합의한 금액으로 계약을 하게 된다.

대체비용보험 (replacement cost insurance)	• 손실지급액을 결정할 때 감가상각을 고려하지 않는 보험이다. • 손실이 발생한 경우, 새것으로 교체할 수밖에 없는 물건이나 감가상각을 따지는 것이 아무 의미도 없는 경우 대체비용보험이 적용된다. • 예를 들어 화재가 발생해 다 타버린 주택의 지붕은 새것으로 교체할 수밖에 없으며, 이때 감가상각을 따지는 것은 무의미하다.
생명보험 (life insurance)	• 생명보험은 실손보상의 원칙이 적용되지 않는다. 사망이나 부상의 경우 실제 손실이 얼마나 되는지 측정할 방법이 없어 인간의 생명에 감가상각의 개념을 적용할 방법이 없기 때문이다. • 생명보험의 경우 미리 약정한 금액으로 보험계약을 체결하고 보험사고가 발생하면 약정한 금액을 보험금으로 지급받는다.

(2) 보험자대위의 원칙

보험사고로 인하여 손해가 생긴 경우에 보험자가 피보험자에 대하여 보험금을 지급하는 것은 보험료 납부에 대한 반대급부이기 때문에 보험사고가 보험관계 밖에서 어떻게 피보험자에게 영향을 주는가는 보험계약과는 관계가 없다. 그렇지만 보험사고 발생 시 피보험자가 보험의 목적에 관하여 아직 잔존물을 가지고 있거나 또는 제3자에 대하여 손해배상청구권을 취득하는 경우가 있다. 이런 경우 보험자가 이에 개의치 않고 보험금을 지급한다면 오히려 피보험자에게 이중의 이득을 주는 결과가 된다. 따라서 「상법」은 보험자가 피보험자에게 보험금을 지급한 때에는 일정한 요건 아래 계약자 또는 피보험자가 가지는 권리가 보험자에게 이전하는 것으로 하고 있다. 이를 보험자대위라 한다.

1) 목적물대위(잔존물대위)(「상법」 제681조)

보험의 목적이 전부 멸실한 경우 보험금액의 전부를 지급한 보험자는 그 목적에 대한 피보험자의 권리를 취득하는데, 이것을 보험의 목적에 관한 보험자대위라 한다.

보험 목적물이 보험사고로 인하여 손해가 발생한 경우 전손해액에서 잔존물 가액을 공제한 것을 보상하면 되지만, 그렇게 하려면 계산을 위하여 시간과 비용이 들어 비경제적일 뿐만 아니라 한시라도 빨리 피보험물에 투하한 자본을 회수할 것을 희망하는 피보험자의 이익을 보호할 수 없다. 그렇다고 해서 보험자가 보험금액 전액을 지급하고 잔존물에 대한 가치까지 피보험자에게 남겨 준다면 피보험자에게 부당한 이득을 안겨주는 셈이 될 것이다. 그래서 잔존물을 도외시하고 전손으로 보아 보험자는 보험금액의 전부를 지급하고 그 대신 잔존물에 대한 권리를 취득하게 한 것이다.

2) 제3자에 대한 보험대위(청구권대위)(「상법」 제682조)

손해가 제3자의 행위로 인하여 발생한 경우 보험금을 지급한 보험자는 그 지급한 금액의 한도 내에서 그 제3자에 대한 계약자 또는 피보험자의 권리를 취득하는데 이것을 제3자에 대한 보험자대위라 한다.

이 경우에는 피보험자가 손해배상청구권을 가지므로 보험에 의해 보상될 피보험이익의 결손은 없다고 할 수 있으나, 이렇게 한다면 피보험자는 그 제3자를 상대로 권리의 실현을 시도하여야 하는데 소송의 졸렬 또는 제3자의 무자력(無資力) 등으로 인하여 소기의 결과를 얻을 수 없는 위험이 있다. 또 이 경우 보험자가 보험금을 지급하고서도 제3자에 대한 피보험자의 손해배상청구권을 피보험자가 행사하도록 한다면 피보험자는 이중의 이득을 보게 된다. 그래서 피보험자에게 보험금 청구권을 인정하는 한편, 이중이득을 막기 위해 제3자에 대한 권리를 보험자가 취득하게 한 것이다.

3) 보험자대위의 원칙(principle of subrogation)의 목적(보험경영연구회 2021)

- 첫째, 피보험자가 동일한 손실에 대해 책임이 있는 제3자와 보험자로부터 이중보상을 받아 이익을 얻는 것을 방지하는 목적이 있다.
- 둘째, 보험자가 보험자대위권을 행사하게 함으로써 과실이 있는 제3자에게 손실 발생의 책임을 묻는 효과가 있다.
- 셋째, 보험자대위권은 계약자나 피보험자의 책임 없는 손실로 인해 보험료가 인상되는 것을 방지한다. 즉, 보험자는 대위권을 통해 피보험자에게 지급한 보험금을 과실이 있는 제3자로부터 회수할 수 있으므로 계약자의 책임 없는 손실에 대한 보험료를 인상하지 않아도 된다.

(3) 피보험이익의 원칙

피보험이익은 계약자가 보험담보물에 대해 가지는 경제적 이해관계를 의미한다. 즉, 계약자가 보험목적물에 보험사고가 발생하면 경제적 손실을 입게 될 때 피보험이익이 있다고 한다. 피보험이익이 존재해야 보험에 가입할 수 있으며, 피보험이익이 없으면 보험에 가입할 수 없다. "피보험이익이 없으면 보험도 없다(No insurable interest, no insurance)"는 말이 이를 잘 나타낸다.

1) 피보험이익의 원칙(principle of insurable interest)의 목적(3가지)(보험경영연 2021).

- 첫째, 피보험이익은 도박을 방지하는 데 필수적이다. 피보험이익이 적용되지 않는다면 전혀 관련이 없는 주택이나 제3자에게 화재보험이나 생명보험을 들어놓고 화재가 발생하거나 일찍 사망하기를 바라는 도박적 성격이 강하기 때문에 사회 질서를 해치는 결과를 초래할 수 있다.

- 둘째, 피보험이익은 도덕적 해이를 감소시킨다. 보험사고로 경제적 손실을 입는 것이 명확한 데 고의로 사고를 일으킬 계약자는 없을 것이다.
- 셋째, 피보험이익은 결국 계약자의 손실 규모와 같으므로 손실의 크기를 측정하게 해 준다. 즉, 보험자는 보험사고 시 계약자의 손실을 보상할 책임이 있는데, 보상금액의 크기는 피보험이익의 가격(가액)을 기준으로 산정한다.

(4) 최대선의의 원칙

1) 최대선의의 원칙의 정의

① 통상적인 상거래(계약)는 서로 거래할 의사가 있으면 성사되는 것이지 자신에 대해 추가적인 정보를 제공할 필요는 없다. 그러나 보험계약의 경우는 다르다.

② 보험은 대상으로 하는 내용이 미래지향적이며 우연적인 특성이 있기 때문에 당사자 쌍방은 모든 사실에 대해 정직할 것이 요구되고 있다. 즉, 보험계약 시에 계약당사자에게 일반 계약에서보다는 매우 높은 정직성과 선의 또는 신의성실이 요구되는데 이를 최대선의(신의성실)의 원칙(principle of utmost good faith)이라고 한다. 보험계약에서는 자신에게 불리한 사실도 보험자에게 고지해야 하는데, 계약 체결 후에도 위험의 증가, 위험의 변경 금지의무 등이 부과되기 때문이다.

2) 최대선의의 원칙의 원리

최대선의의 원칙은 고지, 은폐 및 담보 등의 원리에 의해 유지되고 있다(보험경영연구회 2021).

가) 고지(또는 진술)

① 고지(또는 진술)는 계약자가 보험계약이 체결되기 전에 보험자가 요구하는 사항에 대해 사실 및 의견을 제시하는 것을 말한다.

② 보험자는 계약을 체결할 때 진술된 내용을 토대로 계약의 가부 및 보험료를 결정한다. 진술된 내용이 사실과 다르면 보험자는 제대로 된 판단이나 결정을 할 수 없게 되어 보험자의 안정적인 경영을 어렵게 할 뿐만 아니라 보험제도 자체에도 부정적인 영향을 미친다.

③ 진술한 내용이 사실과 달라 보험자가 계약 전에 알았다면 보험계약을 체결하지 않거나 다른 계약조건으로 체결되었을 정도라면 허위진술(misrepresentation)에 해당해 보험자의 선택에 의해 계약이 해제될 수 있다.

④ 계약자는 보험계약과 관련한 진술에서 고의가 아닌 실수 또는 착오에 의해 사실과 다른 내용을 진술할 수도 있으나 효과는 허위진술과 동일하다. 따라서 계약자는 보험계약 시에는 매우 신중하고 성실하게 보험자에게 진술해야 한다.

보충자료

「상법」(제651조)에서는 '보험계약 당시에 계약자 또는 피보험자가 고의 또는 중대한 과실로 인하여 중요한 사항을 고지하지 아니하거나 부실의 고지를 한 때에는 보험자는 그 사실을 안 날로부터 1월 내에, 계약을 체결한 날로부터 3년 내에 한하여 계약을 해지할 수 있다. 그러나 보험자가 계약 당시에 그 사실을 알았거나 중대한 과실로 인하여 알지 못한 때에는 그러하지 아니하다.'라고 규정하여 계약자가 고지의무를 위반하면 보험계약이 해지될 수 있음을 규정하고 있다.

나) 은폐(의식적 불고지)

① 은폐(의식적 불고지)는 계약자가 보험계약 시에 보험자에게 중대한 사실을 고지하지 않고 의도적이거나 무의식적으로 숨기는 것을 말한다.

② 법적인 효과는 기본적으로 고지의무 위반과 동일하나 보험의 종류에 따라 차이가 있다. 중대한 사실은 보험계약 체결에 영향을 줄 수 있는 사항을 말한다.

다) 담보(보증)

① 담보(보증)는 보험계약의 일부로서 피보험자가 진술한 사실이나 약속을 의미한다. 담보는 보험계약의 성립과 효력을 유지하기 위하여 계약자가 준수해야 하는 조건이다.

② 담보의 내용은 여러 가지 형태를 취할 수 있는데 어떤 특정한 사실의 존재, 특정한 조건의 이행, 보험목적물에 영향을 미치는 특정한 상황의 존재 등이 될 수 있다.

③ 담보는 고지(진술)와 달리 계약자가 보험자에게 약속한 보험계약상의 조건이기 때문에 위반하게 되면 중요성의 정도에 관계없이 보험자는 보험계약을 해제 또는 해지할 수 있다.

④ 담보는 사용되는 형태에 따라 상호 간에 묵시적으로 약속한 묵시담보(implied warranty)와 계약서에 명시적으로 약속한 명시담보(expressed warranty)로 구분된다.

⑤ 또한 보증 내용의 특성에 따라 약속보증(promissory warranty)과 긍정보증(affirmative warranty)으로 구분된다(이경룡 2013).

약속보증	약속보증은 피보험자가 보험계약의 전 기간을 통해 이행할 것을 약속한 조건을 의미한다.
긍정보증	보험계약이 성립되는 시점에서 어떤 특정의 사실 또는 조건이 진실이거나 이행되었다는 것을 약속하는 것이다.

3 보험계약 당사자의 의무

보험계약은 최대선의의 원칙에 따라 쌍방이 최대한의 신의와 성실을 가지고 계약에 임해야 한다. 여기에서는 보험자의 의무와 계약자 또는 피보험자의 의무에 대해 개략적으로 살펴보기로 한다.

1 보험자의 의무

보험계약에서 보험자의 기본적인 의무는 계약자 또는 피보험자가 자신의 여건에 적합한 보험상품을 선택하여 각종 위험에 대비하고, 만일의 경우 보험사고가 발생하면 신속하게 손해사정 과정을 추진하여 지체없이 보험금을 지급함으로써 계약자 또는 피보험자가 곤란한 상황에 처하지 않고 경제활동을 재개할 수 있도록 하는 것이다.

보충자료

보험계약과 관련하여 보험자의 의무를 정리해 보면, ❶ 보험계약 시 계약자에게 보험상품에 대해 상세하게 설명하여 계약자가 충분히 이해한 상황에서 보험상품을 선택할 수 있도록 도와야 한다. ❷ 만일의 경우 보험사고가 발생하면 신속하게 손해사정 절차를 거쳐 피보험자에게 보험금이 지급되도록 해야 한다. 손해사정 과정에서도 전문적인 분야라는 점을 강조하여 계약자 또는 피보험자를 일방적으로 배제할 것이 아니라 손해사정의 과정을 계약자 또는 피보험자가 이해할 수 있도록 설명하여 손해사정 결과를 수긍할 수 있도록 해야 한다. 계약자 또는 피보험자가 손해사정 과정을 제대로 이해하지 못하면 보험상품에 대한 불신과 불만이 커져 다툼으로 확대될 가능성이 있다. ❸ 보험자는 보험경영을 건실하게 하여야 한다. 보험경영은 다수의 선의의 계약자들이 기여한 보험료를 밑천으로 하여 이루어지기 때문에 안정적이면서도 효율적으로 운영할 필요가 있다. ❹ 이 외에 보험자는 소비자인 계약자 또는 피보험자의 이익을 보호하기 위해 최선을 다해야 할 것이다.

2 보험계약자 또는 피보험자의 의무

보험계약은 쌍방의 정보를 기반으로 이루어지기 때문에 각자 계약과 관련한 정보를 상대방에게 제공할 필요가 있다. 실제로는 보험자는 취급하는 보험상품의 정보(내용)를 공개하기 때문에 계약자가 주의 깊게 살펴보면 내용을 파악할 수 있다. 그러나 계약자 또는 피보험자와 관련한 정보는 계약자가 제공하는 정보에 의존할 수밖에 없다. 보험자가 계약자 또는 피보험자에 관한 정보를 확보하는 데에는 한계가 있기 때문이다. 따라서 관련 법령 등에서는 계약자 또는 피보험자가 지켜야 할 의무를 명시적으로 규정하고 있으며, 계약자의 의무 불이행 시 보험자가 계약을 해지할 수 있는 경우도 있다.

(1) 고지의무

① 고지의무(duty of disclosure)는 계약자 또는 피보험자가 보험계약 체결에 있어 보험자가 보험사고 발생 가능성을 측정하는데 필요한 중요한 사항에 대하여 진실을 알려야 할 보험 계약상의 의무를 말한다(한낙현·김흥기 2008).

② 고지의무를 이행하지 않는다고 해서 보험자가 강제적으로 그 수행을 강요하거나 불이행을 이유로 손해배상을 청구할 수 있는 것은 아니며, 보험자는 고지의무위반을 사유로 보험계약을 해지할 수 있을 뿐이다.

③ 고지는 법률상으로 구두 또는 서면의 방법 등 어느 것이든 가능하고 명시적이든 묵시적이든 상관은 없다. 현실적으로는 표준약관에 의하여 청약서에 기재하는 서면의 방법으로 이루어지고 있는 것이 보통이다.

④ 고지해야 할 시기는 보험계약 체결 당시이다.

(2) 통지의무

계약자 또는 피보험자의 의무에는 고지의무 외에 위험 발생과 관련하여 보험자에게 통지해야 하는 의무가 있다.

1) 위험변경·증가의 통지의무

계약자 또는 피보험자가 보험사고 발생의 위험이 현저하게 변경 또는 증대된 사실을 안 때에는 지체없이 보험자에게 통지하여야 한다. 이러한 위험변경·증가 통지의무의 발생 요건으로는 보험기간 중에 발생한 것이어야 하며, 또한 계약자 또는 피보험자가 개입할 수 없는 제3자의 행위이어야 한다.

2) 위험 유지 의무

보험기간 중에 계약자 또는 피보험자나 보험수익자는 스스로 보험자가 인수한 위험을 보험자의 동의 없이 증가시키거나 제3자에 의해 증가시키도록 하여서는 안 될 의무를 지고 있다. 계약자 또는 피보험자, 보험수익자의 고의 또는 중대한 과실로 인하

여 사고 발생의 위험이 현저하게 변경 또는 증대한 때에는 보험자는 그 사실을 안 날부터 1월 내에 보험료의 증액을 청구하거나 계약을 해지할 수 있다.

3) 보험사고 발생의 통지의무

계약자 또는 피보험자나 보험수익자는 보험사고의 발생을 안 때에는 지체없이 보험자에게 통지해야 하며, 보험사고 발생 통지의무의 법적 성질에 대해서는 고지의무나 위험변경·증가 통지의무와 같이 계약자 또는 피보험자, 보험수익자에게 그 의무 이행을 강제할 수는 없으나 보험금 청구를 위한 전제조건인 동시에 보험자에 대한 진정한 의무라고 할 수 있다.

(3) 손해방지 경감의무

1) 손해방지 경감의무의 의의

우리나라 「상법」은 손해보험 계약에서 계약자와 피보험자는 보험사고가 발생한 경우, 손해의 방지와 경감을 위하여 노력하여야 한다고 규정(「상법」 제680조)하고 있는데, 이를 손해방지 경감의무라 한다.

2) 인정 이유

손해방지 경감의무는 보험계약의 신의성실의 원칙에 기반을 둔 것으로서 보험자나 보험단체 및 공익 보호라는 측면에서 인정된다. 또 보험사고의 우연성 측면에서도 고려해 볼 수 있는데 손해방지 경감의무를 이행하지 아니함으로써 늘어난 손해는 우연성을 결여한 것으로 볼 수 있다는 점이다.

3) 손해방지 경감의무의 내용

가) 손해방지 경감의무를 지는 자의 범위

① 「상법」상 손해방지 경감의무를 지는 자는 계약자와 피보험자이다(「상법」 제680조).

② 또한 계약자나 피보험자의 대리권이 있는 대리인과 지배인도 손해방지 경감의무를 진다. 계약자나 피보험자가 다수인 경우, 각자 이 의무를 지는 것으로 본다.

③ 그러나 이 의무는 손해보험에서만 발생하는 의무로서 인보험의 보험수익자는 손해방지 경감의무를 부담하지 아니한다.

나) 손해방지 경감의무의 존속기간

발생 시점	• 우리나라 「상법」에서는 손해방지 경감의무에 대하여 "계약자와 피보험자는 손해의 방지와 경감을 위하여 노력하여야 한다"라고만 규정되어 있을 뿐 언제 이러한 의무를 부담하여야 하는가에 대해서는 언급하고 있지 않다. • 그러나 대부분의 손해보험 약관에서는 '보험사고가 생긴 때에는' 또는 '보험사고가 생긴 것을 안 때에는'이라고 규정하여 손해방지 경감의무의 시점은 보험사고가 발생하여 손해가 발생할 것이라는 것을 계약자나 피보험자가 안 때부터라고 해석할 수 있다.
사고 자체의 예방이 포함되는지 여부	• 보험사고 발생 전의 보험기간은 손해방지 경감의무 존속기간이 아니며, 사고 자체를 막아야 하는 것은 이 의무에 포함되지 않는다.
소멸 시점	• 계약자나 피보험자가 손해방지 경감의무를 부담하는 기간은 손해방지 가능성이 있는 기간 동안 존속하는 것으로 보아야 하므로 손해방지 경감의무의 소멸 시점은 손해방지의 가능성이 소멸한 때이다.

다) 손해방지 경감의무의 방법과 노력의 정도

방법과 노력의 정도	• 손해방지 경감의무의 방법은 계약자나 피보험자가 그 상황에서 손해방지를 위하여 일반적으로 기대되는 방법이면 된다. • 손해방지 경감의무 이행을 위한 노력은 계약자나 피보험자가 그들의 이익을 위하여 할 수 있는 정도의 노력이면 된다고 본다. • 그러나 손해방지 경감의무의 방법과 노력의 정도는 임의로 정할 수 있는 것은 아니며, 보험계약의 최대선의의 원칙에 의거하여 사안별로 판단되어야 한다.

보험자의 지시에 의한 경우	• 보험사고 발생 시 사고 통보를 받은 보험자가 손해방지를 위하여 계약자나 피보험자에게 지시한 경우, 계약자 등이 이를 따라야 하는가 하는 문제와 보험자가 직접 손해방지 행위를 하는 경우, 계약자 등이 이를 허용하여야 하는가 하는 문제가 있을 수 있다. • 그러나 손해방지 경감의무가 보험단체와 공익 보호 측면에서 인정되고 있다는 점에서 허용되는 것으로 보아야 한다.

라) 손해방지 경감의무 위반의 효과

① 계약자 또는 피보험자가 손해방지 경감의무를 해태한 경우의 효과에 대해서는 「상법」상 별다른 규정이 없다. 그러나 개별 손해보험 약관에서는 계약자 등이 고의 또는 중대한 과실로 이를 게을리한 때에는 방지 또는 경감할 수 있었을 것으로 밝혀진 값을 손해액에서 공제한다고 규정하고 있다.

② 즉, 우리나라 손해보험 약관에서는 경과실로 인한 손해방지 경감의무 위반의 경우에는 보험자의 보험금 지급책임을 인정하고 중과실 또는 고의의 경우에만 보험자의 보험금 지급책임(늘어난 손해)을 면제하고 있다. 이는 손해방지 경감의무 위반을 구분하는 기준이 모호하고 이로 인한 계약자 또는 피보험자의 불이익을 방지하고자 하는 의도로 보인다.

마) 손해방지 경감 비용의 보상

보험금액을 초과한 경우도 보상	• 손해방지는 보험단체나 공익에 도움이 될 뿐만 아니라 결과적으로 보험자가 보상하는 손해액이 감소되므로 보험자에게도 이익이 된다. • 이에 따라 우리나라 「상법」에서는 손해방지를 위하여 계약자 등이 부담하였던 필요 또는 유익한 비용과 보상액이 보험금액을 초과한 경우라도 보험자가 이를 부담하게 하였다(「상법」 제680조). • 여기서 필요 또는 유익한 비용이란 비용 지출 결과 실질적으로 손해의 경감이 있었던 것만을 의미하지는 않고 그 상황에서 손해경감 목적을 가지고 한 타당한 행위에 대한 비용이 포함된다고 본다.

일부보험의 경우	• 일부보험의 경우에는 손해방지 비용은 보험금액의 보험가액에 대한 비율에 따라서 보험자가 부담하고 그 잔액은 피보험자가 부담한다.

4 보험증권 및 보험약관

1 보험증권

(1) 보험증권의 의미

① 보험증권(insurance policy)은 보험계약 체결에서 그 계약이 성립되었음과 그 내용을 증명하기 위하여 보험자가 작성하여 기명, 날인 후 계약자에게 교부하는 증서이다(권 오 2011).

② 보험자는 보험계약이 성립한 때 지체 없이 보험증권을 작성하여 보험계약자에게 교부하여야 한다. 그러나 보험계약자가 보험료의 전부 또는 최초의 보험료를 지급하지 아니한 때에는 그러하지 아니하다.

(2) 보험증권의 특성

① 보험증권은 보험계약 성립의 증거로서 보험계약이 성립한 때 교부한다.

② 보험증권은 유가증권이 아니라 단지 증거증권으로서 배서나 인도에 의해 양도된다.

③ 보험증권은 보험자가 사전에 작성해 놓고 보험계약 체결의 사실을 인정하는 것이기 때문에 이를 분실하더라도 보험계약의 효력에는 어떤 영향도 미치지 않는다.

(3) 보험증권의 내용

보험증권의 내용은 ❶ 보험계약청약서의 기재 내용에 따라 작성되는 표지의 계약자 성명과 주소, 피보험자의 성명과 주소, 보험에 붙여진 목적물, 보험계약기간, 보험금액, 보험료 및 보험계약 체결 일자 등이 들어가는 부분, ❷ 보험자가 보상하는 손해와 보상하지 아니하는 손해 등의 계약 내용이 인쇄된 보통보험약관, ❸ 어떠한 특별한 조건을 더 부가하거나 삭제할 때 쓰이는 특별보험약관으로 구성되어 있다.

(4) 보험증권의 법적 성격

1) 요식증권성

① 보험증권에는 일정 사항을 기재해야 한다는 의미에서 요식증권의 성격을 갖는다(보험경영연구회 2021).

② 보험자가 보험증권에 기재하여야 하는 사항은 ❶ 보험의 목적, ❷ 보험사고의 성질, ❸ 보험금액, ❹ 보험료와 그 지급 방법, ❺ 보험기간을 정한 때에는 그 시기(始期)와 종기(終期), ❻ 무효와 실권(失權)의 사유, ❼ 계약자의 주소와 성명 또는 상호, ❽ 보험계약의 연월일, ❾ 보험증권의 작성지와 그 작성 연월일 등이다.

③ 이러한 기본적인 사항 이외에도 「상법」은 보험의 종류에 따라 각각 별도의 기재 사항을 규정하고 있다.

2) 증거증권성

보험증권은 보험계약의 성립을 증명하기 위해 보험자가 발행하는 증거(證據)증권이다. 계약자가 이의 없이 보험증권을 수령하는 경우 그 기재가 보험관계의 성립 및 내용에 대해 사실상의 추정력을 갖게 되지만, 그 자체가 계약서는 아니다.

3) 면책증권성

보험증권은 보험자가 보험금 등의 급여 지급에 있어 제시자의 자격과 유무를 조사할 권리는 있으나 의무는 없는 면책(免責)증권이다. 그 결과 보험자는 보험증권을 제시한 사람에 대해 악의 또는 중대한 과실이 없이 보험금 등을 지급한 때에는 그가 비록 권리자가 아니더라도 그 책임을 면한다.

4) 상환증권성

실무적으로 보험자는 보험증권과 상환(相換)으로 보험금 등을 지급하고 있으므로 일반적으로 상환증권의 성격을 갖는다.

5) 유가증권성

① 일부 종류 보험의 경우에 보험증권은 유가증권의 성격을 지닌다. 법률상 유가증권은 기명식에 한정되어 있지 않으므로 지시식(指示式) 또는 무기명식으로 발행될 수도 있다.

② 실제로 운송보험, 적하보험 등에서 지시식 또는 무기명식 보험증권이 이용되고 있다. 적하보험과 같이 보험목적물이 운송물일 경우 보험증권이 선하 증권과 같은 유통증권과 같이 유통될 필요가 있으므로 지시식으로 발행되는 것이 일반적이다.

③ 그러나 생명보험과 화재보험 등과 같은 일반손해보험의 경우 보험증권의 유가증권성을 인정하는 것은 실익이 없을 뿐만 아니라 이를 인정하면 도덕적 해이와 같은 폐해가 발생할 수 있다.

④ 다만, 운송보험, 적하보험에서와 같이 보험목적물에 대한 권리가 증권에 기재되어 유통되는 경우 보험증권의 유가증권성을 인정하여 배서에 의한 보험금 청구권의 이전을 가능하게 하는 것이 타당하다.

2 보험약관

(1) 보험약관의 의미

① 보험약관은 보험자와 계약자 또는 피보험자 간에 권리 의무를 규정하여 약속하여 놓은 것이다. 보험약관에는 계약의 무효, 보상을 받을 수 없는 경우 등 여러 가지 보험계약의 권리와 의무에 관한 사항들이 적혀 있다.

② 보험약관은 통상 표준화하여 사용되고 있다. 보험이라는 금융서비스의 성격상 다수의 계약자를 상대로 수많은 보험계약을 체결해야 하므로 그 내용을 정형화하지 않을 경우, 보험자 및 계약자 또는 피보험자의 관점에서 많은 불편이 생기기 때문이다.

③ 즉, 통일성이 결여된 경우 약관 조항의 의미에 대한 다양한 법적 시비가 발생하고, 일반 소비자가 일일이 약관의 내용을 확인하는 것이 어렵다.

(2) 보험약관의 유형

보험약관은 보통보험약관과 특별보험약관으로 구분된다.

보통보험약관	• 보통보험약관은 보험자가 일반적인 보험계약의 내용을 미리 정형적으로 정하여 놓은 약관이다. • 보통보험약관을 보충, 변경 또는 배제하기 위한 보험약관을 특별보험약관이라고 한다.
특별보험약관	• 특별보험약관이 보통보험약관에 우선하여 적용되나 특약조항을 이용하여 법에서 금지하는 내용을 가능하게 할 수는 없다.

(3) 보통보험약관의 효력

1) 보험약관의 구속력

① 보통보험약관의 내용을 보험계약의 내용으로 하겠다는 구체적인 의사가 있는 경우뿐 아니라 그 의사가 명백하지 아니한 경우에도 보험약관의 구속력을 인정하지 않을 수 없다.

② 보통보험약관은 반대의 의사표시가 없는 한 당사자가 그 약관의 내용을 이해하고 그 약관에 따를 의사의 유무를 불문하고 약관의 내용이 합리적인 한 보험계약의 체결과

동시에 당사자를 구속하게 된다.

2) 허가를 받지 않는 보험약관의 사법상의 효력

① 금융위원회의 허가를 받지 아니한 보통보험약관에 의하여 보험계약이 체결된 경우, 사법상의 효력의 문제는 그 효력을 인정하는 것이 타당하다.

② 물론 허가를 받지 않은 약관을 사용한 보험자가 「보험업법」상의 제재를 받는 것은 당연하고, 또 금융위원회의 허가를 받지 아니하고 자신의 일방적인 이익을 도모하거나 공익에 어긋나는 약관을 사용한 때에는 그 효력은 인정되지 않는다.

(4) 보통보험약관의 해석

1) 기본 원칙

① 당사자의 개별적인 해석보다는 법률의 일반 해석 원칙에 따라 보험계약의 단체성·기술성을 고려하여 각 규정의 뜻을 합리적으로 해석해야 한다(한낙현·김흥기 2008).

② 보험약관은 보험계약의 성질과 관련하여 신의성실의 원칙에 따라 공정하게 해석되어야 하며, 계약자에 따라 다르게 해석되어서는 안 된다.

③ 보험 약관상의 인쇄 조항(printed)과 수기 조항(hand written) 간에 충돌이 발생하는 경우 수기 조항이 우선한다. 당사자가 사용한 용어의 표현이 모호하지 아니한 평이하고 통상적인 일반적인 뜻(PoP ; plain, ordinary, popular)을 받아들이고 이행되는 용례에 따라 풀이해야 한다.

2) 작성자 불이익의 원칙(contra proferentem rule)

보험약관의 내용이 모호한 경우(즉, 하나의 규정이 객관적으로 여러 가지 뜻으로 풀이되는 경우나 해석상 의문이 있는 경우)에는 보험자에게 엄격·불리하게 계약자에게 유리하게 풀이해야 한다는 원칙을 말한다.

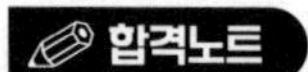

[제8회 기출문제]

보통보험약관의 해석에 관한 내용이다. (　)에 들어갈 내용을 쓰시오. (5점)

- 기본원칙
  보험약관은 보험계약의 성질과 관련하여 (①)에 따라 공정하게 해석되어야 하며, 계약자에 따라 다르게 해석되어서는 안 된다. 보험 약관상의 (②) 조항과 (③) 조항 간에 충돌이 발생하는 경우 (③) 조항이 우선한다.
- 작성자 불이익의 원칙
  보험약관의 내용이 모호한 경우에는 (④)에게 엄격·불리하게 (⑤)에게 유리하게 풀이해야 한다.

답 : ① 신의성실의 원칙 ② 인쇄 ③ 수기 ④ 보험자 ⑤ 계약자 끝

5 재보험

1 재보험의 의의와 특성

(1) 재보험의 의의

재보험이란 보험자가 계약자 또는 피보험자와 계약을 체결하여 인수한 보험의 일부 또는 전부를 다른 보험자에게 넘기는 것으로 보험기업 경영에 중요한 역할을 한다. 특히 최근 산업발전과 함께 위험이 대형화됨에 따라 재보험의 역할은 날로 중요해지고 있다. 즉, 재보험은 원보험자가 인수한 위험을 또다른 보험자에게 분산함으로써 보험자 간에 위험을 줄이는 방법이다. 따라서 원보험자와 재보험자 간에 위험 분담을 어떻게 하느냐 하는 것은 매우 중요하다.

(2) 재보험 계약의 독립성

보험자는 보험사고로 인하여 부담할 책임에 대하여 다른 보험자와 재보험 계약을 체결할 수 있다. 이 재보험 계약은 원보험 계약의 효력에 영향을 미치지 않는다(「상법」 제661조). 이것은 원보험 계약과 재보험 계약이 법률적으로 독립된 별개의 계약임을 명시한 것이다.

(3) 재보험 계약의 성질

재보험 계약은 책임보험의 일종으로서 손해보험 계약에 속한다. 따라서 원보험이 손

해보험인 계약의 재보험은 당연히 손해보험이 되지만 원보험이 인보험인 계약의 재보험은 당연히 인보험이 되지 않고 손해보험이 된다. 그러나 재보험은 「보험업법」상 예외 규정에 따라 생명보험회사도 인보험의 재보험을 겸영할 수 있다.

(4) 「상법」상 책임보험 관련 규정의 준용

「상법」상 책임보험에 관한 규정(「상법」 제4편 제2장 제5절)은 재보험 계약에 준용된다(「상법」 제726조).

2 재보험의 기능

(1) 위험 분산

재보험의 기능은 위험 분산이라는 것에서 찾을 수 있다. 이를 세분하면 양적 분산, 질적 분산, 장소 분산 등으로 나누어 볼 수 있다.

양적 분산 기능	재보험은 원보험자가 인수한 위험의 전부 또는 일부를 분산시킴으로써 한 보험자로서는 부담할 수 없는 커다란 위험을 인수할 수 있도록 한다.
질적 분산 기능	원보험자가 특히 위험률이 높은 보험 종목의 위험을 인수한 경우 이를 재보험으로 분산시켜 원보험자의 재정적 곤란을 구제할 수 있도록 한다.
장소적 분산 기능	원보험자가 장소적으로 편재한 다수의 위험을 인수한 경우, 이를 공간적으로 분산 시킬 수 있도록 한다.

(2) 원보험자의 인수 능력(capacity)의 확대로 마케팅 능력 강화

원보험자의 인수 능력(capacity)의 확대로 마케팅 능력을 강화하는 기능을 한다. 원보험자는 재보험을 통하여 재보험이 없는 경우 인수할 수 있는 금액보다 훨씬 더 큰 금액의 보험을 인수(대규모 리스크에 대한 인수 능력 제공)할 수 있게 된다.

(3) 경영의 안정화

실적의 안정화 및 대형 이상 재해로부터 보호해주는 등 원보험사업의 경영 안정성(재난적 손실로부터 원보험사업자 보호)을 꾀할 수 있다. 즉 예기치 못한 자연재해 및 대형 재해의 발생 등으로 인한 보험영업실적의 급격한 변동은 보험사업의 안정성을 저해하게 된다. 재보험은 이러한 각종 대형 위험 등 거액의 위험으로부터 실적의 안정화를 지켜주므로 보험자의 경영 안정성에 큰 도움을 준다.

(4) 신규 보험상품의 개발 촉진

재보험은 신규 보험상품의 개발을 원활하게 해주는 기능을 한다. 원보험자가 신상품을 개발하여 판매하고자 할 때 손해율 추정 등이 불안하여 신상품 판매 후 전액 보유하기에는 불안한 경우가 많다. 이 경우 정확한 경험통계가 작성되는 수년 동안 재보험자가 재보험사업에 참여함으로써 원보험자의 상품개발을 지원하는 기능을 하고 있다.

03 워크북으로 마무리하기

01 다음은 이득금지의 원칙에 관한 내용이다. 아래 괄호에 알맞은 내용을 쓰시오.

> 보험에 의해 이득을 보아서는 안 된다는 이득금지의 원칙이 손해보험의 대원칙으로 적용되고 있다. 이러한 이득금지의 원칙을 실현하기 위한 대표적인 법적 규제로는 (①), (②), (③) 등에 관한 규정이 있다.

02 「농작물 재해보험 및 가축재해보험의 이론과 실무」에서 열거하는 보험계약의 법적 원칙을 4가지만 쓰시오.

03 「농작물 재해보험 및 가축재해보험의 이론과 실무」에서 열거하는 보험계약자 또는 피보험자의 의무를 3가지만 쓰시오.

04 「농작물 재해보험 및 가축재해보험의 이론과 실무」에서 열거하는 보험증권의 법적 성격을 5가지만 쓰시오.

정답

01 답 : ① 초과보험 ② 중복보험 ③ 보험자대위 끝
02 답 : 실손보상의 원칙, 보험자대위의 원칙, 피보험이익의 원칙, 최대선의의 원칙 끝
03 답 : 고지의무, 통지의무, 손해방지 경감의무 끝
04 답 : 요식증권성, 증거증권성, 면책증권성, 상환증권성, 유가증권성 끝

제5절 농업재해보험 관련 용어

01 기출유형 확인하기

제1회 농작물재해보험 업무방법에서 정하는 용어를 순서대로 답란에 쓰시오. (5점)

종합위험방식 벼 상품 및 업무방법에서 정하는 용어를 순서대로 답란에 쓰시오. (5점)

제2회 다음은 농작물재해보험 업무방법 통칙내 용어의 정의로 괄호 안에 들어갈 옳은 내용을 답란에 쓰시오. (5점)

제3회 농작물재해보험의 업무방법 통칙에서 정하는 용어의 정의로 (　　)에 들어갈 내용을 답란에 쓰시오. (5점)

제5회 농작물재해보험의 업무방법 통칙에서 정하는 용어의 정의로 (　　)에 들어갈 내용을 쓰시오. (5점)

제6회 농작물재해보험의 업무방법 통칙에서 정하는 용어의 정의로 (　　)에 들어갈 내용을 쓰시오. (5점)

02 기본서 내용 익히기

1 농어업재해보험 관련 용어

농어업재해	농작물·임산물·가축 및 농업용 시설물에 발생하는 자연재해·병충해·조수해·질병 또는 화재와 양식수산물 및 어업용 시설물에 발생하는 자연재해·질병 또는 화재
농어업재해보험	농어업재해로 발생하는 재산 피해에 따른 손해를 보상하기 위한 보험
보험가입금액	보험가입자의 재산 피해에 따른 손해가 발생한 경우 보험에서 최대로 보상할 수 있는 한도액으로서 보험가입자와 재해보험사업자 간에 약정한 금액
보험가액	재산보험에 있어 피보험이익을 금전으로 평가한 금액으로 보험목적에 발생할 수 있는 최대 손해액(재해보험사업자가 실제 지급하는 보험금은 보험가액을 초과할 수 없음)
보험기간	계약에 따라 보장을 받는 기간
보험료	보험가입자와 재해보험사업자 간의 약정에 따라 보험가입자가 재해보험사업자에게 내야하는 금액
계약자부담보험료	국가 및 지방자치단체의 지원보험료를 제외한 계약자가 부담하는 금액
보험금	보험가입자에게 재해로 인한 재산 피해에 따른 손해가 발생한 경우 보험가입자와 재해보험사업자 간의 약정에 따라 재해보험사업자가 보험가입자에게 지급하는 금액
시범사업	보험사업을 전국적으로 실시하기 전에 보험의 효용성 및 보험 실시 가능성 등을 검증하기 위하여 일정 기간 제한된 지역에서 실시하는 보험사업

2 농작물재해보험 관련 용어

1 농작물재해보험 관련 용어

가입(자)수	• 보험에 가입한 농가, 과수원(농지)수 등
가입률	• 가입대상면적 대비 가입면적을 백분율(100%)로 표시한 것
가입금액	• 보험에 가입한 금액으로, 재해보험사업자와 보험가입자 간에 약정한 금액으로 사고가 발생할 때 재해보험사업자가 지급할 최대 보험금 산출의 기준이 되는 금액
계약자	• 재해보험사업자와 계약을 체결하고 보험료를 납부할 의무를 지는 사람
피보험자	• 보험사고로 인하여 손해를 입은 사람(법인인 경우에는 그 이사 또는 법인의 업무를 집행하는 그 밖의 기관)
보험증권	• 계약의 성립과 그 내용을 증명하기 위하여 재해보험사업자가 계약자에게 드리는 증서
보험의 목적	• 보험의 약관에 따라 보험에 가입한 목적물로 보험증권에 기재된 농작물의 과실 또는 나무, 시설작물 재배용 농업용시설물, 부대시설 등
농지	• 한 덩어리의 토지의 개념으로 필지(지번)에 관계없이 실제 경작하는 단위로 보험가입의 기본 단위임 • 하나의 농지가 다수의 필지로 구성될 수도 있고, 하나의 필지(지번)가 다수의 농지로 구분될 수도 있음
과수원	• 한 덩어리의 토지의 개념으로 필지(지번)와는 관계없이 과실을 재배하는 하나의 경작지
나무	• 계약에 의해 가입한 과실을 열매로 맺는 결과주
농업용시설물	• 시설작물 재배용으로 사용되는 구조체 및 피복재로 구성된 시설
구조체	• 기초, 기둥, 보, 중방, 서까래, 가로대 등 철골, 파이프와 이와 관련된 부속자재로 하우스의 구조적 역할을 담당하는 것
피복재	• 비닐하우스의 내부온도 관리를 위하여 시공된 투광성이 있는 자재
부대시설	• 시설작물 재배를 위하여 농업용시설물에 설치한 시설

동산시설	• 저온저장고, 선별기, 소모품(멀칭비닐, 배지, 펄라이트, 상토 등), 이동 가능(휴대용) 농기계 등 농업용 시설물 내 지면 또는 구조체에 고정되어 있지 않은 시설
계약자부담 보험료	• 국가 및 지방자치단체의 지원보험료를 제외한 계약자가 부담하는 보험료
보험료율	• 보험가입금액에 대한 보험료의 비율
환급금	• 무효, 효력상실, 해지 등에 의하여 환급하는 금액
자기부담금	• 손해액 중 보험가입 시 일정한 비율을 보험가입자가 부담하기로 약정한 금액 • 즉, 일정비율 이하의 손해는 보험가입자 본인이 부담하고, 손해액이 일정비율을 초과한 금액에 대해서만 재해보험사업자가 보상
자기부담비율	• 보험사고로 인하여 발생한 손해에 대하여 보험가입자가 부담하는 일정 비율로 보험가입금액에 대한 비율

보충자료

〈자기부담제도〉

소액손해의 보험처리를 배제함으로써 비합리적인 운영비 지출의 억제, 계약자 보험료 절약, 피보험자의 도덕적 위험 축소 및 방관적 위험의 배재 등의 효과를 위하여 실시하는 제도로, 가입자의 도덕적 해이를 방지하기 위한 수단으로 손해보험에서 대부분 운용한다.

2 농작물 재해보험 보상관련 용어

보험사고	• 보험계약에서 재해보험사업자가 어떤 사실의 발생을 조건으로 보험금의 지급을 약정한 우연한 사고(사건 또는 위험이라고도 함)
사고율	• 사고수(농가 또는 농지수) ÷ 가입수(농가 또는 농지수) × 100
손해율	• 보험료에 대한 보험금의 백분율
피해율	• 보험금 계산을 위한 최종 피해수량의 백분율
식물체피해율	• 경작불능조사에서 고사한 식물체(수 또는 면적)를 보험가입식물체(수 또는 면적)으로 나누어 산출한 값

전수조사	• 보험가입금액에 해당하는 농지에서 경작한 수확물을 모두 조사하는 방법
표본조사	• 보험가입금액에 해당하는 농지에서 경작한 수확물의 특성 또는 수확물을 잘 나타낼 수 있는 일부를 표본으로 추출하여 조사하는 방법
재조사	• 보험가입자가 손해평가반의 손해평가결과에 대하여 설명 또는 통지를 받은 날로부터 7일 이내에 손해평가가 잘못되었음을 증빙하는 서류 또는 사진 등을 제출하는 경우 재해보험사업자가 다른 손해평가반으로 하여금 실시하게 할 수 있는 조사
검증조사	• 재해보험사업자 또는 재보험사업자가 손해평가반이 실시한 손해평가결과를 확인하기 위하여 손해평가를 실시한 보험목적물 중에서 일정수를 임의 추출하여 확인하는 조사

3 수확량 및 가격 관련 용어

평년수확량	• 가입연도 직전 5년 중 보험에 가입한 연도의 실제 수확량과 표준수확량을 가입 횟수에 따라 가중 평균하여 산출한 해당 농지에 기대되는 수확량
표준수확량	• 가입품목의 품종, 수령, 재배방식 등에 따라 정해진 수확량
평년착과량	• 가입수확량 산정 및 적과종료 전 보험사고 시 감수량 산정의 기준이 되는 착과량
평년착과수	• 평년착과량을 가입과중으로 나누어 산출한 것
가입수확량	• 보험 가입한 수확량으로 평년수확량의 일정범위(50 ~ 100%) 내에서 보험계약자가 결정한 수확량으로 가입금액의 기준
가입과중	• 보험에 가입할 때 결정한 과실의 1개당 평균 과실무게
기준착과수	• 보험금을 산정하기 위한 과수원별 기준 과실수
기준수확량	• 기준착과수에 가입과중을 곱하여 산출한 양
적과후 착과수	• 통상적인 적과 및 자연낙과 종료 시점의 착과수
적과후 착과량	• 적과후 착과수에 가입과중을 곱하여 산출한 양
감수과실수	• 보장하는 자연재해로 손해가 발생한 것으로 인정되는 과실수

감수량	• 감수과실수에 가입과중을 곱한 무게
평년결실수	• 가입연도 직전 5년 중 보험에 가입한 연도의 실제결실수와 표준결실수(품종에 따라 정해진 결과모지 당 표준적인 결실수)를 가입 횟수에 따라 가중평균하여 산출한 해당 과수원에 기대되는 결실수
평년결과모지수	• 가입연도 직전 5년 중 보험에 가입한 연도의 실제결과모지수와 표준결과모지수(하나의 주지에서 자라나는 표준적인 결과모지수)를 가입 횟수에 따라 가중 평균하여 산출한 해당 과수원에 기대되는 결과모지수
미보상감수량	• 감수량 중 보상하는 재해 이외의 원인으로 감소한 양
생산비	• 작물의 생산을 위하여 소비된 재화나 용역의 가치 • 종묘비, 비료비, 농약비, 영농광열비, 수리비, 기타 재료비, 소농구비, 대농구 상각비, 영농시설 상각비, 수선비, 기타 요금, 임차료, 위탁영농비, 고용노동비, 자가노동비, 유동자본용역비, 고정자본용역비, 토지자본용역비 등을 포함
보장생산비	• 생산비에서 수확기에 발생되는 생산비를 차감한 값
가입가격	• 보험에 가입한 농작물의 kg당 가격
표준가격	• 농작물을 출하하여 통상 얻을 수 있는 표준적인 kg당 가격
기준가격	• 보험에 가입할 때 정한 농작물의 kg당 가격
수확기가격	• 보험에 가입한 농작물의 수확기 kg당 가격

보충자료

- 결과지 : 과수에 꽃눈이 붙어 개화 결실하는 가지(열매가지라고도 함)
- 결과모지 : 결과지보다 1년이 더 묵은 가지
- 올림픽 평균 : 연도별 평균가격 중 최대값과 최소값을 제외하고 남은 값들의 산술평균
- 농가수취비율 : 도매시장 가격에서 유통 비용 등을 차감한 농가수취 가격이 차지하는 비율로 사전에 결정된 값

4 조사 관련 용어

실제결과주수	• 가입일자를 기준으로 농지(과수원)에 식재된 모든 나무수 • 다만, 인수조건에 따라 보험에 가입할 수 없는 나무(유목 및 제한 품종 등) 수는 제외
고사주수	• 실제결과나무수 중 보상하는 손해로 고사된 나무수
미보상주수	• 실제결과나무수 중 보상하는 손해 이외의 원인으로 고사되거나 수확량(착과량)이 현저하게 감소된 나무수
기수확주수	• 실제결과나무수 중 조사일자를 기준으로 수확이 완료된 나무수
수확불능주수	• 실제결과나무수 중 보상하는 손해로 전체주지·꽃(눈) 등이 보험약관에서 정하는 수준 이상 분리되었거나 침수되어, 보험기간 내 수확이 불가능하나 나무가 죽지는 않아 향후에는 수확이 가능한 나무수
조사대상주수	• 실제결과나무수에서 고사나무수, 미보상나무수 및 수확완료나무수, 수확불능나무수를 뺀 나무 수로 과실에 대한 표본조사의 대상이 되는 나무수
실제경작면적	• 가입일자를 기준으로 실제 경작이 이루어지고 있는 모든 면적 • 수확불능(고사)면적, 타작물 및 미보상면적, 기수확면적을 포함
수확불능(고사) 면적	• 실제경작면적 중 보상하는 손해로 수확이 불가능한 면적
타작물 및 미보상면적	• 실제경작면적 중 목적물 외에 타작물이 식재되어 있거나 보상하는 손해 이외의 원인으로 수확량이 현저하게 감소된 면적
기수확면적	• 실제경작면적 중 조사일자를 기준으로 수확이 완료된 면적

5 재배 및 피해형태 구분 관련 용어

(1) 재배

꽃눈분화	• 영양조건, 기간, 기온, 일조시간 따위의 필요조건이 다 차서 꽃눈이 형성되는 현상
꽃눈분화기	• 과수원에서 꽃눈분화가 50% 정도 진행된 때
낙과	• 나무에서 떨어진 과실
착과	• 나무에 달려있는 과실

적과	• 해거리를 방지하고 안정적인 수확을 위해 알맞은 양의 과실만 남기고 나무로부터 과실을 따버리는 행위
열과	• 과실이 숙기에 과다한 수분을 흡수하고 난 후 고온이 지속될 경우 수분을 배출하면서 과실이 갈라지는 현상
나무	• 보험계약에 의해 가입한 과실을 열매로 맺는 결과주
발아	• (꽃 또는 잎) 눈의 인편이 1 ~ 2mm 정도 밀려나오는 현상
발아기	• 과수원에서 전체 눈이 50% 정도 발아한 시기
신초발아	• 신초(당년에 자라난 새가지)가 1 ~ 2mm 정도 자라기 시작하는 현상
신초발아기	• 과수원에서 전체 신초(당년에 자라난 새가지)가 50% 정도 발아한 시점
수확기	• 농지(과수원)가 위치한 지역의 기상여건을 감안하여 해당 목적물을 통상적으로 수확하는 시기
유실	• 나무가 과수원 내에서의 정위치를 벗어나 그 점유를 잃은 상태
매몰	• 나무가 토사 및 산사태 등으로 주간부의 30% 이상이 묻힌 상태
도복	• 나무가 45° 이상 기울어지거나 넘어진 상태
절단	• 나무의 주간부가 분리되거나 전체 주지·꽃(눈) 등의 2/3 이상이 분리된 상태
절단(1/2)	• 나무의 주간부가 분리되거나 전체 주지·꽃(눈) 등의 1/2 이상이 분리된 상태
신초 절단	• 단감, 떫은감의 신초의 2/3 이상이 분리된 상태
침수	• 나무에 달린 과실(꽃)이 물에 잠긴 상태
소실	• 화재로 인하여 나무의 2/3 이상이 사라지는 것
소실(1/2)	• 화재로 인하여 나무의 1/2 이상이 사라지는 것
이앙	• 못자리 등에서 기른 모를 농지로 옮겨심는 일
직파(담수점파)	• 물이 있는 논에 파종 하루 전 물을 빼고 종자를 일정 간격으로 점파하는 파종방법
종실비대기	• 두류(콩, 팥)의 꼬투리 형성기

출수	• 벼(조곡)의 이삭이 줄기 밖으로 자란 상태
출수기	• 농지에서 전체 이삭이 70% 정도 출수한 시점
정식	• 온상, 묘상, 모밭 등에서 기른 식물체를 농업용 시설물 내에 옮겨 심는 일
정식일	• 정식을 완료한 날
작기	• 작물의 생육기간으로 정식일(파종일)로부터 수확종료일까지의 기간
출현	• 농지에 파종한 씨(종자)로부터 자란 싹이 농지표면 위로 나오는 현상
(버섯)종균접종	• 버섯작물의 종균을 배지 혹은 원목을 접종하는 것

6 기타 보험 용어

연단위 복리	• 재해보험사업자가 지급할 금전에 이자를 줄 때 1년마다 마지막 날에 그 이자를 원금에 더한 금액을 다음 1년의 원금으로 하는 이자 계산방법
영업일	• 재해보험사업자가 영업점에서 정상적으로 영업하는 날 • 토요일, '관공서의 공휴일에 관한 규정'에 따른 공휴일과 근로자의 날을 제외
잔존물 제거 비용	• 사고 현장에서의 잔존물의 해체 비용, 청소 비용 및 차에 싣는 비용 • 다만, 보장하지 않는 위험으로 보험의 목적이 손해를 입거나 관계법령에 의하여 제거됨으로써 생긴 손해에 대해서는 미보상
손해방지 비용	• 손해의 방지 또는 경감을 위하여 지출한 필요 또는 유익한 비용
대위권보전 비용	• 제3자로부터 손해의 배상을 받을 수 있는 경우에는 그 권리를 지키거나 행사하기 위하여 지출한 필요 또는 유익한 비용
잔존물 보전 비용	• 잔존물을 보전하기 위하여 지출한 필요 또는 유익한 비용
기타 협력 비용	• 재해보험사업자의 요구에 따르기 위하여 지출한 필요 또는 유익한 비용

※ 청소 비용 : 사고 현장 및 인근 지역의 토양, 대기 및 수질 오염물질 제거 비용과 차에 실은 후 폐기물 처리 비용은 포함되지 않는다.

3 가축재해보험 관련 용어

1 가축재해보험 계약관련

보험의 목적	보험에 가입한 물건으로 보험증권에 기재된 가축 등
보험계약자	재해보험사업자와 계약을 체결하고 보험료를 납입할 의무를 지는 사람
피보험자	보험사고로 인하여 손해를 입은 사람 ※ 법인인 경우에는 그 이사 또는 법인의 업무를 집행하는 그 밖의 기관
보험기간	계약에 따라 보장을 받는 기간
보험증권	계약의 성립과 그 내용을 증명하기 위하여 재해보험사업자가 계약자에게 드리는 증서
보험약관	보험계약에 대한 구체적인 내용을 기술한 것으로 재해보험사업자가 작성하여 보험계약자에게 제시하는 약정서
보험사고	보험계약에서 재해보험사업자가 어떤 사실의 발생을 조건으로 보험금의 지급을 약정한 우연한 사고(사건 또는 위험)
보험가액	피보험이익을 금전으로 평가한 금액으로 보험목적에 발생할 수 있는 최대 손해액 ※ 재해보험사업자가 실제 지급하는 보험금은 보험가액을 초과할 수 없음
자기부담금	보험사고로 인하여 발생한 손해에 대하여 계약자 또는 피보험자가 부담하는 일정 금액
보험금 분담	보험계약에서 보장하는 위험과 같은 위험을 보장하는 다른 계약(공제계약 포함)이 있을 경우 비율에 따라 손해를 보상
대위권	재해보험사업자가 보험금을 지급하고 취득하는 법률상의 권리
재조달가액	보험의 목적과 동형, 동질의 신품을 재조달하는데 소요되는 금액
가입률	가입대상 두(頭)수 대비 가입두수를 백분율(100%)
손해율	보험료에 대한 보험금의 백분율(100%)
사업이익	1두당 평균 가격에서 경영비를 뺀 잔액
경영비	통계청에서 발표한 최근의 비육돈 평균 경영비

이익률	손해발생 시에 다음의 산식에 의해 얻어진 비율 ※ 단, 이 기간 중에 이익률이 16.5% 미만일 경우 이익률은 16.5%

보충자료

이익률
= (1두당 비육돈(100kg 기준)의 평균가격 − 경영비) / 1두당 비육돈(100kg 기준)의 평균가격

2 가축재해 관련

풍재·수재·설해·지진	태풍, 홍수, 호우, 강풍, 풍랑, 해일, 대설, 조수, 우박, 지진, 분화 등으로 인한 피해
폭염	대한민국 기상청에서 내려지는 폭염특보(주의보 및 경보)
소(牛)도체결함	도축장에서 도축되어 경매시까지 발견된 도체의 결함이 경락가격에 직접적인 영향을 주어 손해 발생한 경우
축산휴지	보험의 목적의 손해로 인하여 불가피하게 발생한 전부 또는 일부의 축산업 중단을 말함
축산휴지손해	보험의 목적의 손해로 인하여 불가피하게 발생한 전부 또는 일부의 축산업 중단되어 발생한 사업이익과 보상위험에 의한 손해가 발생하지 않았을 경우 예상되는 사업이익의 차감금액을 말함
전기적장치위험	여자기(정류기 포함), 변류기, 변압기, 전압조정기, 축전기, 개폐기, 차단기, 피뢰기, 배전반 및 이와 비슷한 전기장치 또는 설비 중 전기장치 또는 설비가 파괴 또는 변조되어 온도의 변화로 보험의 목적에 손해가 발생한 경우

3 가축질병 관련

돼지 전염성 위장염 (TGE)	corona virus 속에 속하는 전염성 위장염 바이러스의 감염에 의한 돼지의 전염성 소화기병 구토, 수양성 설사, 탈수가 특징으로 일령에 관계없이 발병하며 자돈일수록 폐사율이 높게 나타나며, 주로 추운 겨울철에 많이 발생하며 전파력이 높음

돼지 유행성설사병 (PED)	corona virus에 의한 자돈의 급성 유행성설사병으로 포유자돈의 경우 거의 100%의 치사율을 나타남(로타바이러스감염증) 레오바이러스과의 로타바이러스 속의 돼지 로타바이러스가 병원체이며, 주로 2 ~ 6주령의 자돈에서 설사를 일으키며 3주령부터 폐사가 더욱 심하게 나타남
구제역	구제역 바이러스의 감염에 의한 우제류 동물(소·돼지 등 발굽이 둘로 갈라진 동물)의 악성가축전염병(1종 법정가축전염병)으로 발굽 및 유두 등에 물집이 생기고, 체온상승과 식욕저하가 수반되는 것이 특징
AI (조류인플루엔자, Avian Influenza)	AI 바이러스 감염에 의해 발생하는 조류의 급성 전염병으로 병원의 정도에 따라고병원성과 저병원성으로 구분되며, 고병원성 AI의 경우 세계 동물보건기구(OIE)의 관리대상질병으로 지정되어 있어 발생 시 OIE에 의무적으로 보고해야 함
돼지열병	제1종 가축전염병으로 사람에 감염되지 않으나, 발생국은 돼지 및 돼지고기의 수출이 제한 ※ '01년 청정화 이후, '02년 재발되어 예방접종 실시
난계대 전염병	조류의 특유 병원체가 종란에 감염하여 부화 후 초생추에서 병을 발생시키는 질병(추백리 등)

4 기타 축산 관련

가축계열화	가축의 생산이나 사육·사료공급·가공·유통의 기능을 연계한 일체의 통합 경영활동을 의미 ※ 가축계열화 사업 : 농민과 계약(위탁)에 의하여 가축·사료·동물용 의약품·기자재·보수 또는 경영지도 서비스 등을 공급(제공)하고, 당해 농민이 생산한 가축을 도축·가공 또는 유통하는 사업방식
돼지 MSY(Marketing per Sow per Year)	어미돼지 1두가 1년간 생산한 돼지 중 출하체중(110kg)이 될 때까지 생존하여 출하한 마리 수

산란수	산란계 한 계군에서 하루 동안에 생산된 알의 수를 의미하며, 산란계 한 마리가 산란을 시작하여 도태 시까지 낳는 알의 총수는 산란지수로 표현
자조금관리위원회	자조금의 효과적인 운용을 위해 축산업자 및 학계·소비자·관계 공무원 및 유통 전문가로 구성된 위원회이며 품목별로 설치되어 해당 품목의 자조금의 조성 및 지출, 사업 등 운용에 관한 사항을 심의·의결 ※ 축산자조금(9개 품목) : 한우, 양돈, 낙농, 산란계, 육계, 오리, 양록, 양봉, 육우
축산물 브랜드 경영체	특허청에 브랜드를 등록하고 회원 농가들과 종축·사료·사양관리 등 생산에 대한 규약을 체결하여 균일한 품질의 고급육을 생산·출하하는 축협조합 및 영농조합법인
쇠고기 이력제도	소의 출생부터 도축, 포장처리, 판매까지의 정보를 기록·관리하여 위생·안전에 문제가 발생할 경우 이를 확인하여 신속하게 대처하기 위한 제도
수의사 처방제	항생제 오남용으로 인한 축산물 내 약품잔류 및 항생제 내성문제 등의 예방을 위해 동물 및 인체에 위해를 줄 수 있는 "동물용 의약품"을 수의사의 처방에 따라 사용토록 하는 제도

03 워크북으로 마무리하기

01 농어업재해보험 관련 용어

(　　　　)	농작물·임산물·가축 및 농업용 시설물에 발생하는 자연재해·병충해·조수해·질병 또는 화재와 양식수산물 및 어업용 시설물에 발생하는 자연재해·질병 또는 화재
(　　　　)	농어업재해로 발생하는 재산 피해에 따른 손해를 보상하기 위한 보험
(　　　　)	보험가입자의 재산 피해에 따른 손해가 발생한 경우 보험에서 최대로 보상할 수 있는 한도액으로서 보험가입자와 재해보험사업자 간에 약정한 금액
(　　　　)	재산보험에 있어 피보험이익을 금전으로 평가한 금액으로 보험목적에 발생할 수 있는 최대 손해액(재해보험사업자가 실제 지급하는 보험금은 보험가액을 초과할 수 없음)
(　　　　)	계약에 따라 보장을 받는 기간
(　　　　)	보험가입자와 재해보험사업자 간의 약정에 따라 보험가입자가 재해보험사업자에게 내야하는 금액
(　　　　)	국가 및 지방자치단체의 지원보험료를 제외한 계약자가 부담하는 금액
(　　　　)	보험가입자에게 재해로 인한 재산 피해에 따른 손해가 발생한 경우 보험가입자와 재해보험사업자 간의 약정에 따라 재해보험사업자가 보험가입자에게 지급하는 금액
(　　　　)	보험사업을 전국적으로 실시하기 전에 보험의 효용성 및 보험 실시 가능성 등을 검증하기 위하여 일정 기간 제한된 지역에서 실시하는 보험사업

02 농작물재해보험 관련 용어

(1) 농작물재해보험 관련 용어

(　　　)	• 보험에 가입한 농가, 과수원(농지)수 등
(　　　)	• 가입대상면적 대비 가입면적을 백분율(100%)로 표시한 것
(　　　)	• 보험에 가입한 금액으로, 재해보험사업자와 보험가입자 간에 약정한 금액으로 사고가 발생할 때 재해보험사업자가 지급할 최대 보험금 산출의 기준이 되는 금액
(　　　)	• 재해보험사업자와 계약을 체결하고 보험료를 납부할 의무를 지는 사람
(　　　)	• 보험사고로 인하여 손해를 입은 사람(법인인 경우에는 그 이사 또는 법인의 업무를 집행하는 그 밖의 기관)
(　　　)	• 계약의 성립과 그 내용을 증명하기 위하여 재해보험사업자가 계약자에게 드리는 증서
(　　　)	• 보험의 약관에 따라 보험에 가입한 목적물로 보험증권에 기재된 농작물의 과실 또는 나무, 시설작물 재배용 농업용시설물, 부대시설 등
(　　　)	• 한 덩어리의 토지의 개념으로 필지(지번)에 관계없이 실제 경작하는 단위로 보험가입의 기본 단위임 • 하나의 농지가 다수의 필지로 구성될 수도 있고, 하나의 필지(지번)가 다수의 농지로 구분될 수도 있음
(　　　)	• 한 덩어리의 토지의 개념으로 필지(지번)와는 관계없이 과실을 재배하는 하나의 경작지
(　　　)	• 계약에 의해 가입한 과실을 열매로 맺는 결과주
(　　　)	• 시설작물 재배용으로 사용되는 구조체 및 피복재로 구성된 시설
(　　　)	• 기초, 기둥, 보, 중방, 서까래, 가로대 등 철골, 파이프와 이와 관련된 부속자재로 하우스의 구조적 역할을 담당하는 것
(　　　)	• 비닐하우스의 내부온도 관리를 위하여 시공된 투광성이 있는 자재
(　　　)	• 시설작물 재배를 위하여 농업용시설물에 설치한 시설

(　　　)	• 저온저장고, 선별기, 소모품(멀칭비닐, 배지, 펄라이트, 상토 등), 이동 가능(휴대용) 농기계 등 농업용 시설물 내 지면 또는 구조체에 고정되어 있지 않은 시설
(　　　)	• 국가 및 지방자치단체의 지원보험료를 제외한 계약자가 부담하는 보험료
(　　　)	• 보험가입금액에 대한 보험료의 비율
(　　　)	• 무효, 효력상실, 해지 등에 의하여 환급하는 금액
(　　　)	• 손해액 중 보험가입 시 일정한 비율을 보험가입자가 부담하기로 약정한 금액 • 즉, 일정비율 이하의 손해는 보험가입자 본인이 부담하고, 손해액이 일정비율을 초과한 금액에 대해서만 재해보험사업자가 보상
(　　　)	• 보험사고로 인하여 발생한 손해에 대하여 보험가입자가 부담하는 일정 비율로 보험가입금액에 대한 비율

※ (　　　　　　　) : 소액손해의 보험처리를 배제함으로써 비합리적인 운영비 지출의 억제, 계약자 보험료 절약, 피보험자의 도덕적 위험 축소 및 방관적 위험의 배재 등의 효과를 위하여 실시하는 제도로, 가입자의 도덕적 해이를 방지하기 위한 수단으로 손해보험에서 대부분 운용한다.

(2) 농작물 재해보험 보상관련 용어

(　　　)	• 보험계약에서 재해보험사업자가 어떤 사실의 발생을 조건으로 보험금의 지급을 약정한 우연한 사고(사건 또는 위험이라고도 함)
(　　　)	• 사고수(농가 또는 농지수) ÷ 가입수(농가 또는 농지수) × 100
(　　　)	• 보험료에 대한 보험금의 백분율
(　　　)	• 보험금 계산을 위한 최종 피해수량의 백분율
(　　　)	• 경작불능조사에서 고사한 식물체(수 또는 면적)를 보험가입식물체(수 또는 면적)으로 나누어 산출한 값
(　　　)	• 보험가입금액에 해당하는 농지에서 경작한 수확물을 모두 조사하는 방법

( )	• 보험가입금액에 해당하는 농지에서 경작한 수확물의 특성 또는 수확물을 잘 나타낼 수 있는 일부를 표본으로 추출하여 조사하는 방법
( )	• 보험가입자가 손해평가반의 손해평가결과에 대하여 설명 또는 통지를 받은 날로부터 7일 이내에 손해평가가 잘못되었음을 증빙하는 서류 또는 사진 등을 제출하는 경우 재해보험사업자가 다른 손해평가반으로 하여금 실시하게 할 수 있는 조사
( )	• 재해보험사업자 또는 재보험사업자가 손해평가반이 실시한 손해평가결과를 확인하기 위하여 손해평가를 실시한 보험목적물 중에서 일정수를 임의 추출하여 확인하는 조사

(3) 수확량 및 가격 관련 용어

( )	• 가입연도 직전 5년 중 보험에 가입한 연도의 실제 수확량과 표준수확량을 가입 횟수에 따라 가중 평균하여 산출한 해당 농지에 기대되는 수확량
( )	• 가입품목의 품종, 수령, 재배방식 등에 따라 정해진 수확량
( )	• 가입수확량 산정 및 적과종료 전 보험사고 시 감수량 산정의 기준이 되는 착과량
( )	• 평년착과량을 가입과중으로 나누어 산출한 것
( )	• 보험 가입한 수확량으로 평년수확량의 일정범위(50 ~ 100%) 내에서 보험계약자가 결정한 수확량으로 가입금액의 기준
( )	• 보험에 가입할 때 결정한 과실의 1개당 평균 과실무게
( )	• 보험금을 산정하기 위한 과수원별 기준 과실수
( )	• 기준착과수에 가입과중을 곱하여 산출한 양
( )	• 통상적인 적과 및 자연낙과 종료 시점의 착과수
( )	• 적과후 착과수에 가입과중을 곱하여 산출한 양
( )	• 보장하는 자연재해로 손해가 발생한 것으로 인정되는 과실수
( )	• 감수과실수에 가입과중을 곱한 무게

(　　　)	• 가입연도 직전 5년 중 보험에 가입한 연도의 실제결실수와 표준결실수(품종에 따라 정해진 결과모지 당 표준적인 결실수)를 가입 횟수에 따라 가중평균하여 산출한 해당 과수원에 기대되는 결실수
(　　　)	• 가입연도 직전 5년 중 보험에 가입한 연도의 실제결과모지수와 표준결과모지수(하나의 주지에서 자라나는 표준적인 결과모지수)를 가입 횟수에 따라 가중 평균하여 산출한 해당 과수원에 기대되는 결과모지수
(　　　)	• 감수량 중 보상하는 재해 이외의 원인으로 감소한 양
(　　　)	• 작물의 생산을 위하여 소비된 재화나 용역의 가치 • 종묘비, 비료비, 농약비, 영농광열비, 수리비, 기타 재료비, 소농구비, 대농구 상각비, 영농시설 상각비, 수선비, 기타 요금, 임차료, 위탁 영농비, 고용노동비, 자가노동비, 유동자본용역비, 고정자본용역비, 토지자본용역비 등을 포함
(　　　)	• 생산비에서 수확기에 발생되는 생산비를 차감한 값
(　　　)	• 보험에 가입한 농작물의 kg당 가격
(　　　)	• 농작물을 출하하여 통상 얻을 수 있는 표준적인 kg당 가격
(　　　)	• 보험에 가입할 때 정한 농작물의 kg당 가격
(　　　)	• 보험에 가입한 농작물의 수확기 kg당 가격

※ (　　　　) : 과수에 꽃눈이 붙어 개화 결실하는 가지(열매가지라고도 함)

※ (　　　　) : 결과지보다 1년이 더 묵은 가지

※ (　　　　　　) : 연도별 평균가격 중 최대값과 최소값을 제외하고 남은 값들의 산술평균

※ (　　　　　　) : 도매시장 가격에서 유통 비용 등을 차감한 농가수취 가격이 차지하는 비율로 사전에 결정된 값

(4) 조사 관련 용어

(　　　)	• 가입일자를 기준으로 농지(과수원)에 식재된 모든 나무수 • 다만, 인수조건에 따라 보험에 가입할 수 없는 나무(유목 및 제한 품종 등) 수는 제외
(　　　)	• 실제결과나무수 중 보상하는 손해로 고사된 나무수
(　　　)	• 실제결과나무수 중 보상하는 손해 이외의 원인으로 고사되거나 수확량(착과량)이 현저하게 감소된 나무수
(　　　)	• 실제결과나무수 중 조사일자를 기준으로 수확이 완료된 나무수
(　　　)	• 실제결과나무수 중 보상하는 손해로 전체주지·꽃(눈) 등이 보험약관에서 정하는 수준 이상 분리되었거나 침수되어, 보험기간 내 수확이 불가능하나 나무가 죽지는 않아 향후에는 수확이 가능한 나무수
(　　　)	• 실제결과나무수에서 고사나무수, 미보상나무수 및 수확완료나무수, 수확불능나무수를 뺀 나무 수로 과실에 대한 표본조사의 대상이 되는 나무수
(　　　)	• 가입일자를 기준으로 실제 경작이 이루어지고 있는 모든 면적 • 수확불능(고사)면적, 타작물 및 미보상면적, 기수확면적을 포함
(　　　)	• 실제경작면적 중 보상하는 손해로 수확이 불가능한 면적
(　　　)	• 실제경작면적 중 목적물 외에 타작물이 식재되어 있거나 보상하는 손해 이외의 원인으로 수확량이 현저하게 감소된 면적
(　　　)	• 실제경작면적 중 조사일자를 기준으로 수확이 완료된 면적

(5) 재배 및 피해형태 구분 관련 용어

〈재배〉

(　　　)	• 영양조건, 기간, 기온, 일조시간 따위의 필요조건이 다 차서 꽃눈이 형성되는 현상
(　　　)	• 과수원에서 꽃눈분화가 50% 정도 진행된 때
(　　　)	• 나무에서 떨어진 과실
(　　　)	• 나무에 달려있는 과실

(　　　)	• 해거리를 방지하고 안정적인 수확을 위해 알맞은 양의 과실만 남기고 나무로부터 과실을 따버리는 행위
(　　　)	• 과실이 숙기에 과다한 수분을 흡수하고 난 후 고온이 지속될 경우 수분을 배출하면서 과실이 갈라지는 현상
(　　　)	• 보험계약에 의해 가입한 과실을 열매로 맺는 결과주
(　　　)	• (꽃 또는 잎) 눈의 인편이 1 ~ 2mm 정도 밀려나오는 현상
(　　　)	• 과수원에서 전체 눈이 50% 정도 발아한 시기
(　　　)	• 신초(당년에 자라난 새가지)가 1 ~ 2mm 정도 자라기 시작하는 현상
(　　　)	• 과수원에서 전체 신초(당년에 자라난 새가지)가 50% 정도 발아한 시점
(　　　)	• 농지(과수원)가 위치한 지역의 기상여건을 감안하여 해당 목적물을 통상적으로 수확하는 시기
(　　　)	• 나무가 과수원 내에서의 정위치를 벗어나 그 점유를 잃은 상태
(　　　)	• 나무가 토사 및 산사태 등으로 주간부의 30% 이상이 묻힌 상태
(　　　)	• 나무가 45° 이상 기울어지거나 넘어진 상태
(　　　)	• 나무의 주간부가 분리되거나 전체 주지·꽃(눈) 등의 2/3 이상이 분리된 상태
(　　　)	• 나무의 주간부가 분리되거나 전체 주지·꽃(눈) 등의 1/2 이상이 분리된 상태
(　　　)	• 단감, 떫은감의 신초의 2/3 이상이 분리된 상태
(　　　)	• 나무에 달린 과실(꽃)이 물에 잠긴 상태
(　　　)	• 화재로 인하여 나무의 2/3 이상이 사라지는 것
(　　　)	• 화재로 인하여 나무의 1/2 이상이 사라지는 것
(　　　)	• 못자리 등에서 기른 모를 농지로 옮겨심는 일
(　　　)	• 물이 있는 논에 파종 하루 전 물을 빼고 종자를 일정 간격으로 점파하는 파종방법

( )	• 두류(콩, 팥)의 꼬투리 형성기
( )	• 벼(조곡)의 이삭이 줄기 밖으로 자란 상태
( )	• 농지에서 전체 이삭이 70% 정도 출수한 시점
( )	• 온상, 묘상, 모밭 등에서 기른 식물체를 농업용 시설물 내에 옮겨 심는 일
( )	• 정식을 완료한 날
( )	• 작물의 생육기간으로 정식일(파종일)로부터 수확종료일까지의 기간
( )	• 농지에 파종한 씨(종자)로부터 자란 싹이 농지표면 위로 나오는 현상
( )	• 버섯작물의 종균을 배지 혹은 원목을 접종하는 것

(6) 기타 보험 용어

( )	• 재해보험사업자가 지급할 금전에 이자를 줄 때 1년마다 마지막 날에 그 이자를 원금에 더한 금액을 다음 1년의 원금으로 하는 이자 계산 방법
( )	• 재해보험사업자가 영업점에서 정상적으로 영업하는 날 • 토요일, '관공서의 공휴일에 관한 규정'에 따른 공휴일과 근로자의 날을 제외
( )	• 사고 현장에서의 잔존물의 해체 비용, 청소 비용 및 차에 싣는 비용 • 다만, 보장하지 않는 위험으로 보험의 목적이 손해를 입거나 관계법령에 의하여 제거됨으로써 생긴 손해에 대해서는 미보상
( )	• 손해의 방지 또는 경감을 위하여 지출한 필요 또는 유익한 비용
( )	• 제3자로부터 손해의 배상을 받을 수 있는 경우에는 그 권리를 지키거나 행사하기 위하여 지출한 필요 또는 유익한 비용
( )	• 잔존물을 보전하기 위하여 지출한 필요 또는 유익한 비용
( )	• 재해보험사업자의 요구에 따르기 위하여 지출한 필요 또는 유익한 비용

※ 청소 비용 : 사고 현장 및 인근 지역의 토양, 대기 및 수질 오염물질 제거 비용과 차에 실은 후 폐기물 처리 비용은 포함되지 않는다.

03 가축재해보험 관련 용어

(1) 가축재해보험 계약관련

(　　　)	보험에 가입한 물건으로 보험증권에 기재된 가축 등
(　　　)	재해보험사업자와 계약을 체결하고 보험료를 납입할 의무를 지는 사람
(　　　)	보험사고로 인하여 손해를 입은 사람 ※ 법인인 경우에는 그 이사 또는 법인의 업무를 집행하는 그 밖의 기관
(　　　)	계약에 따라 보장을 받는 기간
(　　　)	계약의 성립과 그 내용을 증명하기 위하여 재해보험사업자가 계약자에게 드리는 증서
(　　　)	보험계약에 대한 구체적인 내용을 기술한 것으로 재해보험사업자가 작성하여 보험계약자에게 제시하는 약정서
(　　　)	보험계약에서 재해보험사업자가 어떤 사실의 발생을 조건으로 보험금의 지급을 약정한 우연한 사고(사건 또는 위험)
(　　　)	피보험이익을 금전으로 평가한 금액으로 보험목적에 발생할 수 있는 최대 손해액 ※ 재해보험사업자가 실제 지급하는 보험금은 보험가액을 초과할 수 없음
(　　　)	보험사고로 인하여 발생한 손해에 대하여 계약자 또는 피보험자가 부담하는 일정 금액
(　　　)	보험계약에서 보장하는 위험과 같은 위험을 보장하는 다른 계약(공제계약 포함)이 있을 경우 비율에 따라 손해를 보상
(　　　)	재해보험사업자가 보험금을 지급하고 취득하는 법률상의 권리
(　　　)	보험의 목적과 동형, 동질의 신품을 재조달하는데 소요되는 금액
(　　　)	가입대상 두(頭)수 대비 가입두수를 백분율(100%)
(　　　)	보험료에 대한 보험금의 백분율(100%)
(　　　)	1두당 평균 가격에서 경영비를 뺀 잔액
(　　　)	통계청에서 발표한 최근의 비육돈 평균 경영비

( )	손해발생 시에 다음의 산식에 의해 얻어진 비율 ※ 단, 이 기간 중에 이익률이 16.5% 미만일 경우 이익률은 16.5%

이익률
= (   ) / (   )

(2) 가축재해 관련

( )	태풍, 홍수, 호우, 강풍, 풍랑, 해일, 대설, 조수, 우박, 지진, 분화 등으로 인한 피해
( )	대한민국 기상청에서 내려지는 폭염특보(주의보 및 경보)
( )	도축장에서 도축되어 경매시까지 발견된 도체의 결함이 경락가격에 직접적인 영향을 주어 손해 발생한 경우
( )	보험의 목적의 손해로 인하여 불가피하게 발생한 전부 또는 일부의 축산업 중단을 말함
( )	보험의 목적의 손해로 인하여 불가피하게 발생한 전부 또는 일부의 축산업 중단되어 발생한 사업이익과 보상위험에 의한 손해가 발생하지 않았을 경우 예상되는 사업이익의 차감금액을 말함
( )	여자기(정류기 포함), 변류기, 변압기, 전압조정기, 축전기, 개폐기, 차단기, 피뢰기, 배전반 및 이와 비슷한 전기장치 또는 설비 중 전기장치 또는 설비가 파괴 또는 변조되어 온도의 변화로 보험의 목적에 손해가 발생한 경우

(3) 가축질병 관련

( )	corona virus 속에 속하는 전염성 위장염 바이러스의 감염에 의한 돼지의 전염성 소화기병 구토, 수양성 설사, 탈수가 특징으로 일령에 관계없이 발병하며 자돈일수록 폐사율이 높게 나타나며, 주로 추운 겨울철에 많이 발생하며 전파력이 높음

( )	corona virus에 의한 자돈의 급성 유행성설사병으로 포유자돈의 경우 거의 100%의 치사율을 나타남(로타바이러스감염증) 레오바이러스과의 로타바이러스 속의돼지 로타바이러스가 병원체이며, 주로 2 ~ 6주령의 자돈에서 설사를 일으키며 3주령부터 폐사가 더욱 심하게 나타남
( )	구제역 바이러스의 감염에 의한 우제류 동물(소·돼지 등 발굽이 둘로 갈라진 동물)의 악성가축전염병(1종 법정가축전염병)으로 발굽 및 유두 등에 물집이 생기고, 체온상승과 식욕저하가 수반되는 것이 특징
( )	AI 바이러스 감염에 의해 발생하는 조류의 급성 전염병으로 병원의 정도에 따라고병원성과 저병원성으로 구분되며, 고병원성 AI의 경우 세계 동물보건기구(OIE)의 관리대상질병으로 지정되어 있어 발생 시 OIE에 의무적으로 보고해야 함
( )	제1종 가축전염병으로 사람에 감염되지 않으나, 발생국은 돼지 및 돼지고기의 수출이 제한 ※ '01년 청정화 이후, '02년 재발되어 예방접종 실시
( )	조류의 특유 병원체가 종란에 감염하여 부화 후 초생추에서 병을 발생시키는 질병(추백리 등)

(4) 기타 축산 관련

( )	가축의 생산이나 사육·사료공급·가공·유통의 기능을 연계한 일체의 통합 경영활동을 의미 ※ ( ) : 농민과 계약(위탁)에 의하여 가축·사료·동물용 의약품·기자재·보수 또는 경영지도 서비스 등을 공급(제공)하고, 당해 농민이 생산한 가축을 도축·가공 또는 유통하는 사업방식
( )	어미돼지 1두가 1년간 생산한 돼지 중 출하체중(110kg)이 될 때까지 생존하여 출하한 마리 수

(　　　　　)	산란계 한 계군에서 하루 동안에 생산된 알의 수를 의미하며, 산란계 한 마리가 산란을 시작하여 도태 시까지 낳는 알의 총수는 산란지수로 표현
(　　　　　)	자조금의 효과적인 운용을 위해 축산업자 및 학계·소비자·관계 공무원 및 유통 전문가로 구성된 위원회이며 품목별로 설치되어 해당 품목의 자조금의 조성 및 지출, 사업 등 운용에 관한 사항을 심의·의결 ※ 축산자조금(9개 품목) : (　　　　　　　　　　　　　　　　　　　　)
(　　　　　)	특허청에 브랜드를 등록하고 회원 농가들과 종축·사료·사양관리 등 생산에 대한 규약을 체결하여 균일한 품질의 고급육을 생산·출하하는 축협조합 및 영농조합법인
(　　　　　)	소의 출생부터 도축, 포장처리, 판매까지의 정보를 기록·관리하여 위생·안전에 문제가 발생할 경우 이를 확인하여 신속하게 대처하기 위한 제도
(　　　　　)	항생제 오남용으로 인한 축산물 내 약품잔류 및 항생제 내성문제 등의 예방을 위해 동물 및 인체에 위해를 줄 수 있는 "동물용 의약품"을 수의사의 처방에 따라 사용토록 하는 제도

59 ~ 70 페이지 참조

제 2 장

농업재해보험 특성과 필요성

제1절 농업의 산업적 특성

제2절 농업재해보험의 필요성

제3절 농업재해보험의 특징

제4절 농업재해보험의 기능

제5절 농업재해보험 법령

제1절~제5절 농업의 산업적 특성 / 농업재해보험의 필요성 / 농업재해보험의 특징 / 농업재해보험의 기능 / 농업재해보험 법령

01 기출유형 확인하기

제8회 농업재해의 특성 5가지만 쓰시오. (5점)

02-1 기본서 내용 익히기 - 제1절 농업의 산업적 특성

1 농업과 자연의 불가분성

우리 인간은 자연과 더불어 살아가기 때문에 인간의 모든 활동은 크건 작건 자연의 영향을 받는다. 농업은 자연과의 관련성 및 영향의 정도가 타 산업과에 비해 크다. 농업은 물(수분), 불(온도, 빛) 및 흙(토양) 등 자연조건의 상태에 따라 성공과 실패, 풍흉이 달라지는 산업적 특성이 있기 때문이다.

1 농업의 필요 요소

(1) 물

① 농업은 생물인 농작물을 기르는 산업이기 때문에 물이 절대적으로 필요하다. 그러나 물이 너무 많아도 안 되고 너무 적어도 안 된다.

② 또한 작물과 시기에 따라 필요한 양이 달라 물(수분)은 제때에 적절하게 공급되어야 한다. 물이 지나치게 많으면, 즉 비가 많이 내리면 농작물 생육에 지장을 초래하고 농작물 자체가 잠기거나 유실되어 생산량의 감소를 초래한다.

③ 비가 많이 내리는 것은 호우(豪雨), 비가 장기간 내리는 것은 장마다. 우리나라는 온대기후에 속해 여름철에 비가 많이 내리고 봄·가을에는 적게 내리는 계절적 특성이 있다. 그러나 최근 들어 지구온난화로 인한 이상기후로 인해 여름철 강우는 적어지는가 하면 가을장마가 자주 발생하기도 한다.

④ 반대로 물이 지나치게 부족하면 농작물 생육을 저해하고 심한 경우에는 농작물이 고사(枯死)하기도 한다. 비가 장기간 오지 않아 물 부족이 심한 가뭄이 발생하면 인간의 노력으로 대처하는 데 한계가 있다.

⑤ 물 부족이나 과잉에 대비하기 위한 것이 저수지 설치나 농업용 또는 다목적 댐을 건설하는 것이다. 비가 오는 장마철에는 물을 최대한 가두어 홍수 조절 기능을 하고 가뭄 때에는 농업용수로 공급하기 위해서다.

보충자료

1960 ~ 1970년대에는 가뭄과 홍수가 연례행사처럼 발생했으나 전국적으로 저수지 설치와 개·보수 및 다목적 댐 건설 등으로 과거에 비해 가뭄과 홍수는 많이 줄어들었다. 그러나 가뭄이나 호우가 장기간 대규모로 발생하면 인간이 대처하는 데는 한계가 있어 재해로 발전한다.

(2) 온도(빛)

① 농업에서 온도(빛)도 필수이다. 파종부터 생육 과정을 거쳐 결실을 맺어 수확하기까지의 과정에서 온도와 빛이 적당하게 주어져야 한다. 이들이 부족하게 되면 생육이 더디거나 불완전하여 결실이 불충분하므로 수확량이 적어지고 너무 많으면 웃자라거나 시들어 버려 결실을 맺지 못한다.

② 농작물이 생육에 필요한 광합성 작용을 하기 위해서는 빛이 절대적으로 필요하기 때문에 열과 빛을 동시에 공급하는 햇빛(일조시간)은 농업에서 중요한 역할을 한다.

③ 기온이 지나치게 낮으면(이상저온) 생육을 멈추거나 심한 경우 동해(凍害)를 입게 된다. 근래 들어 사과와 배 등 과수의 경우 꽃 필 무렵에 이상저온이 며칠간 이어져 꽃이 어는 피해가 자주 발생한 것이 대표적이다. 개화기뿐만 아니라 작물 생육기간에 이상저온이 발생하면 생장 및 결실에 부정적 영향을 미친다.

④ 반대로 기온이 적정 수준보다 높아도 작물 생장에 지장(고온 장애)을 초래한다. 기온이 지나치게 높으면 생장을 멈출 뿐만 아니라 심한 경우 시들거나 고사(枯死)하기도 한다.

보충자료

몇 년 전 여름철 고온이 장기간 지속되어 사과 등 과일이 햇빛에 데는 일소(日燒) 피해가 발생한 적이 있다. 햇빛은 적정 온도를 유지하는 것 외에도 농작물의 광합성에 없어서는 안 된다. 구름에 가려 햇빛이 비치지 않는 흐린 날이 장기간 지속되면 농작물 생육에 지장을 초래한다.

(3) 토지(땅)

① 농업을 영위하기 위해서는 적당한 토지(땅)가 필수적이다. 토지는 인간이 만든 것이

아니라 지구의 지각변동에 의해 만들어진 것이다. 다만, 인간은 농업에 사용할 목적으로 토지를 변용하여 농지를 조성할 뿐이다. 그러나 토지라 해도 동일하지 않고 토지를 구성하는 요소들의 내용에 따라 토지의 성질은 다양하다.

② 또한 모든 토지가 농업용으로 적합한 것은 아니며, 농업에 적합한 토지는 매우 제한적이다.

③ 농작물 생육에 적합한 토지에서 농사를 지으면 질 좋은 농작물을 많이 생산할 수 있지만, 적합하지 않은 토지에서 작물을 재배하면 기대하는 만큼의 수확을 하기 어렵다.

④ 또한, 토양 성분이 지역마다 다르기 때문에 해당 토양에 적합한 작물과 품종을 선택해야 한다.

〈자연과 농산업의 관계〉

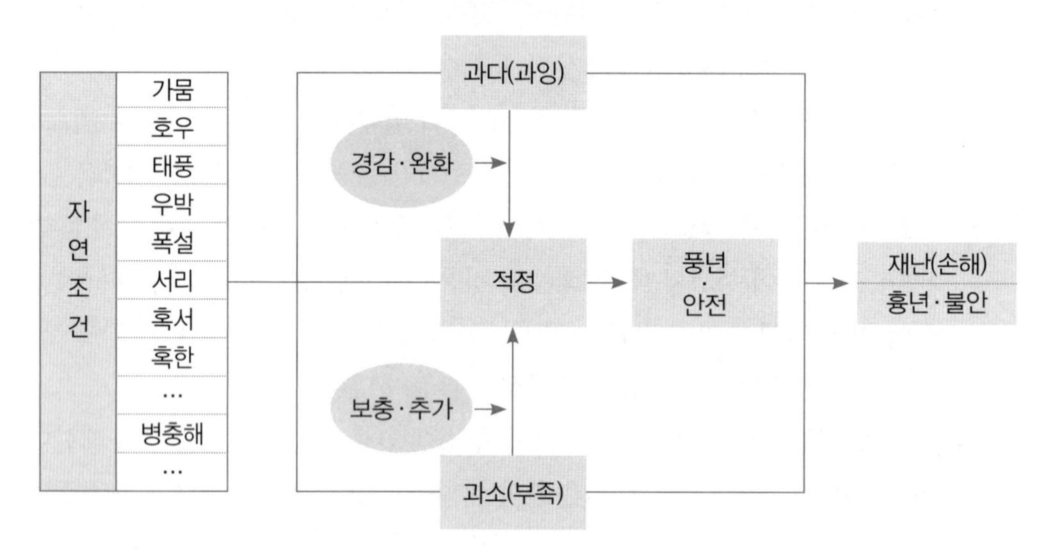

(4) 자연조건의 적절성

① 생물(농작물)을 생산(재배)하는 농업은 물(水), 불(火·光), 땅(土)과 바람(風) 같은 자연조건이 알맞아야 한다.

② 농작물 생육기간에 이러한 자연요소들이 조화를 이루면서 적절하게 주어질 때 풍성한 수확을 기대할 수 있다. 이러한 자연요소들 중 어느 하나라도 과다하거나 과소하면 수확량의 감소를 초래하게 되며 이것을 재해(災害, disaster)라고 할 수 있다.

③ 적절한 물, 불, 흙 및 바람 등은 생명체의 생장에 없어서는 안 될 필수 요소들이지만 과다하거나 부족하면 생명체에 위협 요인으로 작용한다.

보충자료

농업은 자연조건을 얼마나 잘 활용하느냐에 성패가 달려 있다. 과학기술의 발달로 어느 정도의 부정적인 자연조건은 극복하거나 줄일 수 있지만 자연의 영향으로부터 완전히 벗어날 수 없기 때문에 기본적으로는 자연에 순응하는 농업을 영위하게 된다. 지역마다 토질은 물론 기온 및 강수량 등의 여건이 다르기 때문에 해당 지역의 자연조건에 적합한 작물과 품종을 선택하는 것이 바람직하다. 지역 여건에 적합한 작물을 선택하는 적지적작(適地適作)이 중요하며, 이렇게 하다 보면 자연스럽게 동일 작물 또는 유사 작물을 재배하는 농가가 일정 지역에 모여 단지를 형성하게 되는데 이렇게 형성되는 것이 주산지이다.

2 농업재해의 특성

농업은 자연과 불가분의 관계에 있다. 농업은 주어진 자연조건에 적응하면서 때로는 적절히 활용하여 농작물을 생산한다. 농업인은 자연조건에 가장 적합한 방법들을 택해 영농활동을 한다. 농업인 나름대로는 최선을 다하지만 때로는 다양한 농업재해들이 발생하게 된다. 농업재해의 특징을 살펴보면 다음과 같다.

1 불예측성

농업재해는 언제 어디에서 어느 정도로 발생할지 예측하기가 어렵다.

- 기상청에서는 장기예보 및 단기예보를 발표한다. 실시간 기상 상황의 변화도 알려주고 있다. 여러 위성으로부터 정보를 받아 대형 컴퓨터 등 첨단 과학 장비를 동원하여 전문가들이 분석한 결과를 발표하는 것이다. 과거에 비해 정확도가 많이 높아지기는 했지만 아직도 기상 발표와 실제 날씨가 맞지 않는 경우가 적지 않다.
- 일반인들은 고가의 첨단장비를 가지고도 날씨를 정확하게 맞추지 못한다고 불만을 터뜨리기도 한다. 그러나 기상예보가 실제 날씨와 맞지 않는 것이 첨단장비의 결함이나 전문가의 분석력이 부족한 탓이라기보다는 기상 변화가 그만큼 심하기 때문이라고 볼 수 있다. 특히 지구온난화로 인한 이상기후로 인해 과거에는 발생하지 않던 패턴이 나타나기 때문에 기상 변화를 예측하기가 쉽지 않다.
- 일기예보를 보고 사업이나 야외 행사, 여행 등을 계획하다가 예보와 달라지면 낭패를 보게 된다. 농업인들은 본인의 경험과 장기예보를 토대로 한 해 농사를 계획하는데 장기예보가 맞지 않으면 일년 농사를 망치게 된다.
- 농업인들은 기상재해로 인한 피해를 막거나 최소화하기 위해서는 항상 기상예보와 기상 상황에 주의를 기울일 필요가 있다.

2 광역성

기상재해는 발생하는 범위가 매우 넓다. 몇 개 지역에 걸쳐 발생하기도 하고 때로는 전국적으로 발생하기도 한다. 발생하는 지역의 범위도 시시각각으로 변한다.

- 예를 들어 농업인들은 태풍이 어느 경로를 통해 어느 정도의 폭으로 지나갈지 모르기 때문에 태풍이 발생해서 소멸될 때까지 주시해야 한다.
- 일단 재해가 발생하면 인근 지역 전체가 재해를 입기 때문에 농업인들은 각자의 재해복구에도 손이 모자라기 때문에 다른 농가를 도울 여력이 없다.
- 재해가 일정 지역을 넘어서 대규모 재해가 발생하면 특정 지역의 문제가 아니라 범국가적인 문제가 된다.

3 동시성·복합성

기상재해는 한 번 발생하면 동시에 여러 가지 재해가 발생한다.

- 예를 들어 여름철에는 장기간 비가 계속 내리는 장마가 발생하는데 장마가 오래 지속되면 습해 및 저온 피해가 발생한다.
- 장마 중에 강풍을 동반한 집중호우가 발생하기도 한다.
- 태풍은 집중호우를 동반하는 것이 일반적이다. 긴 장마가 끝나면 병충해가 연례행사로 발생한다. 이렇게 몇 개의 재해가 동시에 발생하면 농업인들은 그만큼 대응하기가 더 어려워진다.

4 계절성

동일한 재해라도 계절에 따라 영향은 달라진다. 우리나라는 온대지역에 속해 4계절이 있다. 최근 지구온난화로 봄과 가을은 짧아지고 여름과 겨울이 길어지는 경향이 있지만 아직 4계절은 뚜렷하다.

〈비〉

비를 예로 들면 연중 비가 고르게 내린다면 재해가 아니라 농사에 지원군이 된다. 그러나 우리나라의 경우 연간 강수량 중 절반 이상이 여름철에 집중된다. 이 기간은 농작물이 한창 생육하는 시기이기 때문에 장마나 집중호우는 풍흉에 직접적으로 영향을 미친다. 겨울철에 드물기는 하지만 장마가 발생하는 경우가 있다.

겨울철에 농사를 짓는 일부 작목에는 막대한 영향을 주겠지만 여름철에 비해 농사에 미치는 영향은 적다. 오히려 겨울철 비나 눈은 봄철 모내기나 농사에 필요한 농업용수의 중요한 공급원이 된다.

〈태풍〉

태풍도 주로 영농철인 여름에 발생한다. 집중호우와 강풍을 동반한 태풍 피해는 엄청나다. 태풍의 경우 언제나 막대한 피해를 초래하지만, 특히 늦여름이나 가을 태풍은 일 년 농사에 치명적이다. 벼의 경우 이삭일 때 조금만 바람이 불어도 쓰러지고 과일은 비대해질 대로 비대해져 태풍이 지나가면 일 년 농사 결실이 다 떨어진다.

5 피해의 대규모성

가뭄이나 장마, 태풍 등이 발생하면 이로 인한 피해는 막대하다. 개별 농가 입장에서도 감당하기가 어려울 뿐만 아니라 지역(지자체 수준)에서도 감당하기가 쉽지 않다.

전국적으로 발생하는 긴 장마는 이상저온으로까지 이어지게 되면 전국적으로 막대한 손실을 초래할 수 있다.

6 불가항력성

각종 기상재해를 방지하거나 최소화하기 위해 다양한 수단과 방법을 동원함에도 불구하고 각종 자연재해는 끊임없이 발생하고 있다.

농가	농가는 지역의 기후조건에 적합한 작목과 품종을 선택하여 비배관리도 적절히 함으로써 최대의 수확을 거두려고 한다.
국가 차원	국가 차원에서는 저수지나 댐을 만들어 가뭄과 홍수에 대비하고 경지정리와 관·배수시설 등 농업생산 기반을 조성하여 농업인의 영농활동을 수월하게 한다. 그러나 이러한 노력에도 불구하고 각종 자연재해가 발생하고 있다.

특히 최근 들어 지구온난화에 의한 이상기후로 자연재해는 예측하기도 어렵고 일단 발생하면 피해 규모도 막대하다. 농가 및 국가 차원에서는 지속적으로 대비책을 강구하고 있지만, 농업재해는 불가항력적인 부분이 크다.

[제8회 기출문제]

농업재해의 특성 5가지만 쓰시오. (5점)

답 : 불예측성, 광역성, 동시성·복합성, 계절성, 피해의 대규모성, 불가항력성 끝

02-2 기본서 내용 익히기 - 제2절 농업재해보험의 필요성

1 농업재해보험의 필요성

1 농업경영의 높은 위험성

(1) 농업경영위험 : 생산위험, 가격위험, 재무위험, 제도적위험, 인적위험

농가가 직면하는 농업경영위험으로는 농축산물 생산과정에서 기후변화나 병해충 발생 등으로 인한 생산량과 품질의 저하에 따른 생산위험, 생산한 농산물 혹은 농업용 투입재의 가격변동에 따른 가격위험, 대출관련 이자율, 농업자금 접근성 등 재무관련 상황 변화에 따른 재무위험, 세금, 가격 및 소득지지, 환경규제, 식품안전, 노동 및 토지 규제 등 정부정책과 제도 등의 변동에 따른 제도적 위험, 농가 가족구성원의 사고, 질병, 사망 등에 따른 인적위험 등이 있다. 이러한 다양한 농업경영위험에 직면하는 농업생산자들은 영농다각화, 계약재배 및 판매 다각화, 선물 및 옵션시장 활용, 효율적 재무관리, 농외소득 창출 등의 자구적 노력을 하고 있다.

(2) 경영위험 관리의 어려움

농업은 다른 산업에 비해 기후와 병해충 등 인간이 통제하기 어려운 다양한 변수들에 의해 많은 영향을 받을 뿐 아니라 수급 특성상 가격 불확실성이 매우 크기 때문에 개별 농업생산자가 직면하는 다양한 경영위험을 관리하기는 매우 어려운 측면이 있다.

(3) 농업경영위험 관리 장치로서의 농업재해보험

어느 국가나 개별 농가가 모두 해결하기 어려운 경영위험을 줄여주기 위한 정책 수단을 마련하는 것이 필수적이다. 특히 미국, EU, 일본 등 주요 선진국들은 농가가 직면하는

농업경영위험에 대응하기 위해 일정수준의 보험료를 국가가 지원해 주는 농업재해보험을 핵심적 농가경영안정장치로 활용하고 있다.

특히 최근에는 전 세계적 기후변화에 따른 이상 기후 현상이 심화되고 있어 이에 대비한 농가 경영안정 제도로서 농업재해보험의 중요성이 높아지고 있으며, 농가의 경영 및 소득안정 장치로서 농업재해보험 제도가 강화되는 추세이다. 왜냐하면 농업재해보험제도와 같은 농업경영 위험관리제도가 있어야 농가가 더 합리적인 투자와 생산 활동을 할 수 있게 될 것이다. 우리나라의 경우에도 최근 기후변화로 인해 과거보다 집중호우, 태풍, 가뭄, 폭염, 우박, 강풍, 한파, 폭설 등 극심한 자연재해의 빈도가 증가하고 있고, 병해충과 가축질병도 자주 발생하면서 농업부문의 피해 규모가 눈에 띄게 증가하고 있다. 이런 측면에서 농가의 지속적인 영농활동을 위한 농업경영위험 관리 장치로서 농업재해보험의 중요성이 강조되고 있다.

2 농업재해의 특수성 : 대규모성 및 불가항력성

농업재해는 일단 발생하면 광역적이며 대규모로 발생하여 사람의 노력으로 대처하는 데에는 한계가 있다. 특히 불시에 광범위한 지역에서 대규모로 발생할 경우 개별 농가 수준에서 대처하여 농가 스스로 재해의 충격 및 손실을 극복하는 데에는 한계가 있다.

(1) 불시에 광범위한 지역에서 동시다발적 발생

예측 불가능성	기상관측기술의 발달로 어느 정도 예측 및 대응이 가능하지만, 그 영향이 어느 범위까지 미칠지를 알기 어렵다.
동시 광역성	광범위한 지역에서 동시에 발생하기 때문에 설령 예측이 가능하다고 하더라도 대처하는데 한계가 있다.

(2) 발생지역에 따라 피해 정도의 차이가 큼

피해의 불균일성 : 동일한 재해라고 하더라도 지역에 따라 피해가 심한 지역이 있는가 하면, 경미한 피해에 불과한 지역도 있다. 따라서 재해 규모만으로 피해를 획일적으로 규정하기 어렵다.

(3) 계절별로 다른 재해 발생

피해 발생의 이질성 : 작물 및 계절별로 발생하는 재해의 종류가 상이하다. 반대로, 동일한 새해라도 농작물에 주는 영향이 계절에 따라 다르다.

(4) 대부분의 자연재해는 불가항력적임

불가항력성 : 기상관측기술의 발달과 각종 생산기반시설의 확충 및 영농기술의 발달 등으로 어느 정도의 자연재해는 극복할 수 있지만, 이상기상으로 인한 대규모 재해는 인간이 대응하는데 한계가 있다.

3 국가적 재해대책과 한계

(1) 국가의 책임

국가는 국민의 생명과 재산을 보호할 책임이 있다.

헌법은 "국가는 재해를 예방하고 그 위험으로부터 국민을 보호하기 위해 노력하여야 한다(제34조 제6항)."라고 국가의 책임을 규정하고 있다. 「재난 및 안전관리 기본법」에서는 "국가와 지방자치단체는 재난이나 그 밖의 각종 사고로부터 국민의 생명·신체 및 재산을 보호할 책무를 지고, 재난이나 그 밖의 각종 사고를 예방하고 피해를 줄이기 위하여 노력하여야 하며, 발생한 피해를 신속히 대응·복구하기 위한 계획을 수립·시행하여야 한다."라고 규정하여 국가책임을 명확히 하고 있다.

(2) 농업재해대책의 시행

농업 분야는 재해에 취약한 산업적 특성을 고려하여 국가적 재난 대책 외에 별도의 법령인 「농어업재해대책법」에 근거해 농업재해대책을 시행하고 있다.

(3) 농업재해대책의 한계

농업재해대책은 개별 농가의 재해로 인한 손실을 보전하는 것이 아니라 집단적으로 발생한 재해 지역의 농가에게 재해복구를 지원하는데 목적이 있다. 즉, 농업재해대책은 재해복구지원대책이지 재해로 인한 손실을 보전하는 제도는 아니기 때문에 재해 입은 농가의 손실을 보전하는 데에는 한계가 있다.

4 WTO협정의 허용 대상 정책

WTO 체제가 출범하면서 그동안 농가를 직접 지지해오던 가격정책은 축소하거나 폐지되어야 한다. 자유무역질서에 영향을 줄 수 있는 각국의 농업정책들은 축소하거나 폐지하기로 합의했기 때문이다. 그러나 각국의 열악한 농업을 보완하는 정책은 허용되며, 직접지불제와 농업재해보험 등이 이에 해당한다. 따라서 WTO 체제하에서도 허용되는 정책인 농업재해보험을 농가 지원 수단으로 적극 활용할 필요가 있다.

2 농업재해보험의 성격-정책보험

1 농업재해대응에서 정부의 역할

정부의 역할은 농업인이 대응하기 어렵거나 시장 기구에 의존하여 해결하기 어려운 위험을 관리하고 기반을 마련하는 데 있다. 이 때, 위험의 크기와 범위를 기준으로 정부 개입 수준을 결정할 수 있다. 위험 영향이 크고, 다수 농가들에게 상호 연관이 있는 경우에는 정부 개입이 강화되어야 하는 반면, 위험발생 가능성이 높지만, 위험이 발생해도 피해손실 정도가 크지 않은 위험(통상 위험)이나 개별 농가에 특정적으로 나타는 위험에 대해서는 자율 관리가 강화되어야 한다.

〈위험 분류와 위험관리 주체 구분〉

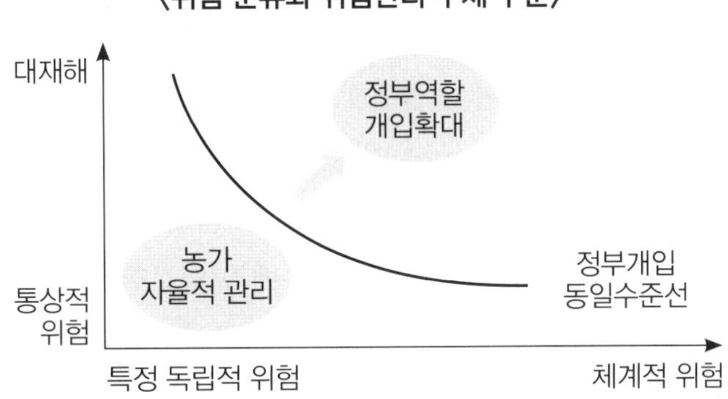

위와 같이 정부 개입이 동일한 수준을 나타내는 선은 우하향하게 된다. 위험 영향이 큰 재해에 대해서는 위험이 특정 농가·품목·지역에 한정되더라도 정부의 개입이 필요하다. 마찬가지로 전체 농가에 영향을 미치는 위험의 경우, 그 크기가 작다고 하더라도 정부의 개입이 필요하다. 반면, 같은 크기의 위험이라고 하더라도 특정 품목이나 농가에 한정된다면 정부의 역할은 축소된다.

위험 영향이 크고, 다수 농가들에게 상호 연관이 되는 위험이 발생한 경우, 정부는 농업재해보험을 포함한 직접지원, 예방사업 등 각종 수단을 활용하여 경영위험관리 역할을 일정 부분 분담한다.

2 정책보험으로서의 농업재해보험

자유경쟁시장에서는 모든 상품(보험포함)은 수요와 공급이 일치하는 점에서 가격이 결정되고 거래가 이루어진다. 〈수요와 공급 ❶〉에서 수요(D)와 공급(S)이 만나는 점에서 가격(P)이 결정되어 Q만큼의 거래가 이루어진다.

민간보험회사가 개발하여 운영하는 보험상품의 경우에도 보험계약자의 수요와 보험회사의 공급이 일치하는 수준에서 보험료(P)와 보험수량(계약건수 Q)이 결정될 것이다. 그러나 〈수요와 공급 ❷〉와 같이 수요와 공급이 만나지 않으면 거래가 이루어지지 않는데, 농업재해보험이 이러한 경우로 일반적인 보험시장에만 의존하면 농업재해보험은 거래가 이루어지기 어렵다. 왜냐하면 농업재해보험의 경우 재해의 빈도와 규모가 크고, 자연재해에 대한 손해평가의 복잡성과 경제력이 취약한 농업인을 대상으로 하므로 민간보험회사가 자체적으로 농업재해보험을 개발하여 운영하는 것은 현실적으로 어려운 측면이 있기 때문이다. 농업인 입장에서는 농업재해보험이 필요하다는 것은 알지만 높은 가격(보험료)을 지불하고 보험을 구입(가입)하기에는 경제력이 부족하여 망설일 수 있다. 한편 보험자의 입장에서는 농업재해보험을 운영하기 위해서는 일정한 가격을 유지해야 한다. 가격을 낮추어 농업재해보험을 판매한다면 거대재해가 발생하는 농업의 특성을 고려하여 충분한 준비금을 쌓을 수 없을 것이다. 이와 같이 농업인과 보험자의 입장이 크게 다른 상황에서는 보험자가 농업재해보험상품을 판매한다고 하더라도 거래가 이루어지기는 어렵다. 일부 특수한 경우에 민영보험으로 운영되는 경우가 있기는 하지만, 대부분의 국가에서 농작물재해보험을 정책보험으로 운영하고 있는 이유이다. 우리나라를 포함하여 미국, 일본 등 주요국에서 농작물재해보험을 정책보험으로 추진하는 것은 일반보험과 달리 보험시장의 형성이 어렵기 때문이다. 농업은 특성상 여타 산업에 비해 자연재해에 의해 가장 많은 피해를 보는 분야로 어느 국가에서나 재해대비 농업경영안정을 위한 정책수단 마련은 국가적 과제이다. 따라서 농업재해보험제도는 농가의 농업경영안정을 위한 핵심적 정책 수단의 하나로 국가가 보험상품의 개발과 운영뿐아니라 보험료 지원 등을 통해 개입하는 정책보험의 성격을 가진다.

〈수요와 공급〉

〈수요와 공급 ❶ 수요와 공급이 만나는 경우〉

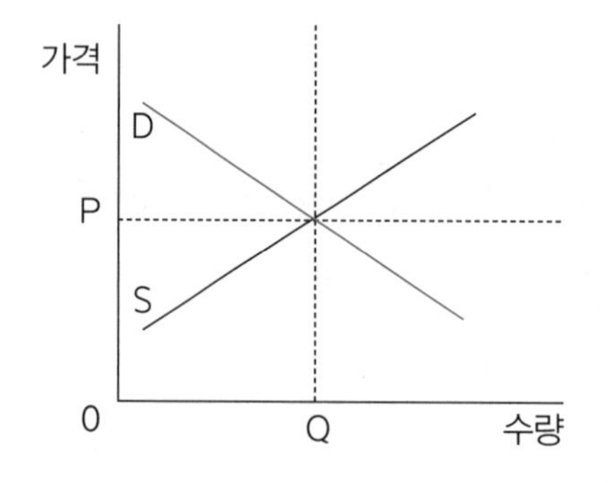

〈수요와 공급 ❷ 수요와 공급이 만나지 않는 경우〉

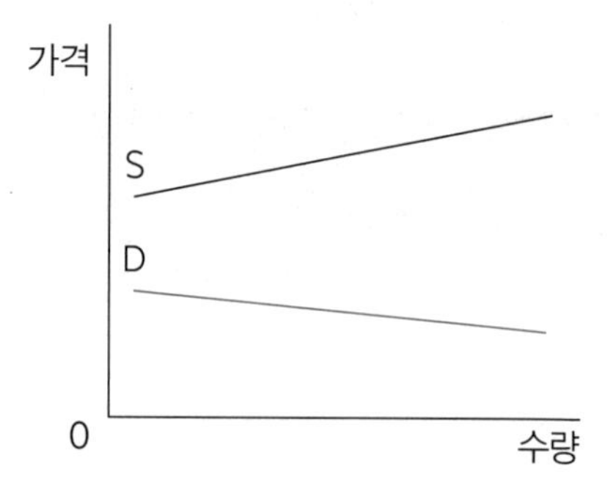

보충자료

옆 그래프 〈정책보험으로서의 농업재해보험〉에서 보는 바와 같이 국가가 농가가 부담할 보험료의 일부를 지원함으로써 농가의 구매력을 높여 수요를 증가시키고(D → D′), 공급자인 보험자에는 운영비를 지원한다든가 재보험을 통해 위험 비용을 줄여줌으로써 저렴한 가격에서도 공급이 가능하도록 한다(S → S′). 결국은 변경된 수요와 공급이 만나는 수준에서 가격(P_0)이 결정되어 Q_0만큼의 농업재해보험이 거래된다.

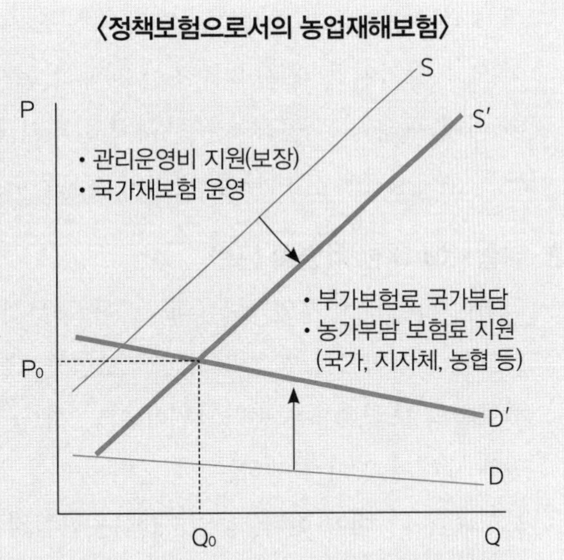

이와 같이 농업재해보험이 보험시장에서 시장원리에 의해 거래되기 어려운 경우에 국가가 개입하게 되는데 국가 개입의 정도는 각국의 보험시장 상황에 따라 다르기 때문에 일률적으로 판단할 사항은 아니다. 농업재해보험을 민영보험시장에 맡기기 어려운 상황인 국가에서는 직접 국가가 농업재해보험을 운영하기도 한다.

02-3 기본서 내용 익히기 - 제3절 농업재해보험의 특징

1 농작물재해보험의 특징

1 주요 담보위험이 자연재해임

민영보험사에서 취급하는 일반보험은 자연재해로 인한 피해를 보상하지 않는 반면, 농작물재해보험은 자연재해로 인한 피해를 대상으로 하는 특수한 보험이다. 자연재해는 한 번 크게 발생하면 그 피해가 너무 크고 전국적으로 발생하여 민영보험사에서 이를 감당하기 곤란하기 때문에 보험시장이 발달한 현재도 농작물재해보험만은 민영보험사에서 쉽게 접근하지 못하고 있다.

2 손해평가의 어려움

생물(生物)인 농작물의 특성상 손해액을 정확하게 평가하는 것은 어렵다. 재해 발생 이후 어느 시점에서 파악하느냐에 따라 피해의 정도가 달라질 수도 있다. 농작물은 생물이기 때문에 재해가 발생한 이후의 기상조건이 어떠하냐에 따라 재해 발생 이후의 작황이 크게 달라지기 때문이다. 또한 재해가 동시다발적으로 광범위한 지역에서 발생하는데 비해 재해 입은 농작물은 부패 변질되기 쉽기 때문에 단기간에 평가를 집중해야 하므로 손해평가에 큰 비용 및 인력이 소요된다.

3 위험도에 대한 차별화 곤란

위험이 낮은 계약자와 높은 계약자를 구분하여 위험의 정도에 따라 적절한 수준의 보험료를 부과함으로써 지속 가능한 보험구조를 형성하는 것이 중요하다. 현행 농작물재해보험의 보험료율은 농가단위가 아닌 시·군단위로 책정하는 구조로 설계되었다. 이로 인해 재해가 많이 발생하는 시·군의 농가는 해당 지역에서 농사를 짓고 있다는 이유로 보험료를 더 내야 한다. 농업 재해는 위험의 영향요인이 다양하고 복잡하게 얽혀있어 그 위험을 세분화하기가 쉽지 않은 실정이다.

4 경제력에 따른 보험료 지원 일부 차등

농업인의 경제적 부담을 줄이고 농작물재해보험 사업의 원활한 추진을 위해 정부는 순보험료의 50%를 지원하고, 지자체가 형편에 따라 추가적으로 도비와 시·군비를 통해 보험료를 지원한다. 일부 지자체에서는 영세 농가의 경영 안정망 강화를 위해 영세 농가에 대해 보험료를 추가 지원한다. 반면, 비교적 경제력이 높은 농업인에 대해서는 보험료 지원의 한도를 설정하기도 한다. 예를 들어, '말'의 경우 마리당 가입금액 4천만 원 한도 내에서 보험료의 50%를 지원하지만, 4천만 원을 초과하는 경우에는 초과 금액의 70%까지 가입금액을 산정하여 보험료의 50%를 지원 방식으로 보험료 지원의 한도를 설정하고 있다.

5 물(物)보험–손해보험

농작물재해보험은 농업생산과정에서의 재해로 인한 농작물·가축의 손실을 보험 대상으로 하고 있다. 즉, 사람을 대상으로 하는 인(人)보험이 아니라 농작물이라는 물질을 대상으로 하는 물(物)보험이며, 가입 목적물인 농작물·가축의 손실을 보전한다는 측면에서 손해보험에 해당한다.

6 단기 소멸성 보험

농작물재해보험은 농작물의 생육이 확인되는 시기부터 농작물을 수확할 때까지의 기간

에 발생하는 재해를 대상으로 하고 있다. 따라서 보험기간은 농작물이 생육을 시작하는 봄부터 농작물을 수확하는 가을까지로 그 기간은 1년 미만으로 단기보험에 해당한다고 할 수 있다.

7 국가재보험 운영

농작물재해보험은 대부분의 국가에서 국가가 직간접적으로 개입하는 정책보험으로 실시되고 있다. 국가마다 구체적인 내용은 조금씩 다르지만 국가는 농업인이 부담하는 보험료의 일부를 지원하고 보험사업 운영비의 전부 또는 일부를 부담한다. 이러한 국가의 재정적 지원에도 불구하고 농작물재해보험사업자는 대규모 농업재해가 발생할 경우 그 위험을 다 감당하기 어렵기 때문에 재해보험사업에 참여하기를 꺼리는 경우가 있다. 따라서 국가에서 재해보험사업자가 인수한 책임의 일부를 나누어가지는 국가재보험을 실시한다.

02-4 기본서 내용 익히기 - 제4절 농업재해보험의 기능

1 농업재해보험의 기능

1 재해농가의 손실 회복

농업재해보험이 없는 상황에서 대규모 농업재해가 발생하면 농가에게 심각한 영향을 초래한다. 재해로 인한 충격이 몇 년간 지속되고 심한 경우에는 폐농(廢農)에 이르기도 한다. 그러나 농업재해보험을 통해 보험금이 지급되면 재해를 입은 농가는 경제적 손실의 상당 부분을 회복하게 된다. 원상회복까지는 아니더라도 보험금을 수령한 농가는 대출받은 영농자금을 상환할 수 있고 정상적인 경제생활을 영위할 수 있으며, 다음 해 영농 준비에도 차질을 빚지 않게 된다. 궁극적으로 농업재해보험은 농가소득의 변동성을 감소시켜 농가의 생존 기간 및 생존율 증가에 기여할 수 있다.

2 농가의 신용력 증대

농업재해보험은 농가의 신용력을 높여주는 역할을 한다. 예기치 않은 재해로 커다란 손실을 입더라도 지급되는 보험금으로 손실의 상당 부분을 회복할 수 있기 때문에 금융기관에서는 대출한 자금 회수를 걱정하지 않아도 된다. 농업재해보험에 가입했다는 것만으로 농가의 신용을 보증하는 결과가 된다. 실제로 미국 등 농업보험이 발달한 국가에서는 금융기관에서 보험 가입 농가와 미가입 농가의 대출 조건을 달리하는 경우도 있다.

3 농촌지역경제의 안정화

경제 발전으로 농업의 상대적 비중이 크게 작아지기는 했지만, 아직도 우리 농촌에서는 농업이 주요 산업으로 자리 잡고 있다. 대규모 농업재해가 발생하여 농업생산이 크게 감소하면 농가경제가 위축되고 농가의 구매력 감소는 지역경제에 부정적인 영향을 초래한다. 이런 상황에서 농업재해보험을 통해 생산감소로 인한 경제적 손실의 상당 부분을 복구할 수 있다면 농촌지역경제에는 별다른 영향을 미치지 않게 된다. 극단적인 경우에도 농업재해보험을 통해 일정 수준의 수입이 보장되기 때문에 지역경제에 불안 요소로 작용하지는 않는다.

4 농업정책의 안정적 추진

농업정책은 한정된 재원을 효율적으로 집행하기 위해 중요도와 시급성 등을 고려하여 예산을 편성한다. 일단 예산이 편성되면 융통성을 발휘할 여유는 거의 없다. 이러한 상황에서 예상치 못한 대규모 농업재해가 발생하면 예비비로는 부족하여 다른 예산으로 재해복구에 충당하다 보면 당초 계획했던 농업정책사업들의 재조정이 필요하고 혼란을 초래한다. 농업재해보험이 보편화되면 농업재해보험에 대한 국가의 재정적 지원 규모가 확정되기 때문에 농업정책당국으로서는 우왕좌왕할 필요가 없다. 이는 중앙정부는 물론 지방정부도 마찬가지이다. 즉, 농업정책을 보다 안정적으로 계획대로 추진할 수 있다.

5 재해 대비 의식 고취

농업재해보험에 가입하지 않는 농가들도 재해 발생 시 이웃 농가가 보험금을 받아 경제적 손실을 복구해 평년과 비슷한 경제생활을 하는 것을 목격하면서 농업재해보험의 기능과 중요성을 인식하게 된다. 한편 보험에 가입한 농가는 평소 재해 발생을 대비하는 수단과 방법을 총동원해 재해 발생을 줄임으로써 보험료 부담을 경감하려고 노력하게 된다.

6 농업 투자의 증가

생산 위험으로 인한 소득 불안정성은 농가 경영의 불확실성을 유발하여 농업 투자를 억제하는 요인으로 작용한다. 동일한 수준의 위험을 감수하려는 농가의 경향으로 인해,

농업재해보험 가입을 통해 위험 수준이 감소하면 농가는 차입을 증가시켜 재무 위험 수준을 증가시키는 경향이 있는 것으로 알려져 있다. 즉, 농가는 농업재해보험에 가입하여 감소한 위험만큼 대출을 증가시켜 농업 투자를 확대할 수 있게 된다.

7 지속가능한 농업발전과 안정적 식량공급에 기여

농업재해보험제도는 자연재해의 위험으로부터 피해를 입은 보험가입 농가에게 보험금을 지급하여 경영위기 극복에 크게 기여해 왔다. 만일 농업재해보험제도 없이 상대적으로 높은 농업경영위험이 존재한다면 농업인의 생산과 투자 활동을 위축시키며, 궁극적으로 농업경쟁력을 떨어뜨리고, 국민을 위한 안정적 식량공급에도 어려움을 초래할 것이다. 이런 측면에서 농가의 농업경영위험 완화와 농업경영 안정화에 핵심적 장치라 할 수 있는 농업재해보험은 국가·사회적으로도 필수적인 지속가능한 농업발전과 국민에 대한 안정적 식량공급에 기여한다.

02-5 기본서 내용 익히기 - 제5절 농업재해보험 법령

1 「농어업재해보험법」의 연혁

1 「농작물재해보험법」 제정 계기

「농작물재해보험법」 제정의 직접적인 계기가 된 것은 1999년 8월 제7호 태풍 올가로 인한 피해로 전국적으로 67명이 죽거나 실종되었고, 이재민 2만 5,327명이 발생하였으며, 재산피해는 1조 1,500억 원으로 태풍 피해로 1조 원이 넘어선 것이 처음일 정도로 극심한 피해가 발생한 것에 따른 것이다.

2 「농작물재해보험법」 제정

태풍 및 우박 등 빈번하게 발생하는 자연재해로 인한 농작물의 피해를 적정하게 보전하여 줄 수 있는 농작물재해보험제도를 도입함으로써 자연재해로 인한 농작물 피해에 대한 농가소득안전망을 구축하여 농업소득의 안정과 농업생산성의 향상에 기여하려는 목적으로 「농작물재해보험법」이 2001.1.26. 제정되었다.

3 농어업재해보험 개정

2009년에는 농작물뿐만 아니라 농어업 전반에 관련된 재해에 대비하여 농어가의 경영안정을 종합적으로 관리·지원하기 위하여 재해보험 적용 대상을 농작물에서 양식수산물, 가축 및 농어업용 시설물로 확대하고, 재해보험의 대상 재해를 자연재해에서 병충해, 조수해(鳥獸害), 질병 및 화재까지 포괄하여 농어업 관련 재해보험을 이 법으로 통합·일원화하고 법제명도 "「농어업재해보험법」"으로 변경하는 등 2009. 3. 5일 전면 개정하여 2010.1.1.부터 시행하였다.

4 농업재해보험사업 관리 관련 규정 신설 및 손해평가사 자격제도 도입

2014년에는 효과적인 보험상품 개발 등을 위한 농업재해보험사업의 관리에 관한 규정을 신설하고, 신속하고 공정한 손해평가를 위한 손해평가사 자격제도를 1년 간의 준비기간 이후에 시행하는 조건으로 도입하는 규정을 신설하였다.

5 양식수산물재해보험사업의 관리에 관한 업무 농금원 위탁

2020년에는 양식수산물재해보험사업의 체계적인 관리·감독을 통해 양식수산물재해보험사업의 안전성과 전문성을 강화하기 위하여 양식수산물재해보험사업의 관리에 관한 업무를 농업정책보험금융원에 위탁할 수 있는 법적 근거를 마련하였으며, 2022년부터

농업정책보험금융원에서 양식수산물재해보험사업관리 업무를 수행하고 있다.

〈농어업재해보험 주요 변천 내역〉

연도	제정 및 시행일시	주요 내용
2001년	2001.1.26 제정 2001.3.1 시행	**〈농작물재해보험법〉** • 농작물재해보험심의회 설치 • 보험 대상 농작물의 종류 피해 정도, 자연재해의 범위 등을 대통령령에서 정할 수 있는 근거 마련 • 재해보험사업자에 대한 관련 규정(선정, 지원 근거 등)
2005년	2005.1.27 개정 2005.4.28 시행	**〈농작물재해보험법〉** • 재해보험 운영에 필요한 비용 정부 전액 지원 • 국가재보험제도 도입 • 농작물재해보험기금의 설치
2007년	2007.1.26 개정 2007.7.27 시행	**〈농작물재해보험법〉** • 농작물재해보험의 대상이 되는 구체적인 농작물의 품목과 보상 대상 자연재해의 범위를 법률에 직접 규정
2010년	2009.3.5 개정 2010.1.1 시행	**〈농어업재해보험법〉** : 법제명 개정 • 농어업 관련 재해보험을 이 법으로 통합·일원화 • 재해보험의 적용 대상을 농작물에서 양식수산물, 가축 및 농어업용 시설물로 확대 • 재해보험의 대상 재해를 자연재해에서 병충해, 조수해(鳥獸害), 질병 및 화재까지 포괄
2012년	2011.7.25 개정 2012.1.26 시행	**〈농어업재해보험법〉** • 농작물재해보험의 목적물에 임산물 재해보험을 별도로 규정하여 범위를 명확히 함 • 계약자들의 보험료 부담을 덜어주기 위하여 정부의 지원 외에 지방자치단체도 보험료의 일부를 추가하여 지원 근거 마련

2014년	2014.6.3 개정 2014.12.4 시행	**〈농어업재해보험법〉** • 농업재해보험사업의 관리를 위한 농림축산식품부장관의 권한 및 위탁 근거 규정을 신설하고 전문손해평가인력의 양성 및 자격제도를 도입
2017년	2017.3.14 개정 2017.3.14 시행	**〈농어업재해보험법〉** • 농업재해보험사업 관리 등을 「농업·농촌 및 식품산업 기본법」에 근거하여 설립된 농업정책보험금융원으로 위탁 • 손해평가사 자격시험의 실시 및 관리에 관한 업무를 「한국산업인력공단법」에 따른 한국산업인력공단에 위탁
2020년	2020.5.26 개정 2020.8.27 시행	**〈농어업재해보험법〉** • 양식수산물재해보험사업의 관리에 관한 업무를 농업정책보험금융원에 위탁
2022년	2021.11.30. 개정 2022.6.1. 시행	• 농림축산식품부장관과 해양수산부장관이 농어업재해보험 발전 기본계획 및 시행계획을 5년마다 수립·시행하도록 조항 신설 • 시행령에 위임되어 있는 재해보험 보험료율 산정 단위를 법률로 상향하는 한편, 기존보다 세분화된 지역 단위로 보험료율을 산정할 수 있도록 함

2 농업재해보험 주요 법령 및 관련법

1 농업재해보험 관련 주요 법령

① 「농어업재해보험법」

② 「농어업재해보험법 시행령」

2 행정규칙

① 농업재해보험 손해평가요령

② 농업재해보험에서 보상하는 목적물의 범위

③ 농업재해보험의 목적물별 보상하는 병충해 및 질병 규정

④ 농업재해보험통계 생산관리 수탁관리자 지정

⑤ 재보험사업 및 농업재해보험사업의 운영 등에 관한 규정

⑥ 농어업재해재보험기금 운용규정 등

3 농업재해보험 관련 주요 법률

①「농업·농촌 및 식품산업기본법」

②「농어업재해대책법」

③「농어업인의 안전보험 및 안전재해예방에 관한 법률」

④「농어업경영체 육성 및 지원에 관한 법률」

⑤「보험업법」

⑥「산림조합법」

⑦「풍수해보험법」

⑧「농업협동조합법」 등

3 농업재해보험 관련 법령의 주요내용

1 「농어업재해보험법」

(1) 주요내용

「농어업재해보험법」은 2001년 제정된 「농작물재해보험법」을 모태로 2010년 전부 개정하여 농작물, 양식수산물, 가축 및 농어업용 시설물을 통합하였다.

(2) 구성

총 32개의 본문과 부칙으로 되어있으며, 32개 본문은 제1장 총칙, 제2장 재해보험사업, 제3장 재보험사업 및 농어업재해재보험기금, 제4장 보험사업 관리, 제5장 벌칙으로 구성되어 있다.

2 「농어업재해보험법」 시행령

(1) 주요내용

주요내용을 보면 농어업재해보험심의회의 구체적인 사항, 재해보험에서 보상하는 재해의 범위, 계약자의 기준, 손해평가인 관련 사항, 손해평가사 자격시험 실시 및 자격 관련 사항, 업무위탁, 재정지원, 농어업재해재보험기금에 대한 구체적인 사항, 시범사업 등에 대해 정하고 있다.

(2) 구성

「농어업재해보험법 시행령」은 「농어업재해보험법」을 보충하는 제1조부터 제23조까지의 본문과 부칙으로 구성되어 있다.

3 농업재해보험 손해평가요령

(1) 주요내용

주요내용은 목적과 관련 용어 정의, 손해평가인의 위촉 및 업무와 교육, 손해평가의 업무위탁, 손해평가반 구성, 교차손해평가, 피해 사실 확인, 손해평가 준비 및 평가결과 제출, 손해평가 결과 검증, 손해평가 단위, 농작물·가축·농업시설물의 보험계약 및 보험금 산정, 농업시설물의 보험가액 및 손해액 산정, 손해평가 업무방법서 등에 관한 사항을 규정하고 있다.

(2) 구성

농업재해보험 손해평가요령은 농림축산식품부 고시 제2019-81호(2019.12.18. 부 개정)로 제1조 목적부터 제17조 재검토기한까지의 본문과 부칙 및 별표 서식으로 되어 있다.

4 기타 농업재해보험 관련 행정규칙

(1) 농업재해보험에서 보상하는 보험목적물의 범위

농림축산식품부 고시 제2020-21호(2020.3.19. 부 개정)로 보험목적물(농작물, 임산물, 가축)에 대해 규정하고 있다.

(2) 농업재해보험의 보험목적물별 보상하는 병충해 및 질병 규정

농림축산식품부 고시 제2019-82호(2019.12.18. 부 개정)로 농작물의 병충해 및 가축의 축종별 질병에 대해 규정하고 있다.

(3) 농어업재해재보험기금 운용 규정

농림축산식품부 훈령 제445호(2022.9.30. 부 개정)로 제1장 총칙부터 제7장 보칙까지로 본문은 제1조 목적부터 제26조까지의 본문과 부칙으로 구성되어 있으며, 주요내용은 농어업재해재보험기금의 효율적인 관리·운용에 필요한 세부적인 사항에 대해 규정하고 있다.

(4) 재보험사업 및 농업재해보험사업의 운영 등에 관한 규정

농림축산식품부 고시 제2020-16호(2020.2.12. 부 개정)로 본문은 제1조 목적부터 제18조까지의 본문과 부칙으로 구성되어 있으며, 주요 내용은 농어업재해보험법 및 동법 시행령에 의한 재보험사업 및 농업재해보험사업의 업무위탁, 약정체결 등에 필요한 세부적인 사항에 대해 규정하고 있다.

03 핵심내용 정리하기

1 농업재해의 특성

1	불예측성	• 농업재해는 언제 어디에서 어느 정도로 발생할지 예측하기가 어렵다.
2	광역성	• 기상재해는 발생하는 범위가 넓다.
3	동시성·복합성	• 기상재해는 한 번에 발생하면 동시에 여러 가지 재해가 발생한다.
4	계절성	• 동일한 재해라도 계절에 따라 영향은 달라진다.
5	피해의 대규모성	• 가뭄이나 장마, 태풍 등이 발생하면 이로 인한 피해는 막대하다.
6	불가항력성	• 각종 재해를 방지하거나 최소화하기 위해 다양한 수단과 방법을 동원함에도 불구하고 각종 자연재해는 끊임없이 발생한다.

2 농작물재해보험의 특징

1	주요 담보위험이 자연재해임	• 농작물재해보험은 자연재해로 인한 피해를 대상으로 하는 특수한 보험이다.
2	손해평가의 어려움	• 생물(生物)인 농작물의 특성상 손해액을 정확하게 평가하는 것은 어렵다.
3	위험도에 대한 차별화 곤란	• 농작물 재해는 위험을 세분화하기가 쉽지 않다.
4	경제력에 따른 보험료 지원 일부 차등	• 영세 농가에 대해서는 보험료를 추가 지원하기도 하고, 비교적 경제력이 높은 농업인에 대해서는 보험료 지원의 한도를 설정하기도 한다.
5	물(物)보험 – 손해보험	• 사람을 대상으로 하는 인(人) 보험이 아니라 농작물이라는 물질을 대상으로 하는 물(物) 보험이다.
6	단기 소멸성 보험	• 농작물재해보험의 보험기간은 1년 미만으로 단기보험에 해당한다고 할 수 있다.
7	국가재보험 운영	• 국가에서 재해보험사업자가 인수한 책임의 일부를 나누어가지는 국가재보험을 실시한다.

3 농업재해보험의 기능

1	재해농가의 손실 회복	• 농업재해보험을 보험금이 지급되면 재해를 입은 농가는 경제적 손실의 상당 부분을 회복하게 된다.
2	농가의 신용력 증대	• 농업재해보험에 가입했다는 것만으로 농가의 신용을 보증하는 결과가 된다.
3	농촌지역경제의 안정화	• 농업재해보험을 통해 일정 수준의 수입이 보장되기 때문에 지역경제에 불안 요소로 작용하지 않는다.
4	농업정책의 안정적 추진	• 농업재해보험이 보편화되면 농업재해보험에 대한 국가의 재정적 지원 규모가 확정된다. 즉, 농업정책을 보다 안정적으로 추진할 수 있다.
5	재해 대비 의식 고취	• 농업재해보험에 가입하지 않은 농가들도 재해 발생 시 이웃 농가가 보험금을 받아 경제적 손실을 보구하는 것을 목격하면서 농업재해보험의 기능과 중요성을 인식하게 된다.
6	농업 투자의 증가	• 농가는 농업재해보험에 가입하여 감소한 위험만큼 대출을 증가시켜 농업 투자를 확대할 수 있게 된다.
7	지속가능한 농업발전과 안정적 식량 공급에 기여	• 농업재해보험은 국가·사회적으로도 필수적인 지속가능한 농업발전과 국민에 대한 안정적 식량공급에 기여한다.

04 워크북으로 마무리하기

01 「농작물재해보험 및 가축재해보험의 이론과 실무」에서 열거하는 농업재해의 특성 6가지를 쓰시오.

02 WTO 체제가 출범하면서 그동안 농가를 직접 지지해오던 가격정책은 축소하거나 폐지되어야 한다. 자유무역질서에 영향을 줄 수 있는 각국의 농업정책들은 축호하거나 폐지하기로 합의했기 때문이다. 그러나 각국의 열악한 농업을 보완하는 정책은 허용된다. 이에 해당하는 정책을 2가지만 쓰시오.

03 「농작물재해보험 및 가축재해보험의 이론과 실무」에서 열거하는 농작물재해보험의 특징을 7가지 쓰시오.

04 「농작물재해보험 및 가축재해보험의 이론과 실무」에서 열거하는 농업재해보험의 기능을 7가지 쓰시오.

05 「농작물재해보험 및 가축재해보험의 이론과 실무」에서 「농어업재해보험법」의 연혁에 관한 내용 중 농작물재해보험법 제정의 직접적인 계기가 된 사건은 무엇이었나?

06 농작물재해보험사업은 2001년 1월 26일 제정되어 2001년 3월 1일 시행된 「농작물재해보험법」에 의해 2001년 3월 17일부로 (① , ②) 2개 품목을 (③) 중심으로 9개도 51개 시·군에서 보험상품을 판매 개시하면서 시행되었다. 위 괄호 안에 알맞은 내용을 순서대로 쓰시오.

07 국가재보험제도를 도입한 연도는?

정답

01 답 : 불예측성, 광역성, 동시성·복합성, 계절성, 피해의 대규모성, 불가항력성 끝

02 답 : 직접지불제, 농업재해보험 끝

03 답 : 주요 담보위험이 자연재해임, 손해평가의 어려움, 위험도에 대한 차별화 곤란, 경제력에 따른 보험료 지원 일부 차등, 물보험-손해보험, 단기 소멸성 보험, 국가재보험 운영 끝

04 답 : 재해농가의 손실 회복, 농가의 신용력 증대, 농촌지역경제의 안정화, 농업정책의 안정적 추진, 재해 대비 의식 고취, 농업 투자의 증가, 지속가능한 농업 발전과 안정적인 식량공급에 기여 끝

05 답 : 1999년 8월 제7호 태풍 올가 끝

06 답 : ① 사과 ② 배 ③ 주산지 끝

07 답 : 2005년 끝

제 3 장

농작물재해보험 제도

제1절 제도 일반

01 기출유형 확인하기

제8회 농작물재해보험 대상 밭작물 품목 중 자기부담금이 잔존보험 가입금액의 3% 또는 5%인 품목 2가지를 쓰시오. (5점)

보험가입금액의 계산과정과 값을 쓰시오. (5점)

수확감소보장 보통약관(주계약) 적용보험료의 계산과정과 값을 쓰시오. (천 원 단위 미만 절사) (5점)

제9회 농작물재해보험 보험료 방재시설 할인율의 방재시설 판정기준에 관한 내용이다. (   )에 들어갈 내용을 쓰시오. (5점)

02 기본서 내용 익히기

1 사업 실시 개요

1 실시 배경과 사업 목적

(1) 실시 배경

① 해마다 발생하는 자연재해로 인하여 농업 분야의 많은 피해가 농업인의 경영안정에 지장을 초래하고 있으나, 정부의 보조 및 지원에 관한 사항은 생계구호적 차원의 「자연재해대책법」을 준용하도록 「농어업재해대책법」 제4조에 규정되어 있다. 따라서 세부적인 지원 수준은 해당연도의 지원 수준에 따라 가변적일 수밖에 없어 농작물 피해에 대한 지원율은 미미한 수준이었다.

② 정부는 재해 발생 시 「농어업재해대책법」에 의해 정책자금 이자 상환 연장, 학자금 지원, 대파종비, 농약대 등을 지원하는 등 재정이 많이 투입되고 있음에도 개별농가의 입장에서는 지원 수준이 미미하여 경영 안정에 실질적인 도움이 되지 못하고 있다.

③ 농작물재해보험은 1970년대 중반부터 그 필요성이 제기되어 왔다. 1975년 한국농촌경제연구원의 전신인 국립농업경제연구소에서 '농작물보험의 타당성에 관한 연

구'가 처음으로 시작되었다. 1980년에는 전국적 냉해가 발생하여 농작물의 재해 피해에 대한 위기감이 고조되어 1982년 논벼 재해보험 시업사업이 설계되었으며 1986년에는 수도작을 대상으로 5년간 도상연습이 이루어졌다. 하지만 보험사업을 시작하기 위한 사전 정보, 즉 경작 상황, 자연재해의 발생 및 피해에 대한 자료가 구축되어 있지 않은 상황이었고, 한국농촌경제연구원 조사사업 결과 농민들의 수용성이 낮고 예산 투입 대비 성과가 낮을 것이라는 판단하에 1991년 도상연습의 종료와 더불어 농작물재해보험 도입 작업은 중단되었다.

(2) 농작물재해보험제도 도입

① 농작물재해보험제도 도입의 결정적인 계기가 된 것은 1999년 8월 제7호 태풍 '올가'로 인한 피해로 전국적으로 67명이 죽거나 실종되었으며, 이재민 2만 5,327명이 발생하였다.

② 재산피해는 1조 1,500억 원에 육박하는 등 극심한 피해였고, 이에 따라 농업을 포기하는 농가가 속출하였다. 이에 농림축산식품부는 2001년 법 제정과 사업시행을 목표로 2000년 농작물재해보험 도입준비위원회와 실무작업반을 구성하였다. 2001년 사과, 배, 두 품목에 대한 시범사업으로 9개 시도 내 51개군에서 판매되기 시작하였다.

2 사업 추진 경위

(1) 농작물재해보험의 법적 근거

농작물재해보험은 「농어업재해보험법」, 「농어업재해보험법 시행령」, 「농업재해보험 손해평가요령」 및 「보조금의 예산 및 관리에 관한 법률」 등의 법령에 근거하여 시행된다.

(2) 농작물재해보험사업의 시행

2001년 1월 26일 제정되어 2001년 3월 1일 시행된 「농작물재해보험법」에 의해 2001년 3월 17일부로 사과, 배 2개 품목을 주산지 중심으로 9개도 51개 시·군에서 보험상품을 판매 개시하면서 농작물재해보험사업이 시행되었다.

(3) 국가재보험제도

1) 도입 배경

① 이전에 이와 유사한 보험제도가 없었고, 보다 합리적인 보험상품 개발을 위한 통계자료나 보상 기준 등에 대한 체계가 잡혀 있지 않은 상태에서 2002년 태풍 '루사',

2003년 태풍 '매미' 등 연이은 거대 재해로 인한 막대한 피해가 발생하였다.

② 보험사업의 체계가 확립되지 않은 상태에서 발생한 자연재해 피해는 막대한 보험금 지급을 유발하였고, 이는 곧 보험사업에 참여했던 민영보험사들의 막대한 적자로 연결되었다.

③ 민영보험사들은 막대한 적자를 감당하지 못하고 사업을 포기하기 시작했고, 이에 대해 농림축산식품부는 예측 불가능한 자연재해의 거대 피해에 대해 민영보험사가 전부 부담하는 것은 어렵다고 판단, 2005년부터 국가재보험제도를 도입하였다.

2) 국가재보험 진행경과

국가재보험 첫 도입 시에는 '초과손해율' 방식을 채택하여 기준손해율 이상의 손실 발생 시 그 초과 손해분을 국가가 부담하였다. 이후 기준손해율이나 손해율 적용 단위 등의 개편이 이루어지다가, 2017년 손해율 구간별로 손익을 분담하는 '손익분담' 방식을 부분적으로 도입하였다. 2019년부터는 해당 방식의 전면 도입을 통해 민영보험사의 안정적인 사업운영을 지원하고 있다. 이러한 지속가능한 구조를 바탕으로 2023년 현재 농작물재해보험제도는 전국을 대상으로 하여 총 70개 품목에 대해 보험상품을 운영하고 있다.

3 사업 운영체계

(1) 농림축산식품부(사업 주관부서)

농작물재해보험의 사업 주관부서로, 재해보험 관계법령의 개정, 보험료 및 운영비 등 국고 보조금 지원 등 전반적인 제도 업무를 총괄한다.

(2) 농업정책보험금융원(사업 관리기관)

「농어업재해보험법」 제25조의2(농어업재해보험사업의 관리) 제2항에 의거 농림축산식품부로부터 농작물재해보험 사업관리업무를 수탁받아 수행한다.

〈농업정책보험금융원의 주요 업무〉

농업정책보험금융원의 주요 업무는 재해보험사업의 관리·감독, 재해보험 상품의 연구 및 보급, 재해 관련 통계 생산 및 데이터베이스 구축·분석, 손해평가인력 육성, 손해평가기법의 연구·개발 및 보급, 재해보험사업의 약정체결 관련 업무, 손해평가사 제도 운용 관련 업무, 농어업재해재보험기금 관리·운용 업무 등이다.

(3) 재해보험사업자

사업 시행기관은 사업 관리기관과 약정체결을 한 자로, 현재 농작물재해보험 사업자는 NH농협손해보험이며, 재해보험사업자는 보험상품의 개발 및 판매, 손해평가, 보험금 지급 등 실질적인 보험사업 운영을 한다.

(4) 농업재해보험심의회

농작물재해보험을 포함한 농업재해보험에 대한 중요사항을 심의하며, 농림축산식품부장관 소속으로 차관을 위원장으로 설치되어 재해보험 목적물 선정, 보상하는 재해의 범위, 재해보험사업 재정지원, 손해평가 방법 등 농업재해보험의 중요사항에 대해 심의한다.

(5) 한국산업인력공단

농림축산식품부로부터 수탁을 받아 농작물재해보험의 손해평가를 담당할 손해평가사의 자격시험의 실시 및 관리에 대한 업무 수행 주체이다.

(6) 보험개발원

매년 보험료율 산정

(7) 금융감독원

보험료율 및 약관 등을 인가

(8) 손해평가주체(손해평가사, 손해평가인, 손해사정사)

재해보험 사업자가 의뢰한 보험목적물의 손해평가를 실시하고 결과를 제출한다.

(9) 국가 및 국내외 민영보험사

재해보험사업자로부터 재보험을 인수한다. 거대재해가 발생할 경우 농작물재해보험 사업자인 NH농협손해보험에서 손실을 감당하는 데는 한계가 있기 때문에 국가 및 민영보험사와 재보험 약정을 체결한다.

〈농작물재해보험 및 재보험 운영체계〉

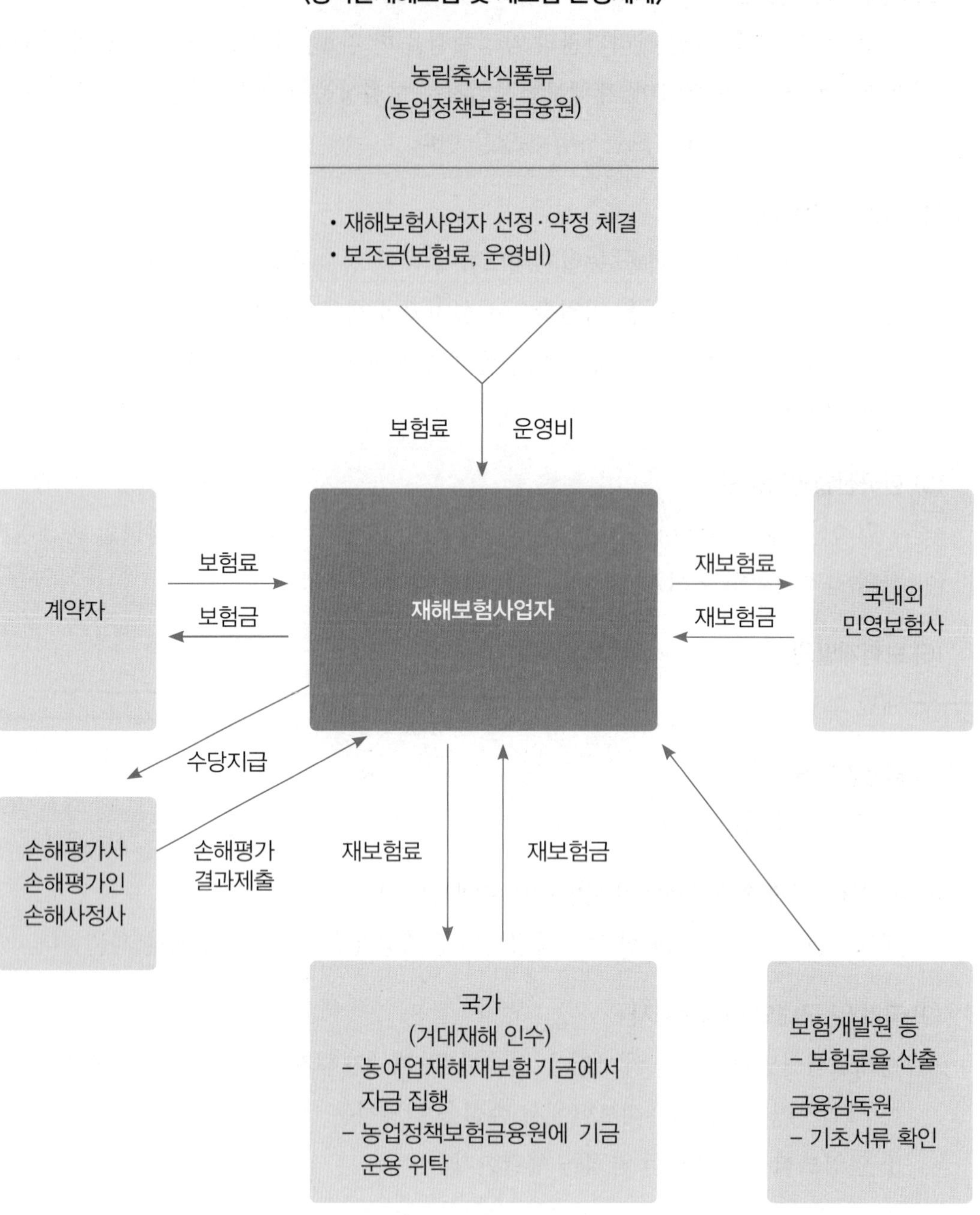

2 사업 시행 주요 내용

1 계약자의 가입자격과 요건

(1) 계약자(피보험자)

농작물재해보험 사업대상자는 사업 실시지역에서 보험 대상 작물을 경작하는 개인 또는 법인이다. 사업대상자 중에서 재해보험에 가입할 수 있는 자는 「농어업재해보험법」 제7조에 의한 동법 시행령 제9조에 따른 농작물을 재배하는 자를 말한다.

보충자료

1. 「농어업재해보험법」제7조(보험가입자)

재해보험에 가입할 수 있는 자는 농림업, 축산업, 양식수산업에 종사하는 개인 또는 법인으로 하고, 구체적인 보험가입자의 기준은 대통령령으로 정한다.

2. 「농어업재해보험법 시행령」제9조(보험가입자의 기준)

「법」 제7조에 따른 보험가입자의 기준은 다음 각 호의 구분에 따른다.

1. 농작물재해보험 : 「법」 제5조에 따라 농림축산식품부장관이 고시하는 농작물을 재배하는 자
1의 2. 임산물재해보험 : 「법」 제5조에 따라 농림축산식품부장관이 고시하는 임산물을 재배하는 자
2. 가축재해보험 : 「법」 제5조에 따라 농림축산식품부장관이 고시하는 가축을 사육하는 자

(2) 가입자격 및 요건

1) 농작물재해보험 가입방식

"임의보험" 방식(계약자가 스스로 가입여부를 판단하여 가입하는 방식)

2) 농작물재해보험 가입요건

- 보험에 가입하려는 농작물을 재배하는 지역이 해당 농작물에 대한 농작물재해보험 사업이 실시되는 지역이어야 한다.
- 보험 대상 농작물이라고 하더라도 경작 규모가 일정 규모 이상이어야 한다.
- 가입 시에 보험료의 50% 이상의 정책자금 지원 대상에 포함되기 위해서는 농업경영체 등록이 되어야 한다.

〈농작물재해보험 대상품목 및 가입자격(2022년 기준)〉

품목명	가입자격
사과, 배, 단감, 떫은감, 포도, 복숭아, 자두, 호두, 밤, 참다래, 대추, 매실, 살구, 오미자, 유자, 오디, 복분자, 무화과, 감귤, 마늘, 양파, 양배추, 고구마, 감자, 고추, 브로콜리, 인삼	〈기본형〉 농지의 보험가입금액 (생산액 또는 생산비) 200만 원 이상
콩, 팥, 옥수수, 무, 당근, 배추, 단호박, 시금치(노지), 파, 양상추	농지의 보험가입금액 (생산액 또는 생산비) 100만 원 이상
벼, 밀, 보리, 메밀, 귀리	농지의 보험가입금액 (생산액 또는 생산비) 50만 원 이상
농업용 시설물 및 시설작물 버섯재배사 및 버섯작물	단지 면적이 300m^2 이상
차(茶), 조사료용 벼, 사료용 옥수수	농지의 면적이 1,000m^2 이상

2 보험 대상 농작물별 재해범위 및 보장수준

(1) 보험 대상 농작물(보험의 목적물)

보험 대상 농작물은 2023년 현재 70개 품목이며, 이외에 농업시설물로는 버섯재배사, 농업시설물 등이 있다.

구분	품목
과수작물(12개 품목)	• 사과, 배, 단감, 감귤, 포도, 복숭아, 자두, 살구, 매실, 참다래, 유자, 무화과
식량작물(10개 품목)	• 벼, 밀, 보리, 감자, 고구마, 옥수수, 콩, 팥, 메밀, 귀리
채소작물(12개 품목)	• 양파, 마늘, 고추, 양배추, 배추, 무, 파, 당근, 브로콜리, 단호박, 시금치(노지), 양상추
특용작물(3개 품목)	• 인삼, 오디, 차(茶)
임산물(7개 품목)	• 떫은감, 대추, 밤, 호두, 복분자, 오미자, 표고버섯
버섯작물(3개 품목)	• 느타리버섯, 새송이버섯, 양송이버섯

시설작물(23개 품목)	• 화훼류 : 국화, 장미, 백합, 카네이션 • 비화훼류 : 딸기, 오이, 토마토, 참외, 풋고추, 호박, 수박, 멜론, 파프리카, 상추, 부추, 시금치, 가지, 배추, 파(대파·쪽파), 무, 미나리, 쑥갓, 감자

(2) 보험사업 실시지역

보험사업 실시지역은 시범사업은 주산지 등 일부 지역(특정 품목의 경우 전국)에서 실시하며, 시범사업을 거쳐 전국적으로 확대된 본사업은 주로 전국에서 실시한다. 다만, 일부 품목의 경우 품목의 특성상 사업지역을 한정할 필요가 있는 경우에는 사업지역을 제한한다.

〈감자〉

감자같은 경우에는 지역적으로 재배되는 작물의 특성 때문에 보험사업 실시지역을 가을 감자는 전국을 대상으로 하나, 봄감자는 충남과 경북으로 고랭지감자의 경우에는 강원지역으로 한정하고 있다.

〈밀〉

밀의 경우에는 광주, 전북, 전남, 경남, 충남으로 한정하고 있다.

2023년도 구체적 보험사업 실시지역은 다음 표와 같다.

〈농작물재해보험 대상 품목별 및 사업지역〉

구분	품목	사업지역
본사업	사과, 배, 단감, 떫은감, 벼, 밤, 대추, 감귤, 고추, 고구마, 옥수수, 콩, 마늘, 양파, 인삼, 자두, 매실, 포도, 복숭아, 참다래, 시설작물(수박, 딸기, 오이, 토마토, 참외, 풋고추, 호박, 국화, 장미, 파프리카, 멜론, 상추, 부추, 시금치, 배추, 가지, 파, 무, 백합, 카네이션, 미나리, 쑥갓), 버섯작물(표고, 느타리), 농업용시설물 및 버섯재배사	전국
	감자	**〈가을재배〉** 전국 **〈고랭지재배〉** 강원 **〈시설작물〉** 전북 (김제, 부안)
	밀	광주, 전북, 전남, 경남, 충남

구분	품목	사업지역
시범 사업	버섯작물(양송이, 새송이), 조사료용 벼, 사료용 옥수수	전국
	양배추, 브로콜리, 당근	(제주) 제주, 서귀포
	메밀	전남, 제주 (제주, 서귀포)
	차	(전남) 보성, 광양, 구례, (경남) 하동
	감자(봄재배)	경북, 충남
	오디	전북, 전남, (경북) 상주, 안동
	복분자	(전북) 고창, 정읍, 순창 (전남) 함평, 담양, 장성
	오미자	(경북) 문경, 상주, 예천 (충북) 단양, (전북) 장수 (강원) 인제, (경남) 거창
	무화과	(전남) 영암, 신안, 목포, 무안, 해남
	유자	(전남) 고흥, 완도, 진도 (경남) 거제, 남해, 통영
	배추	**〈고랭지〉** (강원) 정선, 삼척,태백, 강릉, 평창 **〈가을〉** (전남) 해남, (충북) 괴산, (경북) 영양 **〈월동〉** (전남) 해남
	무	**〈고랭지〉** (강원) 홍천, 정선, 평창, 강릉 **〈월동〉** (제주) 제주, 서귀포

구분	품목	사업지역
시범사업	단호박	경기, 제주(제주)
	파	〈대파〉 (전남) 신안, 진도, 영광 (강원) 평창 〈쪽파, 실파〉 (충남) 아산, (전남) 보성
	살구	(경북) 영천
	호두	(경북) 김천
	보리	(전남) 보성, 해남, (전북) 김제, 군산, (경남) 밀양
	팥	(전남) 나주, (강원) 횡성, (충남) 천안
	시금치(노지)	(경남) 남해, (전남) 신안
	귀리	(전남) 강진, 해남
	양상추	(강원) 횡성, 평창

(3) 시범사업의 실시

① 재해보험사업자는 시범사업 실시지역의 추가, 제외 또는 변경이 필요한 경우 그 내용을 농림축산식품부장관과 사전 협의하여야 한다.

② 시범사업은 전국적으로 보험사업을 실시하기 전에 일부 지역에서 보험설계의 적정성, 사업의 확대 가능성, 농가의 호응도 등을 파악하여 미비점을 보완함으로써 전국적 본사업 실시 시의 시행착오를 최소화하기 위한 것이다.

③ 3년차 이상 시범사업 품목 중에서 농업재해보험심의회에 심의에 따라 본사업으로 전환될 수 있다. 한편, 재해보험사업자는 보험 대상 농작물 등이라 하더라도 보험화가 곤란한 특정 품종, 특정 재배방법, 특정시설 등에 대해서는 농림축산식품부장관(농업정책보험금융원장)과 협의하여 보험 대상에서 제외하거나 보험인수를 거절할 수 있다.

〈2023년도 시범사업 품목(27개)〉

구 분	5년차 이상	4년차	3년차	2년차	1년차
작물명	복분자, 오디, 양배추, 오미자, 무화과, 유자, 차, 메밀, 브로콜리, 양송이버섯, 새송이버섯, 배추, 무, 단호박, 파, 당근, 감자(봄재배), 조사료용 벼,사료용 옥수수	보리, 팥, 살구, 시금치(노지), 호두	-	가을배추	귀리, 양상추
작물수	19	5	-	1	2

(4) 보험 대상 재해의 범위

보험 대상 범위를 어떻게 정하느냐에 따라 특정위험방식과 종합위험방식으로 구분한다.

1) 특정위험방식

해당 품목에 재해를 일으키는 몇 개의 주요 재해만을 보험 대상으로 하는 방식이며, 2023년 현재 특정위험방식은 인삼에 해당된다.

2) 종합위험방식

피해를 초래하는 모든 자연재해와 화재 및 조수해(鳥獸害) 등을 보험 대상으로 하는 방식이다. 종합위험방식(적과전 종합위험방식, 수확전 종합위험방식 포함)은 보험 대상으로 하는 주요 재해를 기본적으로 보장하고(주계약), 특정 재해를 특약으로 추가보장 혹은 부보장(계약자가 선택)할 수 있다.

적과전 종합위험방식	사과, 배, 단감, 떫은감
수확전 종합위험방식	복분자, 무화과
종합위험방식	특정위험방식과 적과전 종합위험방식, 수확전 종합위험방식을 제외한 품목

〈보험 대상 품목별 대상재해〉

구분	품목	대상 재해
적과전 종합위험	사과, 배, 단감, 떫은감 (특약) 나무보장	• (적과전) 자연재해·조수해(鳥獸害)·화재 • (특약) 태풍·우박·집중호우·지진·화재 한정보장 • (적과후) 태풍(강풍)·우박·화재·지진·집중호우·일소피해·가을 동상해 • (특약) 가을동상해·일소피해 부보장
수확전 종합위험	무화과 (특약) 나무보장	• (7.31일 이전) 자연재해·조수해(鳥獸害)·화재 • (8.1일 이후) 태풍(강풍)·우박
	복분자	• (5.31일 이전) 자연재해·조수해(鳥獸害)·화재 • (6.1일 이후) 태풍(강풍)·우박 • (특약) 수확기 부보장
특정위험	인삼	• 태풍(강풍)·폭설·집중호우·침수·화재·우박·폭염·냉해
종합위험	매실, 자두, 유자, 살구 (특약) 나무보장	• 자연재해·조수해(鳥獸害)·화재
	포도 (특약) 나무보장, 수확량감소추가보장	• 자연재해·조수해(鳥獸害)·화재
	참다래 (특약) 나무보장	• 자연재해·조수해(鳥獸害)·화재 • (특약) 비가림시설 부보장
	대추	• 자연재해·조수해(鳥獸害)·화재 • (특약) 비가림시설 부보장
	복숭아 (특약) 나무보장, 수확량감소추가보장	• 자연재해·조수해(鳥獸害)·화재 • 병충해(세균구멍병)
	감귤(만감류) (특약) 나무보장, 수확량감소추가보장	• 자연재해·조수해(鳥獸害)·화재

구분	품목	대상 재해
종합위험	감귤(온주밀감류) (특약) 나무보장, 과실손해 추가보장	• 자연재해·조수해(鳥獸害)·화재(12.20일 이전) • (특약) 수확개시 이후 동상해보장(12.21일 이후)
	벼	• 자연재해·조수해(鳥獸害)·화재 • (특약) 병충해(흰잎마름병·줄무늬잎마름병·벼멸구·도열병·깨씨무늬병·먹노린재·세균성벼알마름병)
	밀, 고구마, 옥수수, 사료용 옥수수, 콩, 양배추, 차, 오디, 밤, 오미자, 양파, 배추, 무, 파, 단호박, 당근, 시금치(노지), 메밀, 브로콜리, 팥, 보리, 조사료용 벼, 귀리, 양상추	• 자연재해·조수해(鳥獸害)·화재
	감자	• 자연재해·조수해(鳥獸害)·화재·병충해
	마늘	• 자연재해·조수해(鳥獸害)·화재 • (특약) 조기파종보장
	호두	자연재해·조수해(鳥獸害)·화재 (특약) 조수해(鳥獸害) 부보장
	고추	• 자연재해·조수해(鳥獸害)·화재·병충해
	해가림시설 (인삼)	• 자연재해·조수해(鳥獸害)·화재
	농업용시설물 (특약) 재조달가액, 버섯재배사, 부대시설	• 자연재해·조수해(鳥獸害) • (특약) 화재, 화재대물배상책임, 수해부보장

종합위험	비가림시설 (포도, 대추, 참다래)	• 자연재해·조수해(鳥獸害) • (특약) 화재, 비가림시설 부보장
	시설작물, 버섯작물	• 자연재해·조수해(鳥獸害) • (특약)화재·화재대물배상책임

(5) 보장유형(자기부담금)

1) 자기부담금의 목적

농작물재해보험은 재해로 인한 모든 피해 금액을 보장하지 않는 것이 대부분이다. 농작물재해보험뿐만 아니라 일반 손해보험의 경우도 마찬가지이다. 그 이유는 소소한 피해까지 보상하기 위해서는 비용이 과다하여 보험으로서의 실익이 없으며, 한편으로는 계약자의 도덕적 해이를 방지하기 위함이다. 따라서 보험가입금액의 일정 부분을 보장하는 것이 일반적이며, 보장수준을 어느 정도로 하느냐에 따라 보장 유형이 다양하다.

2) 보장유형별 자기부담금의 적용

농작물재해보험 상품은 크게 3가지 유형의 상품으로 구성되어 있다.

가) 수확량의 감소를 보장하는 상품

① 사과·배 등 과수작물, 벼·밀 등 식량작물, 마늘·감자 등 밭작물. 수확량을 보장하는 상품의 경우 평년 수준의 가입수확량과 가입가격을 기준으로 하여 보험가입금액을 산출하고 이를 기준으로 보장 유형을 설정한다.

② 현재 농작물재해보험의 보장 유형은 60% ~ 90% 사이에서 품목에 따라 다양하다.

③ 품목별, 분야별 구체적 보장 유형은 〈보험 대상 품목별 보장수준〉과 같다.

나) 생산비를 보장하는 상품

① 고추·브로콜리·시설작물 등. 생산비를 보장하는 품목 중 브로콜리, 고추의 경우 보험금 산정 시 잔존보험 가입금액의 3% 또는 5%를 자기부담금으로 차감한다.

② 시설작물의 경우 손해액 10만 원까지는 계약자 본인이 부담하고 손해액이 10만 원을 초과하는 경우 손해액 전액을 보상한다.

다) 시설의 원상 복구액을 보장하는 상품

① 농업시설. 농업시설의 경우 시설의 종류에 따라 최소 10만 원에서 100만 원까지 한도 내에서 손해액의 10%를 자기부담금으로 적용한다.

② 다만, 해가림시설을 제외한 농업용 시설물과 비가림시설 보험의 화재특약의 경우 화재로 인한 손해 발생시 자기부담금을 적용하지 아니한다. 자세한 내용은 〈보험 대상 품목별 보장수준〉과 같다.

〈보험 대상 품목별 보장수준〉

<table>
<tr><th rowspan="2">구분</th><th rowspan="2">품목</th><th colspan="5">보장 수준
(보험가입금액의 %)</th></tr>
<tr><th>60</th><th>70</th><th>80</th><th>85</th><th>90</th></tr>
<tr><td>적과전
종합위험</td><td>사과, 배,
단감, 떫은감</td><td>○</td><td>○</td><td>○</td><td>○</td><td>○</td></tr>
<tr><td rowspan="2">수확전
종합위험</td><td>무화과</td><td>○</td><td>○</td><td>○</td><td>○</td><td>○</td></tr>
<tr><td>복분자</td><td>○</td><td>○</td><td>○</td><td>○</td><td>○</td></tr>
<tr><td>특정위험</td><td>인삼</td><td>○</td><td>○</td><td>○</td><td>○</td><td>○</td></tr>
<tr><td rowspan="6">종합위험</td><td>참다래, 매실, 자두, 포도, 복숭아, 감귤, 벼, 밀, 고구마, 옥수수, 콩, 팥, 차, 오디, 밤, 대추, 오미자, 양파, 감자, 마늘, 고랭지무, 고랭지배추, 대파, 단호박, 시금치(노지)</td><td>○</td><td>○</td><td>○</td><td>○</td><td>○</td></tr>
<tr><td>유자, 살구, 배추(고랭지 제외), 무(고랭지 제외), 쪽파(실파), 당근, 시금치, 메밀, 보리, 호두, 양상추, 귀리</td><td>○</td><td>○</td><td>○</td><td>-</td><td>-</td></tr>
<tr><td>양배추</td><td>○</td><td>○</td><td>○</td><td>○</td><td>-</td></tr>
<tr><td>사료용 옥수수, 조사료용 벼</td><td>30%</td><td>35%</td><td>40%</td><td>42%</td><td>45%</td></tr>
<tr><td>브로콜리, 고추</td><td colspan="5">〈자기부담금〉
잔존보험가입금액의 3% 또는 5%</td></tr>
<tr><td>해가림시설
(인삼)</td><td colspan="5">〈자기부담금〉
최소 10만 원에서 최대 100만 원 한도 내에서 손해액의 10%를 적용</td></tr>
</table>

구분	품목	보장 수준 (보험가입금액의 %)				
		60	70	80	85	90
종합위험	농업용 시설물 · 버섯재배사 및 부대시설 & 비가림시설 (포도, 대추, 참다래)	〈자기부담금〉 최소 30만 원에서 최대 100만 원 한도 내에서 손해액의 10%를 적용 (단, 피복재 단독사고는 최소 10만 원에서 최대 30만 원 한도 내에서 손해액의 10%를 적용하고, 화재로 인한 손해는 자기부담금을 적용하지 않음)				
	시설작물 & 버섯작물	손해액이 10만 원을 초과하는 경우 손해액 전액 보상 (단, 화재로 인한 손해는 자기부담금을 적용하지 않음)				

※ (자기부담금) 보장형 별 보험가입금액의 40%, 30%, 20%, 15%, 10% 해당액은 자기부담금으로서 보험계약 시 계약자가 선택하며, 자기부담금 이하의 손해는 계약자 또는 피보험자가 부담하기 때문에 보험금을 지급하지 않음

※ 보장에 대한 구체적인 사항은 농작물재해보험 약관에 따름

3 품목별 보험 가입단위 및 판매 기간

(1) 품목별 보험 가입단위

농작물재해보험에 가입하기 위해서는 보험 대상 목적물을 명확히 식별할 수 있어야 한다. 농작물재해보험의 보험 대상 목적물은 크게 농작물과 농업용 시설(작)물로 구분된다.

1) 농작물

① 농작물은 필지에 관계없이 논두렁 등으로 경계 구분이 가능한 농지별로 가입한다.

② 농지는 필지에 관계없이 실제 경작하는 단위이므로 동일인의 한 덩어리 농지가 여러 필지로 나누어져 있더라도 하나의 농지로 취급한다. 다만, 읍·면·동을 달리하는 농지를 가입하는 경우, 동일 계약자가 추진사무소를 달리하여 농지를 가입하는 경우

등 사업관리기관(농업정책보험금융원)과 사업시행기관(재해보험사업자)이 별도 협의한 예외사항의 경우 1계약자가 2증권으로 가입할 수 있다.

2) 농업용 시설(작)물

① 농업용 시설물·시설작물, 버섯재배사·버섯작물은 하우스 1단지 단위로 가입 가능하며 단지 내 인수 제한 목적물 및 타인 소유 목적물은 제외된다. 단지는 도로, 둑방, 제방 등으로 경계가 명확히 구분되는 경지 내에 위치한 시설물이다.

② 시설작물은 시설물 가입시에만 가입이 가능(유리온실 제외)하며, 타인이 소유하고 경작하는 목적물은 제외한다.

(2) 보험판매 기간

① 농작물재해보험 판매 기간은 농작물의 특성에 따라 타 손해보험과 다르게 판매 기간을 정하고 있으며, 작물의 생육시기와 연계하여 판매한다.

② 자세한 품목별 보험판매 기간은 다음 〈농작물재해보험 판매 기간〉과 같다.

③ 재해보험사업자는 보험사업의 안정적 운영을 위해 태풍 등 기상 상황에 따라 판매 기간 중이라도 판매를 중단할 수 있다. 다만, 일정한 기준을 수립하여 운영하여야 하며, 판매를 중단한 경우 그 기간을 농업정책금융원에 지체없이 알려야 한다.

〈농작물재해보험 판매 기간〉 (2023년 기준)

품목	판매 기간
사과, 배, 단감, 떫은감	1 ~ 3월
농업용시설물 및 시설작물(수박, 딸기, 오이, 토마토, 참외, 풋고추, 호박, 국화, 장미, 파프리카, 멜론, 상추, 부추, 시금치, 배추, 가지, 파, 무, 백합, 카네이션, 미나리, 쑥갓, 감자)	2 ~ 12월
버섯재배사 및 버섯작물 (양송이, 새송이, 표고, 느타리)	2 ~ 12월
밤, 대추, 고추, 호두	4 ~ 5월
고구마, 옥수수, 사료용 옥수수, 벼, 조사료용 벼	4 ~ 6월

품목	판매 기간
감귤, 단호박	5월
감자	(봄재배) 4 ~ 5월, (고랭지재배) 5 ~ 6월, (가을재배) 8 ~ 9월
배추	(고랭지) 4 ~ 6월, (가을) 8 ~ 9월, (월동) 9 ~ 10월
무	(고랭지) 4 ~ 6월, (월동) 8 ~ 10월
파	(대파) 4 ~ 6월, (쪽파, 실파) 8 ~ 10월
참다래, 콩, 팥	6 ~ 7월
인삼	4 ~ 5월, 11월
당근	7 ~ 8월
양상추	7 ~ 9월
양배추, 메밀	8 ~ 9월
브로콜리	8 ~ 10월
마늘	9 ~ 11월
차, 양파, 시금치(노지)	10 ~ 11월
밀, 보리, 귀리	10 ~ 12월
포도, 유자, 자두, 매실, 복숭아, 오디, 복분자, 오미자, 무화과, 살구	11 ~ 12월

※ 판매 기간은 월 단위로 기재하였으나, 구체적인 일 단위 일정은 ❶ 농업정책보험금융원이 보험판매 전 지자체에 별도 통보하며, ❷ 보험사업자는 보험판매 전 홈페이지 및 보험대리점(지역 농협) 등을 통해 대농업인 홍보 실시, ❸ 판매 기간은 변동가능성 있음

※ 판매 기간 및 사업지역 변경 시 농업정책보험금융원은 지자체로 별도 통보, 보험사업자는 홈페이지 및 보험대리점(지역 농협)을 통해 홍보

※ 태풍 등 기상상황에 따라 판매 기간 중 일시 판매 중지될 수 있음

4 농작물재해보험 가입 및 보험료 납부

(1) 재해보험 가입

1) 농작물재해보험 가입하는 절차

보험 가입 안내(지역 대리점 등) → 가입신청(계약자) → 현지 확인(보험 목적물 현지조사를 통한 서류와 농지정보 일치 여부 확인 등) → 청약서 작성 및 보험료 수납(보험가입금액 및 보험료 산정) → 보험증권 발급(지역대리점) 등의 순서를 거쳐 보험가입이 이루어진다.

2) 농작물재해보험 모집 및 판매

농작물재해보험은 재해보험사업자(NH농협손해보험)와 판매 위탁계약을 체결한 지역 대리점(지역농협 및 품목농협) 등에서 보험 모집 및 판매를 담당한다.

(2) 보험료 납입방법

① 보험료 납입은 보험 가입 시 일시납(1회 납)을 원칙으로 하되 현금, 즉시이체, 또는 신용카드로 납부할 수 있다. 보험료는 신용카드 납부 시 할부 납부가 가능하다.

② 보험료의 납입은 보험계약 인수와 연계되어 시행되며, 계약 인수에 이상이 없을 경우에는 보험료 납부가 가능하나, 인수심사 중에는 사전수납 할 수 없다.

5 보험료율 적용, 할인·할증 및 보험기간, 보험가입금액 산출

(1) 보험료율 적용

① 보험료율은 주계약별, 특약별로 지역(시·군)별로 자연재해의 특성을 반영하여 산정된다. 기본적으로 보험료율을 산출하는 지역단위는 시·군·구 또는 광역시·도이다. 시·군내 자연재해로 인한 피해의 양상이 상이하여 보험료가 공정하지 않다는 지적이 제기되어, 2022년부터 사과, 배 품목을 대상으로 통계신뢰도를 일정수준 충족하는 읍·면·동에 대해 시범적으로 보험료율 산출 단위 세분화(시·군·구 → 읍·면·동)를 적용한다.

② 2018년 재해 발생 빈도와 심도가 높은 시군의 보험료율과 타 시군과의 보험료율 격차가 커지자 보험료율 안정화를 위해 단감, 떫은감, 벼를 대상으로 시·군별 보험료율의 분포를 고려하여 보험료율 상한제를 도입하였다.

(2) 보험료 할인·할증 적용

품목별 시·군별 보험료율에 가입자별 특성에 따라 보험료 할인·할증이 적용된다. 보험료의 할인·할증의 종류는 각 품목별 재해보험 요율서에 따라 적용되며 과거의 손해율 및 가입연수에 따른 할인·할증, 방재시설별 할인율 등을 적용한다. 과거 5년간 누적손해율이 80% 미만일 경우 누적손해율과 가입기간에 따른 보험료 할인이 적용된다. 또한 일부 품목을 대상으로 방재시설 설치시 보험료 할인이 적용된다. 반면, 과거 5년간 누적손해율이 120% 이상일 경우 누적손해율과 가입기간에 따른 보험료 할증이 적용된다. 보험료 할인·할증에 대한 자세한 내용은 다음의 표에 제시되어 있다.

〈손해율 및 가입연수에 따른 할인·할증률〉

손해율	평가기간				
	1년	2년	3년	4년	5년
30% 미만	-8%	-13%	-18%	-25%	-30%
30% 이상 60% 미만	-5%	-8%	-13%	-18%	-25%
60% 이상 80% 미만	-4%	-5%	-8%	-13%	-18%
80% 이상 120% 미만	-	-	-	-	-
120% 이상 150% 미만	3%	5%	7%	8%	13%
150% 이상 200% 미만	5%	7%	8%	13%	17%
200% 이상 300% 미만	7%	8%	13%	17%	25%
300% 이상 400% 미만	8%	13%	17%	25%	33%
400% 이상 500% 미만	13%	17%	25%	33%	42%
500% 이상	17%	25%	33%	42%	50%

※ 손해율 = 최근 5개년 보험금 합계 ÷ 최근 5개년 순보험료 합계

〈방재시설 할인율〉

단위 : %

구분	밭작물								
방재시설	인삼	고추	브로콜리	양파	마늘	[1]옥수수	[2]감자	콩	양배추
방조망	-	-	5	-	-	-	-	-	5
전기시설물 (전기철책, 전기울타리 등)	-	-	5	-	-	5	-	5	5
관수시설 (스프링쿨러 등)	5	5	5	5	5	-	5	5	5
경음기	-	-	5	-	-	-	-	-	5
배수시설 (암거배수시설, 배수개선사업)	-	-	-	-	-	-	-	[3]5	-

※ 1) 사료용 옥수수 포함

※ 2) 봄재배, 가을재배만 해당(고랭지재배는 제외)

※ 3) 암거배수시설과 배수개선사업이 중복될 경우 5%의 할인율 적용

〈방재시설 할인율〉

구분		적과전 종합위험방식 II			과 수									
방재시설		사과	배	단감 떫은감	포도	복숭아	자두	살구	참다래	대추	매실	유자	감귤 (온주 밀감류)	감귤 (만감류)
지주 시설	개별지주	7	-	5	-	-	-	-	-	-	-	-	-	-
	트렐리스 방식 (2선식)	7	-	-	-	-	-	-	-	-	-	-	-	-
	트렐리스 방식 (4·6선식)	7	-	-	-	-	-	-	-	-	-	-	-	-
	지주	-	-	-	-	10	-	-	-	-	-	-	-	-
	Y형	-	-	-	-	15	5	-	-	-	-	-	-	-

구분		적과전 종합위험방식Ⅱ			과 수									
방재시설		사과	배	단감 떫은감	포도	복숭아	자두	살구	참다래	대추	매실	유자	감귤 (온주 밀감류)	감귤 (만감류)
방풍림		5	5	5	5	5	-	-	5	-	-	5	-	-
방풍망	측면 전부설치	10	10	5	5	10	-	-	10	-	-	5	10	-
	측면 일부설치	5	5	3	3	5	-	-	5	-	-	3	3	-
방충망		20	20	15	15	20	-	-	-	-	-	-	15	15
방조망		5	5	5	5	5	-	-	5	-	-	-	5	-
방상팬		20	20	20	10	10	15	15	10	-	15	-	20[1]	20
서리방지용 미세살수장치		20	20	20	10	10	15	15	10	-	15	-	20[1]	추가 할인
덕 또는 Y자형 시설		-	7	-	-	-	-	-	-	-	-	-	-	-
비가림시설		-	-	-	10	-	10	-	-	10	-	-	-	-
비가림 바람막이		-	-	-	-	-	-	-	30	-	-	-	-	-
바닥멀칭		-	-	-	5	-	-	-	-	-	-	-	-	-
타이벡 멀칭	전부설치	-	-	-	-	-	-	-	-	-	-	-	5	5
	일부설치	-	-	-	-	-	-	-	-	-	-	-	3	3

※ 2개 이상의 방재지설이 있는 경우 합산하여 적용하되 최대 할인율은 30%를 초과할 수 없음

※ 방조망, 방충망은 과수원의 위와 측면 전체를 덮도록 설치되어야 함

※ 농업수입보장 상품(양파, 마늘, 감자-가을재배, 콩, 양배추, 포도)도 할인율 동일

※ 1) 감귤(온주밀감류) 품목의 경우 동상해 특약 가입시에만 적용

〈방재시설 판정기준〉

방재시설	판정기준
방상팬	• 방상팬은 팬 부분과 기둥 부분으로 나뉘어짐 • 팬 부분의 날개 회전은 원심식으로 모터의 힘에 의해 돌아가며 좌우 180도 회전가능하며 팬의 크기는 면적에 따라 조정 • 기둥 부분은 높이 6m 이상 • 1,000m^{2}당 1마력은 3대, 3마력은 1대 이상 설치 권장 (단, 작동이 안 될 경우 할인 불가)
서리방지용 미세살수장치	• 서리피해를 방지하기 위해 설치된 살수량 500 ~ 800ℓ/10a의 미세살수장치 ※ 점적관수 등 급수용 스프링클러는 포함되지 않음
방풍림	• 높이가 6m 이상의 영년생 침엽수와 상록활엽수가 5m 이하의 간격으로 과수원 둘레 전체에 식재되어 과수원의 바람 피해를 줄일 수 있는 나무
방풍망	• 망구멍 가로 및 세로가 6 ~ 10mm의 망목네트를 과수원 둘레 전체나 둘레 일부(1면 이상 또는 전체둘레의 20% 이상)에 설치
방충망	• 망구멍이 가로 및 세로가 6mm 이하 망목네트로 과수원 전체를 피복. 단, 과수원의 위와 측면을 덮도록 설치되어야 함
방조망	• 망구멍의 가로 및 세로가 10mm를 초과하고 새의 입출이 불가능한 그물 • 주 지주대와 보조 지주대를 설치하여 과수원 전체를 피복. 단, 과수원의 위와 측면을 덮도록 설치되어야 함
비가림 바람막이	• 비에 대한 피해를 방지하기 위하여 윗면 전체를 비닐로 덮어 과수가 빗물에 노출이 되지 않도록 하고 바람에 대한 피해를 방지하기 위하여 측면 전체를 비닐 및 망 등을 설치한 것

방재시설	판정기준
트렐리스 2,4,6선식	• 트렐리스 방식 : 수열 내에 지주를 일정한 간격으로 세우고 철선을 늘려 나무를 고정해주는 방식 • 나무를 유인할 수 있는 재료로 철재 파이프(강관)와 콘크리트를 의미함 • 지주의 규격 - 갓지주 → 48 ~ 80mm ~ 2.2 ~ 3.0m - 중간지주 → 42 ~ 50mm ~ 2.2 ~ 3.0m • 지주시설로 세선(2선, 4선 6선) 숫자로 선식 구분 ※ 버팀목과는 다름
사과 개별지주	• 나무주간부 곁에 파이프나 콘크리트 기둥을 세워 나무를 개별적으로 고정시키기 위한 시설 ※ 버팀목과는 다름
단감·떫은감 개별지주	• 나무주간부 곁에 파이프를 세우고 파이프 상단에 연결된 줄을 이용해 가지를 잡아주는 시설 ※ 버팀목과는 다름
덕 및 Y자형 시설	• 덕 : 파이프, 와이어, 강선을 이용한 바둑판식 덕시설 • Y자형 시설 : 아연도 구조관 및 강선 이용 지주설치

(3) 보험료의 산정

보험료는 주계약별, 특약별로 각각 해당 보험가입금액에 지역별 적용요율을 곱하고 품목에 따라 과거의 손해율 및 가입연수에 따른 할인·할증, 방재시설별 할인율 등을 추가로 곱하여 산정한다(품목별로 상이).

〈과수 4종(사과,배, 단감, 떫은감) 및 벼 품목의 보험료 산정식〉

1. 과수 4종

① 과실손해보장 보통약관(주계약) 적용보험료

보통약관 가입금액 × 지역별 보통약관 영업요율 × (1 − 부보장 및 한정보장 특별약관 할인율) × (1 + 손해율에 따른 할인·할증률) × (1 − 방재시설할인율)

② 나무손해보장 특별약관 적용보험료

특별약관 가입금액 × 지역별 특별약관 영업요율 × (1 + 손해율에 따른 할인·할증률)

2. 벼

① 수확감소보장 보통약관(주계약) 적용보험료

주계약 보험가입금액 × 지역별 기본 영업요율 × (1 + 손해율에 따른 할인·할증률) × (1 + 친환경 재배 시 할증률) × (1 + 직파재배 농지 할증률)

② 병해충보장 특별약관 적용보험료

특별약관 보험가입금액 × 지역별 기본 영업요율 × (1 + 손해율에 따른 할인·할증률) × (1 + 친환경 재배 시 할증률) × (1 + 직파재배 농지 할증률)

(4) 보험기간 적용

보험기간은 농작물재해보험이 보장하는 기간을 말하며, 특정위험방식·종합위험방식의 품목별로 생육기를 감안하여 보험기간을 따로 정하고 있다. 보험기간의 구체적인 사항은 해당 보험약관에 기술된다.

(5) 보험가입금액 산출

보험가입금액은 기본적으로 가입수확량에 가입(표준)가격을 곱하여 산출한다. 다만, 품목 또는 보장형태에 따라 구체적인 사항을 별도로 한다.

1) 수확량감소보장

보험가입금액 = 가입수확량 × 가입가격 (천 원 단위 절사)

① 보험가입금액은 가입수확량에 가입가격을 곱하여 산출한다(천 원 단위 절사).

② 가입수확량은 평년수확량의 일정 범위(50 ~ 100%)내에서 보험계약자가 결정할 수 있다.

③ 가입가격은 보험에 가입할 때 결정한 보험의 목적물(농작물)의 kg당 평균가격(나무손해보장 특별약관의 경우에는 보험에 가입한 나무의 1주당 가격)으로 과실의 경우 한 과수원에 다수의 품종이 혼식된 경우에도 품종과 관계없이 동일하게 적용한다.

2) 벼

보험가입금액 = 가입수확량 × 가입(표준)가격

① 보험가입금액은 가입 단위 농지별로 가입수확량(kg 단위)에 가입(표준)가격(원/kg)을 곱하여 산출한다.

② 벼의 표준가격은 보험 가입연도 직전 5개년의 시·군별 농협 RPC 계약재배 수매가 최근 5년 평균값에 민간 RPC 지수를 반영하여 산출한다.

3) 버섯(표고, 느타리, 새송이, 양송이)

보험가입금액 = 생산비가 가장 높은 버섯 가액의 50 ~ 100%

버섯(표고, 느타리, 새송이, 양송이)의 보험가입금액은 하우스 단지별 연간 재배 예정인 버섯 중 생산비가 가장 높은 버섯 가액의 50 ~ 100% 범위 내에서 보험가입자(계약자)가 10% 단위로 가입금액을 결정한다.

4) 농업용 시설물

보험가입금액 = 재조달 기준가액의 90 ~ 130%

① 농업용 시설물의 보험가입금액은 단지 내 하우스 1동 단위로 설정하며, 산정된 재조달 기준가액의 90 ~ 130%(10% 단위) 범위 내에서 산출한다.

② 단, 기준금액 산정이 불가능한 콘크리트조, 경량 철골조, 비규격 하우스 등은 계약자의 고지사항 및 관련 서류를 기초로 보험가액을 추정하여 보험가입금액을 결정한다.

※ 재조달 기준가액 : 보험의 목적과 동형, 동질의 신품을 재조달하는데 소요되는 금액

5) 인삼

보험가입금액 = 연근별 (보상)가액 × 재배면적

① 인삼의 보험가입금액은 연근별 (보상)가액에 재배면적(m^2)을 곱하여 산출한다.

② 인삼의 (보상)가액은 농협 통계 및 농촌진흥청의 자료를 기초로 연근별로 투입되는 누적 생산비를 고려하여 연근별로 차등 설정한다.

6) 인삼 해가림시설

보험가입금액 = 재조달가액 × (1 − 감가상각률)

인삼 해가림시설의 보험가입금액은 재조달가액에 감가상각률을 감하여 산출한다.

※ 감가상각률 : 설치 장비나 시설의 가치가 시간이 지남에 따라 떨어지는 비율

6 손해평가

① 재해보험사업자는「농어업재해보험법」제11조 및 농림축산식품부장관이 정하여 고시하는「농업재해보험 손해평가요령」에 따라 손해평가를 실시하여야 하며, 손해평가 시 고의로 진실을 숨기거나 허위로 손해평가를 해서는 안 된다.

② 손해평가에 참여하고자 하는 손해평가사는 농업정책보험금융원에게, 손해평가인은 재해보험사업자에게 정기적으로 교육을 받아야 한다.

③ 손해평가사는 1회 이상 실무교육을 이수하고 3년마다 1회 이상의 보수교육을 이수하여야 한다. 손해평가인 및 손해사정사, 손해사정사 보조인은 연 1회 이상 정기교육을 필수적으로 받아야 하며, 필수 교육을 이수하지 않았을 경우에는 손해평가를 할 수 없다.

보충자료

〈농업재해보험 손해평가사 제도〉

1. 손해평가
   ① 손해평가란 보험 대상 목적물에 피해가 발생한 경우, 그 피해 사실을 확인하고 평가하는 일련의 과정을 의미
   ②「농어업재해보험법」상 손해평가는 손해평가인, 손해평가사,「보험업법」제186조에 따른 손해사정사가 수행하도록 정하고 있음

2. 자격시험 실시

제1차	「상법」 보험편, 「농어업재해보험법령」, 농학 개론 중 재배학 및 원예작물학
제2차	농작물재해보험 및 가축재해보험 이론과 실무, 농작물재해보험 및 가축재해보험 손해평가의 이론과 실무

3. 손해평가사의 업무

피해 사실의 확인, 보험가액 및 손해액의 평가, 그 밖의 손해평가에 필요한 사항

4. 교육

재보험사업 및 농업재해보험사업의 운영 등에 관한 규정에 따라 실무교육(자격 취득 후 1회) 및 보수교육(자격 취득 후 3년마다 1회 이상) 의무 이수하도록 규정

7 재보험

① 농작물재해보험사업 품목에 대해 일정 부분은 정부가 국가재보험으로 인수하며, 재해보험사업자는 국가(농업정책보험금융원)와 재보험에 관하여 별도의 약정을 체결한다.

② 재해보험사업자가 보유한 부분의 손해는 재해보험사업자가 자체적으로 민영보험사와 재보험약정 체결을 통해 재보험 출재할 수 있다. 재해보험사업자가 민영보험사에 재보험으로 출재할 경우에는 출재방식, 금액, 비율 등 실적 내용을 농업정책보험금융원에 제출하여야 한다.

8 보험금 지급

① 재해보험사업자는 계약자(또는 피보험자)가 재해발생 사실 통지 시 지체없이 지급할 보험금을 결정하고, 지급할 보험금이 결정되면 7일 이내에 보험금 지급한다.

② 지급할 보험금이 결정되기 전이라도 피보험자의 청구가 있을 때에는 재해보험사업자가 추정한 보험금의 50% 상당액을 가지급금으로 지급한다.

〈손해평가 및 보험금 지급 과정〉

1. 보험사고 접수 : 계약자·피보험자는 재해보험사업자에게 보험사고 발생 사실 통보
2. 보험사고 조사 : 재해보험사업자는 보험사고 접수가 되면, 손해평가반을 구성하여 보험사고를 조사, 손해액을 산정
   - 보상하지 않는 손해 해당 여부, 사고 가축과 보험목적물이 동일 여부, 사고 발생 일시 및 장소, 사고 발생 원인과 가축 폐사 등 손해 발생과의 인과관계 여부, 다른 계약 체결 유무, 의무 위반 여부 등 확인 조사

• 보험목적물이 입은 손해 및 계약자·피보험자가 지출한 비용 등 손해액 산정
3. 지급보험금 결정 : 보험가입금액과 손해액을 검토하여 결정
4. 보험금 지급 : 지급할 보험금이 결정되면 7일이 내에 지급하되, 지급보험금이 결정되기 전 이라도, 피보험자의 청구가 있으면 추정보험금의 50%까지 보험금 지급 가능

3 정부의 지원

1 농작물재해보험 사업

(1) 보험료

농작물재해보험 사업의 재원은 보험료이다. 보험료는 보험 가입 시 계약자가 부담하는 것이 원칙이다.

(2) 보험료 지원

① 정부는 농업인의 경제적 부담을 줄이고 농작물재해보험 사업의 원활한 추진을 위하여 농작물재해보험에 가입한 계약자의 납입 순보험료(위험보험료+손해조사비)의 50%를 지원한다. 다만, 아래 품목은 보장수준별로 33 ~ 60% 차등 보조한다.

② 재해보험사업자 운영비는 국고에서 100% 지원한다.

※ 운영비 : 재해보험사업자가 농작물재해보험사업 운용에 소요되는 일반관리비, 영업비, 모집수수료 등

〈정부의 농가부담보험료 지원 비율〉

구분	품목	보장수준(%)				
		60	70	80	85	90
국고 보조율 (%)	사과, 배, 단감, 떫은감	60	60	50	38	33
	벼	60	55	50	44	41

보충자료

• 농업인 또는 농업법인이 보험료 지원을 받으려고 할 경우, 농어업경영체 육성 및 지원에 관한 법률에 따라 농업경영체 등록을 해야 한다.
• 경영체 미등록 농업인, 농업법인의 경우 농업경영체 등록 후 보험 가입 진행

4 농작물 재해보험 추진 절차

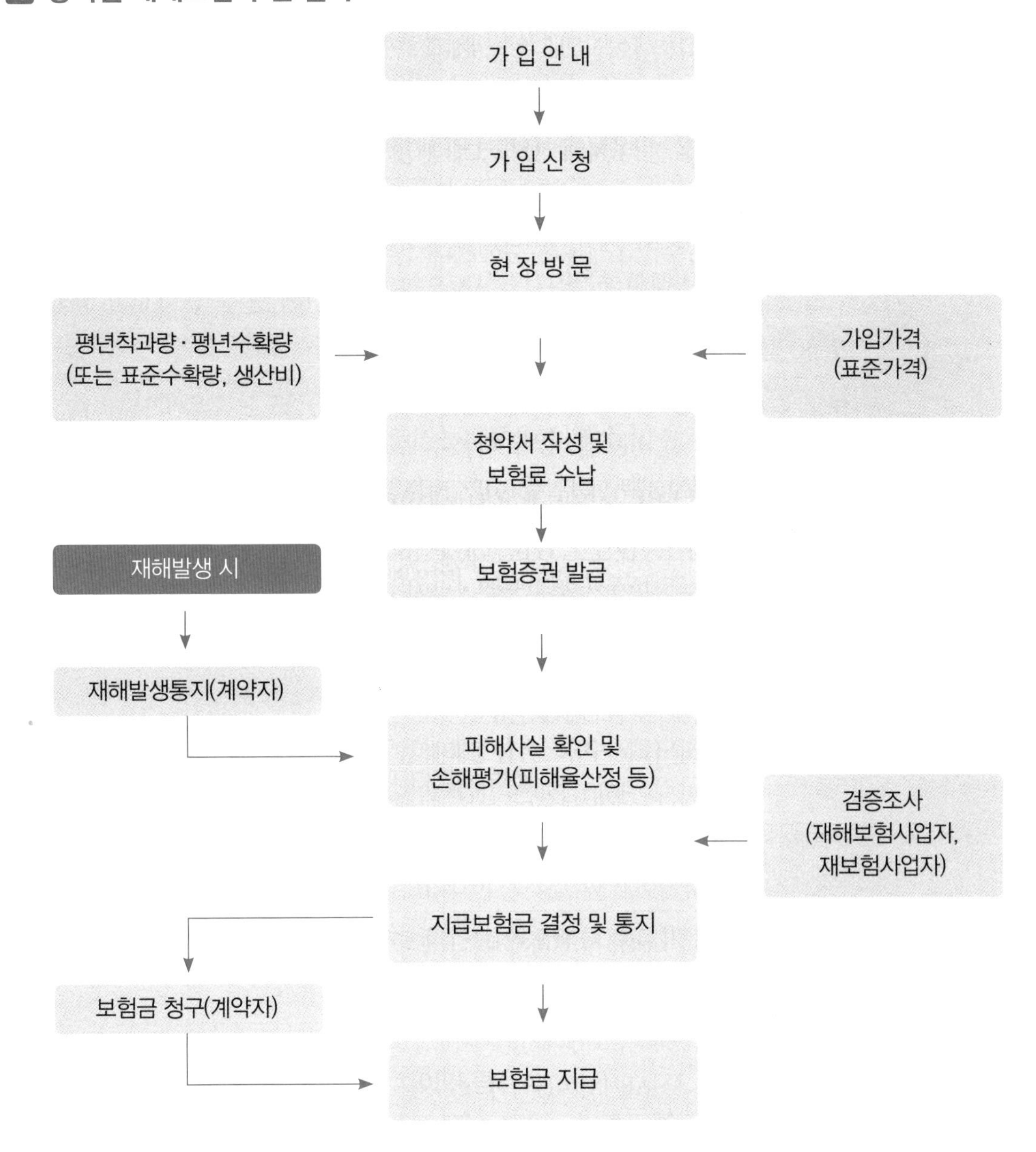

03 워크북으로 마무리하기

01 아래 주어진 설명을 보고, 괄호 안에 알맞은 사업 운영 기관(주체)를 순서대로 쓰시오.

(①)	농작물재해보험의 사업 주관부서로, 재해보험 관계법령의 개정, 보험료 및 운영비 등 국고 보조금 지원 등 전반적인 제도 업무를 총괄한다.
(②)	농작물재해보험의 사업 관리기관으로, 주요 업무는 재해보험사업의 관리·감독, 재해보험 상품의 연구 및 보급, 손해평가인력 육성, 손해평가사 제도 운용 관련 업무 등이다.
(③)	보험상품의 개발 및 판매, 손해평가, 보험금 지급 등 실질적인 보험사업 운영한다.
(④)	농림축산식품부장관 소속으로 차관을 위원장으로 설치되어 재해보험 목적물 선정, 보상하는 재해의 범위, 재해보험사업 재정지원, 손해평가 방법 등 농업재해보험의 중요사항에 대해 심의한다.
(⑤)	농작물재해보험의 손해평가를 담당할 손해평가사의 자격시험의 실시 및 관리에 대한 업무 수행 주체

02 농작물재해보험에 가입하기 위해서 필요한 요건을 3가지로 약술하시오.

03 다음은 농작물재해보험 대상 품목 및 가입자격에 관한 내용이다. 각 물음에 답하시오.

(1) 가입자격이 농지의 보험가입금액(생산액 또는 생산비)이 50만 원 이상인 품목을 5가지 쓰시오.

(2) 농업용 시설물(및 시설작물)과 버섯재배사(및 버섯작물)의 최소 가입자격이 되는 면적은 얼마인가? (단위 m^2)

(3) 차(茶)의 최소 가입자격이 되는 면적은 얼마인가? (단위 m^2)

04 「농작물재해보험 및 가축재해보험의 이론과 실무」의 내용에 따르면, 2023년 현재 보험 대상 농작물은 몇 개 품목인가?

05 「농작물재해보험 및 가축재해보험의 이론과 실무」에서 기술하는, 농작물재해보험의 보험 대상이 되는 특용작물을 3가지 쓰시오.

06 「농작물재해보험 및 가축재해보험의 이론과 실무」에서 기술하는, 농작물재해보험의 보험 대상이 되는 버섯작물을 3가지 쓰시오.

07 「농작물재해보험 및 가축재해보험의 이론과 실무」에서 기술하는, 농작물재해보험의 보험 대상이 되는 시설작물 중 화훼류 4개 품목을 쓰시오.

정답

01 답 : ① 농림축산식품부, ② 농업정책보험금융원, ③ 재해보험사업자, ④ 농업재해보험심의회, ⑤ 한국산업인력공단 끝

02 답 : ① 보험에 가입하려는 농작물을 재배하는 지역이 해당 농작물에 대한 농작물재해보험 사업이 실시되는 지역이어야 한다.
② 보험 대상 농작물이라고 하더라도 경작 규모가 일정 규모 이상이어야 한다.
③ 가입 시에 보험료의 50% 이상의 정책자금 지원 대상에 포함되기 위해서는 농업경영체 등록이 되어야 한다. 끝

03 (1) 답 : 벼, 밀, 보리, 메밀, 귀리 끝
(2) 답 : 300m^2(이상) 끝
(3) 답 : 1,000m^2(이상) 끝

04 답 : 70개 (품목) 끝

05 답 : 인삼, 오디, 차 끝

06 답 : 느타리버섯, 새송이버섯, 양송이버섯 끝

07 답 : 국화, 장미, 백합, 카네이션 끝

제2절 농작물재해보험 상품내용(과수작물 ①)

01 기출유형 확인하기

제1회 농작물재해보험 업무방법에서 정하는 적과전종합위험방식의 보상하지 않는 손해에 관하여 서술하시오. (단, 적과종료 이후에 한함) (15점)

제2회 농작물재해보험계약이 무료로 되었을 때의 보험료 환급에 관한 설명이다. 괄호 안에 들어갈 내용을 답란에 쓰시오. (5점)

다음 조건에 따라 특정위험방식 보험상품에 가입할 경우, 보험료를 산출하시오. (5점)

적과전 종합위험방식 보험상품에 가입하는 경우 다음과 같은 조건에서 주계약의 자기부담금과 태풍(강풍)·집중호우 나무손해보장 특약의 보험가입금액 및 자기부담금을 산출하시오. (15점)

단감 '부유' 품종을 경작하는 A씨는 특정위험방식에 가입하면서 보험가입금액 증액 특약을 선택하였다. (1) 보험가입금액이 감액된 경우의 차액보험료 산출방법에 대해 서술하고, (2) 다음 조건의 차액보험료를 계산하시오. (15점)

제3회 다음은 농작물재해보험 특정위험방식 과수품목의 과실손해보장 특별약관의 대상 재해별 보험기간에 대한 기준이다. (　　)에 들어갈 알맞은 날짜를 답란에 쓰시오. (5점)

농작물재해보험 업무방법에 따른 특정위험방식 나무손해보장 특별약관에서 정하는 보상하는 손해와 보상하지 않는 손해를 답란에 각각 서술하시오. (15점)

제4회 특정위험보장 과수상품에서 다음 조건에 따라 올해 2018년의 평년착과량을 구하시오. (5점)

제7회 다음 계약들에 대하여 각각 정부지원액의 계산과 값을 쓰시오. (15점)

제8회 영업보험료의 계산과정과 값을 쓰시오. (5점)

부가보험료의 계산과정과 값을 쓰시오. (5점)

농가부담보험료의 계산과정과 값을 쓰시오. (5점)

제9회 甲의 사과과수원에 대한 내용이다. 조건 1~3을 참조하여 다음 물음에 답하시오. (15점)

물음 1) 2023년 평년착과량의 계산과정과 값(kg)을 쓰시오. (5점)

물음 2) 2023년 착과감소보험금의 계산과정과 값(원)을 쓰시오. (5점)

물음 3) 만약 2023년 적과전 사고가 없이 적과후착과량이 2,500kg으로 조사되었다면, 계약자 甲에게 환급해야 하는 차액보험료의 계산과정과 값(원)을 쓰시오. (5점)

02 기본서 내용 익히기

1 과수작물 적과전 종합위험방식 II 상품(사과, 배, 단감, 떫은감) 주요 내용

적과 : 해거리를 방지하고 안정적인 수확을 위해 알맞은 양의 과실만 남기고 나무로부터 과실을 따버리는 행위

1 보상재해

적과전(前)	종합위험(자연재해, 조수해, 화재)에 대하여 보상함
적과후(後)	특정위험(태풍(강풍), 지진, 집중호우, 화재, 우박, 일소피해, 가을동상해)에 대하여 보상함

2 보상내용

① 적과전(前)(보장개시일부터 통상적인 적과를 끝내는 시점까지의 기간 동안) 보상하는 재해로 보험 사고가 발생했을 경우 : "가입 당시 정한 평년착과량 – 적과종료 직후 조사된 적과 후 착과량"에 해당하는 부분 보상(착과감소보험금)

② 적과후(後)(적과후부터 보험기간 종료일까지) 보상하는 재해로 보험 사고가 발생했

을 경우 : 해당 재해로 감소된 양을 조사하여 보상(과실손해보험금)

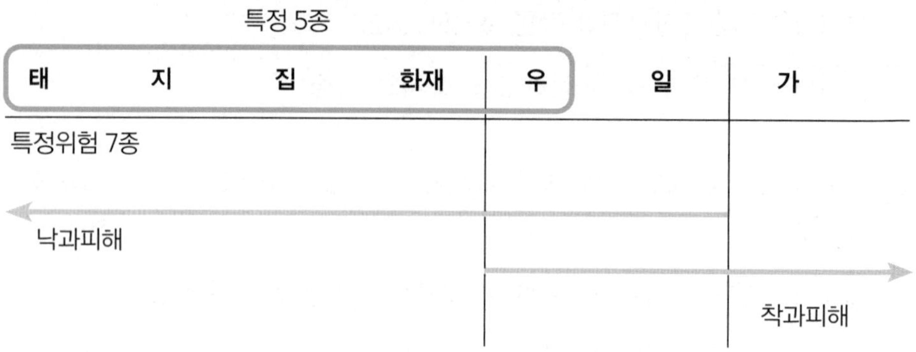

특정 5종

태	지	집	화재	우	일	가

특정위험 7종

낙과피해

착과피해

2 과수작물 적과전 종합위험방식 II 상품(사과, 배, 단감, 떫은감) 세부 내용

1 보상하는 재해

(1) 적과종료 이전

1) 자연재해

태풍피해, 우박피해, 동상해, 호우피해, 강풍피해, 냉해(冷害), 한해(旱害), 조해(潮害), 설해(雪害), 폭염, 기타 자연재해

구분	정의
태풍피해	기상청 태풍주의보이상 발령할 때 발령지역의 바람과 비로 인하여 발생하는 피해
우박피해	적란운과 봉우리적운 속에서 성장하는 얼음알갱이나 얼음덩이가 내려 발생하는 피해
동상해	서리 또는 기온의 하강으로 인하여 농작물 등이 얼어서 발생하는 피해
호우피해	평균적인 강우량 이상의 많은 양의 비로 인하여 발생하는 피해
강풍피해	강한 바람 또는 돌풍으로 인하여 발생하는 피해
한해 (가뭄피해)	장기간의 지속적인 강우 부족에 의한 토양수분 부족으로 인하여 발생하는 피해
냉해	농작물의 성장 기간 중 작물의 생육에 지장을 초래할 정도의 찬기온으로 인하여 발생하는 피해
조해(潮害)	태풍이나 비바람 등의 자연현상으로 인하여 연안지대의 경지에 바닷물이 들어와서 발생하는 피해

구분	정의
설해	눈으로 인하여 발생하는 피해
폭염(暴炎)	매우 심한 더위로 인하여 발생하는 피해
기타 자연재해	상기 자연재해에 준하는 자연현상으로 발생하는 피해

2) 조수해(鳥獸害)

새나 짐승으로 인하여 발생하는 피해

3) 화재

화재로 인하여 발생하는 피해

※ 단, 적과종료 이전 특정위험 5종 한정 보장 특별약관 가입시 태풍(강풍), 우박, 지진, 화재 집중호우만 보장

※ 보상하는 재해로 인하여 손해가 발생한 경우 계약자 또는 피보험자가 지출한 손해방지비용을 추가로 지급한다. 다만, 방제비용, 시설보수비용 등 통상적으로 소요되는 비용은 제외

(2) 적과종료 이후

1) 태풍(강풍)

① 기상청에서 태풍에 대한 기상특보(태풍주의보 또는 태풍경보)를 발령한 때 발령지역 바람과 비를 말하며, 최대순간풍속 14m/sec 이상의 바람(이하 "강풍")을 포함

② 바람의 세기는 과수원에서 가장 가까운 3개 기상관측소(기상청 설치 또는 기상청이 인증하고 실시간 관측자료를 확인할 수 있는 관측소)에 나타난 측정자료 중 가장 큰 수치의 자료로 판정

2) 우박

적란운과 봉우리적운 속에서 성장하는 얼음알갱이 또는 얼음덩어리가 내리는 현상

3) 집중호우

기상청에서 호우에 대한 기상특보(호우주의보 또는 호우경보)를 발령한 때 발령지역의 비 또는 농지에서 가장 가까운 3개소의 기상관측장비(기상청 설치 또는 기상청이 인증하고 실시간 관측 자료를 확인할 수 있는 관측소)로 측정한 12시간 누적강수량이 80mm 이상인 강우상태

4) 화재

화재로 인하여 발생하는 피해

5) 지진

① 지구 내부의 급격한 운동으로 지진파가 지표면까지 도달하여 지반이 흔들리는 자연지진을 말하며, 대한민국 기상청에서 규모 5.0 이상의 지진통보를 발표한 때

② 지진통보에서 발표된 진앙이 과수원이 위치한 시군 또는 그 시군과 인접한 시군에 위치하는 경우에 피해를 인정

6) 가을동상해

① 서리 또는 기온의 하강으로 인하여 과실 또는 잎이 얼어서 생기는 피해를 말하며, 육안으로 판별 가능한 결빙증상이 지속적으로 남아 있는 경우에 피해를 인정

② 잎 피해는 단감, 떫은감 품목에 한하여 10월 31일까지 발생한 가을동상해로 나무의 전체 잎 중 50% 이상이 고사한 경우에 피해를 인정

※ 감 품목의 경우, 잎이 감(과실)의 생육에 미치는 영향이 커서 잎으로 인한 피해를 보상한다.

7) 일소피해

① 폭염(暴炎)으로 인해 보험의 목적에 일소(日燒)가 발생하여 생긴 피해를 말하며, 일소는 과실이 태양광에 노출되어 과피 또는 과육이 괴사되어 검게 그을리거나 변색되는 현상

② 폭염은 대한민국 기상청에서 폭염특보(폭염주의보 또는 폭염경보)를 발령한 때 과수원에서 가장 가까운 3개소의 기상관측장비(기상청 설치 또는 기상청이 인증하고 실시간 관측 자료를 확인할 수 있는 관측소)로 측정한 낮 최고기온이 연속 2일 이상 33℃ 이상으로 관측된 경우를 말함

③ 폭염특보가 발령한 때부터 해제한 날까지 일소가 발생한 보험의 목적에 한하여 보상하며 이때 폭염특보는 과수원이 위치한 지역의 폭염특보를 적용

※ 상기 보상하는 재해로 인하여 손해가 발생한 경우 계약자 또는 피보험자가 지출한 손해방지비용을 추가로 지급. 다만, 방제비용, 시설보수비용 등 통상적으로 소요되는 비용은 제외

2 보상하지 않는 손해

(1) 적과종료 이전

- 계약자, 피보험자 또는 이들의 법정대리인의 고의 또는 중대한 과실로 인한 손해
- 제초작업, 시비관리 등 통상적인 영농활동을 하지 않아 발생한 손해
- 원인의 직·간접을 묻지 않고 병해충으로 발생한 손해
- 보상하지 않는 재해로 제방, 댐 등이 붕괴되어 발생한 손해
- 하우스, 부대시설 등의 노후 및 하자로 생긴 손해
- 계약체결 시점 현재 기상청에서 발령하고 있는 기상특보 발령 지역의 기상특보 관련 재해(태풍, 호우, 홍수, 강풍, 풍랑, 해일, 대설 등)로 인한 손해
- 보상하는 자연재해로 인하여 발생한 동녹(과실에 발생하는 검은 반점 병) 등 간접손해
- 보상하는 재해에 해당하지 않은 재해로 발생한 손해
- 「식물방역법」 제36조(방제명령 등)에 의거 금지 병해충인 과수 화상병 발생에 의한 폐원으로 인한 손해 및 정부 및 공공기관의 매립으로 발생한 손해
- 전쟁, 혁명, 내란, 사변, 폭동, 소요, 노동쟁의, 기타 이들과 유사한 사태로 생긴 손해

(2) 적과종료 이후

- 계약자, 피보험자 또는 이들의 법정대리인의 고의 또는 중대한 과실로 인한 손해
- 수확기에 계약자 또는 피보험자의 고의 또는 중대한 과실로 수확하지 못하여 발생한 손해
- 제초작업, 시비관리 등 통상적인 영농활동을 하지 않아 발생한 손해
- 원인의 직·간접을 묻지 않고 병해충으로 발생한 손해
- 보상하지 않는 재해로 제방, 댐 등이 붕괴되어 발생한 손해
- 최대순간풍속 14m/sec 미만의 바람으로 발생한 손해
- 보장하는 자연재해로 인하여 발생한 동녹(과실에 발생하는 검은 반점 병) 등 간접손해
- 보상하는 재해에 해당하지 않은 재해로 발생한 손해
- 저장한 과실에서 나타나는 손해 저장1
- 저장성 약화, 과실경도 약화 등 육안으로 판별되지 않는 손해 저장2
- 농업인의 부적절한 잎소지(잎 제거)로 인하여 발생한 손해
- 병으로 인해 낙엽이 발생하여 태양광에 과실이 노출됨으로써 발생한 손해
- 「식물방역법」 제36조(방제명령 등)에 의거 금지 병해충인 과수 화상병 발생에 의한 폐원으로 인한 손해 및 정부 및 공공기관의 매립으로 발생한 손해
- 전쟁, 혁명, 내란, 사변, 폭동, 소요, 노동쟁의, 기타 이들과 유사한 사태로 생긴 손해

3 보험기간

구분				보험의 목적	보험기간	
보장	약관	대상재해			보장개시	보장종료
과실손해보장	보통약관	적과종료 이전	자연재해, 조수해, 화재	사과, 배	계약체결일 24시	적과종료 시점 다만, 판매개시연도 6월 30일을 초과할 수 없음
				단감, 떫은감	계약체결일 24시	적과종료 시점 다만, 판매개시연도 7월 31일을 초과할 수 없음
		적과종료 이후	태풍(강풍), 우박, 집중호우, 화재, 지진	사과, 배, 단감, 떫은감	적과 종료 이후	판매개시연도 수확기 종료 시점 다만, 판매개시연도 11월 30일을 초과할 수 없음
			가을동상해 보장	사과, 배	판매개시연도 9월 1일	판매개시연도 수확기 종료 시점 다만, 판매개시연도 11월 10일을 초과할 수 없음
				단감, 떫은감	판매개시연도 9월 1일	판매개시연도 수확기 종료 시점 다만, 판매개시연도 11월 15일을 초과할 수 없음
			일소피해 보장	사과, 배, 단감, 떫은감	적과종료 이후	판매개시연도 9월 30일

나무 손해 보장	특별 약관	자연재해, 조수해, 화재	사과, 배, 단감, 떫은감	판매개시연도 2월 1일. 다만, 2월 1일 이후 보험에 가입하는 경우에는 계약체결일 24시	이듬해 1월 31일

※ "판매개시연도"는 해당 품목 판매개시일이 속하는 연도, "이듬해"는 판매개시 연도의 다음연도

4 보험가입금액

(1) 과실손해보장 보험가입금액

보험가입금액 = 가입수확량 × 가입가격 (천 원 단위 절사)

※ 가입가격 : 보험에 가입할 때 결정한 과실의 kg당 평균 가격(나무손해보장 특별약관의 경우에는 보험에 가입한 나무의 1주당 가격)으로 한 과수원에 다수의 품종이 혼식된 경우에도 품종과 관계없이 동일

(2) 나무손해보장특약 가입금액

보험가입금액 = 보험에 가입한 결과주수 × 1주당 가입가격

※ 보험에 가입한 결과주수가 과수원 내 실제결과주수를 초과하는 경우에는 보험가입금액을 감액한다.

(3) 보험가입금액의 감액

① 적과종료 후 적과후착과량(약관상 '기준수확량')이 평년착과량(약관상 '가입수확량')보다 적은 경우 가입수확량 조정을 통해 보험가입금액을 감액한다.

② 보험가입금액을 감액한 경우에는 아래와 같이 계산한 차액보험료를 반환한다.

차액보험료 = (감액분 계약자부담보험료 × 감액미경과비율) − 미납입보험료

※ 감액분 계약자부담보험료는 감액한 가입금액에 해당하는 계약자부담보험료

③ 차액보험료는 적과후 착과수조사일이 속한 달의 다음 달 말일 이내에 지급한다.
→ (지급기한)

④ 적과후 착과수조사 이후 착과수가 적과후 착과수보다 큰 경우에는 지급한 차액보험료를 다시 정산한다. → (재정산사유)

〈감액미경과비율〉

적과종료 이전 특정위험 5종 한정보장 특별약관에 가입하지 않은 경우

품목	착과감소보험금 보장수준 50%형	착과감소보험금 보장수준 70%형
사과, 배	70%	63%
단감, 떫은감	84%	79%

적과종료 이전 특정위험 5종 한정보장 특별약관에 가입한 경우

품목	착과감소보험금 보장수준 50%형	착과감소보험금 보장수준 70%형
사과, 배	83%	78%
단감, 떫은감	90%	88%

5 보험료

(1) 보험료의 구성

영업보험료 = 순보험료 + 부가보험료

순보험료	지급보험금의 재원이 되는 보험료
부가보험료	보험회사의 경비 등으로 사용되는 보험료
정부보조보험료	순보험료의 경우 보장수준별로 33~60% 차등 지원, 부가보험료의 100%를 지원함
지자체지원보험료	지자체별로 지원금액(비율)을 결정함

(2) 보험료의 산출

1) 과실손해보장 보통약관 적용보험료

보통약관 보험가입금액 × 지역별 보통약관 영업요율 × (1 − 부보장 및 한정보장 특별약관 할인율) × (1 ± 손해율에 따른 할인·할증률) × (1 − 방재시설할인율)

2) 나무손해보장 특별약관 적용보험료

$$특별약관 보험가입금액 × 지역별 특별약관 영업요율 × (1 ± 손해율에 따른 할인·할증률)$$

※ 손해율에 따른 할인·할증은 계약자를 기준으로 판단

※ 손해율에 따른 할인·할증폭은 -30% ~ +50%로 제한

※ 2개 이상의 방재시설이 있는 경우 합산하여 적용하되, 최대 할인율은 30%로 제한

(3) 보험료의 환급

① 이 계약이 무효, 효력상실 또는 해지된 때에는 다음과 같이 보험료를 반환한다. 다만, 보험기간 중 보험사고가 발생하고 보험금이 지급되어 보험가입금액이 감액된 경우에는 감액된 보험가입금액을 기준으로 환급금을 계산하여 돌려준다.

계약자 또는 피보험자의 책임 없는 사유에 의하는 경우	• 무효의 경우에는 납입한 계약자부담보험료의 전액, 효력상실 또는 해지의 경우에는 해당 월 미경과비율에 따라 아래와 같이 '환급보험료'를 계산한다.
계약자 또는 피보험자의 책임 있는 사유에 의하는 경우	• 계산한 해당 월 미경과비율에 따른 환급보험료. 다만 계약자, 피보험자의 고의 또는 중대한 과실로 무효가 된 때에는 보험료를 반환하지 않는다.

$$환급보험료 = 계약자부담보험료 × 미경과비율$$

※ 계약자부담보험료는 최종 보험가입금액 기준으로 산출한 보험료 중 계약자가 부담한 금액

② 계약자 또는 피보험자의 책임 있는 사유라 함은 다음 각 호를 말한다.

- 계약자 또는 피보험자가 임의 해지하는 경우
- 사기에 의한 계약, 계약의 해지(계약자 또는 피보험자의 고의로 손해가 발생한 경우나, 고지의무·통지 의무 등을 해태한 경우의 해지를 말한다.) 또는 중대 사유로 인한 해지에 따라 계약을 취소 또는 해지하는 경우
- 보험료 미납으로 인한 계약의 효력 상실

③ 계약의 무효, 효력상실 또는 해지로 인하여 반환해야 할 보험료가 있을 때에는 계약자는 환급금을 청구하여야 하며, 청구일의 다음 날부터 지급일까지의 기간에 대하여 '보험개발원이 공시하는 보험계약대출이율'을 연단위 복리로 계산한 금액을 더하여 지급한다.

6 보험금

과수 4종의 보장별 보험금 지급사유 및 보험금 계산은 아래와 같다.

(1) 착과감소보험금의 계산

① 보험금 지급사유 : 적과종료 이전 보상하는 재해로 인하여 보험의 목적에 피해가 발생하고 착과감소량이 자기부담감수량을 초과하는 경우

보험금 = (착과감소량 − 미보상감수량 − 자기부담감수량) × 가입가격 × 보장수준(50% 또는 70%)

※ 자기부담감수량은 기준수확량에 자기부담비율을 곱한 양으로 한다.

자기부담감수량(kg) = 기준수확량(kg) × 자기부담비율(%)

※ 자기부담비율은 계약할 때 계약자가 선택한 자기부담비율로 한다.

※ 미보상감수량은 보상하는 재해 이외의 원인으로 인하여 감소되었다고 평가되는 부분을 말하며, 계약당시 이미 발생한 피해, 병해충으로 인한 피해 및 제초상태 불량 등으로 인한 수확감소량으로서 감수량에서 제외된다.

② 착과감소보험금 보장수준(50% 또는 70%)은 계약할 때 계약자가 선택한 보장수준으로 한다.

50%형	임의선택 가능
70%형	최근 3년간 연속 보험가입 과수원으로 누적 적과전 손해율이 100% 미만인 경우에만 선택 가능

③ 보험금의 지급 한도에 따라 계산된 보험금이 보험가입금액 × (1 − 자기부담비율)을 초과하는 경우에는 보험가입금액 × (1 − 자기부담비율)을 보험금으로 한다.

(2) 과실손해보험금의 계산

① 보험금 지급사유 : 보상하는 재해로 인하여 적과종료 이후 누적감수량이 자기부담감수량을 초과하는 경우

보험금 = (적과종료 이후 누적감수량 − 자기부담감수량) × 가입가격

② 적과종료 이후 누적감수량은 보장종료 시점까지 산출된 감수량을 누적한 값으로 한다.

③ 자기부담감수량은 기준수확량에 자기부담비율을 곱한 양으로 한다. 다만, 착과감소량이 존재하는 경우 과실손해보험금의 자기부담감수량은 (착과감소량 - 미보상감수량)을 제외한 값으로 하며, 이때 자기부담감수량은 0보다 작을 수 없다.

(3) 나무손해보험금의 계산 → (공통)

① 보험금 지급사유 : 보험기간 내에 보상하는 재해로 인한 피해율이 자기부담비율을 초과하는 경우

> 보험금 = 보험가입금액 × (피해율 − 자기부담비율)
> ※ 피해율 = 피해주수(고사된 나무) ÷ 실제 결과주수

7 자기부담비율

과실손해위험보장의 자기부담비율은 지급보험금을 계산할 때 피해율에서 차감하는 비율로서, 계약할 때 계약자가 선택한 비율(10%, 15%, 20%, 30%, 40%)을 말한다.

(1) 자기부담비율 선택 기준

10%형	최근 3년간 연속 보험가입과수원으로서 3년간 수령한 보험금이 순보험료의 100% 미만인 경우에 한하여 선택 가능하다.
15%형	최근 2년간 연속 보험가입과수원으로서 2년간 수령한 보험금이 순보험료의 100% 미만인 경우에 한하여 선택 가능하다.
20%형, 30%형, 40%형	제한없음

(2) 나무손해위험보장 특별약관의 자기부담비율 : 5%

8 특별약관

① 적과종료 이후 가을동상해 부보장 특별약관(과수 4종) : 보상하는 손해에도 불구하고 적과종료 이후 가을동상해로 인해 입은 손해는 보상하지 않는다.

② 적과종료 이후 일소피해 부보장 특별약관(과수 4종) : 보상하는 손해에도 불구하고 적과종료 이후 일소피해로 인해 입은 손해는 보상하지 않는다.

③ 적과종료 이전 특정위험 5종 한정 보장 특별약관(과수 4종) : 보상하는 손해에도 불구하고 적과종료 이전에는 보험의 목적이 태풍(강풍),우박, 집중호우, 화재, 지진으로 입은 손해만을 보상한다.

④ 종합위험 나무손해보장특별약관(과수 4종) : 적과종료 이전과 같은 보상하는 재해(종합위험)로 보험의 목적인 나무에 피해를 입은 경우 보상한다.

〈나무손해보장특약의 보상하지 않는 손해〉

- 계약자, 피보험자 또는 이들의 법정대리인의 고의 또는 중대한 과실로 인한 손해
- 제초작업, 시비관리 등 통상적인 영농활동을 하지 않아 발생한 손해
- 보상하지 않는 재해로 제방, 댐 등이 붕괴되어 발생한 손해
- 피해를 입었으나 회생 가능한 나무 손해
- 토양관리 및 재배기술의 잘못된 적용으로 인해 생기는 나무 손해
- 병충해 등 간접손해에 의해 생긴 나무 손해 간접손해2
- 하우스, 부대시설 등의 노후 및 하자로 생긴 손해
- 계약체결 시점 현재 기상청에서 발령하고 있는 기상특보 발령 지역의 기상특보 관련 재해로 인한 손해
- 보상하는 재해에 해당하지 않은 재해로 발생한 손해
- 전쟁, 혁명, 내란, 사변, 폭동, 소요, 노동쟁의, 기타 이들과 유사한 사태로 생긴 손해
  - 시비관리 : 수확량 또는 품질을 높이기 위해 비료성분을 토양 중에 공급하는 것을 말한다.
  - 기상 특보 관련 재해 : 태풍, 호우, 홍수, 강풍, 풍랑, 해일, 대설, 폭염 등을 포함한다.

9 계약인수 관련 수확량

(1) 표준수확량

과거의 통계를 바탕으로 품종, 경작형태, 수령, 지역 등을 고려하여 산출한 나무 1주당 예상 수확량이다.

(2) 평년착과량

① 보험가입금액(가입수확량) 산정 및 적과종료 전 보험사고 발생 시 감수량 산정의 기준이 되는 착과량을 말한다.

② 평년착과량은 자연재해가 없는 이상적인 상황에서 수확할 수 있는 수확량이 아니라 평년 수준의 재해가 있다는 점을 전제로 한다.

③ 최근 5년 이내 보험에 가입한 이력이 있는 과수원은 최근 5개년 적과후착과량 및 표준수확량에 의해 평년착과량을 산정하며, 신규 가입하는 과수원은 표준수확량표를 기준으로 평년착과량을 산정한다.

(3) 산출방법

산출방법은 가입이력 여부로 구분된다.

1) 과거수확량 자료가 없는 경우(신규 가입)

평년착과량 = 표준수확량(의 100%)

2) 과거수확량 자료가 있는 경우(최근 5년 이내 가입 이력 존재)

평년착과량 = { A + (B − A) × (1 − Y / 5) } × C / D

- A = Σ과거 5년간 적과후 착과량 ÷ 과거 5년간 가입횟수
- B = Σ과거 5년간 표준수확량 ÷ 과거 5년간 가입횟수
- Y = 과거 5년간 가입횟수
- C = 당해연도(가입연도) 기준표준수확량
- D = Σ과거 5년간 기준표준수확량 ÷ 과거 5년간 가입횟수

1. 과거 적과후 착과량 : 연도별 적과후 착과량을 인정하되, 21년 적과후 착과량부터 아래 상·하한 적용
   ① 상한 : 평년착과량의 300%
   ② 하한 : 평년착과량의 30%
   단, 상한의 경우 가입 당해를 포함하여 과거 5개년 중 3년 이상 가입 이력이 있는 과수원에 한하여 적용
2. 기준표준수확량 : 아래 품목별 표준수확량표에 의해 산출한 표준수확량
   ① 사과 : 일반재배방식의 표준수확량
   ② 배 : 소식재배방식의 표준수확량
   ③ 단감·떫은감 : 표준수확량표의 표준수확량
3. 과거기준표준수확량(D) 적용 비율
   ① 대상품목 사과만 해당
   ② 3년생 : 일반재배방식의 표준수확량 5년생의 50%, 일반재배방식의 표준수확량 5년생의 75%

(3) 가입수확량

① 정의 : 보험에 가입한 수확량으로 가입가격에 곱하여 보험가입금액을 결정하는 수확량을 말한다.

② 적과전 과수 4종의 가입수확량 = 평년착과량(의 100%)

(4) 가입과중

보험 가입 시 결정한 과실의 1개당 평균 과실무게(g)를 말하며, 한 과수원에 다수의 품종이 혼식된 경우에도 품종과 관계없이 동일하다.

03 워크북으로 마무리하기

01 아래 괄호에 알맞은 내용을 쓰시오.

구분	정의
(　　　　)	기상청 태풍주의보이상 발령할 때 발령지역의 바람과 비로 인하여 발생하는 피해
(　　　　)	적란운과 봉우리적운 속에서 성장하는 얼음알갱이나 얼음덩이가 내려 발생하는 피해
(　　　　)	서리 또는 기온의 하강으로 인하여 농작물 등이 얼어서 발생하는 피해
(　　　　)	평균적인 강우량 이상의 많은 양의 비로 인하여 발생하는 피해
(　　　　)	강한 바람 또는 돌풍으로 인하여 발생하는 피해
(　　　　)	장기간의 지속적인 강우 부족에 의한 토양수분 부족으로 인하여 발생하는 피해
(　　　　)	농작물의 성장 기간 중 작물의 생육에 지장을 초래할 정도의 찬기온으로 인하여 발생하는 피해
(　　　　)	태풍이나 비바람 등의 자연현상으로 인하여 연안지대의 경지에 바닷물이 들어와서 발생하는 피해
(　　　　)	눈으로 인하여 발생하는 피해
(　　　　)	매우 심한 더위로 인하여 발생하는 피해
기타 자연재해	상기 자연재해에 준하는 자연현상으로 발생하는 피해

02 다음은 적과종료 이후 보상하는 재해에 관한 내용이다. 아래 괄호에 알맞은 내용을 쓰시오.

태풍 (강풍)	• 기상청에서 태풍에 대한 기상특보(태풍주의보 또는 태풍경보)를 발령한 때 발령지역 바람과 비를 말하며, (　　　　　　　　)의 바람(이하 “강풍”)을 포함. 이때 강풍은 과수원에서 가장 가까운 (　　) 기상관측소(기상청 설치 또는 기상청이 인증하고 실시간 관측자료를 확인할 수 있는 관측소)에 나타난 측정자료 중 (　　　　　)의 자료로 판정

우박	• (　　　)과 (　　　　) 속에서 성장하는 (　　　) 또는 (　　　)가 내리는 현상
집중 호우	• 기상청에서 호우에 대한 기상특보(호우주의보 또는 호우경보)를 발령한 때 발령지역의 비 또는 과수원에서 가장 가까운 3개소의 기상관측장비(기상청 설치 또는 기상청이 인증하고 실시간 관측 자료를 확인할 수 있는 관측소)로 측정한 (　　　　)이 (　　　)인 강우상태
화재	• 화재로 인하여 발생하는 피해
지진	• 지구 내부의 급격한 운동으로 지진파가 지표면까지 도달하여 지반이 흔들리는 (　　　)을 말하며, 대한민국 기상청에서 (　　　)의 지진통보를 발표한 때 • 지진통보에서 발표된 진앙이 과수원이 위치한 시·군 또는 그 시·군과 인접한 시·군에 위치하는 경우에 피해를 인정
가을 동상해	• (　　　　　)으로 인하여 (　　　　)이 얼어서 생기는 피해를 말하며, 육안으로 판별 가능한 (　　　　)이 지속적으로 남아 있는 경우에 피해를 인정 • 잎 피해는 (　　　　) 품목에 한하여 (　　　　)까지 발생한 가을 동상해로 나무의 전체 잎 중 (　　　)이 고사한 경우에 피해를 인정
일소 피해	• (　　　)으로 인해 보험의 목적에 일소(日燒)가 발생하여 생긴 피해를 말하며, 일소는 과실이 (　　　)에 노출되어 과피 또는 과육이 (　　　　　　　)되는 현상 • 폭염은 대한민국 기상청에서 폭염특보(폭염주의보 또는 폭염경보)를 발령한 때 과수원에서 가장 가까운 3개소의 기상관측장비(기상청 설치 또는 기상청이 인증하고 실시간 관측 자료를 확인할 수 있는 관측소)로 측정한 (　　　　)이 (　　　) 이상 (　　　　)이상으로 관측된 경우를 말하며, 폭염특보가 발령한 때부터 (　　　　)까지 일소가 발생한 보험의 목적에 한하여 보상하며 이때 폭염특보는 과수원이 위치한 지역의 폭염특보를 적용

03 다음은 적과전 과수의 보험기간에 관한 내용이다. 괄호에 알맞은 내용을 쓰시오.

<table>
<tr><th colspan="4">구분</th><th rowspan="2">보험의 목적</th><th colspan="2">보험기간</th></tr>
<tr><th>보장</th><th>약관</th><th colspan="2">대상재해</th><th>보장개시</th><th>보장종료</th></tr>
<tr><td rowspan="6">과실
손해
보장</td><td rowspan="6">보통
약관</td><td rowspan="2">적과
종료
이전</td><td rowspan="2">자연재해,
조수해, 화재</td><td>사과, 배</td><td>계약체결일
24시</td><td>적과종료 시점 다만,
판매개시연도 (①)을
초과할 수 없음</td></tr>
<tr><td>단감,
떫은감</td><td>계약체결일
24시</td><td>적과종료 시점 다만,
판매개시연도 (②)을
초과할 수 없음</td></tr>
<tr><td rowspan="4">적과
종료
이후</td><td>태풍(강풍),
우박,
집중호우,
화재, 지진</td><td>사과, 배,
단감,
떫은감</td><td>적과 종료
이후</td><td>판매개시연도
수확기종료 시점 다만,
판매개시연도 (③)을
초과할 수 없음</td></tr>
<tr><td rowspan="2">가을동상해
보장</td><td>사과, 배</td><td>판매개시연도
(④)</td><td>판매개시연도
수확기종료 시점 다만,
판매개시연도 (⑨)을
초과할 수 없음</td></tr>
<tr><td>단감,
떫은감</td><td>판매개시연도
(④)</td><td>판매개시연도
수확기종료 시점 다만,
판매개시연도 (⑤)을
초과할 수 없음</td></tr>
<tr><td>일소피해
보장</td><td>사과,
배, 단감,
떫은감</td><td>적과종료 이후</td><td>판매개시연도 (⑥)</td></tr>
<tr><td>나무
손해
보장</td><td>특별
약관</td><td colspan="2">자연재해,
조수해, 화재</td><td>사과, 배,
단감,
떫은감</td><td>판매개시연도
(⑦). 다만,
(⑦) 이후 보험
에 가입하는 경
우에는 계약체
결일 24시</td><td>이듬해 (⑧)</td></tr>
</table>

04 **다음은 적과전 과수품목 보험상품에 적용되는 감액미경과비율에 관한 내용이다. 아래 괄호에 알맞은 내용을 쓰시오.**

(1) 적과종료 이전 특정위험 5종 한정보장 특별약관에 가입하지 않은 경우

품목	착과감소보험금 보장수준 50%형	착과감소보험금 보장수준 70%형
사과, 배	(①)%	(③)%
단감, 떫은감	(②)%	(④)%

(2) 적과종료 이전 특정위험 5종 한정보장 특별약관에 가입한 경우

품목	착과감소보험금 보장수준 50%형	착과감소보험금 보장수준 70%형
사과, 배	(⑤)%	(⑦)%
단감, 떫은감	(⑥)%	(⑧)%

05 **다음은 적과전 과수상품의 보험료 환급에 관한 내용이다. 각 물음에 답하시오.**

(1) 계약자 또는 피보험자의 책임 있는 사유를 3가지 쓰시오.

(2) 아래 괄호에 알맞은 내용을 쓰시오.

계약의 무효, 효력상실 또는 해지로 인하여 반환해야 할 보험료가 있을 때에는 계약자는 (   )을 청구하여야 하며, 청구일의 (   )부터 지급일까지의 기간에 대하여 '(   )이 공시하는 (   )'을 (   )로 계산한 금액을 더하여 지급한다.

06 **다음은 적과전 과수상품의 자기부담비율에 관한 내용이다. 아래 괄호에 알맞은 내용을 차례대로 쓰시오.**

〈자기부담비율 선택 기준〉

- 10%형 : 최근 (   )간 연속 보험가입 과수원으로서 (   )간 수령한 보험금이 (   )인 경우 선택 가능하다.
- 15%형 : 최근 (   )간 연속 보험가입 과수원으로서 (   )간 수령한 보험금이 (   )인 경우 선택 가능하다.
- 20%형, 30%형, 40%형 : 제한 없음
- 나무손해위험보장 특별약관의 자기부담비율 : (   )

07 다음은 적과전 과수상품의 평년착과량의 계산에 관한 내용이다. 아래 괄호에 알맞은 내용을 쓰시오.

(1) 평년착과량

평년착과량 = (   )
• A = Σ과거 5년간 (   ) ÷ 과거 5년간 가입횟수 • B = Σ과거 5년간 (   ) ÷ 과거 5년간 가입횟수 • Y = 과거 5년간 가입횟수 • C = 당해연도(가입연도) (   ) • D = Σ과거 5년간 (   ) ÷ 과거 5년간 가입횟수

(2) 과거 적과후 착과량

연도별 적과후착과량을 인정하되, 21년 적과후착과량부터 아래 상·하한 적용
① 상한 : 평년착과량의 (   ) ② 하한 : 평년착과량의 (   ) 단, 상한의 경우 가입 당해를 포함하여 과거 5개년 중 (   ) 이상 가입 이력이 있는 과수원에 한하여 적용

(3) 기준표준수확량

아래 품목별 표준수확량표에 의해 산출한 표준수확량
① 사과 : (   )재배방식의 표준수확량 ② 배 : (   )재배방식의 표준수확량 ③ 단감·떫은감 : (   )의 표준수확량

(4) 과거기준표준수확량(D) 적용 비율

① 대상품목 (   )만 해당 ② 3년생 : (   ), 4년생 : (   )

08 적과전 과수상품의 가입수확량에 관한 내용이다. 괄호에 알맞은 내용을 순서대로 쓰시오.

> 가입수확량을 결정하는 값 = (　　　　)의 (　　　)%

정답

01 답 : 태풍피해, 우박피해, 동상해, 호우피해, 강풍피해, 한해(가뭄피해), 냉해, 조해, 설해, 폭염 끝

02 답 : 최대순간풍속 14m/sec 이상, 3개, 가장 큰 수치, 적란운, 봉우리적운, 얼음알갱이, 얼음덩어리, 12시간 누적강수량, 80mm 이상, 자연지진, 규모 5.0 이상, 서리 또는 기온의 하강, 과실 또는 잎, 결빙증상, 단감, 떫은감, 10월 31일, 50% 이상, 폭염, 태양광, 괴사되어 검게 그을리거나 변색, 낮 최고기온, 연속 2일, 33℃, 해제 한 날 끝

03 답 : ① 6월 30일, ② 7월 31일, ③ 11월 30일, ④ 9월 1일, ⑤ 11월 15일, ⑥ 9월 30일, ⑦ 2월 1일, ⑧ 1월 31일, ⑨ 11월 10일 끝

04 (1) 답 : 70, 84, 63, 79 끝

(2) 답 : 83, 90, 78, 88 끝

05 (1) 답 :

① 계약자 또는 피보험자가 임의 해지하는 경우

② 사기에 의한 계약, 계약의 해지 또는 중대사유로 인한 해지에 따라 계약을 취소 또는 해지하는 경우

③ 보험료 미납으로 인한 계약의 효력 상실 끝

(2) 답 : 환급금, 다음 날, 보험개발원, 보험계약대출이율, 연단위 복리 끝

06 답 : 3년, 3년, 순보험료의 100% 미만, 2년, 2년, 순보험료의 100% 미만, 5% 끝

07 (1) 답 : {A + (B − A) × (1 − Y / 5)} × C / D, 적과후착과량, 표준수확량, 기준표준수확량, 기준표준수확량 끝

(2) 답 : 300%, 30%, 3년 끝

(3) 답 : 일반, 소식, 표준수확량표 끝

(4) 답 : 사과, 50%, 75% 끝

08 답 : 평년착과량, 100 끝

제2절 농작물재해보험 상품내용(과수작물 ②)

01 기출유형 확인하기

제1회 종합위험방식 과수 품목별 피해정도 구분을 다음 예와 같이 빈칸에 쓰시오. (5점)

제3회 농작물재해보험 자두 품목의 아래 손해 중 보상하는 손해는 “O”로, 보상하지 않는 손해는 “X”로 ( )에 표기하시오. (5점)

○○도 △△시 관내에서 매실과수원(천매 10년생, 200주)을 하는 A씨는 농작물재해보험 매실품목의 나무손해보장특약에 200주를 가입한 상태에서 보험기간 내 침수로 50주가 고사되는 피해를 입었다. A씨의 피해에 대한 나무손해보장특약의 보험금 산출식을 쓰고 해당 보험금을 계산하시오. (5점)

제4회 종합위험담보방식 대추 품목 비가림시설에 관한 내용이다. 다음 조건에서 계약자가 가입할 수 있는 보험가입금액의 ① 최소값과 ② 최대값을 구하고, ③ 계약자가 부담할 보험료의 최소값은 얼마인지 쓰시오. (5점)

복분자 농사를 짓고 있는 △△마을의 A와 B농가는 4월에 저온으로 인해 큰 피해를 입어 경작이 어려운 상황에서 농작물재해보험 가입사실을 기억하고 경작불능보험금을 청구하였다. 두 농가의 피해를 조사한 결과에 따른 경작불능보험금을 구하시오. (5점)

제5회 종합위험보장 참다래 상품에서 다음 조건에 따라 2020년의 평년수확량을 구하시오. (5점)

농작물재해보험 종합위험 수확감소보장 복숭아 상품에 관한 내용이다. 다음 조건에 대한 ① 보험금 지급사유와 ② 지급시기를 서술하고 ③ 보험금을 구하시오. (15점)

종합위험보장 유자, 무화과, 포도, 감귤 상품을 요약한 내용이다. 다음 ( )에 들어갈 내용을 쓰시오. (15점) (보험기간)

제6회 농작물재해보험 종합위험보장 과수품목의 보험기간에 대한 기준이다. (   )에 들어갈 내용을 쓰시오. (5점)

종합위험과수 자두 상품에서 수확감소보장의 자기부담비율과 그 적용 기준을 각 비율별로 서술하시오. (15점)

종합위험보장 ① 복숭아 상품의 평년수확량 산출식을 쓰고, ② 산출식 구성요소에 대해 설명하시오. (15점)

포도(단지 단위) 비가림시설의 최소 가입면적에서 최소 보험가입금액은? (5점)

대추(단지 단위) 비가림시설의 가입면적 300m^2에서 최대 보험가입금액은? (5점)

제7회 종합위험보장 상품에서 보험가입시 과거수확량 자료가 없는 경우 산출된 표준수확량의 70%를 평년수확량으로 결정하는 품목 중 특약으로 나무손해보장을 가입할 수 있는 품목 2가지를 모두 쓰시오. (5점)

02 기본서 내용 익히기

1 과수작물 종합위험방식 상품 주요내용

1 대상품목

포도, 복숭아, 자두, 호두, 밤, 참다래, 대추, 매실, 살구, 오미자, 유자, 오디, 복분자, 무화과, 감귤(만감류), 감귤(온주밀감류) – 16개 품목

2 과수작물 종합위험방식 상품의 분류

종합위험 수확감소보장방식	복숭아, 자두, 호두, 밤, 매실, 살구, 오미자, 유자, 감귤(만감류(9개 품목)
종합위험 비가림과수 손해보장방식	포도, 대추, 참다래(3개 품목)
수확전 종합위험 과실손해보장방식	복분자, 무화과(2개 품목)
종합위험 과실손해보장방식	오디, 감귤(온주밀감류)(2개 품목)

2 과수작물 종합위험방식 상품 세부내용

1 보상하는 재해 / 보상하지 않는 손해

(1) 종합위험 수확감소보장방식(복숭아, 자두, 호두, 밤, 매실, 살구, 오미자, 유자, 감귤(만감류))

1) 보상하는 재해[자연재해, 조수해, 화재, 병충해(복숭아 세균구멍병만 해당)]

① 자연재해 : 태풍피해, 우박피해, 동상해, 호우피해, 강풍피해, 냉해(冷害), 한해(旱害), 조해(潮害), 설해(雪害), 폭염, 기타 자연재해

구분	정의
태풍피해	기상청 태풍주의보이상 발령할 때 발령지역의 바람과 비로 인하여 발생하는 피해
우박피해	적란운과 봉우리적운 속에서 성장하는 얼음알갱이나 얼음덩이가 내려 발생하는 피해
동상해	서리 또는 기온의 하강으로 인하여 농작물 등이 얼어서 발생하는 피해
호우피해	평균적인 강우량 이상의 많은 양의 비로 인하여 발생하는 피해

구분	정의
강풍피해	강한 바람 또는 돌풍으로 인하여 발생하는 피해
한해(가뭄피해)	장기간의 지속적인 강우 부족에 의한 토양수분 부족으로 인하여 발생하는 피해
냉해	농작물의 성장 기간 중 작물의 생육에 지장을 초래할 정도의 찬기온으로 인하여 발생하는 피해
조해(潮害)	태풍이나 비바람 등의 자연현상으로 인하여 연안지대의 경지에 바닷물이 들어와서 발생하는 피해
설해	눈으로 인하여 발생하는 피해
폭염(暴炎)	매우 심한 더위로 인하여 발생하는 피해
기타 자연재해	상기 자연재해에 준하는 자연현상으로 발생하는 피해

② 조수해 : 새나 짐승으로 인하여 발생하는 피해

③ 화재 : 화재로 인하여 발생하는 피해(비가림시설의 경우, 특약가입 시 보장)

④ 병충해 : 세균구멍병으로 인하여 발생하는 피해(복숭아에 한함)

※ 보상하는 재해로 인하여 손해가 발생한 경우 계약자 또는 피보험자가 지출한 손해방지 비용을 추가로 지급한다. 다만, 방제 비용, 시설보수 비용 등 통상적으로 소요되는 비용은 제외한다.

보충자료

〈세균구멍병〉

주로 잎에 발생하며, 가지와 과일에도 발생한다. 봄철 잎에 형성되는 병반은 수침상의 적자색 내지 갈색이며. 이후 죽은 조직이 떨어져 나와 구멍이 생기고 가지에서는 병징이 적자색 내지 암갈색으로 변하고 심하면 가지가 고사된다. 어린 과실의 초기 병징은 황색을 띠고, 차차 흑색으로 변하며, 병반 주위가 녹황색을 띠게 된다.

〈감귤(만감류) 동상해 피해〉

- 계약체결일 24시 ~ 12월 20일 이전
  서리 또는 기온의 하강으로 인하여 농작물 등이 얼어서 발생하는 피해

• 12월21일 이후 ~ 보장종료일

제주도	서리 또는 기온의 하강(영하 3°C 이하로 6시간 이상 지속)으로 인하여 농작물 등이 얼어서 발생하는 피해
제주도 이외	서리 또는 기온의 하강(0°C 이하로 48시간 이상 지속)으로 인하여 농작물 등이 얼어서 발생하는 피해

2) 보상하지 않는 손해

- 계약자, 피보험자 또는 이들의 법정대리인의 고의 또는 중대한 과실로 인한 손해
- 수확기에 계약자 또는 피보험자의 고의 또는 중대한 과실로 수확하지 못하여 발생한 손해
- 제초작업, 시비관리 등 통상적인 영농활동을 하지 않아 발생한 손해
- 원인의 직·간접을 묻지 않고 병해충으로 발생한 손해(다만, 복숭아의 세균구멍병으로 인한 손해는 제외)
- 보장하지 않는 재해로 제방, 댐 등이 붕괴되어 발생한 손해
- 하우스, 부대시설 등의 노후 및 하자로 생긴 손해
- 계약체결 시점 현재 기상청에서 발령하고 있는 기상특보 발령 지역의 기상특보 관련 재해로 인한 손해
- 보상하는 재해에 해당하지 않은 재해로 발생한 손해
- 전쟁, 혁명, 내란, 사변, 폭동, 소요, 노동쟁의, 기타 이들과 유사한 사태로 생긴 손해

(2) 종합위험 과실손해보장방식(오디, 감귤(온주밀감류))

1) 보상하는 재해(자연재해, 조수해, 화재)

자연재해	태풍피해, 우박피해, 동상해, 호우피해, 강풍피해, 한해(가뭄피해), 냉해, 조해(潮害), 설해, 폭염, 기타 자연재해
조수해(鳥獸害)	새나 짐승으로 인하여 발생하는 손해
화재	화재로 인한 피해

※ 보상하는 재해로 인하여 손해가 발생한 경우 계약자 또는 피보험자가 지출한 손해방지 비용을 추가로 지급한다. 다만, 방제 비용, 시설보수 비용 등 통상적으로 소요되는 비용은 제외한다.

2) 보상하지 않는 손해

- 계약자, 피보험자 또는 이들의 법정대리인의 고의 또는 중대한 과실로 인한 손해
- 수확기에 계약자 또는 피보험자의 고의 또는 중대한 과실로 수확하지 못하여 발생한 손해
- 제초작업, 시비관리 등 통상적인 영농활동을 하지 않아 발생한 손해
- 원인의 직·간접을 묻지 않고 병해충으로 발생한 손해
- 보장하지 않는 재해로 제방, 댐 등이 붕괴되어 발생한 손해
- 하우스, 부대시설 등의 노후 및 하자로 생긴 손해
- 계약체결 시점 현재 기상청에서 발령하고 있는 기상특보 발령 지역의 기상특보 관련 재해로 인한 손해
- 보상하는 손해에 해당하지 않은 재해로 발생한 손해
- 전쟁, 혁명, 내란, 사변, 폭동, 소요, 노동쟁의, 기타 이들과 유사한 사태로 생긴 손해

(3) 종합위험 비가림과수 손해보장방식(포도, 대추, 참다래 및 비가림시설)

1) 보상하는 재해

① 포도, 대추, 참다래 : 자연재해, 조수해, 화재

② 비가림시설 : 자연재해, 조수해, 화재(특약)

자연재해	태풍피해, 우박피해, 동상해, 호우피해, 강풍피해, 한해(가뭄피해), 냉해, 조해(潮害), 설해, 폭염, 기타 자연재해
조수해(鳥獸害)	새나 짐승으로 인하여 발생하는 손해
화재	화재로 인한 피해

※ 보상하는 재해로 인하여 손해가 발생한 경우 계약자 또는 피보험자가 지출한 손해방지 비용을 추가로 지급한다. 다만, 방제 비용, 시설보수 비용 등 통상적으로 소요되는 비용은 제외한다.

2) 보상하지 않는 손해

- 계약자, 피보험자 또는 이들의 법정대리인의 고의 또는 중대한 과실로 인한 손해
- 자연재해, 조수해가 발생했을 때 생긴 도난 또는 분실(실2)로 생긴 손해
- 보험의 목적의 노후 및 하자로 생긴 손해
- 보장하지 않는 재해로 제방, 댐 등이 붕괴되어 발생한 손해
- 침식활동 및 지하수로 생긴 손해
- 수확기에 계약자 또는 피보험자의 고의 또는 중대한 과실로 수확하지 못하여 발생한 손해

- 제초작업, 시비관리 등 통상적인 영농활동을 하지 않아 발생한 손해
- 원인의 직접, 간접을 묻지 아니하고 병해충으로 발생한 손해
- 계약체결 시점 현재 기상청에서 발령하고 있는 기상특보 발령 지역의 기상특보 관련 재해로 인한 손해
- 전쟁, 혁명, 내란, 사변, 폭동, 소요, 노동쟁의, 기타 이들과 유사한 사태로 생긴 손해
- 보상하는 재해에 해당하지 않은 재해로 발생한 손해
- 직접 또는 간접을 묻지 않고 농업용 시설물의 시설, 수리, 철거 등 관계 법령의 집행으로 발생한 손해
- 피보험자가 파손된 보험의 목적의 수리 또는 복구를 지연함으로써 가중된 손해

(4) 수확전 종합위험 손해보장방식(복분자, 무화과)

1) 보상하는 재해

수확 전	자연재해, 조수해, 화재
수확 후	태풍(강풍), 우박

〈수확개시 이전·이후 구분 기준〉

품목	수확개시 이전	수확개시 이후
복분자	이듬해 5월 31일 이전	이듬해 6월 1일 이후
무화과	이듬해 7월 31일 이전	이듬해 8월 1일 이후

가) 수확개시 이전의 종합위험

자연재해	태풍피해, 우박피해, 동상해, 호우피해, 강풍피해, 한해(가뭄피해), 냉해, 조해(潮害), 설해, 폭염, 기타 자연재해
조수해(鳥獸害)	새나 짐승으로 인하여 발생하는 손해
화재	화재로 인한 피해

※ 보상하는 재해로 인하여 손해가 발생한 경우 계약자 또는 피보험자가 지출한 손해방지 비용을 추가로 지급한다. 다만, 방제 비용, 시설보수 비용 등 통상적으로 소요되는 비용은 제외

나) 수확개시 이후의 특정위험

태풍(강풍)	• 기상청에서 태풍에 대한 기상특보(태풍주의보 또는 태풍경보)를 발령한 때 발령지역 바람과 비를 말하며, 최대순간풍속 14m/sec 이상의 바람을 포함 • 바람의 세기는 과수원에서 가장 가까운 3개 기상관측소(기상청 설치 또는 기상청이 인증하고 실시간 관측자료를 확인할 수 있는 관측소)에 나타난 측정자료 중 가장 큰 수치의 자료로 판정
우박	• 적란운과 봉우리적운 속에서 성장하는 얼음알갱이 또는 얼음덩어리가 내리는 현상

2) 보상하지 않는 손해

가) 수확개시 이전

- 계약자, 피보험자 또는 이들의 법정대리인의 고의 또는 중대한 과실로 인한 손해
- 제초작업, 시비관리 등 통상적인 영농활동을 하지 않아 발생한 손해
- 원인의 직·간접을 묻지 않고 병해충으로 발생한 손해
- 보상하지 않는 재해로 제방, 댐 등이 붕괴되어 발생한 손해
- 하우스, 부대시설 등의 노후 및 하자로 생긴 손해
- 계약체결 시점 현재 기상청에서 발령하고 있는 기상특보 발령 지역의 기상특보 관련 재해로 인한 손해
- 보상하는 손해에 해당하지 않은 재해로 발생한 손해
- 전쟁, 혁명, 내란, 사변, 폭동, 소요, 노동쟁의, 기타 이들과 유사한 사태로 생긴 손해

나) 수확개시 이후

- 계약자, 피보험자 또는 이들의 법정대리인의 고의 또는 중대한 과실로 인한 손해
- 수확기에 계약자 또는 피보험자의 고의 또는 중대한 과실로 수확하지 못하여 발생한 손해
- 제초작업, 시비관리 등 통상적인 영농활동을 하지 않아 발생한 손해
- 원인의 직·간접을 묻지 않고 병해충으로 발생한 손해
- 보상하지 않는 재해로 제방, 댐 등이 붕괴되어 발생한 손해
- 최대순간풍속 14m/sec 미만의 바람으로 발생한 손해
- 보상하는 재해에 해당하지 않은 재해로 발생한 손해
- 저장한 과실에서 나타나는 손해 저장1
- 저장성 약화, 과실경도 약화 등 육안으로 판별되지 않는 손해 저장2
- 전쟁, 혁명, 내란, 사변, 폭동, 소요, 노동쟁의, 기타 이들과 유사한 사태로 생긴 손해

2 보험기간

(1) 종합위험 수확감소보장방식(복숭아, 자두, 호두, 밤, 매실, 살구, 오미자, 유자, 감귤(만감류)-9개 품목)

<table>
<tr><th colspan="2">구분</th><th rowspan="2">보험의
목적</th><th colspan="2">보험기간</th></tr>
<tr><th>약관</th><th>보장</th><th>보장개시</th><th>보장종료</th></tr>
<tr><td rowspan="4">보통
약관</td><td rowspan="4">종합위험
수확감소
보장</td><td>복숭아
자두
매실
살구
오미자
감귤
(만감류)</td><td>계약체결일 24시</td><td>수확기종료 시점
다만, 아래 날짜를 초과할 수 없음
- 복숭아 : 이듬해 10월 10일
- 자두 : 이듬해 9월 30일
- 매실 : 이듬해 7월 31일
- 살구 : 이듬해 7월 20일
- 오미자 : 이듬해 10월 10일
- 감귤(만감류) : 이듬해 2월말일</td></tr>
<tr><td>밤</td><td rowspan="2">발아기
다만, 발아기가
지난 경우에는
계약체결일 24시</td><td>수확기종료 시점
다만, 판매개시연도 10월 31일을
초과할 수 없음</td></tr>
<tr><td>호두</td><td>수확기종료 시점
다만, 판매개시연도 9월 30일을
초과할 수 없음</td></tr>
<tr><td>이듬해에
맺은
유자 과실</td><td>계약체결일 24시</td><td>수확개시 시점
다만, 이듬해 10월 31일을
초과할 수 없음</td></tr>
</table>

구분		보험의 목적	보험기간	
약관	보장		보장개시	보장종료
특별약관	종합위험 나무손해 보장	복숭아 자두 매실 살구 유자	판매개시연도 12월 1일 다만, 12월 1일 이후 보험에 가입하는 경우에는 계약체결일 24시	이듬해 11월 30일
		감귤(만감류)	계약체결일 24시	이듬해 4월 30일
	수확량감소 추가보장	복숭아, 감귤(만감류)	계약체결일 24시	수확기종료 시점 아래 날짜를 초과할 수 없음 - 복숭아 : 이듬해 10월 10일 - 감귤(만감류) : 이듬해 2월 말일

※ "판매개시연도"는 해당 품목 판매개시일이 속하는 연도를 말하며, "이듬해"는 판매개시연도의 다음 연도를 말함

(2) 종합위험 비가림과수 손해보장방식(포도, 대추, 참다래-3개 품목)

구분		보험의 목적	보험기간	
약관	보장		보장개시	보장종료
보통약관	종합위험 수확감소 보장	포도	계약체결일 24시	수확기종료 시점 다만, 이듬해 10월 10일을 초과할 수 없음
		이듬해에 맺은 참다래 과실	꽃눈분화기 다만, 꽃눈분화기가 지난 경우에는 계약체결일 24시	해당 꽃눈이 성장하여 맺은 과실의 수확기종료 시점. 다만, 이듬해 11월 30일을 초과할 수 없음
		대추	신초발아기 다만, 신초발아기가 지난 경우에는 계약체결일 24시	수확기종료 시점 다만, 판매개시연도 10월 31일을 초과할 수 없음
		비가림 시설	계약체결일 24시	포도 : 이듬해 10월 10일 참다래 : 이듬해 6월 30일 대추 : 판매개시연도 10월 31일
특별약관	화재위험 보장	비가림 시설	계약체결일 24시	포도 : 이듬해 10월 10일 참다래 : 이듬해 6월 30일 대추 : 판매개시연도 10월 31일
	나무손해 보장	포도	판매개시연도 12월 1일 다만, 12월 1일 이후 보험에 가입하는 경우에는 계약체결일 24시	이듬해 11월 30일
		참다래	판매개시연도 7월 1일 다만, 7월 1일 이후 보험에 가입하는 경우에는 계약체결일 24시	이듬해 6월 30일
	수확량감소 추가보장	포도	계약체결일 24시	수확기종료 시점 다만, 이듬해 10월 10일을 초과할 수 없음

※ "판매개시연도"는 해당 품목 판매개시일이 속하는 연도를 말하며, "이듬해"는 판매개시연도의 다음 연도를 말함

(3) 수확전 종합위험 과실손해보장방식(복분자, 무화과-2개 품목)

<table>
<tr><th colspan="2">구분</th><th rowspan="2">보험의 목적</th><th colspan="4">보험기간</th></tr>
<tr><th>약관</th><th>보장</th><th colspan="2">보상하는 재해</th><th>보장개시</th><th>보장종료</th></tr>
<tr><td rowspan="5">보통 약관</td><td>경작불능 보장</td><td rowspan="3">복분자</td><td colspan="2">자연재해, 조수해, 화재</td><td>계약체결일 24시</td><td>수확개시시점 다만, 이듬해 5월 31일을 초과할 수 없음</td></tr>
<tr><td rowspan="2">과실손해 보장</td><td>이듬해 5월 31일 이전 (수확개시 이전)</td><td>자연재해 조수해 화재</td><td>계약체결일 24시</td><td>이듬해 5월 31일</td></tr>
<tr><td>이듬해 6월 1일 이후 (수확개시 이후)</td><td>태풍 (강풍) 우박</td><td>이듬해 6월 1일</td><td>이듬해 수확기 종료 시점 다만, 이듬해 6월 20일을 초과할 수 없음</td></tr>
<tr><td rowspan="2">과실손해 보장</td><td rowspan="2">무화과</td><td>이듬해 7월 31일 이전 (수확개시 이전)</td><td>자연재해 조수해 화재</td><td>계약체결일 24시</td><td>이듬해 7월 31일</td></tr>
<tr><td>이듬해 8월 1일 이후 (수확개시 이후)</td><td>태풍 (강풍) 우박</td><td>이듬해 8월 1일</td><td>이듬해 수확기 종료 시점 다만, 이듬해 10월 31일을 초과할 수 없음</td></tr>
<tr><td>특별 약관</td><td>나무손해 보장</td><td>무화과</td><td colspan="2">자연재해, 조수해, 화재</td><td>판매개시 연도 12월 1일</td><td>이듬해 11월 30일</td></tr>
</table>

※ "판매개시연도"는 해당 품목 판매개시일이 속하는 연도를 말하며, "이듬해"는 판매개시연도의 다음 연도를 말함

※ 과실손해보장에서 보험의 목적은 이듬해에 수확하는 과실을 말함

(4) 종합위험 과실손해보장방식(오디, 감귤(온주밀감류)-2개 품목)

<table>
<tr><th colspan="2">구분</th><th rowspan="2">보험의 목적</th><th colspan="2">보험기간</th></tr>
<tr><th>약관</th><th>보장</th><th>보장개시</th><th>보장종료</th></tr>
<tr><td rowspan="2">보통 약관</td><td rowspan="2">종합위험 과실손해보장</td><td>오디</td><td rowspan="2">계약체결일 24시</td><td>결실완료시점 다만, 이듬해 5월 31일을 초과할 수 없음</td></tr>
<tr><td>감귤 (온주 밀감류)</td><td>수확기 종료시점 다만, 판매개시연도 12월 20일을 초과할 수 없음</td></tr>
<tr><td rowspan="3">특별 약관</td><td>수확개시 이후 동상해 보장</td><td rowspan="3">감귤 (온주 밀감류)</td><td>판매개시연도 12월 21일</td><td>이듬해 2월 말일</td></tr>
<tr><td>나무손해보장</td><td rowspan="2">계약체결일 24시</td><td>이듬해 4월 30일</td></tr>
<tr><td>과실손해 추가보장</td><td>수확기 종료 시점 다만, 판매개시연도 12월 20일을 초과할 수 없음</td></tr>
</table>

※ "판매개시연도"는 해당 품목 판매개시일이 속하는 연도를 말하며, "이듬해"는 판매개시연도의 다음 연도를 말함

3. 보험가입금액

(1) 과실손해(수확감소)보장 보험가입금액

가입수확량 × 가입가격 (천 원 단위 절사)

※ 단, 오디는 평균수확량에 평균가격을 곱하고 표준결실수 대비 평년결실수 비율을 곱하여 산출한다.

(2) 나무손해보장 보험가입금액

가입한 결과주수 × 가입가격(1주당)

※ 가입한 결과주수가 과수원 내 실제결과주수를 초과하는 경우에는 보험가입금액을 감액한다.

(3) 비가림시설보장 보험가입금액

> 비가림시설 면적(m^2) × m^2당 시설비(천 원 단위 절사)

※ 산정된 금액의 80 ~ 130% 범위 내에서, 10% 단위로, 계약자가 보험가입금액을 결정한다.

※ 참다래 비가림시설의 경우 계약자 고지사항을 기초로 보험가입금액을 결정한다.

4 보험료

(1) 보험료의 구성

> 영업보험료 = 순보험료 + 부가보험료

순보험료	지급보험금의 재원이 되는 보험료
부가보험료	보험회사의 경비 등으로 사용되는 보험료
정부보조보험료	순보험료의 50%와 부가보험료의 100%를 지원한다.
지자체지원보험료	지자체별로 지원금액(비율)을 결정한다.

(2) 보험료의 산출

1) 종합위험 수확감소보장방식(복숭아, 자두, 매실, 살구, 오미자, 밤, 호두, 유자, 감귤(만감류) – 9개 품목)

가) 수확감소보장 보통약관 적용보험료

> 보통약관 보험가입금액 × 지역별 보통약관 영업요율 × (1 ± 손해율에 따른 할인·할증률) × (1 − 방재시설할인율) × (1 − 부보장 특별약관 할인율)

나) 나무손해보장 특별약관 적용보험료(복숭아, 자두, 매실, 살구, 유자, 감귤(만감류))

> 특별약관 보험가입금액 × 지역별 특별약관 영업요율 × (1 ± 손해율에 따른 할인·할증률)

다) 수확량감소 추가보장 특별약관 적용보험료(복숭아, 감귤(만감류))

> 특별약관 보험가입금액 × 지역별 특별약관 영업요율 × (1 ± 손해율에 따른 할인·할증률) × (1 − 방재시설할인율)

※ 호두, 감귤(만감류) 품목의 경우, 부보장 특별약관 할인율 적용 가능
※ 손해율에 따른 할인·할증은 계약자를 기준으로 판단
※ 손해율에 따른 할인·할증폭은 -30% ~ +50%로 제한
※ 방재시설 할인은 복숭아, 자두, 매실, 살구, 유자, 감귤(만감류) 품목에만 해당
※ 2개 이상의 방재시설이 있는 경우 합산하여 적용하되, 최대 할인율은 30%로 제한

2) 종합위험 비가림과수 손해보장방식(포도, 대추, 참다래 - 3개 품목)

가) 비가림과수 손해(수확감소)보장 보통약관 적용보험료

보통약관 보험가입금액 × 지역별 보통약관 영업요율 × (1 ± 손해율에 따른 할인·할증률) × (1 − 방재시설할인율) × (1 − 신규 과수원 할인율)

나) 나무손해보장 특별약관 적용보험료(포도, 참다래)

특별약관 보험가입금액 × 지역별 특별약관 영업요율 × (1 ± 손해율에 따른 할인·할증률) × (1 − 신규 과수원 할인율)

다) 비가림시설보장 적용보험료

〈보통약관(자연재해, 조수해 보장)〉

비가림시설 보험가입금액 × 지역별 비가림시설보장 보통약관 영업요율

〈특별약관(화재위험 보장)〉

비가림시설 보험가입금액 × 지역별 화재위험보장 특별약관 영업요율

라) 수확량감소 추가보장 특별약관 적용보험료(포도)

특별약관 보험가입금액 × 지역별 특별약관 영업요율 × (1 ± 손해율에 따른 할인·할증률) × (1 − 방재시설할인율) × (1 − 신규 과수원 할인율)

※ 손해율에 따른 할인·할증은 계약자를 기준으로 판단
※ 손해율에 따른 할인·할증폭은 -30%~+50%로 제한
※ 2개 이상의 방재시설이 있는 경우 합산하여 적용하되, 최대 할인율은 30%로 제한

3) 수확전 종합위험 과실손해보장방식(복분자, 무화과 – 2개 품목)

가) 과실손해보장 보통약관 적용보험료

보통약관 보험가입금액 × 지역별 보통약관 영업요율 × (1 ± 손해율에 따른 할인·할증률)

나) 나무손해보장 특별약관 적용보험료(무화과)

특별약관 보험가입금액 × 지역별 특별약관 영업요율 × (1 ± 손해율에 따른 할인·할증률)

※ 손해율에 따른 할인·할증은 계약자를 기준으로 판단

※ 손해율에 따른 할인·할증폭은 −30% ~ +50%로 제한

4) 종합위험 과실손해보장방식(오디, 감귤(온주밀감류) – 2개 품목)

가) 과실손해보장 보통약관 적용보험료

보통약관 보험가입금액 × 지역별 보통약관 영업요율 × (1 ± 손해율에 따른 할인·할증률) × (1 − 방재시설할인율)

※ 오디 품목의 경우, 방재시설할인율이 적용되지 않으므로 위 산식에서 '(1 − 방재시설할인율)'을 생략하고 계산한다.

나) 나무손해보장 특별약관 적용보험료(감귤(온주밀감류))

특별약관 보험가입금액 × 지역별 특별약관 영업요율 × (1 ± 손해율에 따른 할인·할증률)

다) 수확개시 이후 동상해보장 특별약관 적용보험료(감귤(온주밀감류))

특별약관 보험가입금액 × 지역별 특별약관 영업요율 × (1 ± 손해율에 따른 할인·할증률) × (1 − 방재시설할인율)

라) 과실손해 추가보장 특별약관 적용보험료(감귤(온주밀감류))

특별약관 보험가입금액 × 지역별 특별약관 영업요율 × (1 ± 손해율에 따른 할인·할증률) × (1 − 방재시설할인율)

※ 손해율에 따른 할인·할증은 계약자를 기준으로 판단

※ 손해율에 따른 할인·할증폭은 −30% ~ +50%로 제한

※ 방재시설 할인은 감귤(온주밀감류) 품목에만 해당

※ 2개 이상의 방재시설이 있는 경우 합산하여 적용하되, 최대 할인율은 30%로 제한

(3) 보험료의 환급

① 이 계약이 무효, 효력상실 또는 해지된 때에는 다음과 같이 보험료를 반환한다. 다만, 보험기간 중 보험사고가 발생하고 보험금이 지급되어 보험가입금액이 감액된 경우에는 감액된 보험가입금액을 기준으로 환급금을 계산하여 돌려준다.

계약자 또는 피보험자의 책임 없는 사유에 의하는 경우	• 무효의 경우에는 납입한 계약자부담보험료의 전액, 효력상실 또는 해지의 경우에는 해당 월 미경과비율에 따라 아래와 같이 '환급보험료'를 계산한다. 환급보험료 = 계약자부담보험료 × 미경과비율 ※ 계약자부담보험료는 최종 보험가입금액 기준으로 산출한 보험료 중 계약자가 부담한 금액
계약자 또는 피보험자의 책임 있는 사유에 의하는 경우	• 계산한 해당 월 미경과비율에 따른 환급보험료. 다만, 계약자, 피보험자의 고의 또는 중대한 과실로 무효가 된 때에는 보험료를 반환하지 않는다.

② 계약자 또는 피보험자의 책임 있는 사유라 함은 다음 각 호를 말한다.

- 계약자 또는 피보험자가 임의 해지하는 경우
- 사기에 의한 계약, 계약의 해지(계약자 또는 피보험자의 고의로 손해가 발생한 경우나, 고지의무·통지의무 등을 해태한 경우의 해지를 말한다.) 또는 중대 사유로 인한 해지에 따라 계약을 취소 또는 해지하는 경우
- 보험료 미납으로 인한 계약의 효력 상실

③ 계약의 무효, 효력상실 또는 해지로 인하여 반환해야 할 보험료가 있을 때에는 계약자는 환급금을 청구하여야 하며, 청구일의 다음 날부터 지급일까지의 기간에 대하여 '보험개발원이 공시하는 보험계약대출이율'을 연단위 복리로 계산한 금액을 더하여 지급한다.

5 보험금

- 평년수확량은 과거 조사 내용, 해당 과수원의 식재내역· 현황 및 경작상황 등에 따라 정한 수확량을 활용하여 산출한다. 단, 유자의 경우 평년수확량보다 최근 7년간 과거 수확량의 올림픽 평균값이 더 클 경우 올림픽 평균값을 적용한다.
- 수확량, 피해주수, 미보상감수량 등은 농림축산식품부장관이 고시하는 손해평가요령에 따라 조사·평가하여 산정한다.
- 자기부담비율은 보험가입 시 선택한 비율로 한다.
- 미보상감수량이란 보장하는 재해 이외의 원인으로 감소되었다고 평가되는 부분을 말하며, 계약 당시 이미 발생한 피해, 병해충으로 인한 피해 및 제초상태 불량 등으로 인한 수확감소량으로써 피해율 산정 시 감수량에서 제외된다.

(1) 종합위험 수확감소보장방식(복숭아, 자두, 호두, 밤, 매실, 살구, 오미자, 유자, 감귤(만감류))

보장	보험의 목적	보험금 지급사유	보험금 계산(지급금액)
종합위험 수확감소보장 (보통약관)	복숭아	보상하는 재해로 피해율이 자기부담비율을 초과하는 경우	보험가입금액 × (피해율 − 자기부담비율) ※ 피해율 = {(평년수확량 − 수확량 − 미보상 감수량) + 병충해감수량} ÷ 평년수확량 ※ 병충해감수량 = 병충해 입은 과실의 무게 × 0.5
	자두 매실 살구 오미자 밤, 호두 유자 감귤(만감류)		보험가입금액 × (피해율 − 자기부담비율) ※ 피해율 = (평년수확량 − 수확량 − 미보상감수량) ÷ 평년수확량

보장	보험의 목적	보험금 지급사유	보험금 계산(지급금액)
종합위험 나무손해보장 (특별약관)	복숭아 자두 매실 살구 유자 감귤 (만감류)	보상하는 재해로 나무 피해율이 자기부담비율을 초과하는 경우	보험가입금액 × (피해율 – 자기부담비율) ※ 피해율 = 피해주수(고사된 나무) ÷ 실제결과주수 ※ 자기부담비율은 5%로 함
수확량감소 추가보장 (특별약관)	복숭아 감귤 (만감류)	보상하는 재해로 피해율이 자기부담비율을 초과하는 경우	보험가입금액 × (주계약 피해율 × 10%) ※ 피해율 = {(평년수확량 – 수확량 – 미보상 감수량) + 병충해감수량} ÷ 평년수확량 ※ 주계약 피해율은 수확감소보장(보통약관)에서 산출한 피해율을 말함

※ 복숭아의 세균구멍병으로 인한 피해과는 50%형 피해과실로 인정한다.

(2) 종합위험 비가림과수 손해보장방식(포도, 참다래, 대추)

<table>
<tr><th>보장</th><th>보험의 목적</th><th>보험금 지급사유</th><th>보험금 계산(지급금액)</th></tr>
<tr><td rowspan="2">종합위험 비가림과수 손해보장 (보통약관)</td><td>포도
참다래
대추</td><td>보상하는 재해로 피해율이 자기부담비율을 초과하는 경우</td><td>보험가입금액 × (피해율 − 자기부담비율)
※ 피해율 = (평년수확량 − 수확량 − 미보상감수량) ÷ 평년수확량</td></tr>
<tr><td>비가림 시설</td><td>자연재해, 조수해로 인한 비가림시설 손해액이 자기부담금을 초과하는 경우</td><td rowspan="2">Min(손해액 − 자기부담금, 보험가입금액)
※ 자기부담금 : 최소자기부담금(30만 원)과 최대자기부담금(100만 원)을 한도로 보험사고로 인하여 발생한 손해액(비가림시설)의 10%에 해당하는 금액. 다만, 피복재단독사고는 최소자기부담금(10만 원)과 최대 자기부담금(30만 원)을 한도로 함
※ 자기부담금 적용 단위 : 단지 단위, 1사고 단위로 적용
※ 단, 화재손해는 자기부담금 미적용</td></tr>
<tr><td>비가림시설 화재위험보장 (특별약관)</td><td>비가림 시설</td><td>화재로 인한 비가림시설 손해액이 자기부담금을 초과하는 경우</td></tr>
<tr><td>종합위험 나무손해보장 (특별약관)</td><td>포도
참다래</td><td>보상하는 재해로 나무피해율이 자기부담 비율을 초과하는 손해가 발생한 경우</td><td>보험가입금액 × (피해율 − 자기부담비율)
※ 피해율 = 피해주수(고사된 나무) ÷ 실제결과주수
※ 자기부담비율은 5%로 함</td></tr>
<tr><td>수확량감소 추가보장 (특별약관)</td><td>포도</td><td>보상하는 재해로 피해율이 자기부담비율을 초과하는 경우</td><td>보험가입금액 × (주계약 피해율 × 10%)
※ 주계약 피해율은 상기 종합위험 비가림과수 손해보장(보통약관)에서 산출한 피해율을 말함</td></tr>
</table>

※ 포도의 경우 착색불량된 송이는 상품성 저하로 인한 손해로 감수량에 포함되지 않는다.

(3) 수확전 종합위험 과실손해보장방식(복분자, 무화과)

보장	보험의 목적	보험금 지급사유	보험금 계산(지급금액)
경작불능보장 (보통약관)	복분자	보상하는 재해로 식물체 피해율이 65% 이상이고, 계약자가 경작불능보험금을 신청한 경우	보험가입금액 × 일정비율 ※ 일정비율은 자기부담비율에 따른 경작불능보험금 표 참조
과실손해보장 (보통약관)	복분자	보상하는 재해로 피해율이 자기부담비율을 초과하는 경우	보험가입금액 × (피해율 − 자기부담비율) ※ 피해율 = 고사결과모지수 ÷ 평년결과모지수 ※ 고사결과모지수 ❶ 사고가 5월 31일 이전에 발생한 경우 (평년결과모지수 − 살아있는 결과모지수) + 수정불량환산 고사결과모지수 − 미보상 고사결과모지수 ❷ 사고가 6월 1일 이후에 발생한 경우 수확감소환산 고사결과모지수 − 미보상 고사결과모지수
	무화과		보험가입금액 × (피해율 − 자기부담비율) ※ 피해율 ❶ 사고가 7월 31일 이전에 발생한 경우 (평년수확량 − 수확량 − 미보상감수량) ÷ 평년수확량 ❷ 사고가 8월 1일 이후에 발생한 경우 (1 − 수확전 사고 피해율) × 잔여수확량비율 × 결과지 피해율
나무손해보장 (특별약관)	무화과		보험가입금액 × (피해율 − 자기부담비율) ※ 피해율 = 피해주수(고사된 나무) ÷ 실제결과주수 ※ 자기부담비율은 5%로 함

〈자기부담비율에 따른 경작불능보험금〉

자기부담비율	경작불능보험금
10%형	보험가입금액의 45%
15%형	보험가입금액의 42%
20%형	보험가입금액의 40%
30%형	보험가입금액의 35%
40%형	보험가입금액의 30%

1) 복분자

경작불능보험금	경작불능보험금은 보험목적물이 산지폐기 된 것을 확인 후 지급되며, 지급 후 보험계약은 소멸한다.
식물체 피해율	식물체가 고사한 면적을 보험가입면적으로 나누어 산출한다.

가) 수정불량환산 고사결과모지수

살아있는 결과모지수 × 수정불량환산계수

나) 수정불량환산계수

$$\frac{\text{수정불량결실수}}{\text{전체결실수}} - \text{자연수정불량률}$$

다) 수확감소환산 고사결과모지수

〈5월 31일 이전 사고로 인한 고사결과모지수가 존재하는 경우〉

(살아있는 결과모지수 − 수정불량환산 고사결과모지수) × 누적수확감소환산계수

〈5월 31일 이전 사고로 인한 고사결과모지수가 존재하지 않는 경우〉

평년결과모지수 × 누적수확감소환산계수

※ 누적수확감소환산계수 = 수확감소환산계수의 누적 값

※ 수확감소환산계수 = 수확일자별 잔여수확량 비율 − 결실률

〈수확일자별 잔여수확량 비율〉

품목	사고일자	경과비율(%)
복분자	1 ~ 7일	98 − 사고 발생일자
	8 ~ 20일	(사고발생일자^2 − 43 × 사고 발생일자 + 460) ÷ 2

※ 사고 발생일자는 6월 중 사고 발생일자를 의미

라) 결실률

$$결실률 = \frac{전체\ 결실수}{전체\ 개화수}$$

마) 수정불량환산 고사결과모지수는 수확개시 전 수정불량 피해로 인한 고사결과모지수이며, 수확감소환산 고사결과모지수는 수확개시 이후 발생한 사고로 인한 고사결과모지수를 의미. 단, 수확개시일은 보험가입 익년도 6월 1일로 한다.

바) 수정불량환산계수, 수확감소환산 고사결과모지수, 미보상고사결과모지수 등은 농림축산식품부장관이 고시하는 손해평가요령에 따라 조사·평가하여 산정한다.

사) 미보상고사결과모지수란 보상하는 재해 이외의 원인으로 인하여 결과모지가 감소되었다고 평가되는 부분을 말하며, 계약당시 이미 발생한 피해, 병해충으로 인한 피해 및 제초상태 불량 등으로 인한 고사결과모지수로서 피해율을 산정할 때 고사결과모지수에서 제외된다.

2) 무화과

① 수확량은 아래 과실 분류에 따른 피해인정계수를 적용하여 산정한다.

〈과실 분류에 따른 피해인정계수〉

구분	정상과실	50%형피해과실	80%형피해과실	100%형피해과실
피해인정계수	0	0.5	0.8	1

② 수확전 사고 피해율은 7월 31일 이전 발생한 기사고 피해율로 한다.

<사고발생일에 따른 잔여수확량 산정식>

품목	사고발생 월	잔여수확량 산정식(%)
무화과	8월	100 − 1.06 × 사고 발생일자
	9월	(100 − 33) − 1.13 × 사고 발생일자
	10월	(100 − 67) − 0.84 × 사고 발생일자

※ 사고 발생일자는 해당 월의 사고 발생일자를 의미

$$\text{결과지 피해율} = \frac{\text{고사결과지수} + \text{미고사결과지수} \times \text{착과피해율} - \text{미보상고사결과지수}}{\text{기준결과지수}}$$

③ 하나의 보험사고로 인해 산정된 결과지 피해율은 동시 또는 선·후차적으로 발생한 다른 보험사고의 결과지 피해율로 인정하지 않는다.

④ 기준결과지수, 미보상고사결과지수 등은 농림축산식품부장관이 고시하는 손해평가 요령에 따라 조사·평가하여 산정한다.

⑤ 미보상고사결과지수란 보상하는 재해 이외의 원인으로 인하여 결과모지가 감소되었다고 평가되는 부분을 말하며, 계약당시 이미 발생한 피해, 병해충으로 인한 피해 및 제초상태 불량 등으로 인한 고사결과지수로서 피해율을 산정할 때 고사결과지수에서 제외된다.

(4) 종합위험 과실손해보장방식(오디, 감귤(온주밀감류))

보장	보험의 목적	보험금 지급사유	보험금 계산(지급금액)
종합위험 과실손해보장 (보통약관)	오디	보상하는 재해로 피해율이 자기부담 비율을 초과하는 경우	보험가입금액 × (피해율 − 자기부담비율) ※ 피해율 = (평년결실수 − 조사결실수 − 미보상감수결실수) ÷ 평년결실수

보장	보험의 목적	보험금 지급사유	보험금 계산(지급금액)
종합위험 과실손해보장 (보통약관)	감귤 (온주 밀감류)	보상하는 재해로 인해 자기부담금을 초과하는 손해가 발생한 경우	손해액 − 자기부담금 ※ 손해액 = 보험가입금액 × 피해율 ※ 피해율 = {(등급 내 피해과실수 + 등급 외 피해과실수 × 50%) ÷ 기준과실수} × (1 − 미보상비율) ※ 자기부담금 = 보험가입금액 × 자기부담비율
수확개시 이후 동상해보장 (특별약관)		동상해로 인해 자기부담금을 초과하는 손해가 발생한 경우	손해액 − 자기부담금 ※ 손해액 = {보험가입금액 − (보험가입금액 × 기사고피해율)} × 수확기 잔존비율 × 동상해피해율 × (1 − 미보상비율) ※ 자기부담금 = ∣ 보험가입금액 × Min(주계약피해율 − 자기부담비율, 0) ∣
종합위험 나무손해보장 (특별약관)		보상하는 재해로 나무에 자기부담비율을 초과하는 손해가 발생한 경우	보험가입금액 × (피해율 − 자기부담비율) ※ 피해율 = 피해주수(고사된 나무) ÷ 실제결과주수 ※ 자기부담비율은 5%로 함
과실손해 추가보장 (특별약관)		보상하는 재해로 인해 자기부담금을 초과하는 손해가 발생한 경우	보험가입금액 × 주계약 피해율 × 10% ※ 주계약 피해율은 과실손해보장(보통약관)에서 산출한 피해율을 말함

1) 감귤

등급 내 피해 과실수 = (등급 내 30%형 피해과실수 합계 × 30%) + (등급 내 50%형 피해과실수 합계 × 50%) + (등급 내 80%형 피해과실수 합계 × 80%) + (등급 내 100%형 피해과실수 합계 × 100%)

등급 외 피해 과실수 = (등급 외 30%형 피해과실수 합계 × 30%) + (등급 외 50%형 피해과실수 합계 × 50%) + (등급 외 80%형 피해과실수 합계 × 80%) + (등급 외 100%형 피해과실수 합계 × 100%)

① 피해 과실수는 출하등급을 분류하고, 아래 과실 분류에 따른 피해인정계수를 적용하여 산정한다.

〈과실 분류에 따른 피해인정계수〉

구분	정상과실	30%형 피해과실	50%형 피해과실	80%형 피해과실	100%형 피해과실
피해인정계수	0	0.3	0.5	0.8	1

※ 출하등급 내 과실의 적용 피해인정계수 : 정상과실, 30%형 피해과실, 50%형 피해과실, 80%형 피해과실, 100%형 피해과실

※ 출하등급 외 과실의 적용 피해인정계수 : 30%형 피해과실, 50%형 피해과실, 80%형 피해과실, 100%형 피해과실

② 피해 과실수 산정에서 보장하지 않는 재해로 인한 부분은 피해 과실수에서 제외한다.

③ 출하등급 내외의 구별은 「제주특별자치도 감귤생산 및 유통에 관한 조례시행규칙」 제148조제4항을 준용하며, 과실의 크기만을 기준으로 한다.

④ 기사고 피해율은 주계약(과실손해보장 보통약관) 피해율을 {1 - (과실손해보장 보통약관 보험금 계산에 적용된) 미보상비율}로 나눈 값과 이전 사고의 동상해 과실손해 피해율을 더한 값을 말한다.

〈수확기 잔존비율〉

품목	사고발생 월	잔존비율(%)
감귤 (온주밀감류)	12월	(100 − 38) − (1 × 사고 발생일자)
	1월	(100 − 68) − (0.8 × 사고 발생일자)
	2월	(100 − 93) − (0.3 × 사고 발생일자)

※ 사고 발생일자는 해당월의 사고 발생일자를 의미

동상해는 서리 또는 과수원에서 가장 가까운 3개소의 기상관측장비(기상청설치 또는 기상청이 인증하고 실시간 관측자료를 확인 할 수 있는 관측소)로 측정한 기온이 해당

조건(제주도 지역 : -3℃ 이하로 6시간 이상 지속, 제주도 이외 지역 : 0℃ 이하로 48시간 이상 지속)으로 지속됨에 따라 농작물 등이 얼어서 생기는 피해를 말한다.

동상해피해율 = {(동상해 80%형 피해 과실수 합계 × 80%) + (동상해 100%형 피해과실수 합계 × 100%)} ÷ 기준과실수

※ 기준과실수 = 정상과실수 + 동상해 80%형 피해 과실수 + 동상해 100%형 피해과실수

〈과실 분류에 따른 피해인정계수〉

구분	정상과실	30%형 피해과실	50%형 피해과실	80%형 피해과실	100%형 피해과실
피해인정계수	0	0.3	0.5	0.8	1

※ 수확기 동상해 피해 과실의 적용 피해인정계수 : 80%형 피해과실, 100%형 피해과실

2) 오디

① 조사결실수는 손해평가시 표본으로 선정한 결과모지의 결실수를 말한다.

② 조사결실수, 미보상감수결실수 등은 농림축산식품부장관이 고시하는 손해평가요령에 따라 조사·평가하여 산정한다.

③ 미보상감수결실수란 보상하는 재해 이외의 원인으로 인하여 결실수가 감소되었다고 평가되는 부분을 말하며, 계약당시 이미 발생한 피해, 병해충으로 인한 피해 및 제초상태 불량 등으로 인한 감수결실수로서 피해율을 산정할 때 감수결실수에서 제외된다.

6 자기부담비율

(1) 보험사고로 인하여 발생한 손해에 대하여 계약자 또는 피보험자가 부담하는 일정 비율(금액)로 자기부담비율(금) 이하의 손해는 보험금이 지급되지 않는다.

(2) 과실손해보장 자기부담비율

1) 보험계약 시 계약자가 선택한 비율

10%, 15%, 20%, 30%, 40%

※ 호두, 살구, 유자의 경우 자기부담비율은 20%, 30%, 40%이다.

2) (과실) 자기부담비율 선택 기준

10%형	최근 3년간 연속 보험가입과수원으로서 3년간 수령한 보험금이 순보험료의 120% 미만인 경우에 한하여 선택 가능하다.
15%형	최근 2년간 연속 보험가입과수원으로서 2년간 수령한 보험금이 순보험료의 120% 미만인 경우에 한하여 선택 가능하다.
20%형, 30%형, 40%형	제한없음

(3) (비가림시설) 자기부담금

30만 원 ≦ 손해액의 10% ≦ 100만 원의 범위에서 자기부담금 차감한다. 다만, 피복재 단독사고는 10만 원 ≦ 손해액의 10% ≦ 30만 원의 범위에서 자기부담금 차감한다.

(4) 나무손해보장 특별약관 자기부담비율 : 5%

7 특별약관

(1) 종합위험 나무손해보장 특별약관(복숭아, 자두, 매실, 살구, 유자, 포도, 참다래, 무화과, 감귤(만감류, 온주밀감류))

1) 지급사유 : 보상하는 재해(종합위험)로 보험의 목적인 나무에 피해를 입은 경우 보상한다.

2) 나무손해보장특약 보상하지 않는 손해

(공통) 계통댐하기보 + 쟁 + 회못 + 간접손해 2

※ 적과전 나무손해보장특약의 보상하지 않는 손해 부분 참조

(2) 수확량감소 추가보장 특별약관(복숭아, 감귤(만감류), 포도)

보상하는 재해로 피해가 발생한 경우 동 특약에서 정한 바에 따라 주계약 피해율이 자기부담비율을 초과하는 경우 아래와 같이 계산한 보험금을 지급한다.

보험금 = 보험가입금액 × (주계약 피해율 × 10%)

(3) 과실손해 추가보장 특별약관(감귤(온주밀감류))

보상하는 재해로 인해 주계약 손해액이 자기부담금을 초과하는 경우 아래와 같이 계산한 보험금을 지급한다.

> 보험금 = 보험가입금액 × (주계약 피해율 × 10%)

(4) 조수해(鳥獸害) 부보장 특별약관(호두)

1) 부보장 손해

조수해로 의하거나 조수해의 방재와 긴급 피난에 필요한 조치로 보험의 목적에 생긴 손해는 보상하지 않는다.

2) 적용대상

① 과수원에 조수해 방재를 위한 시설이 없는 경우
② 과수원에 조수해 방재를 위한 시설이 과수원 전체 둘레의 80% 미만으로 설치된 경우
③ 과수원의 가입 나무에 조수해 방재를 위한 시설이 80% 미만으로 설치된 경우

3) 방재를 위한 시설

목책기(전기 목책기, 태양열 목책기 등), 올무, 갓모형, 원통모형

〈 방재시설 예시 사진 〉

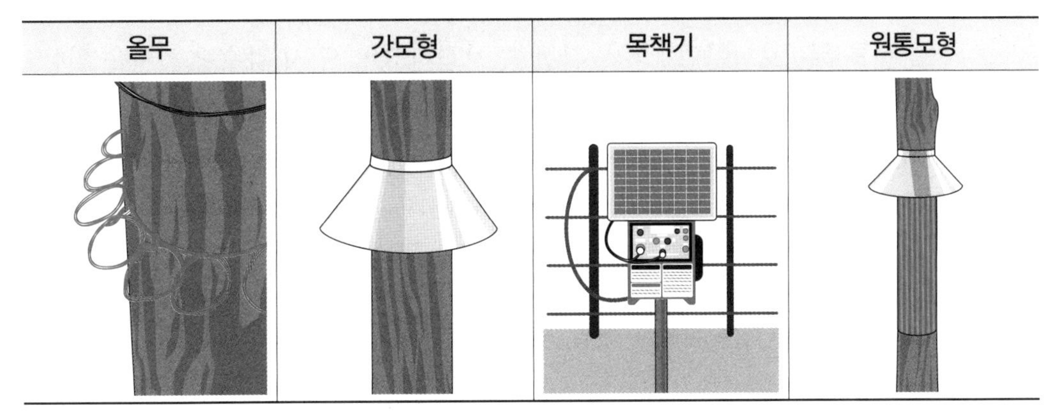

(5) 수확개시 이후 동상해보장 특별약관(감귤(온주밀감류))

동상해로 인해 보험의 목적에 생긴 손해를 보상한다.

(6) 비가림시설 화재위험보장 특별약관(포도, 참다래, 대추)

보험의 목적인 비가림시설에 화재로 입은 손해를 보상한다.

(7) 수확기 부보장 특별약관(복분자)

복분자 과실 손해보험금 중 이듬해 6월 1일 이후 태풍(강풍), 우박으로 발생한 손해는 보상하지 않는다.

(8) 농작물 부보장 특별약관(포도, 참다래, 대추)

보상하는 손해에도 불구하고 농작물에 입은 손해를 보상하지 않는다.

(9) 비가림시설 부보장 특별약관(포도, 참다래, 대추)

보상하는 손해에도 불구하고 비가림시설에 입은 손해를 보상하지 않는다.

8 계약인수 관련 수확량

(1) 표준수확량

과거의 통계를 바탕으로 지역, 수령, 재식밀도, 과수원 조건 등을 고려하여 산출한 예상 수확량이다.

(2) 평년수확량

① 농지의 기후가 평년 수준이고 비배관리 등 영농활동을 평년수준으로 실시하였을 때 기대할 수 있는 수확량을 말한다.

② 평년수확량은 자연재해가 없는 이상적인 상황에서 수확할 수 있는 수확량이 아니라 평년 수준의 재해가 있다는 점을 전제로 한다.

③ 주요 용도로는 보험가입금액의 결정 및 보험사고 발생 시 감수량 산정을 위한 기준으로 활용된다.

④ 농지(과수원) 단위로 산출하며, 가입연도 직전 5년 중 보험에 가입한 연도의 실제 수확량과 표준수확량을 가입 횟수에 따라 가중평균하여 산출한다.

(3) 산출방법

산출방법은 가입이력 여부로 구분된다.

1) 과거수확량 자료가 없는 경우(신규 가입)

평년수확량 = 표준수확량(의 100%)

※ 살구, 대추(사과대추에 한함), 유자의 경우, 평년수확량 = 표준수확량의 70%

2) 과거수확량 자료가 있는 경우(최근 5년 이내 가입 이력 존재)

가) 기본형

평년수확량 = { A + (B − A) × (1 − Y / 5) } × C / B

- A(과거평균수확량) = Σ 과거 5년간 수확량 ÷ Y
- B(평균표준수확량) = Σ 과거 5년간 표준수확량 ÷ Y
- C(당해연도(가입연도) 표준수확량)
- Y = 과거수확량 산출연도 횟수(가입횟수)

※ 한도) 평년수확량은 보험가입연도 표준수확량의 130%를 초과할 수 없음(복숭아, 밤,포도, 무화과 제외)

※ 사과·대추는 과거 가입이력 0회/1회/2회인 경우 표준수확량의 70%/80%/90%로 한도를 한다.

나) 복분자, 오디

(A × Y / 5) + { B × (1 − Y / 5) }

〈복분자〉

- A(과거결과모지수 평균) = Σ과거 5개년 포기당 평균결과모지수 ÷ Y
- B(표준결과모지수) = 포기당 5개(2~4년) 또는 4개(5~11년)

이때, 평년결과모지수는 보험가입연도 표준결과모지수의 50~130% 수준에서 결정한다.

〈오디〉

- A(과거평균결실수) = Σ과거 5개년 결실수 ÷ Y
- B(평균표준결실수) = Σ과거 5개년 표준결실수 ÷ Y

이때, 평년결실수는 보험가입연도 표준결실수의 130%를 한도로 산출한다.

다) 과거수확량 산출방법

① 수확량조사 시행한 경우

기본형	• 조사수확량 〉 평년수확량의 50% → 조사수확량 • 평년수확량의 50% ≥ 조사수확량 → 평년수확량의 50%

복분자	• 실제결과모지수 〉 평년결과모지수의 50% → 실제결과모지수 • 평년결과모지수의 50% ≥ 실제결과모지수 → 평년결과모지수의 50%
오디	• 조사결실수 〉 평년결실수의 50% → 조사결실수 • 평년결실수의 50% ≥ 조사결실수 → 평년결실수의 50%
감귤 (온주밀감류)	• 평년수확량 ≥ 평년수확량 × (1 − 피해율) ≥ 평년수확량의 50% → 평년 수확량 × (1 − 피해율) • 평년수확량의 50% 〉 평년수확량 × (1 − 피해율) → 평년수확량의 50% ※ 피해율 = MIN[보통약관 피해율 + (동상해피해율 × 수확기잔존비율), 100%]

② 무사고로 수확량조사 시행하지 않은 경우

기본형	• MAX(표준수확량, 평년수확량) × 1.1
복분자	• MAX(표준결과모지수, 평년결과모지수) × 1.1
오디	• MAX(표준결실수, 평년결실수) × 1.1
복숭아, 포도, 감귤(만감류)	• 수확전 착과수 조사를 한 값을 적용한다. • 수확량 = 착과수조사값 × 평균과중

(3) 가입수확량

보험에 가입한 수확량으로 범위는 평년수확량의 50 ~ 100% 사이에서 계약자가 결정한다.

(4) 가입과중

보험 가입시 결정한 과실의 1개당 평균 과실 무게(g)을 말하며, 감귤(만감류, 온주밀감류)의 경우 중과기준으로 적용한다.

03 워크북으로 마무리하기

01 비가림과수 품목을 3가지 쓰시오.

02 수확전 종합위험 과실손해보장방식 품목을 2가지 쓰시오.

03 다음은 수확전 종합위험 과실손해보장방식 품목의 수확개시 이후 보상하는 재해에 대한 내용이다. 아래 괄호에 알맞은 내용을 순서대로 쓰시오.

(1) 태풍(강풍) : 기상청에서 태풍에 대한 기상특보(태풍주의보 또는 경보)를 발령한 때 발령 지역의 (①)를 말하며, (②)을 포함. 바람의 세기는 과수원에서 가장 가까운 3개 기상관측소(기상청 설치 또는 기상청이 인증하고 실시간 관측 자료를 확인할 수 있는 관측소)에 나타난 측정자료 중 (③)의 자료로 판정함

(2) 우박 : (④)과 (⑤)속에서 성장하는 (⑥) 또는 (⑦)가 내리는 현상

04 다음은 비가림시설 보험가입금액에 관한 내용이다. 아래 괄호에 알맞은 내용을 순서대로 쓰시오.

비가림시설 보험가입금액 : 비가림시설의 (①)에 비가림시설 (②)을 곱하여 산정(산정된 금액의 (③) 범위 내에서 계약자가 보험가입금액 결정)한다. 단, (④) 비가림시설은 (⑤)을 기초로 보험가입금액을 결정한다.

05 다음은 복분자 품목에 관한 내용이다. 각 물음에 답하시오.

(1) 경작불능보장 보험금의 지급사유를 쓰시오.

(2) 아래 괄호에 알맞은 내용을 순서대로 쓰시오.

식물체 피해율 : 식물체가 (①)을 (②)으로 나누어 산출한다.

〈자기부담비율에 따른 경작불능보험금〉

자기부담비율	경작불능보험금
10%형	보험가입금액의 (③)
15%형	보험가입금액의 (④)
20%형	보험가입금액의 (⑤)
30%형	보험가입금액의 (⑥)
40%형	보험가입금액의 (⑦)

(3) 경작불능보험금의 지급효과를 약술하시오.

06 다음은 보험기간에 관한 내용이다. 괄호에 알맞은 내용을 쓰시오.

구분		보험의 목적	보험기간	
약관	보장		보장개시	보장종료
보통약관	종합위험 수확감소보장	복숭아 자두 매실 살구 오미자 감귤(만감류)	계약체결일 24시	수확기종료 시점 다만, 아래 날짜를 초과할 수 없음 - 복숭아 : (　　　　) - 자두 : (　　　　) - 매실 : (　　　　) - 살구 : (　　　　) - 오미자 : (　　　　) - 감귤(만감류) : (　　　　)
		밤	(　　　) 다만, (　　　)가 지난 경우에는 계약체결일 24시	수확기종료 시점 다만, (　　　　)을 초과할 수 없음
		호두		수확기종료 시점 다만, (　　　　)을 초과할 수 없음
		이듬해에 맺은 유자 과실	계약체결일 24시	수확개시 시점 다만, (　　　　)을 초과할 수 없음

구분		보험의 목적	보험기간	
약관	보장		보장개시	보장종료
특별약관	종합위험 나무손해 보장	복숭아 자두 매실 살구 유자	판매개시연도 (　　　) 다만, (　　　) 이후 보험에 가입하는 경우에는 계약체결일 24시	(　　　)
		감귤(만감류)	계약체결일 24시	(　　　)
	수확량감소 추가보장	복숭아 감귤(만감류)	계약체결일 24시	수확기종료 시점 다만, 아래 날짜를 초과할 수 없음 - 복숭아 : (　　　) - 감귤(만감류) : (　　　)

구분		보험의 목적	보험기간	
약관	보장		보장개시	보장종료
보통약관	종합위험 수확감소 보장	포도	계약체결일 24시	수확기종료 시점 다만, (　　　)을 초과할 수 없음
		이듬해에 맺은 참다래 과실	(　　　) 다만, (　　　)가 지난 경우에는 계약체결일 24시	해당 꽃눈이 성장하여 맺은 과실의 수확기종료 시점. 다만, (　　　)을 초과할 수 없음
		대추	(　　　) 다만, (　　　)가 지난 경우에는 계약체결일 24시	수확기종료 시점 다만, (　　　)을 초과할 수 없음
		비가림시설	(　　　　　)	포도 : (　　　　　) 참다래 : (　　　　　) 대추 : (　　　　　)
특별약관	화재위험 보장	비가림시설	계약체결일 24시	포도 : (　　　　　) 참다래 : (　　　　　) 대추 : (　　　　　)
	나무손해 보장	포도	판매개시연도 12월 1일 다만, 12월 1일 이후 보험에 가입하는 경우 에는 계약체결일 24시	이듬해 11월 30일
		참다래	판매개시연도 (　　　) 다만, (　　　) 이후 보험에 가입하는 경우 에는 계약체결일 24시	(　　　　　)
	수확량 감소 추가보장	포도	계약체결일 24시	수확기종료 시점 다만, (　　　　　)을 초과할 수 없음

<table>
<tr><th colspan="2">구분</th><th rowspan="2">보험의 목적</th><th colspan="4">보험기간</th></tr>
<tr><th>약관</th><th>보장</th><th colspan="2">보상하는 재해</th><th>보장개시</th><th>보장종료</th></tr>
<tr><td rowspan="5">보통 약관</td><td>경작불능 보장</td><td rowspan="3">복분자</td><td colspan="2">자연재해, 조수해, 화재</td><td>계약체결일 24시</td><td>수확개시시점 다만, (　　　)을 초과할 수 없음</td></tr>
<tr><td rowspan="2">과실손해 보장</td><td>(　　　) 이전 (수확개시 이전)</td><td>자연재해 조수해 화재</td><td>계약체결일 24시</td><td>(　　　)</td></tr>
<tr><td>(　　　) 이후 (수확개시 이후)</td><td>태풍 (강풍) 우박</td><td>(　　　)</td><td>이듬해 수확기종료 시점 다만, (　　　)을 초과할 수 없음</td></tr>
<tr><td rowspan="2">과실손해 보장</td><td rowspan="2">무화과</td><td>(　　　) 이전 (수확개시 이전)</td><td>자연재해 조수해 화재</td><td>계약체결일 24시</td><td>(　　　)</td></tr>
<tr><td>(　　　) 이후 (수확개시 이후)</td><td>태풍 (강풍) 우박</td><td>(　　　)</td><td>이듬해 수확기종료 시점 다만, (　　　)을 초과할 수 없음</td></tr>
<tr><td>특별 약관</td><td>나무손해 보장</td><td>무화과</td><td colspan="2">자연재해, 조수해, 화재</td><td>(　　　)</td><td>(　　　)</td></tr>
</table>

구분		보험의 목적	보험기간	
약관	보장		보장개시	보장종료
보통약관	종합위험 과실손해보장	오디	계약체결일 24시 (　　)	결실완료시점 다만, (　　)을 초과할 수 없음
		감귤(온주밀감류)		수확기 종료시점 다만, 판매개시연도 (　　)을 초과할 수 없음
특별약관	수확개시 이후 동상해보장	감귤(온주밀감류)	(　　)	(　　)
	나무손해보장		계약체결일 24시	(　　)
	과실손해 추가보장			수확기 종료시점 다만, 판매개시연도 (　　)을 초과할 수 없음

정답

01 답 : 포도, 대추, 참다래 끝

02 답 : 복분자, 무화과 끝

03 답 : ① 바람과 비 ② 최대순간풍속 14m/sec 이상의 바람 ③ 가장 큰 수치 ④ 적란운 ⑤ 봉우리적운 ⑥ 얼음알갱이 ⑦ 얼음덩어리 끝

04 답 : ① m^2당 시설비 ② 면적 ③ 80 ~ 130% ④ 참다래 ⑤ 계약자 고지사항 끝

05 (1) 답 : 보상하는 손해로 식물체 피해율이 65% 이상이고, 계약자가 경작불능 보험금을 신청한 경우 끝

(2) 답 : ① 고사한 면적 ② 보험가입면적 ③ 45% ④ 42% ⑤ 40% ⑥ 35% ⑦ 30% 끝

(3) 답 : 그 손해보상의 원인이 생긴 때로부터 해당 농지의 계약은 소멸된다. 끝

06 답 : 173 ~ 177페이지 내용 참조

제2절 농작물재해보험 상품내용(논작물)

01 기출유형 확인하기

제1회 재이앙·재직파 보험금, 경작불능 보험금, 수확감소 보험금의 지급사유를 각각 서술하시오. (5점)

아래 조건(1,2,3)에 따른 보험금을 산정하시오. (10점)

제2회 강원도 철원으로 귀농한 A씨는 100,000m^2 논의 '오대벼'를 주계약 보험가입금액 1억 원, 무사고환급보장특약을 선택하여 친환경 재배방식으로 농작물재해보험에 가입하고자 한다. 다음 추가조건에 따른 주계약보험료, 무사고환급특약 보험가입금액, 무사고환급특약 보험료를 계산하시오. (15점)

제3회 농작물재해보험 종합위험방식 벼 품목의 업무방법에서 정하는 보험금 지급사유와 지급금액 산출식을 답란에 서술하시오. (15점)

제7회 종합위험보장 벼(조사료용 벼 제외) 상품의 병해충보장특별약관에서 보장하는 병해충 5가지만 쓰시오. (5점)

재이앙·재직파 보험금과 경작불능 보험금을 지급하는 경우를 각각 서술하시오. (4점)

재이앙·재직파 보험금과 경작불능 보험금의 보장종료 시점을 각각 쓰시오. (2점)

재이앙·재직파 보험금의 계산과정과 값을 쓰시오. (6점)

제8회 보험가입금액의 계산과정과 값을 쓰시오. (5점)

수확감소보장 보통약관(주계약) 적용보험료의 계산과정과 값을 쓰시오. (5점)

병해충보장 특별약관 적용보험료의 계산과정과 값을 쓰시오. (5점)

02 기본서 내용 익히기

1 논작물

종합위험방식 수확감소보장 : 벼, 조사료용 벼, 밀, 보리, 귀리

1 보상하는 재해

(1) 공통

1) 자연재해

태풍피해, 우박피해, 동상해, 호우피해, 강풍피해, 냉해(冷害), 한해(旱害), 조해(潮害), 설해(雪害), 폭염, 기타 자연재해

구분	정의
태풍피해	기상청 태풍주의보이상 발령할 때 발령지역의 바람과 비로 인하여 발생하는 피해
우박피해	적란운과 봉우리적운 속에서 성장하는 얼음알갱이나 얼음덩이가 내려 발생하는 피해
동 상 해	서리 또는 기온의 하강으로 인하여 농작물 등이 얼어서 발생하는 피해
호우피해	평균적인 강우량 이상의 많은 양의 비로 인하여 발생하는 피해
강풍피해	강한 바람 또는 돌풍으로 인하여 발생하는 피해
한해(가뭄피해)	장기간의 지속적인 강우 부족에 의한 토양수분 부족으로 인하여 발생하는 피해
냉해	농작물의 성장 기간 중 작물의 생육에 지장을 초래할 정도의 찬 기온으로 인하여 발생하는 피해
조해(潮害)	태풍이나 비바람 등의 자연현상으로 인하여 연안지대의 경지에 바닷물이 들어와서 발생하는 피해
설해	눈으로 인하여 발생하는 피해
폭염(暴炎)	매우 심한 더위로 인하여 발생하는 피해
기타 자연재해	상기 자연재해에 준하는 자연현상으로 발생하는 피해

2) 조수해(鳥獸害)

새나 짐승으로 인하여 발생하는 피해

3) 화재

화재로 인하여 발생하는 피해

(2) "벼"만 해당(특별약관 가입 시)

보상하는 병충해 : 흰잎마름병, 줄무늬잎마름병, 세균성벼알마름병, 도열병, 깨씨무늬병, 먹노린재, 벼멸구 암기법 흰 줄 세 도 깨 먹 벼(기출 2회)

※ 병충해 : 병해 + 충해, 농작물이 병이나 벌레에 의해 입는 해(害)

※ 병해충 : 농작물에 피해를 입히는 병이나 해충

2 보상하지 않는 손해

- 계약자, 피보험자 또는 이들의 법정대리인의 고의 또는 중대한 과실로 인한 손해
- 수확기에 계약자 또는 피보험자의 고의 또는 중대한 과실로 수확하지 못하여 발생한 손해
- 제초작업, 시비관리 등 통상적인 영농활동을 하지 않아 발생한 손해
- 원인의 직·간접을 묻지 않고 병해충으로 발생한 손해(다만, 벼 병해충보장 특별약관 가입시는 제외)
- 보장하지 않는 재해로 제방, 댐 등이 붕괴되어 발생한 손해
- 하우스, 부대시설 등의 노후 및 하자로 생긴 손해
- 계약체결 시점 현재 기상청에서 발령하고 있는 기상특보 발령 지역의 기상특보 관련 재해로 인한 손해
- 보상하는 손해에 해당하지 않은 재해로 발생한 손해
- 전쟁, 혁명, 내란, 사변, 폭동, 소요, 노동쟁의, 기타 이들과 유사한 사태로 생긴 손해

3 보험기간

구분			보험의 목적	보험기간	
약관	보장	대상재해		보장개시	보장종료
보통약관	이앙·직파불능보장	종합위험	벼(조곡)	계약체결일 24시	판매개시연도 7월 31일
	재이앙·재직파보장			이앙(직파)완료일 24시 다만, 보험계약시 이앙(직파)완료일이 경과한 경우에는 계약체결일 24시	판매개시연도 7월 31일
	경작불능보장		벼(조곡), 조사료용 벼	이앙(직파)완료일 24시 다만, 보험계약시 이앙(직파)완료일이 경과한 경우에는 계약체결일 24시	출수기 전 다만, 조사료용 벼의 경우 판매개시연도 8월 31일
			밀 보리, 귀리	계약체결일 24시	수확개시 시점
	수확불능보장		벼(조곡)	이앙(직파)완료일 24시 다만, 보험계약시 이앙(직파)완료일이 경과한 경우에는 계약체결일 24시	수확기종료 시점 다만, 판매개시연도 11월 30일을 초과할 수 없음
	수확감소보장		벼(조곡)	이앙(직파)완료일 24시 다만, 보험계약시 이앙(직파)완료일이 경과한 경우에는 계약체결일 24시	수확기종료 시점 다만, 판매개시연도 11월 30일을 초과할 수 없음
			밀 보리 귀리	계약체결일 24시	수확기종료 시점 다만, 이듬해 6월 30일을 초과할 수 없음

<table>
<tr><th colspan="4">구분</th><th rowspan="2">보험의 목적</th><th colspan="2">보험기간</th></tr>
<tr><th colspan="2">약관</th><th>보장</th><th>대상 재해</th><th>보장개시</th><th>보장종료</th></tr>
<tr><td rowspan="4">특별약관</td><td rowspan="4">병해충 보장 특약</td><td>재이앙·재직파보장</td><td rowspan="4">병해충(7종)</td><td rowspan="4">벼(조곡)</td><td rowspan="4">각 보장별 보통약관 보험시기와 동일</td><td rowspan="4">각 보장별 보통약관 보험종기와 동일</td></tr>
<tr><td>경작불능보장</td></tr>
<tr><td>수확불능보장</td></tr>
<tr><td>수확감소보장</td></tr>
</table>

※ 병충해(7종) : 흰잎마름병, 줄무늬잎마름병, 세균성벼알마름병, 도열병, 깨씨무늬병, 먹노린재, 벼멸구 암기법 흰 줄 세 도 깨 먹 벼(기출 2회)

※ 벼 품목의 경우 병해충(7종)으로 인한 피해는 병해충특약 가입 시에만 보장한다.

4 보험가입금액

〈기본형〉

보험가입금액 = 가입수확량 × 표준(가입)가격 (천 원 단위 절사)

〈조사료용 벼〉

보험가입금액 = 가입면적 × 보장생산비 (천 원 단위 절사)

5 보험료

(1) 보험료의 구성

영업보험료 = 순보험료 + 부가보험료

순보험료	지급보험금의 재원이 되는 보험료
부가보험료	보험회사의 경비 등으로 사용되는 보험료
정부보조보험료	순보험료의 50%와 부가보험료의 100%를 지원한다(단, 벼는 보장수준에 따라 순보험료의 41~60% 차등지원).
지자체지원보험료	지자체별로 지원금액(비율)을 결정한다.

(2) 보험료의 산출

종합위험 수확감소보장방식(벼, 조사료용 벼, 밀, 보리, 귀리)

1) 수확감소보장 보통약관 적용보험료

> 보통약관 보험가입금액 × 지역별 보통약관 영업요율 × (1 ± 손해율에 따른 할인·할증률)

2) 병해충보장 특별약관 적용보험료(벼만 해당)

> 특별약관 보험가입금액 × 지역별 특별약관 영업요율 × (1 ± 손해율에 따른 할인·할증률) × (1 + 친환경재배 시 할증률) × (1 + 직파재배 농지 할증률)

※ 벼 품목의 경우, 위 1)의 산식에 '(1 + 친환경재배 시 할증률)'과 '(1 + 직파재배 농지 할증률)'을 추가로 곱하여 계산

※ 손해율에 따른 할인·할증은 계약자를 기준으로 판단

※ 손해율에 따른 할인·할증폭은 -30% ~ +50%로 제한

(3) 보험료의 환급

① 이 계약이 무효, 효력상실 또는 해지된 때에는 다음과 같이 보험료를 반환한다.

계약자 또는 피보험자의 책임 없는 사유에 의하는 경우	• 무효의 경우에는 납입한 계약자부담보험료의 전액, 효력상실 또는 해지의 경우에는 해당 월 미경과비율에 따라 아래와 같이 '환급보험료'를 계산한다. 환급보험료 = 계약자부담보험료 × 미경과비율 ※ 계약자부담보험료는 최종 보험가입금액 기준으로 산출한 보험료 중 계약자가 부담한 금액
계약자 또는 피보험자의 책임 있는 사유에 의하는 경우	• 계산한 해당 월 미경과비율에 따른 환급보험료. 다만 계약자, 피보험자의 고의 또는 중대한 과실로 무효가 된 때에는 보험료를 반환하지 않는다.

② 계약자 또는 피보험자의 책임 있는 사유라 함은 다음 각 호를 말한다.

- 계약자 또는 피보험자가 임의해지하는 경우
- 사기에 의한 계약, 계약의 해지(계약자 또는 피보험자의 고의로 손해가 발생한 경우나, 고지의무·통지의무 등을 해태한 경우의 해지를 말한다.) 또는 중대 사유로 인한 해지에 따라 계약을 취소 또는 해지하는 경우
- 보험료 미납으로 인한 계약의 효력상실

③ 계약의 무효, 효력상실 또는 해지로 인하여 반환해야 할 보험료가 있을 때에는 계약자는 환급금을 청구하여야 하며, 청구일의 다음 날부터 지급일까지의 기간에 대하여 '보험개발원이 공시하는 보험계약대출이율'을 연단위 복리로 계산한 금액을 더하여 지급한다.

6 보험금

보장	보험의 목적	보험금 지급사유	보험금 계산(지급금액)
이앙·직파 불능 보장 (보통약관)	벼 (조곡)	보상하는 재해로 농지 전체를 이앙·직파 하지 못하게 된 경우	보험가입금액 × 10%
재이앙·재직파 보장 (보통약관)		보상하는 재해로 면적 피해율이 10%를 초과하고, 재이앙·재직파한 경우 (단, 1회 지급)	보험가입금액 × 25% × 면적 피해율 ※ 면적 피해율 = (피해면적 ÷ 보험가입면적)
경작불능 보장 (보통약관)	벼(조곡) 밀 보리 조사료용 벼 귀리	보상하는 재해로 식물체 피해율이 65% 이상(벼(조곡) 분질미는 60%)이고, 계약자가 경작불능 보험금을 신청한 경우 식물체 피해율 = 식물체가 고사한 면적 ÷ 보험가입면적	보험가입금액 × 일정비율 ※ 자기부담비율에 따른 경작불능 보험금 표 참조 단, 조사료용 벼의 경우 아래와 같다. 보험가입금액 × 보장비율 × 경과비율 ※ 보장비율 표 및 경과비율 표 참조
수확불능 보장 (보통약관)	벼 (조곡)	보상하는 재해로 벼(조곡) 제현율이 65% 미만(벼(조곡) 분질미는 70%)으로 떨어져 정상벼로서 출하가 불가능하게 되고, 계약자가 수확불능 보험금을 신청한 경우	보험가입금액 × 일정비율 ※ 자기부담비율에 따른 수확불능 보험금 표 참조

보장	보험의 목적	보험금 지급사유	보험금 계산(지급금액)
수확감소 보장 (보통약관)	벼(조곡) 밀 보리 귀리	보상하는 재해로 피해율이 자기부담비율을 초과하는 경우	보험가입금액 × (피해율 − 자기부담비율) ※ 피해율 = (평년수확량 − 수확량 − 미보상감수량) ÷ 평년수확량

※ 경작불능보험금은 보험목적물이 산지폐기 된 것을 확인 후 지급되며, 이앙·직파불능보험금, 경작불능보험금, 수확불능보험금을 지급한 때에는 그 손해보상의 원인이 생긴 때로부터 해당 농지에 대한 보험계약은 소멸한다.

※ 경작불능보험금의 보험기간 내 발생한 재해로 인해 식물체 피해율이 65% 이상(분질미는 60%)인 경우 수확불능보험금과 수확감소보험금은 지급이 불가능하다.

※ 벼 품목의 경우 병해충(7종)으로 인한 피해는 병해충 특약 가입 시 보장한다.

※ 식물체 피해율 : 식물체가 고사한 면적을 보험가입면적으로 나누어 산출한다.

※ 경작불능보험금 지급비율 (벼(조곡), 밀, 보리, 귀리) : 단, 자기부담비율 10%, 15%는 벼(조곡), 밀, 보리만 적용한다.

(1) 경작불능 보험금

1) 벼, 밀, 보리, 귀리 경작불능 보험금

자기부담비율에 따라 아래 표와 같이 계산한다.

자기부담비율	경작불능 보험금
10%형	보험가입금액의 45%
15%형	보험가입금액의 42%
20%형	보험가입금액의 40%
30%형	보험가입금액의 35%
40%형	보험가입금액의 30%

2) 조사료용 벼 경작불능 보험금

조사료용 벼 경작불능 보험금 = 보험가입금액 × 보장비율 × 경과비율

구분	45%형	42%형	40%형	35%형	30%형
보장비율	45%	42%	40%	35%	30%

※ 45%형 가입가능 자격 : 3년 연속 가입 및 3년간 수령보험금이 순보험료의 120% 미만

※ 42%형 가입가능 자격 : 2년 연속 가입 및 2년간 수령보험금이 순보험료의 120% 미만

사고발생 월별	5월	6월	7월	8월
경과비율	80%	85%	90%	100%

(2) 수확불능 보험금

자기부담비율에 따라 아래 표와 같이 계산한다.

자기부담비율	수확불능 보험금
10%형	보험가입금액의 60%
15%형	보험가입금액의 57%
20%형	보험가입금액의 55%
30%형	보험가입금액의 50%
40%형	보험가입금액의 45%

7 자기부담비율

보험기간 내에 보상하는 재해로 발생한 손해에 대하여 계약자 또는 피보험자가 부담하는 일정 비율(금액)로 자기부담비율(금) 이하의 손해는 보험금이 지급되지 않는다.

(1) 수확감소보장 자기부담비율

1) 보험계약시 계약자가 선택한 비율

10%, 15%, 20%, 30%, 40%

단, 자기부담비율 10%, 15%는 벼(조곡), 밀, 보리만 적용한다.

2) 수확감소보장 자기부담비율 선택 기준

10%형	최근 3년간 연속 보험가입계약자로서 3년간 수령한 보험금이 순보험료의 120% 미만인 경우에 한하여 선택 가능하다.
15%형	최근 2년간 연속 보험가입계약자으로서 2년간 수령한 보험금이 순보험료의 120% 미만인 경우에 한하여 선택 가능하다.
20%형, 30%형, 40%형	제한 없음

8 특별약관

(1) 이앙·직파불능 부보장 특별약관

이앙·직파불능보험금에 적용되는 사항으로, 보상하는 재해로 이앙·직파를 하지 못하게 되어 생긴 손해를 본 특별약관에 따라 보상하지 않는다.

(2) 병해충 보장 특별약관

1) 보상하는 병해충

구분	보상하는 병해충의 종류
병해	흰잎마름병, 줄무늬잎마름병, 도열병, 깨씨무늬병, 세균성벼알마름병
충해	벼멸구, 먹노린재

2) 보상하는 병해충의 증상

가) 흰잎마름병

① 발병은 보통 출수기 전후에 나타나나 상습발생지에서는 초기에 발병하며, 드물게는 묘판에서도 발병된다.

② 병징은 주로 엽신 및 엽초에 나타나며, 때에 따라서는 벼알에서도 나타난다.

③ 병반은 수일이 경과 후 황색으로 변하고 선단부터 하얗게 건조 및 급속히 잎이 말라 죽게 된다.

나) 줄무늬잎마름병

① 줄무늬잎마름병은 종자, 접촉, 토양의 전염은 하지 않고 매개충인 애멸구에 의하여 전염되는 바이러스병이다.

② 전형적인 병징은 넓은 황색줄무늬 혹은 황화 증상이 나타나고, 잎이 도장하면서 뒤틀리거나 아래로 처진다. 일단 병에 걸리면 분얼경도 적어지고 출수되지 않으며, 출

수되어도 기형 이삭을 형성하거나 불완전 출수가 많다.

다) 깨씨무늬병

① 잎에서 초기병반은 암갈색 타원형 괴사부 주위에 황색의 중독부를 가지고, 시간이 지나면 원형의 대형 병반으로 윤문이 생긴다.

② 줄기에는 흑갈색 미세 무늬가 발생, 이후 확대하여 합쳐지면 줄기 전체가 담갈색으로 변한다. 이삭줄기에는 흑갈색 줄무늬에서 전체가 흑갈색으로 변한다.

③ 도열병과 같이 이삭 끝부터 빠르게 침해되는 일은 없으며, 벼알에는 암갈색의 반점으로 되고 후에는 회백색 붕괴부를 형성한다.

라) 도열병

① 도열병균은 진균의 일종으로 자낭균에 속하며, 종자나 병든 잔재물에서 겨울을 지나 제1차 전염원이 되고 제2차 전염은 병반 상에 형성된 분생포자가 바람에 날려 공기 전염한다.

② 잎, 이삭, 가지, 등의 지상 부위에 병반을 형성하나 잎, 이삭, 이삭가지 도열병이 가장 흔하다.

③ 잎에는 방추형의 병반이 형성되어 심하면 포기 전체가 붉은 빛을 띠우며 자라지 않게 되고, 이삭목이나 이삭가지는 옅은 갈색으로 말라죽으며 습기가 많으면 표면에 잿빛의 곰팡이가 핀다.

마) 세균성벼알마름병

① 주로 벼알에 발생하나 엽초에도 병징이 보인다. 벼알은 기부부터 황백색으로 변색 및 확대되어 전체가 변색된다.

② 포장에서 일찍 감염된 이삭은 전체가 엷은 붉은색을 띠며 고개를 숙이지 못하고 꼿꼿이 서 있으며, 벼알은 배의 발육이 정지되고 쭉정이가 된다.

③ 감염된 종자 파종시 심한 경우 발아하지 못하거나 부패되며, 감염 정도가 경미한 경우 발아한 모는 잎이 전개되지 못하거나 생장이 불량하여 고사한다.

바) 벼멸구

① 벼멸구는 성충이 중국으로부터 흐리거나 비 오는 날 저기압 때 기류를 타고 날아와 발생하고 정착 후에는 이동성이 낮아 주변에서 증식한다.

② 벼멸구는 형태적으로 애멸구와 유사하여 구별이 쉽지 않으나, 서식 행동에서 큰 차

이점은 애멸구는 개별적으로 서식하나 벼멸구는 집단으로 서식한다.

③ 벼멸구 흡즙으로 인한 전형적인 피해 양상은 논 군데군데 둥글게 집중고사 현상이 나타나고, 피해는 고사시기가 빠를수록 수확량도 크게 감소하며, 불완전 잎의 비율이 높아진다.

④ 쌀알의 중심부나 복부가 백색의 불투명한 심복백미와 표면이 우윳빛처럼 불투명한 유백미 또는 과피에 엽록소가 남아있는 청미 등이 발생한다.

사) 먹노린재

① 비가 적은 해에 발생이 많고, 낮에는 벼 포기 속 아랫부분에 모여 대부분 머리를 아래로 향하고 있다가 외부에서 자극이 있으면 물속으로 잠수한다.

② 성충과 약충 모두 벼의 줄기에 구침을 박고 흡즙하여 피해를 준다.

③ 흡즙 부위는 퇴색하며 흡즙 부위에서 자란 잎은 피해를 받은 부분부터 윗부분이 마르고 피해가 심하면 새로 나온 잎이 전개하기 전에 말라죽는다.

④ 피해는 주로 논 가장자리에 많이 나타나는데, 생육 초기에 심하게 피해를 받으면 초장이 짧아지고 이삭이 출수하지 않을 수도 있으며 출수 전후에 피해를 받으면 이삭이 꼿꼿이 서서 말라죽어 백수와 같은 증상을 나타내기도 한다.

9 계약인수 관련 수확량

(1) 표준수확량

과거의 통계를 바탕으로 지역별 기준수량에 농지별 경작요소를 고려하여 산출한 예상수확량이다.

(2) 평년수확량

① 최근 5년 이내 보험가입실적 수확량 자료와 미가입 연수에 대한 표준수확량을 가중평균하여 산출한 해당 농지에 기대되는 수확량을 말한다.

② 평년수확량은 자연재해가 없는 이상적인 상황에서 수확할 수 있는 수확량이 아니라 평년 수준의 재해가 있다는 점을 전제로 한다.

③ 주요 용도로는 보험가입금액의 결정 및 보험사고 발생시 감수량 산정을 위한 기준으로 활용된다.

④ 농지 단위로 산출하며, 가입연도 직전 5년 중 보험에 가입한 연도의 실제수확량과 표준수확량을 가입횟수에 따라 가중평균하여 산출한다.

(3) 평년수확량 산출방법

평년수확량 산출방법은 가입이력 여부로 구분된다.

1) 과거수확량 자료가 없는 경우(신규 가입)

평년수확량 = 표준수확량(의 100%)

2) 과거수확량 자료가 있는 경우(최근 5년 이내 가입 이력 존재)

가) 벼 품목 평년수확량

벼 품목 평년수확량 = { A + (B × D − A) × (1 − Y / 5) } × C / D

- A(과거평균수확량) = Σ과거 5년간 수확량 ÷ Y
- B = 가입연도 지역별 기준수확량
- C(가입연도 보정계수) = 가입연도의 품종, 이앙일자, 친환경재배 보정계수를 곱한 값
- D(과거평균보정계수) = Σ과거 5년간 보정계수 ÷ Y
- Y = 과거수확량 산출연도 횟수(가입횟수)

※ 평년수확량은 보험가입연도 표준수확량의 130%를 초과할 수 없음

※ 조사료용 벼 제외

나) 보리·밀·귀리 품목 평년수확량

보리·밀·귀리 품목 평년수확량 = { A + (B − A) × (1 − Y / 5) } × C / B

- A(과거평균수확량) = Σ과거 5년간 수확량 ÷ Y
- B(평균표준수확량) = Σ과거 5년간 표준수확량 ÷ Y
- C(표준수확량) = 가입연도 표준수확량
- Y = 과거수확량 산출연도 횟수(가입횟수)

※ 평년수확량은 보험가입연도 표준수확량의 130%를 초과할 수 없음

다) 과거수확량 산출방법

수확량조사 시행한 경우	조사수확량 〉 평년수확량의 50% → 조사수확량 평년수확량의 50% ≧ 조사수확량 → 평년수확량의 50%
무사고로 수확량조사 시행하지 않은 경우	표준수확량의 1.1배와 평년수확량의 1.1배 중 큰 값을 적용한다.

※ 귀리의 경우 계약자의 책임 있는 사유로 수확량조사를 하지 않은 경우 상기 적용

(4) 가입수확량

보험에 가입한 수확량으로 범위는 평년수확량의 50 ~ 100% 사이에서 계약자가 결정한다. 벼는 5% 단위로 리(동)별로 선정 가능하다.

03 워크북으로 마무리하기

01 종합위험방식 수확감소보장 벼 품목 병해충보장특약 가입시 보장하는 병해충을 모두 쓰시오.

02 다음은 벼 품목에 관한 내용이다. 각 물음에 답하시오.

(1) 수확불능 보험금 지급사유를 약술하시오.

(2) 자기부담비율별 수확불능 보험금 산정식을 쓰시오.

03 조사료용 벼의 경작불능 보험금 산정에 관한 내용이다. 빈칸에 알맞은 내용을 순서대로 쓰시오.

조사료용 벼의 보장비율은 경작불능 보험금 산정에 기초가 되는 비율로 보험가입을 할 때 계약자가 선택한 비율로 하며, 경과비율은 사고발생일이 속한 월에 따라 다음과 같이 계산한다.

〈계약자 선택에 따른 보장비율〉

구분	45%형	42%형	40%형	35%형	30%형
보장비율	( )	( )	( )	( )	( )

〈사고발생일이 속한 월에 따른 경과비율〉

월별	5월	6월	7월	8월
경과비율	( )	( )	( )	( )

04 다음은 논작물의 보험기간에 관한 내용이다. 괄호 안에 알맞은 내용을 쓰시오.

<table>
<tr><th colspan="3">구분</th><th rowspan="2">보험의
목적</th><th colspan="2">보험기간</th></tr>
<tr><th>약관</th><th>보장</th><th>대상재해</th><th>보장개시</th><th>보장종료</th></tr>
<tr><td rowspan="7">보통
약관</td><td>이앙·직파
불능 보장</td><td rowspan="7">종합
위험</td><td rowspan="2">벼
(조곡)</td><td>계약체결일 24시</td><td>판매개시연도
(①)</td></tr>
<tr><td>재이앙
·재직파
보장</td><td>(②) 24시
다만, 보험계약시
(②)이 경과한 경우에는
계약체결일 24시</td><td>판매개시연도
(①)</td></tr>
<tr><td rowspan="2">경작불능
보장</td><td>벼(조곡),
조사료용
벼</td><td>이앙(직파)완료일 24시
다만, 보험계약시
이앙(직파)완료일이
경과한 경우에는
계약체결일 24시</td><td>(③)
다만, 조사료용 벼의
경우 판매개시연도
(④)</td></tr>
<tr><td>밀
보리
귀리</td><td>계약체결일 24시</td><td>(⑤)</td></tr>
<tr><td>수확불능
보장</td><td>벼
(조곡)</td><td>이앙(직파)완료일 24시
다만, 보험계약시
이앙(직파)완료일이
경과한 경우에는
계약체결일 24시</td><td>수확기종료 시점
다만, 판매개시연도
(⑥)을
초과할 수 없음</td></tr>
<tr><td rowspan="2">수확감소
보장</td><td>벼
(조곡)</td><td>이앙(직파)완료일 24시
다만, 보험계약시
이앙(직파)완료일이
경과한 경우에는
계약체결일 24시</td><td>수확기종료 시점
다만, 판매개시연도
(⑥)을
초과할 수 없음</td></tr>
<tr><td>밀
보리
귀리</td><td>계약체결일 24시</td><td>수확기종료 시점
다만,
(⑦)을
초과할 수 없음</td></tr>
</table>

05 특약 가입시 벼 품목의 보상하는 병해충 중 매개충인 애멸구에 의하여 전염되는 바이러스 병은?

정답

01 답 : 흰잎마름병, 벼멸구, 도열병, 줄무늬잎마름병, 깨씨무늬병, 먹노린재, 세균성벼알마름병 끝

02 (1) 답 : 보험기간 내에 보상하는 재해로 제현율이 65% 미만으로 떨어져 정상 벼로서 출하가 불가능하게 되고, 계약자가 수확불능 보험금을 신청한 경우 끝

(2) 답 : 10%형 = 보험가입금액의 60%, 15%형 = 보험가입금액의 57%, 20%형 = 보험가입금액의 55%, 30%형 = 보험가입금액의 50%, 40%형 = 보험가입금액의 45% 끝

03 답 : 45%, 42%, 40%, 35%, 30%, 80%, 85%, 90%, 100% 끝

04 답 : ① 7월 31일, ② 이앙(직파)완료일, ③ 출수기 전, ④ 8월 31일, ⑤ 수확개시 시점, ⑥ 11월 30일, ⑦ 이듬해 6월 30일 끝

05 답 : 줄무늬잎마름병 끝

제2절 농작물재해보험 상품내용(발작물)

01 기출유형 확인하기

제1회 다음 상품에 해당하는 보장방식을 보기에서 모두 선택하고 보장종료일을 예와 같이 서술하시오. (15점)

제4회 다음 밭작물의 품목별 보장내용에 관한 표의 빈칸에 담보가능은 "O"로 부담보는 "×"로 표시할 때 다음 물음에 답하시오. (5점)

제6회 농작물재해보험 상품 중 비가림시설 또는 해가림시설에 관한 다음 보험가입금액을 구하시오. (15점)

제7회 보험가입금액 100,000,000원, 자기부담비율 20%의 종합위험보장 마늘 상품에 가입하였다. 보험계약 후 당해연도 10월 31일까지 보상하는 재해로 인해 마늘이 10a당 27,000주가 출현되어 10a당 33,000주로 재파종을 한 경우 재파종보험금의 계산과정과 값을 쓰시오. (5점)

종합위험보장 상품에서 보험가입시 과거수확량 자료가 없는 경우 산출된 표준수확량의 70%를 평년수확량으로 결정하는 품목 중 특약으로 나무손해보장을 가입할 수 있는 품목 2가지를 모두 쓰시오. (5점)

2021년 평년수확량 산출을 위한 과거평균수확량의 계산과정과 값을 쓰시오. (8점)

2021년 평년수확량의 계산과정과 값을 쓰시오. (7점)

다음 계약에 대하여 정부지원액의 계산과정과 값을 쓰시오. (5점)

제8회 농작물재해보험 대상 밭작물 품목 중 자기부담금이 잔존보험 가입금액의 3% 또는 5%인 품목 2가지를 쓰시오. (5점)

해가림시설(목재)의 보험가입금액의 계산과정과 값을 쓰시오. (5점)

해가림시설(철재)의 보험가입금액의 계산과정과 값을 쓰시오. (10점)

제9회 종합위험 생산비보장 품목의 보험기간 중 보장개시일에 관한 내용이다. 다음 해당 품목의 (　　)에 들어갈 내용을 쓰시오. (5점)

제9회 작물특정 및 시설종합위험 인삼손해보장방식의 자연재해에 대한 설명이다. (　　)에 들어갈 내용을 쓰시오. (5점)

제9회 작물특정 및 시설종합위험 인삼손해보장방식의 해가림시설에 관한 내용이다. 다음 물음에 답하시오. (15점)

물음 1) A시설의 보험가입금액의 계산과정과 값(원)을 쓰시오. (7점)

물음 2) B시설의 보험가입금액의 계산과정과 값(원)을 쓰시오. (8점)

제9회 종합위험 수확감소보장에서 '감자'(봄재배, 가을재배, 고랭지재배) 품목의 병·해충 등급별 인정비율이 90%에 해당하는 병·해충을 5개 쓰시오. (5점)

02 기본서 내용 익히기

1 밭작물

종합위험 수확감소보장방식	마늘, 양파, 양배추, 고구마, 감자(고랭지재배, 봄재배, 가을재배), 콩, 팥, 차(茶), 옥수수(사료용 옥수수)
종합위험 생산비보장방식	고추, 브로콜리, 무(고랭지무, 월동무), 당근, 배추(고랭지배추, 월동배추, 가을배추), 메밀, 단호박, 시금치(노지), 파(대파, 쪽파·실파), 양상추
작물특정 및 시설종합위험 인삼손해보장방식	인삼

1 보상하는 재해

(1) **종합위험 수확감소보장방식** : 마늘, 양파, 양배추, 고구마, 감자(고랭지재배, 봄재배, 가을재배), 콩, 팥, 차(茶), 옥수수(사료용 옥수수)

자연재해	태풍피해, 우박피해, 동상해, 호우피해, 강풍피해, 한해(가뭄피해), 냉해, 조해(潮害), 설해, 폭염, 기타 자연재해
조수해(鳥獸害)	새나 짐승으로 인하여 발생하는 손해
화재	화재로 인한 피해
병충해	병 또는 해충으로 인하여 발생하는 피해(감자 품목에만 해당)

병해	역병, 갈쭉병, 모자이크병, 무름병, 둘레썩음병, 가루더뎅이병, 잎말림병, 홍색부패병, 시들음병, 마른썩음병, 풋마름병, 줄기검은병, 더뎅이병, 균핵병, 검은무늬썩음병, 줄기기부썩음병, 반쪽시들음병, 흰비단병, 잿빛곰팡이병, 탄저병, 겹둥근무늬병, 기타
충해	감자뿔나방, 진딧물류, 아메리카잎굴파리, 방아벌레류, 오이총채벌레, 뿌리혹선충, 파밤나방, 큰28점박이무당벌레, 기타

(2) 종합위험 생산비보장방식 : 고추, 브로콜리, 무(고랭지무, 월동무), 당근, 배추(고랭지배추, 월동배추, 가을배추), 메밀, 단호박, 시금치(노지), 파(대파, 쪽파·실파), 양상추

자연재해	태풍피해, 우박피해, 동상해, 호우피해, 강풍피해, 한해(가뭄피해), 냉해, 조해(潮害), 설해, 폭염, 기타 자연재해
조수해(鳥獸害)	새나 짐승으로 인하여 발생하는 손해
화재	화재로 인한 피해
병충해	병 또는 해충으로 인하여 발생하는 피해(고추 품목에만 해당)

※ 종합위험 생산비보장방식은 사고 발생 시점까지 투입된 작물의 생산비를 피해율에 따라 지급하는 방식이다. 이때 수확이 개시된 후의 생산비보장보험금은 투입된 생산비보다 적거나 없을 수 있는데, 이는 수확기에 투입되는 생산비는 수확과 더불어 회수(차감)되기 때문이다.

병해	역병, 풋마름병, 바이러스병, 세균성점무늬병, 탄저병, 잿빛곰팡이병, 시들음병, 흰가루병, 균핵병, 무름병, 기타
충해	담배가루이, 담배나방, 진딧물, 기타

(3) 작물특정 및 시설종합위험 인삼손해보장방식 : 인삼

1) 인삼

태풍(강풍)	• 기상청에서 태풍에 대한 특보(태풍주의보, 태풍경보)를 발령한 때 해당 지역의 바람과 비 또는 최대순간풍속 14m/s 이상의 강풍. 이때 강풍은 해당 지역에서 가장 가까운 3개 기상관측소(기상청 설치 또는 기상청이 인증하고 실시간 관측 자료를 확인할 수 있는 관측소)에 나타난 측정자료 중 가장 큰 수치의 자료로 판정
폭설	• 기상청에서 대설에 대한 특보(대설주의보, 대설경보)를 발령한 때 해당 지역의 눈 또는 24시간 신적설이 해당 지역에서 가장 가까운 3개 기상관측소(기상청 설치 또는 기상청이 인증하고 실시간 관측 자료를 확인할 수 있는 관측소)에 나타난 측정자료 중 가장 큰 수치의 자료가 5cm 이상인 상태

집중호우	• 기상청에서 호우에 대한 특보(호우주의보, 호우경보)를 발령한 때 해당 지역의 비 또는 해당 지역에서 가장 가까운 3개소의 기상관측장비(기상청 설치 또는 기상청이 인증하고 실시간 관측 자료를 확인할 수 있는 관측소)로 측정한 24시간 누적 강수량이 80mm이상인 강우상태
침수	• 태풍, 집중호우 등으로 인하여 인삼 농지에 다량의 물(고랑 바닥으로부터 침수 높이 최소 15cm 이상)이 유입되어 상면에 물이 잠긴 상태
우박	• 적란운과 봉우리 적운 속에서 성장하는 얼음알갱이나 얼음덩이가 내려 발생하는 피해
냉해	• 출아 및 전엽기(4~5월) 중에 해당 지역에 가장 가까운 3개소의 기상관측장비(기상청 설치 또는 기상청이 인증하고 실시간 관측 자료를 확인할 수 있는 관측소)에서 측정한 최저기온 0.5℃ 이하의 찬 기온으로 인하여 발생하는 피해를 말하며, 육안으로 판별 가능한 냉해 증상이 있는 경우에 피해를 인정 - 출아 : 싹이 나오는 것 - 전엽기 : 잎기 자라는 기간
폭염	• 해당 지역에 최고기온 30℃ 이상이 7일 이상 지속되는 상태를 말하며, 잎에 육안으로 판별 가능한 타들어간 증상이 50% 이상 있는 경우에 인정
화재	• 화재로 인하여 발생하는 피해

2) 인삼 해가림시설

자연재해	태풍피해, 우박피해, 호우피해, 강풍피해, 조해(潮害), 설해, 폭염, 기타 자연재해
조수해(鳥獸害)	새나 짐승으로 인하여 발생하는 손해
화재	화재로 인하여 발생하는 피해

2 보상하지 않는 손해

(1) 종합위험 수확감소보장방식 : 마늘, 양파, 양배추, 고구마, 감자(고랭지재배, 봄재배, 가을재배), 콩, 팥, 차(茶), 옥수수(사료용 옥수수)

- 계약자, 피보험자 또는 이들의 법정대리인의 고의 또는 중대한 과실로 인한 손해
- 수확기에 계약자 또는 피보험자의 고의 또는 중대한 과실로 수확하지 못하여 발생한 손해
- 제초작업, 시비관리 등 통상적인 영농활동을 하지 않아 발생한 손해
- 원인의 직접·간접을 묻지 않고 병해충으로 발생한 손해(다만, 감자 품목은 제외)
- 보상하지 않는 재해로 제방, 댐 등이 붕괴되어 발생한 손해
- 하우스, 부대시설 등의 노후 및 하자로 생긴 손해
- 계약체결 시점(계약체결 이후 파종 또는 정식시, 파종 또는 정식 시점) 현재 기상청에서 발령하고 있는 기상특보 발령 지역의 기상특보 관련 재해로 인한 손해
- 보상하는 재해에 해당하지 않은 재해로 발생한 손해
- 저장성 약화 또는 저장, 건조 및 유통 과정 중에 나타나거나 확인된 손해 저장3
- 전쟁, 혁명, 내란, 사변, 폭동, 소요, 노동쟁의, 기타 이들과 유사한 사태로 생긴 손해

(2) 종합위험 생산비보장방식 : 고추, 브로콜리, 무(고랭지무, 월동무), 당근, 배추(고랭지배추, 월동배추, 가을배추), 메밀, 단호박, 시금치(노지), 파(대파, 쪽파·실파), 양상추

- 계약자, 피보험자 또는 이들의 법정대리인의 고의 또는 중대한 과실로 인한 손해
- 수확기에 계약자 또는 피보험자의 고의 또는 중대한 과실로 수확하지 못하여 발생한 손해
- 제초작업, 시비관리 등 통상적인 영농활동을 하지 않아 발생한 손해
- 원인의 직접·간접을 묻지 않고 병해충으로 발생한 손해(다만, 감자 품목은 제외)
- 보상하지 않는 재해로 제방, 댐 등이 붕괴되어 발생한 손해
- 하우스, 부대시설 등의 노후 및 하자로 생긴 손해
- 계약체결 시점(계약체결 이후 파종 또는 정식시, 파종 또는 정식 시점) 현재 기상청에서 발령하고 있는 기상특보 발령 지역의 기상특보 관련 재해로 인한 손해
- 보상하는 재해에 해당하지 않은 재해로 발생한 손해
- 전쟁, 혁명, 내란, 사변, 폭동, 소요, 노동쟁의, 기타 이들과 유사한 사태로 생긴 손해

(3) 작물특정 및 시설종합위험 인삼손해보장방식 : 인삼

1) 인삼

- 계약자, 피보험자 또는 이들의 법정대리인의 고의 또는 중대한 과실로 인한 손해
- 수확기에 계약자 또는 피보험자의 고의 또는 중대한 과실로 수확하지 못하여 발생한 손해
- 제초작업, 시비관리 등 통상적인 영농활동을 하지 않아 발생한 손해
- 원인의 직접·간접을 묻지 않고 병해충으로 발생한 손해
- 연작장해, 염류장해 등 생육 장해로 인한 손해
- 보상하지 않는 재해로 제방, 댐 등이 붕괴되어 발생한 손해
- 해가림 시설 등의 노후 및 하자로 생긴 손해
- 계약체결 시점 현재 기상청에서 발령하고 있는 기상특보 발령 지역의 기상특보 관련 재해로 인한 손해
- 보상하는 재해에 해당하지 않은 재해로 발생한 손해
- 전쟁, 혁명, 내란, 사변, 폭동, 소요, 노동쟁의, 기타 이들과 유사한 사태로 생긴 손해

2) 해가림시설

- 계약자, 피보험자 또는 이들의 법정대리인의 고의 또는 중대한 과실로 인한 손해
- 보상하는 재해가 발생했을 때 생긴 도난 또는 분실로 생긴 손해
- 보험의 목적의 노후 및 하자로 생긴 손해
- 보상하지 않는 재해로 제방, 댐 등이 붕괴되어 발생한 손해
- 침식 활동 및 지하수로 인한 손해
- 계약체결 시점 현재 기상청에서 발령하고 있는 기상특보 발령 지역의 기상 특보 관련 재해로 인한 손해
- 보상하는 재해에 해당하지 않은 재해로 발생한 손해
- 보험의 목적의 발효, 자연 발열·발화로 생긴 손해. 그러나, 자연 발열 또는 발화로 연소된 다른 보험의 목적에 생긴 손해는 보상
- 화재로 기인되지 않은 수도관, 수관 또는 수압기 등의 파열로 생긴 손해
- 발전기, 여자기(정류기 포함), 변류기, 변압기, 전압조정기, 축전기, 개폐기, 차단기, 피뢰기, 배전반 및 그 밖의 전기기기 또는 장치의 전기적 사고로 생긴 손해. 그러나 그 결과로 생긴 화재손해는 보상
- 원인의 직접·간접을 묻지 않고 지진, 분화 또는 전쟁, 혁명, 내란, 사변, 폭동, 소요, 노동쟁의, 기타 이들과 유사한 사태로 생긴 화재 및 연소 또는 그 밖의 손해
- 핵연료 물질 또는 핵연료 물질에 의하여 오염된 물질의 방사성, 폭발성 그 밖의 유해한 특성 또는 이들의 특성에 의한 사고로 인한 손해

- 이외의 방사선을 쬐는 것 또는 방사능 오염으로 인한 손해
- 국가 및 지방자치단체의 명령에 의한 재산의 소각 및 이와 유사한 손해

3 보험기간

(1) **종합위험 수확감소보장방식** : 마늘, 양파, 양배추, 고구마, 감자(고랭지재배, 봄재배, 가을재배), 콩, 팥, 차(茶), 옥수수(사료용 옥수수)

보장	보험의 목적	보험기간	
		보장개시	보장종료
종합위험 재파종보장	마늘	계약체결일 24시 다만, 조기파종 보장특약 가입시 해당 특약 보장종료 시점	판매개시연도 10월 31일
조기파종보장 (특약)	마늘 (남도종)	계약체결일 24시	한지형마늘 보험상품최초판매개시일 24시
종합위험 재정식보장	양배추	정식완료일 24시 다만, 보험계약시 정식완료일이 경과한 경우에는 계약체결일 24시이며 정식 완료일은 판매개시연도 9월 30일을 초과할 수 없음	재정식 완료일 다만, 판매개시연도 10월 15일을 초과할 수 없음

<table>
<tr><th rowspan="2">보장</th><th rowspan="2">보험의
목적</th><th colspan="2">보험기간</th></tr>
<tr><th>보장개시</th><th>보장종료</th></tr>
<tr><td rowspan="6">종합위험
경작불능보장</td><td>마늘</td><td>계약체결일 24시
다만, 조기파종 보장특약 가입시
해당 특약 보장종료 시점</td><td>수확개시 시점</td></tr>
<tr><td>콩, 팥</td><td rowspan="2">계약체결일 24시</td><td>종실비대기 전</td></tr>
<tr><td>양파, 감자
(고랭지재배),
고구마,
옥수수,
사료용
옥수수</td><td>수확개시 시점
다만, 사료용 옥수수는 판매개시연도
8월 31일을
초과할 수 없음</td></tr>
<tr><td>감자
(봄재배,
가을재배)</td><td>파종완료일 24시
다만, 보험계약시 파종완료일이
경과한 경우에는 계약체결일 24시</td><td>수확개시 시점</td></tr>
<tr><td>양배추</td><td>정식완료일 24시
다만, 보험계약시 정식완료일이
경과한 경우에는 계약체결일
24시이며 정식 완료일은 판매개시
연도 9월 30일을 초과할 수 없음</td><td>수확개시 시점</td></tr>
</table>

<table>
<tr><th rowspan="2">보장</th><th rowspan="2">보험의 목적</th><th colspan="2">보험기간</th></tr>
<tr><th>보장개시</th><th>보장종료</th></tr>
<tr><td rowspan="5">종합위험
수확감소
보장</td><td>마늘, 양파,
감자(고랭지
재배),
고구마,
옥수수,
콩, 팥</td><td>계약체결일 24시
다만, 마늘의 경우
조기파종보장 특약
가입 시 해당 특약
보장종료 시점</td><td>수확기종료 시점
단, 아래 날짜를 초과할 수 없음
- 마늘 : 이듬해 6월 30일
- 양파 : 이듬해 6월 30일
- 감자(고랭지재배) : 판매개시
연도 10월 31일
- 고구마 : 판매개시연도 10월
31일
- 옥수수 : 판매개시연도 9월 30일
- 콩 : 판매개시연도 11월 30일
- 팥 : 판매개시연도 11월 13일</td></tr>
<tr><td>감자
(봄재배)</td><td rowspan="2">파종완료일 24시
다만, 보험계약 시
파종완료일이 경과한
경우에는
계약체결일 24시</td><td>수확기종료 시점
다만, 판매개시연도 7월 31일을
초과할 수 없음</td></tr>
<tr><td>감자
(가을재배)</td><td>수확기종료 시점
다만, 제주는 판매개시연도
12월 15일, 제주 이외는 판매
개시연도 11월 30일을
초과할 수 없음</td></tr>
<tr><td>양배추</td><td>정식완료일 24시
다만, 보험계약 시
정식완료일이 경과한
경우에는 계약체결일
24시이며 정식 완료
일은 판매개시연도
9월 30일을
초과할 수 없음</td><td>수확기종료 시점
다만, 아래의 날짜를 초과할 수
없음
- 극조생, 조생 : 이듬해 2월 28일
- 중생 : 이듬해 3월 15일
- 만생 : 이듬해 3월 31일</td></tr>
<tr><td>차(茶)</td><td>계약체결일 24시</td><td>햇차 수확종료 시점
다만, 이듬해 5월 10일을
초과할 수 없음</td></tr>
</table>

※ "판매개시연도"는 해당 품목 판매개시일이 속하는 연도를 말하며, "이듬해"는 판매개시연도의 다음 연도를 말한다.

(2) **종합위험 생산비보장방식** : 고추, 브로콜리, 무(고랭지무, 월동무), 당근, 배추(고랭지배추, 월동배추, 가을배추), 메밀, 단호박, 시금치(노지), 파(대파, 쪽파·실파), 양상추

<table>
<tr><th rowspan="2">보장</th><th rowspan="2">보험의 목적</th><th colspan="2">보험기간</th></tr>
<tr><th>보장개시</th><th>보장종료</th></tr>
<tr><td rowspan="8">종합위험
생산비보장</td><td>고추</td><td>계약체결일 24시</td><td>정식일부터 150일째
되는 날 24시</td></tr>
<tr><td>고랭지무</td><td rowspan="7">파종완료일 24시
다만, 보험계약 시 파종완료일이 경과한 경우에는 계약체결일 24시 단, 파종완료일은 아래의 일자를 초과할 수 없음
- 고랭지무 : 판매개시연도 7월 31일
- 월동무 : 판매개시연도 10월 15일
- 당근 : 판매개시연도 8월 31일
- 쪽파(실파)[1·2형] : 판매개시 연도 10월 15일
- 시금치(노지) : 판매개시연도 10월 31일
- 메밀 : 판매개시연도 9월 15일</td><td>파종일부터 80일째
되는 날 24시</td></tr>
<tr><td>월동무</td><td>최초 수확 직전
다만, 이듬해 3월 31일을 초과할 수 없음</td></tr>
<tr><td>당근</td><td>최초 수확 직전
다만, 이듬해 2월 29일을 초과할 수 없음</td></tr>
<tr><td>쪽파(실파)
[1형]</td><td>최초 수확 직전
다만, 판매개시 연도 12월 31일을 초과할 수 없음</td></tr>
<tr><td>쪽파(실파)
[2형]</td><td>최초 수확 직전
다만, 이듬해 5월 31일을 초과할 수 없음</td></tr>
<tr><td>시금치
(노지)</td><td>최초 수확 직전
다만, 이듬해 1월 15일을 초과할 수 없음</td></tr>
<tr><td>메밀</td><td>최초 수확 직전
다만, 판매개시연도 11월 20일을 초과할 수 없음</td></tr>
</table>

<table>
<tr><th rowspan="2">보장</th><th rowspan="2">보험의 목적</th><th colspan="2">보험기간</th></tr>
<tr><th>보장개시</th><th>보장종료</th></tr>
<tr><td rowspan="7">종합위험
생산비보장</td><td>고랭지
배추</td><td rowspan="7">정식완료일 24시
다만, 보험계약 시 정식완료일이 경과한 경우에는 계약체결일 24시 단, 정식완료일은 아래의 일자를 초과할 수 없음
- 고랭지배추 : 판매개시연도 7월 31일
- 가을배추 : 판매개시연도 9월 10일
- 월동배추 : 판매개시연도 9월 25일
- 대파 : 판매개시연도 5월 20일
- 단호박 : 판매개시연도 5월 29일
- 브로콜리 : 판매개시연도 9월 30일
- 양상추 : 판매개시연도 8월 31일</td><td>정식일부터 70일째 되는 날 24시</td></tr>
<tr><td>가을배추</td><td>정식일부터 110일째 되는 날 24시
다만, 판매개시 연도 12월 15일을 초과할 수 없음</td></tr>
<tr><td>월동배추</td><td>최초 수확 직전
다만, 이듬해 3월 31일을 초과할 수 없음</td></tr>
<tr><td>대파</td><td>정식일부터 200일째 되는 날 24시</td></tr>
<tr><td>단호박</td><td>정식일부터 90일째 되는 날 24시</td></tr>
<tr><td>브로콜리</td><td>정식일로부터 160일이 되는 날 24시</td></tr>
<tr><td>양상추</td><td>정식일부터 70일째 되는날 24시
다만, 판매개시연도 11월 10일을 초과할 수 없음</td></tr>
</table>

<table>
<tr><th rowspan="2">보장</th><th rowspan="2">보험의 목적</th><th colspan="2">보험기간</th></tr>
<tr><th>보장개시</th><th>보장종료</th></tr>
<tr><td rowspan="12">종합위험
경작불능보장</td><td>고랭지무</td><td rowspan="6">파종완료일 24시
다만, 보험계약시 파종완료일이 경과한 경우에는 계약체결일 24시
단, 파종완료일은 아래의 일자를 초과할 수 없음
- 고랭지무 : 판매개시연도 7월 31일
- 월동무 : 판매개시연도 10월 15일
- 당근 : 판매개시연도 8월 31일
- 쪽파(실파)[1·2형] : 판매개시연도 10월 15일
- 시금치(노지) : 판매개시연도 10월 31일
- 메밀 : 판매개시연도 9월 15일</td><td rowspan="12">최초 수확 직전
다만, 종합위험생산비 보장에서 정하는 보장종료일을 초과할 수 없음</td></tr>
<tr><td>월동무</td></tr>
<tr><td>당근</td></tr>
<tr><td>쪽파(실파)
[1형,2형]</td></tr>
<tr><td>시금치
(노지)</td></tr>
<tr><td>메밀</td></tr>
<tr><td>고랭지배추</td><td rowspan="6">정식완료일 24시
다만, 보험계약시 정식완료일이 경과한 경우에는 계약체결일 24시
단, 정식완료일은 아래의 일자를 초과할 수 없음
- 고랭지배추 : 판매개시연도 7월 31일
- 가을배추 : 판매개시연도 9월 10일
- 월동배추 : 판매개시연도 9월 25일
- 대파 : 판매개시연도 5월 20일
- 단호박 : 판매개시연도 5월 29일
- 양상추 : 판매개시연도 8월 31일</td></tr>
<tr><td>가을배추</td></tr>
<tr><td>월동배추</td></tr>
<tr><td>대파</td></tr>
<tr><td>단호박</td></tr>
<tr><td>양상추</td></tr>
</table>

<table>
<tr><th rowspan="2">보장</th><th rowspan="2">보험의
목적</th><th colspan="2">보험기간</th></tr>
<tr><th>보장개시</th><th>보장종료</th></tr>
<tr><td rowspan="4">종합위험
재파종보장</td><td>메밀</td><td rowspan="4">파종완료일 24시
다만, 보험계약 시 파종완료일이 경과한 경우에는 계약체결일 24시 단, 파종완료일은 아래의 일자를 초과할 수 없음
- 메밀 : 판매개시연도 9월 15일
- 시금치(노지) : 판매개시연도 10월 31일
- 월동무 : 판매개시연도 10월 15일
- 쪽파(실파)[1·2형] : 판매개시연도 10월 15일</td><td rowspan="4">재파종완료일
다만, 아래의 일자를 초과할 수 없음
- 메밀 : 판매개시연도 9월 25일
- 시금치(노지) : 판매개시연도 11월 10일
- 월동무 : 판매개시연도 10월 25일
- 쪽파(실파)[1·2형] : 판매개시연도 10월 25일</td></tr>
<tr><td>시금치</td></tr>
<tr><td>월동무</td></tr>
<tr><td>쪽파(실파)
[1·2형]</td></tr>
<tr><td rowspan="4">종합위험
재정식보장</td><td>월동배추</td><td rowspan="4">정식완료일 24시
다만, 보험계약 시 정식완료일이 경과한 경우에는 계약체결일 24시 단, 정식완료일은 아래의 일자를 초과할 수 없음
- 월동배추 : 판매개시연도 9월 25일
- 가을배추 : 판매개시연도 9월 10일
- 브로콜리 : 판매개시연도 9월 30일
- 양상추 : 판매개시연도 8월 31일</td><td rowspan="4">재정식완료일
다만, 아래의 일자를 초과할 수 없음
- 월동배추 : 판매개시연도 10월 5일
- 가을배추 : 판매개시연도 9월 20일
- 브로콜리 : 판매개시연도 10월 10일
- 양상추 : 판매개시연도 9월 10일</td></tr>
<tr><td>가을배추</td></tr>
<tr><td>브로콜리</td></tr>
<tr><td>양상추</td></tr>
</table>

※ "판매개시연도"는 해당 품목 판매개시일이 속하는 연도를 말하며, "이듬해"는 판매개시연도의 다음 연도를 말한다.

(3) 작물특정 및 시설종합위험 인삼손해보장방식 : 인삼

구분		보험기간	
		보장개시	보장종료
1형	인삼	판매개시연도 5월 1일 다만, 5월 1일 이후 보험에 가입하는 경우에는 계약체결일 24시	이듬해 4월 30일 24시 다만, 6년근은 판매개시연도 10월 31일을 초과할 수 없음
	해가림시설		
2형	인삼	판매개시연도 11월 1일 다만, 11월 1일 이후 보험에 가입하는 경우에는 계약체결일 24시	이듬해 10월 31일 24시
	해가림시설		

※ "판매개시연도"는 해당 품목 판매개시일이 속하는 연도를 말하며, "이듬해"는 판매개시연도의 다음 연도를 말한다.

4 보험가입금액

(1) 종합위험 수확감소보장방식 : 마늘, 양파, 양배추, 고구마, 감자(고랭지재배, 봄재배, 가을재배), 콩, 팥, 차(茶), 옥수수(사료용 옥수수)

> 보험가입금액 = 가입수확량 × 기준가격 (천 원 단위 절사)
> 사료용 옥수수 보험가입금액 = 가입면적 × 보장생산비 (천 원 단위 절사)

(2) 종합위험 생산비보장방식 : 고추, 브로콜리, 무(고랭지무, 월동무), 당근, 배추(고랭지배추, 월동배추, 가을배추), 메밀, 단호박, 시금치(노지), 파(대파, 쪽파·실파), 양상추

> 보험가입금액 = 보험가입면적 × (단위면적당)보장생산비 (천 원 단위 절사)

※ 고추, 브로콜리의 경우, 보험가입금액에서 보상액을 뺀 잔액을 손해가 생긴 후의 나머지 보험기간에 대한 보험가입금액으로 하는 잔존보험가입금액 개념을 사용한다.

(3) 작물특정 및 시설종합위험 인삼손해보장방식 – 인삼작물

> 보험가입금액 = 연근별 (보상)가액 × 재배면적(m^2) (천 원 단위 절사)

※ 인삼의 가액은 농협 통계 및 농촌진흥청 자료를 기초로 연근별 투입되는 평균 누적생산비를 고려하여 연근별로 차등 설정한다.

〈연근별 (보상)가액〉

구분	2년근	3년근	4년근	5년근	6년근
인삼	10,200원	11,600원	13,400원	15,000원	17,600원

※ 보험가입연도의 연근 + 1년 적용하여 가입금액 산정

(4) 작물특정 및 시설종합위험 인삼손해보장방식 - 해가림시설

보험가입금액 = 재조달가액 × (1 − 감가상각율) (천 원 단위 미만 절사)

1) 보험가입금액 산정을 위한 감가상각

가) 해가림시설 설치시기와 감가상각방법

- 계약자에게 설치시기를 고지 받아 해당일자를 기초로 감가상각 하되, 최초 설치시기를 특정하기 어려운 때에는 인삼의 정식시기와 동일한 시기로 한다.
- 해가림시설 구조체를 재사용하여 설치를 하는 경우에는 해당 구조체의 최초 설치시기를 기초로 감가상각하며, 최초 설치시기를 알 수 없는 경우에는 해당 구조체의 최초 구입시기를 기준으로 감가상각한다.

나) 해가림시설 설치재료에 따른 감가상각방법

- 동일한 재료(목재 또는 철재)로 설치하였으나 설치시기 경과년수가 각기 다른 해가림시설 구조체가 상존하는 경우, 가장 넓게 분포하는 해가림시설 구조체의 설치시기를 동일하게 적용한다.
- 1개의 농지 내 감가상각률이 상이한 재료(목재+철재)로 해가림시설을 설치한 경우, 재료별로 설치구획이 나뉘어 있는 경우에만 인수 가능하며, 각각의 면적만큼 구분하여 가입한다.

다) 경년감가율 적용시점과 연단위 감가상각

- 감가상각은 보험가입시점을 기준으로 적용하며, 보험가입금액은 보험기간 동안 동일하다.
- 연 단위 감가상각을 적용하며 경과기간이 1년 미만은 미적용한다.

  - 시설연도 : 2021년 5월
  - 가입시기 : 2022년 11월일 때
  - 경과기간 : 1년 6개월 → 경과기간 1년 적용

• 잔가율 : 잔가율 20%와 자체 유형별 내용연수를 기준으로 경년감가율 산출 및 내용연수가 경과한 경우라도 현재 정상 사용 중인 시설의 경제성을 고려하여 잔가율을 최대 30%로 수정할 수 있다.

유형	내용연수	경년감가율
목재	6년	13.33%
철재	18년	4.44%

라) 재조달가액 : 단위면적($1m^2$)당 시설비에 재배면적(m^2)을 곱하여 산출한다.

유형	시설비(원)/m^2
07-철인-A형	7,200
07-철인-A-1형	6,600
07-철인-A-2형	6,000
07-철인-A-3형	5,100
13-철인-W	9,500
목재A형	5,900
목재A-1형	5,500
목재A-2형	5,000
목재A-3형	4,600
목재A-4형	4,100
목재B형	6,000
목재B-1형	5,600
목재B-2형	5,200
목재B-3형	4,100
목재B-4형	4,100
목재C형	5,500
목재C-1형	5,100
목재C-2형	4,700

유형	시설비(원)/m²
목재C-3형	4,300
목재C-4형	3,800

5 보험료

(1) 보험료의 구성

영업보험료 = 순보험료 + 부가보험료

순보험료	지급보험금의 재원이 되는 보험료
부가보험료	보험회사의 경비 등으로 사용되는 보험료
정부보조보험료	순보험료의 50%와 부가보험료의 100%를 지원한다.
지자체지원보험료	지자체별로 지원금액(비율)을 결정한다.

(2) 보험료의 산출

1) 종합위험 수확감소보장방식 : 마늘, 양파, 양배추, 고구마, 감자(고랭지재배, 봄재배, 가을재배), 콩, 팥, 차(茶), 옥수수(사료용 옥수수)

〈수확감소보장 보통약관 적용보험료〉
보통약관 보험가입금액 × 지역별 보통약관 영업요율 × (1 ± 손해율에 따른 할인·할증률) × (1 − 방재시설할인율)

※ 감자(고랭지), 고구마, 팥, 차 품목의 경우 방재시설할인율 미적용
※ 손해율에 따른 할인·할증은 계약자를 기준으로 판단
※ 손해율에 따른 할인·할증폭은 −30% ~ +50%로 제한

2) 종합위험 생산비보장방식 : 고추, 브로콜리, 무(고랭지무, 월동무), 당근, 배추(고랭지배추, 월동배추, 가을배추), 메밀, 단호박, 시금치(노지), 파(대파, 쪽파·실파), 양상추

〈생산비보장 보통약관 적용보험료〉
보통약관 보험가입금액 × 지역별 보통약관 영업요율 × (1 ± 손해율에 따른 할인·할증률) × (1 − 방재시설할인율)

※ 방재시설 할인은 고추, 브로콜리 품목에만 해당
※ 손해율에 따른 할인·할증은 계약자를 기준으로 판단
※ 손해율에 따른 할인·할증폭은 −30% ~ +50%로 제한

3) 작물특정 및 시설종합위험 인삼손해보장방식 : 인삼

가) 작물 특정위험보장 보통약관 적용보험료

보통약관 보험가입금액 × 지역별 보통약관 영업요율 × (1 ± 손해율에 따른 할인·할증률 − 전년도 무사고할인) × (1 − 방재시설할인율)

나) 해가림시설 종합위험보장 보통약관 적용보험료

보통약관 보험가입금액 × 지역별 보통약관 영업요율 × (1 − 인삼 6년근 해가림시설 할인율)

※ 손해율에 따른 할인·할증은 계약자를 기준으로 판단
※ 손해율에 따른 할인·할증폭은 −30% ~ +50%로 제한
※ 인삼 6년근 재배 해가림시설에 한하여 10% 할인율 적용

〈보험요율의 차등〉

종구분	상세	요율 상대도
2종	허용적설심 및 허용풍속이 지역별 내재해형 설계기준 120% 이상인 인삼재배시설	0.9
3종	허용적설심 및 허용풍속이 지역별 내재해형 설계기준 100% 이상 ~ 120% 미만인 인삼재배시설	1.0
4종	허용적설심 및 허용풍속이 지역별 내재해 설계기준 100% 미만이면서, 허용적설심 7.9cm 이상이고, 허용풍속이 10.5m/s 이상인 인삼재배시설	1.1
5종	허용적설심 7.9cm 미만이거나, 허용풍속이 10.5m/s 미만인 인삼 재배시설	1.2

(3) 보험료의 환급

① 이 계약이 무효, 효력상실 또는 해지된 때에는 다음과 같이 보험료를 반환한다. 다만, 보험기간 중 작물에 보험사고가 발생하고 보험금이 지급되어 보험가입금액이 감

액된 경우에는 감액된 보험가입금액을 기준으로 환급금을 계산하여 돌려준다. 해가림시설에 보험사고가 발생하고 보험가입금액 미만으로 보험금이 지급된 경우에는 보험가입금액이 감액되지 아니하므로 감액하지 않은 보험가입금액을 기준으로 환급금을 계산하여 돌려준다.

계약자 또는 피보험자의 책임 없는 사유에 의하는 경우	• 무효의 경우에는 납입한 계약자부담보험료의 전액, 효력상실 또는 해지의 경우에는 해당 월 미경과비율에 따라 아래와 같이 '환급보험료'를 계산한다. 환급보험료 = 계약자부담보험료 × 미경과비율 ※ 계약자부담보험료는 최종 보험가입금액 기준으로 산출한 보험료 중 계약자가 부담한 금액
계약자 또는 피보험자의 책임 있는 사유에 의하는 경우	• 계산한 해당 월 미경과비율에 따른 환급보험료. 다만 계약자, 피보험자의 고의 또는 중대한 과실로 무효가 된 때에는 보험료를 반환하지 않는다.

② 계약자 또는 피보험자의 책임 있는 사유라 함은 다음 각 호를 말한다.

- 계약자 또는 피보험자가 임의해지하는 경우
- 사기에 의한 계약, 계약의 해지(계약자 또는 피보험자의 고의로 손해가 발생한 경우나, 고지의무·통지의무 등을 해태한 경우의 해지를 말한다.) 또는 중대사유로 인한 해지에 따라 계약을 취소 또는 해지하는 경우
- 보험료 미납으로 인한 계약의 효력상실

③ 계약의 무효, 효력상실 또는 해지로 인하여 반환해야 할 보험료가 있을 때에는 계약자는 환급금을 청구하여야 하며, 청구일의 다음 날부터 지급일까지의 기간에 대하여 '보험개발원이 공시하는 보험계약대출이율'을 연단위 복리로 계산한 금액을 더하여 지급한다.

6 보험금

(1) 종합위험 수확감소보장방식 : 마늘, 양파, 양배추, 고구마, 감자(고랭지재배, 봄재배, 가을재배), 콩, 팥, 차(茶), 옥수수(사료용 옥수수)

보장	보험의 목적	보험금 지급사유	보험금 계산(지급금액)
종합위험 경작불능 보장 (보통약관)	마늘, 양파, 감자(고랭지, 봄, 가을), 고구마, ~~옥수수~~, 양배추, ~~사료용 옥수수~~, 콩, 팥	보상하는 재해로 식물체 피해율이 65% 이상이고 계약자가 경작불능 보험금을 신청한 경우	보험가입금액 × 일정비율 ※ 일정비율은 자기부담비율에 따른 특정비율 단, ~~사료용 옥수수~~의 경우, 보험가입금액 × 보장비율 × 경과비율
종합위험 수확감소 보장 (보통약관)	마늘, 양파, 고구마, 양배추, 콩, 팥, 차(茶)	보상하는 재해로 피해율이 자기부담비율을 초과하는 경우	보험가입금액 × (피해율 − 자기부담비율) ※ 피해율 = (평년수확량 − 수확량 − 미보상감수량) ÷ 평년수확량
	감자 (고랭지, 봄, 가을)	보상하는 재해로 피해율이 자기부담비율을 초과하는 경우	보험가입금액 × (피해율 − 자기부담비율) ※ 피해율 = {(평년수확량 − 수확량 − 미보상감수량) + 병충해감수량} ÷ 평년수확량
	~~옥수수~~	보상하는 재해로 손해액이 자기부담금을 초과하는 경우	Min(보험가입금액, 손해액) − 자기부담금 ※ 손해액 = 피해수확량 × 가입가격 ※ 자기부담금 = 보험가입금액 × 자기부담비율

① 보상하는 재해는 자연재해·조수해·화재로 발생하는 피해를 말한다. 다만, 감자(고랭지재배, 가을재배, 봄재배) 는 병충해로 발생하는 피해를 포함한다.

② 마늘의 수확량 조사 시 최대 지름이 품종별 일정 기준(한지형 2cm, 난지형 3.5cm) 미만인 마늘의 경우에 한하여 80%, 100% 피해로 구분한다. 80% 피해형은 해당 마늘의 피해 무게를 80%로 인정하고, 100% 피해형은 해당 마늘의 피해 무게를 100% 인정한다.

③ 양파의 수확량 조사 시 최대 지름이 6cm 미만인 양파의 경우에 한하여 80%, 100% 피해로 구분한다. 80% 피해형은 해당 양파의 피해 무게를 80%로 인정하고, 100% 피해형은 해당 양파의 피해 무게를 100% 인정한다.

④ 양배추의 수확량 조사 시 80% 피해 양배추, 100% 피해 양배추로 구분한다. 80% 피해형은 해당 양배추의 피해 무게를 80% 인정하고, 100% 피해형은 해당 양배추 피해 무게를 100% 인정한다.

⑤ 고구마의 수확량 조사 시 품질에 따라 50%, 80%, 100% 피해로 구분한다. 50% 피해형은 피해를 50% 인정하고, 80% 피해형은 피해를 80%, 100% 피해형은 피해를 100% 인정한다.

⑥ 감자(고랭지·봄·가을)의 수확량 조사 시 감자 최대 지름이 5cm 미만이거나 50% 피해형에 해당하는 경우 해당 감자의 무게는 50%만 피해로 인정한다.

50% 피해형	보상하는 재해로 일반시장에 출하할 때 정상작물에 비해 50% 정도의 가격하락이 예상되는 작물
80% 피해형	보상하는 재해로 인해 피해가 발생하여 일반시장 출하가 불가능하나, 가공용으로는 공급될 수 있는 작물을 말하며, 가공공장 공급 및 판매 여부와는 무관하다.
100% 피해형	보상하는 재해로 인해 피해가 발생하여 일반시장 출하가 불가능하고 가공용으로도 공급될 수 없는 작물을 말한다.

⑦ 경작불능보험금은 보험목적물이 산지폐기 된 것을 확인 후 지급되며, 지급된 때에는 그 손해보상의 원인이 생긴 때로부터 해당 농지에 대한 보험계약은 소멸한다.

⑧ 경작불능보험금 지급비율(사료용 옥수수, 양배추 제외)

〈자기부담비율에 따른 경작불능보험금〉

자기부담비율	경작불능보험금
10%형	보험가입금액의 45%
15%형	보험가입금액의 42%
20%형	보험가입금액의 40%
30%형	보험가입금액의 35%
40%형	보험가입금액의 30%

⑨ 경작불능보험금 지급비율(양배추)

〈자기부담비율에 따른 경작불능보험금〉

자기부담비율	경작불능보험금
10%형	-
15%형	보험가입금액의 42%
20%형	보험가입금액의 40%
30%형	보험가입금액의 35%
40%형	보험가입금액의 30%

⑩ 경작불능보험금 지급비율 (사료용 옥수수) : 보장비율은 경작불능보험금 산정에 기초가 되는 비율로 보험가입을 할 때 계약자가 선택한 비율로 하며, 경과비율은 사고발생일이 속한 월에 따라 계산한다.

〈계약자 선택에 따른 보장비율 표〉

구분 \ 보장비율	45%형	42%형	40%형	35%형	30%형
사료용 옥수수	45%	42%	40%	35%	30%

〈사고발생일이 속한 월에 따른 경과비율 표〉

월별	5월	6월	7월	8월
경과비율	80%	80%	90%	100%

⑪ 식물체 피해율 : 식물체가 고사한 면적을 보험가입면적으로 나누어 산출한다.

보충자료

1 감자의 병충해감수량 계산

병충해감수량 = 병충해 입은 괴경의 무게 × 손해정도비율 × 인정비율

〈손해정도에 따른 손해정도 비율〉

품목	손해정도	손해정도 비율
감자 (봄재배, 가을배재, 고랭지재배)	1 ~ 20%	20%
	21 ~ 40%	40%
	41 ~ 60%	60%
	61 ~ 80%	80%
	81 ~ 100%	100%

〈감자 병충해 등급별 인정비율〉

급수	종류	인정비율
1급	역병, 갈쭉병, 모자이크병, 무름병, 둘레썩음병, 가루더뎅이병, 잎말림병, 감자뿔나방	90%
2급	홍색부패병, 시들음병, 마른썩음병, 풋마름병, 줄기검은병, 더뎅이병, 균핵병, 검은무늬썩음병, 줄기기부썩음병, 진딧물류, 아메리카잎굴파리, 방아벌레류	70%
3급	반쭉시들음병, 흰비단병, 잿빛곰팡이병, 탄저병, 겹둥근무늬병, 오이총채벌레, 뿌리혹선충, 파밤나방, 큰28점박이무당벌레, 기타	50%

2 옥수수의 피해수확량

옥수수의 피해수확량은 피해주수에 표준중량을 곱하여 산출하되 재식시기 및 재식밀도를 감안한 값으로 한다.

표본구간 피해수확량 합계 = (표본구간 "하"품 이하 옥수수 개수 + "중"품 옥수수 개수 × 0.5) × 표준중량 × 재식시기지수 × 재식밀도지수

※ 피해주수 조사 시, 하나의 주(株)에서 가장 착립장(알달림 길이)이 긴 옥수수를 기준으로 산정한다.

※ 미보상 감수량은 피해수확량 산정시 포함하지 않는다.

(2) 종합위험 재파종·조기파종·재정식보장

보장	보험의 목적	보험금 지급사유	보험금 계산(지급금액)
종합위험 재파종 보장 (보통약관)	마늘	보상하는 재해로 10a당 출현주수가 30,000주보다 작고, 10a당 30,000주 이상 으로 재파종한 경우 (단, 1회 지급)	보험가입금액 × 35% × 표준출현 피해율 ※ 표준출현피해율(10a 기준) = (30,000 − 출현주수) ÷ 30,000
	무(월동), 쪽파·실파, 시금치(노지), 메밀	보상하는 재해로 면적 피해율이 자기부담비율을 초과하고 재정식한 경우 (단, 1회 지급)	보험가입금액 × 20% × 면적피해율 ※ 면적피해율 = 피해면적 ÷ 보험가입면적
조기파종 보장 (특별약관)	제주도 지역 농지에서 재배하는 남도종 마늘	**〈재파종보험금〉** 한지형 마늘 최초 판매개시일 24시 이전에 보상하는 재해로 10a당 출현주수가 30,000주 보다 작고, 10월 31일 이전 10a당 30,000주 이상으로 재파종한 경우	보험가입금액 × 25% × 표준출현 피해율 ※ 표준출현피해율(10a 기준) = (30,000 − 출현주수) ÷ 30,000
		〈경작불능보험금〉 한지형 마늘 최초 판매개시일 24시 이전에 보상하는 재해로 식물체 피해율이 65% 이상 발생한 경우	보험가입금액 × 일정비율 ※ 일정비율은 하기 〈자기부담비율에 따른 경작불능보험금〉 표 참조
		〈수확감소보험금〉 보상하는 재해로 피해율이 자기부담비율을 초과하는 경우	보험가입금액 × (피해율 − 자기부담비율) ※ 피해율 = (평년수확량 − 수확량 − 미보상감수량) ÷ 평년수확량
종합위험 재정식 보장 (보통약관)	양배추, 배추(월동·가을), 브로콜리, 양상추	보상하는 재해로 면적 피해율이 자기부담비율을 초과하고 재정식한 경우 (단, 1회 지급)	보험가입금액 × 20% × 면적피해율 ※ 면적피해율 = 피해면적 ÷ 보험가입면적

〈자기부담비율에 따른 경작불능 보험금 – 조기파종특약시〉

자기부담비율	경작불능 보험금
10%형	보험가입금액의 32%
15%형	보험가입금액의 30%
20%형	보험가입금액의 28%
30%형	보험가입금액의 25%
40%형	보험가입금액의 25%

(3) 종합위험 생산비보장방식 중 고추, 브로콜리 외 : 무(고랭지무, 월동무), 당근, 배추(고랭지배추, 월동배추, 가을배추), 메밀, 단호박, 시금치(노지), 파(대파, 쪽파·실파), 양상추

보장	보험의 목적	보험금 지급사유	보험금 계산(지급금액)
경작불능 보장 (보통약관)	메밀, 단호박, 당근, 배추(고랭지·월동·가을), 무(고랭지·월동), 시금치(노지), 파(대파, 쪽파·실파), 양상추	보상하는 재해로 식물체 피해율이 65% 이상이고, 계약자가 경작불능 보험금을 신청한 경우 (해당 농지의 계약 소멸)	보험가입금액 × 일정비율 ※ 일정비율은 자기부담비율에 따른 특정 비율
생산비보장 (보통약관)		보상하는 재해로 약관에 따라 계산한 피해율이 자기부담비율을 초과하는 경우	보험가입금액 × (피해율 − 자기부담비율)

※ 식물체 피해율 : 식물체가 고사한 면적을 보험가입면적으로 나누어 산출한다.

〈자기부담비율에 따른 경작불능 보험금〉

자기부담비율	경작불능 보험금
10%형	보험가입금액의 45%
15%형	보험가입금액의 42%
20%형	보험가입금액의 40%
30%형	보험가입금액의 35%
40%형	보험가입금액의 30%

※ 자기부담비율 10%, 15%형은 단호박, 배추(고랭지), 무(고랭지), 파(대파), 시금치만 적용한다.

(4) 종합위험 생산비보장(고추, 브로콜리)

보장	보험의 목적	보험금 지급사유	보험금 계산(지급금액)
생산비보장 (보통약관)	고추	보상하는 재해로 약관에 따라 계산한 생산비보장 보험금이 자기부담금을 초과하는 경우	❶ 병충해가 없는 경우 생산비보장보험금 = (잔존보험가입금액 × 경과비율 × 피해율) − 자기부담금 ❷ 병충해가 있는 경우 생산비보장보험금 = (잔존보험가입금액 × 경과비율 × 피해율 × 병충해 등급별 인정비율) − 자기부담금
	브로콜리		(잔존보험가입금액 × 경과비율 × 피해율) − 자기부담금

※ 보상하는 재해는 자연재해·조수해·화재로 발생하는 피해를 말한다. 다만, 고추는 병충해로 발생하는 피해를 포함한다.

※ 경과비율, 피해율 등은 보통약관 일반조항에서 규정한 손해평가요령에 따라 조사·평가하여 산정한다.

※ 자기부담금 = 잔존보험가입금액 × 보험가입을 할 때 계약자가 선택한 비율(3% 또는 5%)

1) 고추

잔존보험가입금액 = 보험가입금액 − 보상액(기발생 생산비보장보험금 합계액)

가) 경과비율

〈수확기이전에 보험사고가 발생한 경우〉

준비기생산비계수 + {(1 − 준비기생산비계수) × (생장일수 ÷ 표준생장일수)}

※ 준비기생산비계수는 52.7%로 한다.

※ 생장일수는 정식일로부터 사고발생일까지 경과일수로 한다.

※ 표준생장일수(정식일로부터 수확개시일까지 표준적인 생장일수)는 사전에 설정된 값으로 100일

※ 생장일수를 표준생장일수로 나눈 값은 1을 초과할 수 없다.

〈수확기 중에 보험사고가 발생한 경우〉

1 − (수확일수 ÷ 표준수확일수)

※ 수확일수는 수확개시일로부터 사고발생일까지 경과일수로 한다.

※ 표준수확일수는 수확개시일로부터 수확종료일까지의 일수로 한다.

나) 피해율

피해율 = 피해비율 × 손해정도비율 × (1 − 미보상비율)

※ 피해비율 : 피해면적(주수) ÷ 재배면적(주수)

〈고추 손해정도에 따른 손해정도 비율〉

손해정도	1 ~ 20%	21 ~ 40%	41 ~ 60%	61 ~ 80%	81 ~ 100%
손해정도비율	20%	40%	60%	80%	100%

〈고추 병충해 등급별 인정비율〉

등급	종류	인정 비율
1등급	역병, 풋마름병, 바이러스병, 세균성점무늬병, 탄저병	70%
2등급	잿빛곰팡이병, 시들음병, 담배가루이, 담배나방	50%
3등급	흰가루병, 균핵병, 무름병, 진딧물 및 기타	30%

2) 브로콜리

잔존보험가입금액 = 보험가입금액 − 보상액(기발생 생산비보장보험금 합계액)

가) 경과비율

〈수확기 이전에 보험사고가 발생한 경우〉

준비기생산비계수 + {(1 − 준비기생산비계수) × (생장일수 ÷ 표준생장일수)}

※ 준비기생산비계수는 49.5%로 한다.

※ 생장일수는 정식일로부터 사고발생일까지 경과일수로 한다.

※ 표준생장일수(정식일로부터 수확개시일까지 표준적인 생장일수)는 사전에 설정된 값으로 130일

※ 생장일수를 표준생장일수로 나눈 값은 1을 초과할 수 없다.

〈수확기 중에 보험사고가 발생한 경우〉

1 − (수확일수 ÷ 표준수확일수)

※ 수확일수는 수확개시일로부터 사고발생일까지 경과일수로 한다.

※ 표준수확일수는 수확개시일로부터 수확종료일까지의 일수로 한다.

나) 피해율

피해율 = 면적피해비율 × 작물피해율 × (1 − 미보상비율)

※ 피해비율 : 피해면적(m^2) ÷ 재배면적(m^2)

※ 작물피해율은 피해면적 내 피해송이 수를 총 송이 수로 나누어 산출한다.

〈브로콜리 피해정도에 따른 피해인정계수〉

구분	정상 밭작물	50%형 피해 밭작물	80%형 피해 밭작물	100%형 피해 밭작물
피해인정계수	0	0.5	0.8	1

※ 피해송이는 송이별로 피해 정도에 따라 피해인정계수를 정하며, 피해송이 수는 피해송이별 피해인정계수의 합계로 산출한다.

(5) 작물특정 및 시설종합위험 인삼손해보장

보장	보험의 목적	보험금 지급사유	보험금 계산(지급금액)
인삼손해보장 (보통약관)	인삼	보상하는 재해로 피해율이 자기부담비율을 초과하는 경우	보험가입금액 × (피해율 − 자기부담비율) ※ 피해율 = (1 − 수확량 ÷ 연근별 기준수확량) × (피해면적 ÷ 재배면적) ※ 2회 이상 보험사고 발생시 지급보험금은 기발생 지급보험금을 차감하여 계산

보장	보험의 목적	보험금 지급사유	보험금 계산(지급금액)
해가림 시설보장 (보통약관)	해가림 시설	보상하는 재해로 손해액이 자기부담금을 초과하는 경우	❶ 보험가입금액이 보험가액과 같거나 클 때 보험가입금액을 한도로 손해액에서 자기부담금을 차감한 금액. 그러나 보험가입금액이 보험가액보다 클 때에는 보험가액을 한도로 함 ❷ 보험가입금액이 보험가액보다 작을 때 보험가입금액을 한도로 비례보상 = (손해액 − 자기부담금) × (보험가입금액 ÷ 보험가액) ※ 손해액이란 그 손해가 생긴 때와 곳에서의 보험가액을 말함

7 자기부담비율

(1) 보험사고로 인하여 발생한 손해에 대하여 계약자 또는 피보험자가 부담하는 일정비율로 자기부담비율 이하의 손해는 보험금이 지급되지 않는다.

(2) **수확감소보장방식 자기부담비율** : 마늘, 양파, 감자(고랭지재배, 봄재배, 가을재배), 고구마, 옥수수(사료용 옥수수), 양배추, 콩, 팥, 차(茶)

1) 기본형(10%, 15%, 20%, 30%, 40%)
양배추의 자기부담비율은 15%, 20%, 30%, 40%

2) 수확감소보장 자기부담비율 적용 기준

10%형	최근 3년간 연속 보험가입계약자로서 3년간 수령한 보험금이 순보험료의 120% 미만인 경우에 한하여 선택 가능하다.
15%형	최근 2년간 연속 보험가입계약자으로서 2년간 수령한 보험금이 순보험료의 120% 미만인 경우에 한하여 선택 가능하다.
20%형, 30%형, 40%형	제한 없음

(3) **생산비보장방식** : 메밀, 단호박, 당근, 배추(고랭지·월동·가을), 무(고랭지·월동), 시금치(노지), 파(대파, 쪽파·실파), 양상추

보험계약시 계약자가 선택한 비율(10%, 15%, 20%, 30%, 40%)

단, 메밀, 당근, 배추(월동·가을), 무(월동), 쪽파·실파, 양상추는 20%, 30%, 40%로 한다.

(4) **생산비보장방식(고추, 브로콜리) 자기부담비율** : 잔존보험가입금액의 3% 또는 5%(보험계약시 계약자가 선택한 비율)

〈생산비보장 자기부담금 선택 기준〉

구분	내용
3%형	최근 2년 연속 가입 및 2년간 수령 보험금이 순보험료의 120% 미만인 계약자
5%형	제한 없음

8 자기부담금

(1) 해가림시설 자기부담금(1사고 단위)

10만 원 ≤ 손해액의 10% ≤ 100만 원

9 계약인수 관련 수확량

(1) 표준수확량

과거의 통계를 바탕으로 지역별 기준수량에 농지별 경작요소를 고려하여 산출한 예상 수확량이다.

(2) 평년수확량

① 농지의 기후가 평년 수준이고 비배관리 등 영농활동을 평년수준으로 실시하였을 때 기대할 수 있는 수확량을 말한다.

② 평년수확량은 자연재해가 없는 이상적인 상황에서 수확할 수 있는 수확량이 아니라 평년 수준의 재해가 있다는 점을 전제로 한다.

③ 주요 용도로는 보험가입금액의 결정 및 보험사고 발생 시 감수량 산정을 위한 기준으로 활용된다.

④ 농지(과수원) 단위로 산출하며, 가입연도 직전 5년 중 보험에 가입한 연도의 실제수확량과 표준수확량을 가입 횟수에 따라 가중평균하여 산출한다.

(3) 산출방법

산출방법은 가입이력 여부로 구분된다.

1) 과거수확량 자료가 없는 경우(신규 가입)

평년수확량 = 표준수확량(의 100%)

※ 팥의 경우 표준수확량의 70%를 평년수확량으로 결정

2) 과거수확량 자료가 있는 경우(최근 5년 이내 가입 이력 존재)

평년수확량 = { A + (B − A) × (1 − Y / 5) } × C / B

- A(과거평균수확량) = Σ과거 5년간 수확량 ÷ Y
- B(평균표준수확량) = Σ과거 5년간 표준수확량 ÷ Y
- C(표준수확량) = 가입연도 표준수확량
- Y = 과거수확량 산출연도 횟수(가입횟수)

※ 평년수확량은 보험가입연도 표준수확량의 130%를 초과할 수 없음

※ 차(茶)의 경우 상기 식에 따라 구한 기준평년수확량에 수확면적률을 곱한 값을 평년수확량으로 한다.

※ 수확면적률 : 포장면적 대비 수확면면적 비율로 산출하며, 차(茶)를 재배하지 않는 면적(고랑, 차 미식재면적 등)의 비율을 제외한 가입면적 대비 실제 수확면적의 비율

※ 옥수수, 사료용 옥수수 등 생산비보장방식 품목 제외

3) 과거수확량 산출방법

가) 수확량조사 시행한 경우

- 조사수확량 〉 평년수확량의 50% → 조사수확량
- 평년수확량의 50% ≧ 조사수확량 → 평년수확량의 50%

※ 차(茶)의 경우

환산조사수확량 〉 기준평년수확량의 50% → 환산조사수확량기준평년수확량의

50% ≧ 환산조사수확량 → 기준평년수확량의 50%

환산조사수확량 = 조사수확량 ÷ 수확면적률

나) 무사고로 수확량조사 시행하지 않은 경우

표준수확량의 1.1배와 평년수확량의 1.1배 중 큰 값을 적용한다.

※ 마늘의 경우 계약자의 책임 있는 사유로 수확량조사를 하지 않은 경우 상기 적용

※ 차(茶)의 경우 MAX(가입연도 표준수확량, 기준평년수확량) × 1.1

(4) 가입수확량

① 보험에 가입한 수확량으로 범위는 평년수확량의 50 ~ 100% 사이에서 계약자가 결정한다.

② 옥수수의 경우 80 ~ 130%에서 계약자가 결정

※ 감자(고랭지재배, 가을재배)의 경우 가입수확량을 리(동)별로 선정할 수 있다.

03 워크북으로 마무리하기

01 인삼작물의 보상하는 재해를 8가지 쓰시오.

02 인삼 해가림시설의 1사고 당 최소자기부담금과 최대자기부담금을 순서대로 쓰시오.

03 해가림시설의 설치시기에 따른 감가상각방법을 약술하시오.

04 해가림시설의 설치재료에 따른 감가상각방법을 약술하시오.

05 다음은 사료용 옥수수에 관한 내용이다. 아래 괄호에 알맞은 내용을 순서대로 쓰시오.

〈사고발생일이 속한 월에 따른 경과비율 표〉

월별	5월	6월	7월	8월
경과비율	(①)	(②)	(③)	(④)

06 다음은 마늘의 조기파종보장에 관한 내용이다. 각 물음에 답하시오.

(1) 조기파종보장특약 재파종 보험금 지급사유와 보험금 계산식을 쓰시오.

(2) 조기파종특약 시 경작불능 보험금에 관한 내용이다. 아래 괄호에 알맞은 내용을 순서대로 쓰시오.

〈자기부담비율에 따른 경작불능 보험금 – 조기파종특약 시〉

자기부담비율	경작불능 보험금
10%형	보험가입금액의 (①)
15%형	보험가입금액의 (②)
20%형	보험가입금액의 (③)
30%형	보험가입금액의 (④)
40%형	보험가입금액의 (⑤)

07 다음은 인삼 품목의 보상하는 손해에 관한 내용이다. 아래 괄호에 알맞은 내용을 순서대로 쓰시오.

태풍(강풍)	기상청에서 태풍에 대한 특보(태풍주의보, 태풍경보)를 발령한 때 해당 지역의 바람과 비 또는 (　　)의 강풍. 이때 강풍은 해당 지역에서 가장 가까운 (　　) 기상관측소(기상청 설치 또는 기상청이 인증하고 실시간 관측 자료를 확인할 수 있는 관측소)에 나타난 측정자료 중 (　　)의 자료로 판정
폭설	기상청에서 대설에 대한 특보(대설주의보, 대설경보)를 발령한 때 해당 지역의 눈 또는 (　　)이 해당 지역에서 가장 가까운 3개 기상관측소(기상청 설치 또는 기상청이 인증하고 실시간 관측 자료를 확인할 수 있는 관측소)에 나타난 측정자료 중 가장 큰 수치의 자료가 (　　)인 상태
집중호우	기상청에서 호우에 대한 특보(호우주의보, 호우경보)를 발령한 때 해당 지역의 비 또는 해당 지역에서 가장 가까운 3개소의 기상관측장비(기상청 설치 또는 기상청이 인증하고 실시간 관측 자료를 확인할 수 있는 관측소)로 측정한 (　　)인 강우상태
침수	태풍, 집중호우 등으로 인하여 인삼 농지에 다량의 물(고랑 바닥으로부터 침수 높이 (　　))이 유입되어 상면에 물이 잠긴 상태
우박	(　　)과 (　　) 속에서 성장하는 (　　)나 (　　)가 내려 발생하는 피해
냉해	(　　)(4~5월) 중에 해당 지역에 가장 가까운 3개소의 기상관측장비(기상청 설치 또는 기상청이 인증하고 실시간 관측 자료를 확인할 수 있는 관측소)에서 측정한 (　　)의 찬 기온으로 인하여 발생하는 피해를 말하며, (　　)으로 판별 가능한 (　　) 증상이 있는 경우에 피해를 인정
폭염	해당 지역에 (　　) 지속되는 상태를 말하며, 잎에 육안으로 판별 가능한 타들어간 증상이 (　　) 있는 경우에 인정
화재	화재로 인하여 발생하는 피해

08 잔존보험가입금액의 3% 또는 5%를 자기부담금으로 하는 품목을 모두 쓰시오.

09 생산비보장방식 고추 품목의 자기부담금 선택 기준을 약술하시오.

10 다음은 밭작물의 보험기간에 관한 내용이다. 아래 괄호에 알맞은 내용을 순서대로 쓰시오.

<table>
<tr><th rowspan="2">보장</th><th rowspan="2">보험의 목적</th><th colspan="2">보험기간</th></tr>
<tr><th>보장개시</th><th>보장종료</th></tr>
<tr><td rowspan="8">종합위험
생산비보장</td><td>고추</td><td>계약체결일 24시</td><td>정식일부터 (　)째
되는 날 24시</td></tr>
<tr><td>고랭지무</td><td rowspan="7">파종완료일 24시
다만, 보험계약 시 파종완료일이 경과한 경우에는 계약체결일 24시 단, 파종완료일은 아래의 일자를 초과할 수 없음
- 고랭지무 : 판매개시연도 (　)
- 월동무 : 판매개시연도 (　)
- 당근 : 판매개시연도 (　)
- 쪽파(실파)[1·2형] : 판매개시연도 (　)
- 시금치(노지) : 판매개시연도 (　)
- 메밀 : 판매개시연도 (　)</td><td>파종일부터 (　)째
되는 날 24시</td></tr>
<tr><td>월동무</td><td>최초 수확 직전
다만, 이듬해 (　)을
초과할 수 없음</td></tr>
<tr><td>당근</td><td>최초 수확 직전
다만, 이듬해 (　)을
초과할 수 없음</td></tr>
<tr><td>쪽파(실파)
[1형]</td><td>최초 수확 직전
다만, 판매개시 연도 (　)을 초과할 수 없음</td></tr>
<tr><td>쪽파(실파)
[2형]</td><td>최초 수확 직전
다만, 이듬해 (　)을
초과할 수 없음</td></tr>
<tr><td>시금치
(노지)</td><td>최초 수확 직전
다만, (　)을
초과할 수 없음</td></tr>
<tr><td>메밀</td><td>최초 수확 직전
다만, (　)을 초과할 수 없음</td></tr>
</table>

<table>
<tr><th rowspan="2">보장</th><th rowspan="2">보험의 목적</th><th colspan="2">보험기간</th></tr>
<tr><th>보장개시</th><th>보장종료</th></tr>
<tr><td rowspan="7">종합위험
생산비보장</td><td>고랭지배추</td><td rowspan="7">정식완료일 24시
다만, 보험계약 시 정식완료일이 경과한 경우에는 계약체결일 24시
단, 정식완료일은 아래의 일자를 초과할 수 없음
- 고랭지배추 : 판매개시연도 (　)
- 가을배추 : 판매개시연도 (　)
- 월동배추 : 판매개시연도 (　)
- 대파 : 판매개시연도 (　)
- 단호박 : 판매개시연도 (　)
- 브로콜리 : 판매개시연도 (　)
- 양상추 : 판매개시연도 (　)</td><td>정식일부터 (　)째 되는 날 24시</td></tr>
<tr><td>가을배추</td><td>정식일부터 (　)째 되는 날 24시
다만, 판매개시 연도 (　)을 초과할 수 없음</td></tr>
<tr><td>월동배추</td><td>최초 수확 직전
다만, 이듬해 (　)을 초과할 수 없음</td></tr>
<tr><td>대파</td><td>정식일부터 (　)째 되는 날 24시</td></tr>
<tr><td>단호박</td><td>정식일부터 (　)째 되는 날 24시</td></tr>
<tr><td>브로콜리</td><td>정식일로부터 (　)이 되는 날 24시</td></tr>
<tr><td>양상추</td><td>정식일부터 (　)째 되는날 24시
다만, 판매개시연도 (　)을 초과할 수 없음</td></tr>
</table>

<table>
<tr><th rowspan="2">보장</th><th rowspan="2">보험의 목적</th><th colspan="2">보험기간</th></tr>
<tr><th>보장개시</th><th>보장종료</th></tr>
<tr><td rowspan="12">종합위험
경작불능보장</td><td>고랭지무</td><td rowspan="6">파종완료일 24시
다만, 보험계약시 파종완료일이 경과한 경우에는 계약체결일 24시
단, 파종완료일은 아래의 일자를 초과할 수 없음
- 고랭지무 : 판매개시연도 (　)
- 월동무 : 판매개시연도 (　)
- 당근 : 판매개시연도 (　)
- 쪽파(실파)[1·2형] : 판매개시연도 (　)
- 시금치(노지) : 판매개시연도 (　)
- 메밀 : 판매개시연도 (　)</td><td rowspan="12">최초 수확 직전
다만, 종합위험생산비 보장에서 정하는 보장종료일을 초과할 수 없음</td></tr>
<tr><td>월동무</td></tr>
<tr><td>당근</td></tr>
<tr><td>쪽파(실파)
[1형,2형]</td></tr>
<tr><td>시금치
(노지)</td></tr>
<tr><td>메밀</td></tr>
<tr><td>고랭지배추</td><td rowspan="6">정식완료일 24시
다만, 보험계약시 정식완료일이 경과한 경우에는 계약체결일 24시
단, 정식완료일은 아래의 일자를 초과할 수 없음
- 고랭지배추 : 판매개시연도 (　)
- 가을배추 : 판매개시연도 (　)
- 월동배추 : 판매개시연도 (　)
- 대파 : 판매개시연도 (　)
- 단호박 : 판매개시연도 (　)
- 양상추 : 판매개시연도 (　)</td></tr>
<tr><td>가을배추</td></tr>
<tr><td>월동배추</td></tr>
<tr><td>대파</td></tr>
<tr><td>단호박</td></tr>
<tr><td>양상추</td></tr>
</table>

<table>
<tr><th rowspan="2">보장</th><th rowspan="2">보험의 목적</th><th colspan="2">보험기간</th></tr>
<tr><th>보장개시</th><th>보장종료</th></tr>
<tr><td rowspan="4">종합위험 재파종보장</td><td>메밀</td><td rowspan="4">파종완료일 24시
다만, 보험계약 시 파종완료일이 경과한 경우에는 계약체결일 24시 단, 파종완료일은 아래의 일자를 초과할 수 없음
- 메밀 : 판매개시연도 (　)
- 시금치(노지) : 판매개시연도 (　)
- 월동무 : 판매개시연도 (　)
- 쪽파(실파)[1·2형] : 판매개시 연도 (　)</td><td rowspan="4">재파종완료일
다만, 아래의 일자를 초과할 수 없음
- 메밀 : 판매개시연도 (　)
- 시금치(노지) : 판매개시 연도 (　)
- 월동무 : 판매개시연도 (　)
- 쪽파(실파)[1·2형] : 판매 개시연도 (　)</td></tr>
<tr><td>시금치</td></tr>
<tr><td>월동무</td></tr>
<tr><td>쪽파(실파)[1·2형]</td></tr>
<tr><td rowspan="4">종합위험 재정식보장</td><td>월동배추</td><td rowspan="4">정식완료일 24시
다만, 보험계약 시 정식완료일이 경과한 경우에는 계약체결일 24시 단, 정식완료일은 아래의 일자를 초과할 수 없음
- 월동배추 : 판매개시연도 (　)
- 가을배추 : 판매개시연도 (　)
- 브로콜리 : 판매개시연도 (　)
- 양상추 : 판매개시연도 (　)</td><td rowspan="4">재정식완료일
다만, 아래의 일자를 초과할 수 없음
- 월동배추 : 판매개시연도 (　)
- 가을배추 : 판매개시연도 (　)
- 브로콜리 : 판매개시연도 (　)
- 양상추 : 판매개시연도 (　)</td></tr>
<tr><td>가을배추</td></tr>
<tr><td>브로콜리</td></tr>
<tr><td>양상추</td></tr>
</table>

구분 보장개시		보험기간	
		보장종료	
1형	인삼	판매개시연도 (　) 다만, (　) 이후 보험에 가입하는 경우에는 계약체결일 24시	이듬해 (　) 24시 다만, 6년근은 판매개시연도 (　)을 초과할 수 없음
	해가림시설		
2형	인삼	판매개시연도 (　) 다만, (　) 이후 보험에 가입하는 경우에는 계약체결일 24시	이듬해 (　) 24시
	해가림시설		

정답

01 답 : 태풍(강풍), 우박, 집중호우, 화재, 폭염, 폭설, 냉해, 침수 끝

02 답 : 10만 원, 100만 원 끝

03 답 : 계약자에게 설치시기를 고지 받아 해당일자를 기초로 감가상각하되, 최초 설치시기를 특정하기 어려운 때에는 인삼의 정식시기와 동일한 시기로 한다. 해가림시설 구조체를 재사용하여 설치를 하는 경우에는 해당 구조체의 최초 설치시기를 기초로 감가상각하며, 최초 설치시기를 알 수 없는 경우에는 해당 구조체의 최초 구입시기를 기준으로 감가상각한다. 끝

04 답 : 동일한 재료(목재 또는 철재)로 설치하였으나 설치시기 경과년수가 각기 다른 해가림시설 구조체가 상존하는 경우, 가장 넓게 분포하는 해가림시설 구조체의 설치시기를 동일하게 적용한다. 1개의 농지 내 감가상각률이 상이한 재료(목재+철재)로 해가림시설을 설치한 경우, 재료별로 설치구획이 나뉘어 있는 경우에만 인수 가능하며, 각각의 면적만큼 구분하여 가입한다. 끝

05 답 : ① 80% ② 80% ③ 90% ④ 100% 끝

06 (1) 답 : 보험금 지급사유 : 한지형 마늘 최초 판매개시일 24시 이전에 보장하는 재해로 10a당 출현주수가 30,000주보다 작고, 10월 31일 이전 10a당 30,000주 이상으로 재파종한 경우,
보험금 계산식 : 보험가입금액 × 25% × 표준출현피해율
※ 표준출현피해율(10a 기준) = (30,000 − 출현주수) ÷ 30,000 끝

(2) 답 : ① 32% ② 30% ③ 28% ④ 25% ⑤ 25% 끝

07 답 : 225 ~ 226페이지 참조

08 답 : 고추, 브로콜리 끝

09 답 : 3%형 : 2년 연속 가입 및 2년간 수령 보험금이 순보험료의 120% 미만인 계약자
5%형 : 제한 없음 끝

10 답 : 232 ~ 236페이지 참조

제2절 농작물재해보험 상품내용(원예시설 및 시설작물)

01 기출유형 확인하기

제3회 농작물재해보험 원예시설 업무방법에서 정하는 자기부담금과 소손해면책금에 대하여 서술하시오. (15점)

제5회 ㅇㅇ도 △△시 관내 농업용 시설물에서 딸기를 재배하는 A씨, 시금치를 재배하는 B씨, 부추를 재배하는 C씨, 장미를 재배하는 D씨는 모두 농작물재해보험 종합위험방식 원예시설 상품에 가입한 상태에서 자연재해로 시설물이 직접적인 피해를 받았다. 이 때, A, B, C, D씨의 작물에 대한 지급보험금 산출식을 각각 쓰시오. (15점)

제7회 자연재해와 조수해로 입은 손해를 보상하기 위한 3가지 경우를 서술하시오. (9점)

소손해면책금 적용에 대하여 서술하시오. (3점)

02 기본서 내용 익히기

1 원예시설 및 시설작물(버섯재배사 및 버섯작물 포함)

1. 보험의 목적

대상품목	농업용 시설물(버섯재배사 포함) 및 부대시설
	시설작물 23품목
	버섯작물 4품목
보장방식	(농업용 시설물 및 부대시설) 종합위험 원예시설 손해보장방식
	(버섯재배사 및 부대시설) 종합위험 버섯재배사 손해보장방식
	(시설작물, 버섯작물) 종합위험 생산비보장방식

※ 자연재해, 조수해(鳥獸害)로 인한 농업용 시설물 혹은 버섯재배사(하우스, 유리온실의 구조체 및 피복재)에 손해 발생 시 원상복구 비용을 보상하며, 화재 피해는 특약 가입 시 보상한다.

※ 부대시설 및 시설작물·버섯작물은 농업용 시설물 혹은 버섯재배사 가입 후 보험 가입이 가능하다.

※ 가입 대상 작물로는 정식 또는 파종 후 재배 중인 23개 시설작물(육묘는 가입 불가), 종균접종 이후 4개 버섯작물(배양 중인 버섯은 가입 불가)이다.

(1) 원예시설 및 시설작물

구분	보험의 목적	
농업용 시설물	단동하우스(광폭형하우스를 포함), 연동하우스 및 유리(경질판)온실의 구조체 및 피복재	
부대시설	모든 부대시설(단, 동산시설은 제외)	
시설작물	화훼류	국화, 장미, 백합, 카네이션
	비화훼류	딸기, 오이, 토마토, 참외, 풋고추, 호박, 수박, 멜론, 파프리카, 상추, 부추, 시금치, 가지, 배추, 파(대파·쪽파), 무, 미나리, 쑥갓, 감자

1) 농업용 시설물(및 부대시설)

① 농업용 시설물의 경우, 목재·죽재로 시공된 하우스는 제외되며, 선별장·창고·농막 등도 가입대상에서 제외된다.

② 농업용 시설물 및 부대시설의 경우, 아래의 물건은 보험의 목적에서 제외된다.

- 시설작물을 제외한 온실 내의 동산
- 시설작물 재배 이외의 다른 목적이나 용도로 병용하고 있는 경우, 다른 목적이나 용도로 사용되는 부분

2) 부대시설의 범위

가) 부대시설에 포함되는 것

- 시설작물의 재배를 위하여 농업용 시설물 내부 구조체에 연결, 부착되어 외부에 노출되지 않는 시설물
- 시설작물의 재배를 위하여 농업용 시설물 내부 지면에 고정되어 이동 불가능한 시설물
- 시설작물의 재배를 위하여 지붕 및 기둥 또는 외벽을 갖춘 외부 구조체 내에 고정·부착된 시설물

나) 부대시설에 포함되지 않는 것

아래의 물건은 시설물에 고정, 연결 또는 부착되어 있더라도 보험의 목적에 포함되지 않는다.

- 소모품 및 동산시설 : 멀칭비닐, 터널비닐, 외부 제초비닐, 매트, 바닥재, 배지, 펄라이트, 상토, 이동식 또는 휴대할 수 있는 무게나 부피를 가지는 농기계, 육묘포트, 육묘기, 모판, 화분, 혼합토, 컨베이어, 컴프레셔, 적재기기 및 이와 비슷한 것
- 피보험자의 소유가 아닌 임차시설물 및 임차부대시설(단, 농업용 시설물 제외)
- 저온저장고, 선별기, 방범용 CCTV, 소프트웨어 및 이와 비슷한 것
- 보호장치 없이 농업용 시설물 외부에 위치한 시설물. 단, 농업용 시설물 외부에 직접 부착되어 있는 차양막과 보온재는 제외

※ 보호장치란 창고 또는 이와 유사한 것으로 시설물이 외부에 직접적으로 노출되는 것을 방지하는 장치를 말함

〈인수가능 세부품종〉

품목	인수가능 품종
풋고추(시설재배)	청양고추, 오이고추, 피망, 꽈리, 하늘고추, 할라피뇨
호박(시설재배)	애호박, 주키니호박, 단호박
토마토(시설재배)	방울토마토, 대추토마토, 대저토마토, 송이토마토
배추(시설재배)	안토시아닌 배추(빨간배추)
무(시설재배)	조선무, 알타리무, 열무
파(시설재배)	실파
국화(시설재배)	거베라

※ 제외품종 : 시설작물의 경우 품목별 표준생장일수와 현저히 차이 나는 생장일수(정식일(파종일)로부터 수확개시일까지의 일수)를 가지는 품종은 보험의 목적에서 제외된다.

〈제외 품종〉

품목	제외 품종
배추(시설재배)	얼갈이 배추, 쌈배추, 양배추
딸기(시설재배)	산딸기
수박(시설재배)	애플수박, 미니수박, 복수박
고추(시설재배)	홍고추
오이(시설재배)	노각
상추(시설재배)	양상추, 프릴라이스, 버터헤드(볼라레), 오버레드, 이자벨, 멀티레드, 카이피라, 아지르카, 이자트릭스, 크리스피아노

(2) 버섯재배사 및 버섯작물

구분	보험의 목적
농업용 시설물(버섯재배사)	단동하우스(광폭형하우스를 포함), 연동하우스 및 경량철골조 등 버섯작물 재배용으로 사용하는 구조체, 피복재 또는 벽으로 구성된 시설
부대시설	버섯작물 재배를 위하여 농업용 시설물(버섯재배사)에 부대하여 설치한 시설(단, 동산시설은 제외)
버섯작물	농업용 시설물(버섯재배사) 및 부대시설을 이용하여 재배하는 느타리버섯(균상재배, 병재배), 표고버섯(원목재배, 톱밥배지재배), 새송이버섯(병재배), 양송이버섯(균상재배)

※ 농업용 시설물(버섯재배사)의 경우, 목재·죽재로 시공된 하우스는 제외되며, 선별장·창고·농막 등도 가입대상에서 제외된다.

1) 농업용 시설물(버섯재배사) 및 부대시설의 경우

농업용 시설물(버섯재배사) 및 부대시설의 경우, 아래의 물건은 보험의 목적에서 제외된다.

- 버섯작물을 제외한 온실 내의 동산
- 버섯재배 이외의 다른 목적이나 용도로 병용하고 있는 경우, 다른 목적이나 용도로 사용되는 부분

2) 부대시설 : 부대시설은 아래의 물건을 말한다.

- 버섯작물의 재배를 위하여 농업용 시설물 내부 구조체에 연결, 부착되어 외부에 노출되지 않는 시설물
- 버섯작물의 재배를 위하여 농업용 시설물 내부 지면에 고정되어 이동 불가능한 시설물
- 버섯작물의 재배를 위하여 지붕 및 기둥 또는 외벽을 갖춘 외부 구조체 내에 고정·부착된 시설물

3) 보험목적에 포함되지 않는 것 : 아래의 물건은 시설물에 고정, 연결 또는 부착되어 있다 하더라도 보험의 목적에 포함되지 않는다.

- 소모품 및 동산시설 : 멀칭비닐, 터널비닐, 외부 제초비닐, 매트, 바닥재, 배지, 펄라이트, 상토, 이동식 또는 휴대할 수 있는 무게나 부피를 가지는 농기계, 육묘포트, 육묘기, 모판, 화분, 혼합토, 컨베이어, 컴프레셔, 적재기기 및 이와 비슷한 것
- 피보험자의 소유가 아닌 임차시설물 및 임차부대시설(단, 농업용 시설물 제외)
- 저온저장고, 선별기, 방범용 CCTV, 소프트웨어 및 이와 비슷한 것
- 보호장치 없이 농업용 시설물 외부에 위치한 시설물. 단, 농업용 시설물 외부에 직접 부착되어 있는 차양막과 보온재는 제외

※ 보호장치란 창고 또는 이와 유사한 것으로 시설물이 외부에 직접적으로 노출되는 것을 방지하는 장치를 말함

2 보상하는 재해

(1) 보통약관

1) 농업용 시설물(버섯재배사 포함) 및 부대시설

가) 자연재해

태풍, 우박, 동상해, 호우, 강풍, 냉해(冷害), 한해(旱害), 조해(潮害), 설해(雪害), 폭염, 기타 자연재해

구분	정의
태풍	기상청 태풍주의보이상 발령할 때 발령지역의 바람과 비로 인하여 발생하는 피해
우박	적란운과 봉우리적운 속에서 성장하는 얼음알갱이나 얼음덩이가 내려 발생하는 피해

구분	정의
동상해	서리 또는 기온의 하강으로 인하여 농작물 등이 얼어서 발생하는 피해
호우	평균적인 강우량 이상의 많은 양의 비로 인하여 발생하는 피해
강풍	강한 바람 또는 돌풍으로 인하여 발생하는 피해
한해 (가뭄피해)	장기간의 지속적인 강우 부족에 의한 토양수분 부족으로 인하여 발생하는 피해
냉해	농작물의 성장 기간 중 작물의 생육에 지장을 초래할 정도의 찬 기온으로 인하여 발생하는 피해
조해(潮害)	태풍이나 비바람 등의 자연현상으로 인하여 연안 지대의 경지에 바닷물이 들어와서 발생하는 피해
설해	눈으로 인하여 발생하는 피해
폭염(暴炎)	매우 심한 더위로 인하여 발생하는 피해
기타 자연재해	상기 자연재해에 준하는 자연현상으로 발생하는 피해

나) 조수해

새나 짐승으로 인하여 발생하는 피해

2) 시설작물 및 버섯작물

아래의 각목 중 하나에 해당하는 것이 있는 경우에만 위 자연재해나 조수해로 입은 손해를 보상한다.

- 구조체, 피복재 등 농업용 시설물(버섯재배사)에 직접적인 피해가 발생한 경우
- 농업용 시설물에 직접적인 피해가 발생하지 않은 자연재해로서 작물 피해율이 70% 이상 발생하여 농업용 시설물 내 전체 작물의 재배를 포기하는 경우(시설작물에만 해당)
- 기상청에서 발령하고 있는 기상특보 발령지역의 기상특보 관련 재해로 인해 작물에 피해가 발생한 경우(시설작물에만 해당)

(2) 특별약관

1) 화재

화재로 인하여 발생하는 피해

2) 화재대물배상책임

보험에 가입한 목적물에 발생한 화재로 인해 타인의 재물에 손해를 끼침으로서 법률상의 배상책임을 졌을 때 입은 피해

3 보상하지 않는 손해

- 계약자, 피보험자 또는 이들의 법정대리인의 고의 또는 중대한 과실
- 자연재해, 조수해가 발생했을 때 생긴 도난 또는 분실로 생긴 손해 실2
- 보험의 목적의 노후, 하자 및 구조적 결함으로 생긴 손해

※ 구조적 결함 : 출입구 미설치, 구조적 안전성이 검토되지 않는 자의적 증축·개량·개조·절단, 구조체 매설부위의 파열·부식, 내구성 및 내재해성이 현저히 떨어지는 부재의 사용 등을 말한다.

- 보상하지 않는 재해로 제방, 댐 등이 붕괴되어 발생한 손해
- 침식활동 및 지하수로 인한 손해
- 수확기에 계약자 또는 피보험자의 고의 또는 중대한 과실로 시설재배 농작물을 수확하지 못하여 발생한 손해
- 제초작업, 시비관리, 온도(냉·보온)관리 등 통상적인 영농활동을 하지 않아 발생한 손해

※ 시비관리 : 수확량 또는 품질을 높이기 위해 비료성분을 토양 중에 공급하는 것

- 원인의 직접·간접을 묻지 않고 병해충으로 발생한 손해
- 계약체결 시점 현재 기상청에서 발령하고 있는 기상특보 발령 지역의 기상특보 관련 재해로 인한 손해

※ 기상특보 관련 재해 : 태풍, 호우, 홍수, 강풍, 풍랑, 해일, 대설, 폭염 등을 포함한다.

- 전쟁, 내란, 폭동, 소요, 노동쟁의 등으로 인한 손해
- 보상하는 재해에 해당하지 않은 재해로 발생한 손해
- 직접 또는 간접을 묻지 않고 보험의 목적인 농업용 시설물과 부대시설의 시설, 수리, 철거 등 관계 법령(국가 및 지방자치단체의 명령 포함)의 집행으로 발생한 손해
- 피보험자가 파손된 보험의 목적의 수리 또는 복구를 지연함으로써 가중된 손해
- 농업용 시설물이 피복재로 피복되어 있지 않는 상태 또는 그 내부가 외부와 차단되어 있지 않은 상태에서 보험의 목적에 발생한 손해
- 피보험자가 농업용 시설물(부대시설 포함)을 수리 및 보수하는 중에 발생한 피해

4 보험기간

(1) 원예시설 및 시설작물

<table>
<tr><th rowspan="2" colspan="2">구분</th><th rowspan="2">보험의 목적</th><th colspan="2">보험기간</th></tr>
<tr><th>보장개시</th><th>보장종료</th></tr>
<tr><td colspan="2">농업용 시설물</td><td>단동하우스(광폭형하우스를 포함), 연동하우스 및 유리(경질판)온실의 구조체 및 피복재</td><td rowspan="4">청약을 승낙하고 제1회 보험료 납입한 때</td><td rowspan="4">보험증권에 기재된 보험 종료일 24시</td></tr>
<tr><td colspan="2">부대시설</td><td>모든 부대시설(단, 동산시설 제외)</td></tr>
<tr><td rowspan="2">시설작물</td><td>화훼류</td><td>국화, 장미, 백합, 카네이션</td></tr>
<tr><td>비화훼류</td><td>딸기, 오이, 토마토, 참외, 풋고추, 호박, 수박, 멜론, 파프리카, 상추, 부추, 시금치, 가지, 배추, 파(대파·쪽파), 무, 미나리, 쑥갓, 감자</td></tr>
</table>

※ 딸기, 오이, 토마토, 참외, 풋고추, 호박, 국화, 장미, 수박, 멜론, 파프리카, 상추, 부추, 가지, 배추, 파(대파), 백합, 카네이션, 미나리, 감자 품목은 '해당 농업용 시설물 내에 농작물을 정식한 시점'과 '청약을 승낙하고 제1회 보험료를 납입한 때' 중 늦은 때를 보장개시일로 한다.

※ 시금치, 파(쪽파), 무, 쑥갓 품목은 '해당 농업용 시설물 내에 농작물을 파종한 시점'과 '청약을 승낙하고 제1회 보험료를 납입한 때' 중 늦은 때를 보장개시일로 한다.

(2) 버섯재배사 및 버섯작물

구분	보험의 목적	보험기간	
		보장개시	보장종료
농업용 시설물 (버섯재배사)	단동하우스(광폭형하우스를 포함), 연동하우스 및 경량철골조 등 버섯작물 재배용으로 사용하는 구조체, 피복재 또는 벽으로 구성된 시설	청약을 승낙하고 제1회 보험료 납입한 때	보험증권에 기재된 보험 종료일 24시
부대시설	버섯작물 재배를 위하여 농업용 시설물(버섯재배사)에 부대하여 설치한 시설(단, 동산시설은 제외함)		
버섯작물	농업용 시설물(버섯재배사) 및 부대시설을 이용하여 재배하는 느타리버섯(균상재배, 병재배), 표고버섯(원목재배, 톱밥배지재배), 새송이버섯(병재배), 양송이버섯(균상재배)		

5 보험가입금액

(1) 원예시설 및 시설작물

1) 농업용 시설물

① 전산(電算)으로 산정된 기준 보험가입금액의 90 ~ 130% 범위 내에서 결정한다.

② 전산(電算)으로 기준금액 산정이 불가능한 유리온실(경량철골조), 내재해형하우스, 비규격하우스는 계약자 고지사항을 기초로 보험가입금액 결정한다.

※ 유리온실(경량철골조)은 m^2당 5 ~ 50만 원 범위에서 가입금액 선택 가능하다.

2) 부대시설 : 계약자 고지사항을 기초로 보험가액을 추정하여 보험가입금액을 결정한다.

3) 시설작물 : 하우스별 연간 재배 예정인 시설작물 중 생산비가 가장 높은 작물 가액의 50 ~ 100% 범위 내에서 계약자가 가입금액을 결정(10% 단위)한다.

※ 농업용 시설물 및 부대시설의 경우 재조달가액특약 미가입시 고지된 구조체 내용에 따라 감가율을 고려하여 시가기준으로 결정(보험사고시 지급기준과 동일)하며, 재조달가액특약 가입시 재조달가액 기준으로 결정한다.

(2) 버섯재배사 및 버섯작물

1) 버섯재배사

① 전산(電算)으로 산정된 기준 보험가입금액의 90 ~ 130% 범위 내에서 결정한다.

② 전산(電算)으로 기준금액 산정이 불가능한 버섯재배사(콘크리트조, 경량철골조), 내재해형하우스, 비규격하우스는 계약자 고지사항을 기초로 보험가입금액 결정한다.

※ 버섯재배사(콘크리트조, 경량철골조)는 m^2당 5 ~ 50만 원 범위에서 가입금액 선택 가능하다.

2) 부대시설

계약자 고지사항을 기초로 보험가액을 추정하여 보험가입금액 결정한다.

3) 버섯작물

하우스별 연간 재배 예정인 버섯 중 생산비가 가장 높은 버섯 가액의 50 ~ 100% 범위 내에서 계약자가 가입금액을 결정(10% 단위)한다.

※ 버섯재배사 및 부대시설의 경우 재조달가액특약 미가입시 고지된 구조체 내용에 따라 감가율을 고려하여 시가기준으로 결정(보험사고시 지급기준과 동일)하며, 재조달가액특약 가입시 재조달가액 기준으로 결정한다.

6 보험료

(1) 보험료의 구성

영업보험료는 순보험료와 부가보험료를 더하여 산출한다. 순보험료는 지급보험금의 재원이 되는 보험료이며 부가보험료는 보험회사의 경비 등으로 사용되는 보험료이다.

(2) 보험료의 산출

1) 농업용 시설물·부대시설

가) 주계약(보통약관)

적용보험료 = {(농업용시설물 보험가입금액 × 지역별 농업용시설물 종별 보험요율) + (부대시설 보험가입금액 × 지역별 부대시설 보험요율)} × 단기요율 적용지수

※ 단, 수재위험 부보장특약에 가입한 경우에는 위 보험료의 90% 적용

나) 화재위험보장 특별약관

적용보험료 = 보험가입금액 × 화재위험보장특약 보험요율 × 단기요율 적용지수

2) 시설작물

가) 주계약(보통약관)

적용보험료 = 보험가입금액 × 지역별·종별 보험요율 × 단기요율 적용지수

※ 단, 수재위험 부보장특약에 가입한 경우에는 위 보험료의 90% 적용

나) 화재위험보장 특별약관

적용보험료 = 보험가입금액 × 화재위험보장특약 영업요율 × 단기요율 적용지수

3) 화재대물배상책임 보장 특별약관(농업용 시설물)

적용보험료 = 산출기초금액(12,025,000원) × 화재위험보장특약 영업요율(농업용 시설물, 부대시설) × 대물인상계수(LOL계수) × 단기요율 적용지수

4) 버섯재배사·부대시설

가) 주계약(보통약관)

적용보험료 = {(버섯재배사 보험가입금액 × 지역별 버섯재배사 종별 보험요율) + (부대시설 보험가입금액 × 지역별 부대시설 보험요율)} × 단기요율 적용지수

※ 단, 수재위험 부보장특약에 가입한 경우에는 위 보험료의 90% 적용

나) 화재위험보장 특별약관

적용보험료 = 보험가입금액 × 화재위험보장특약 보험요율 × 단기요율 적용지수

5) 버섯작물

가) 주계약(보통약관)

적용보험료 = 보험가입금액 × 지역별·종별 보험요율 × 단기요율 적용지수

나) 화재위험보장 특별약관

적용보험료 = 보험가입금액 × 화재위험보장특약 영업요율 × 단기요율 적용지수

※ 단, 수재위험 부보장특약에 가입한 경우에는 위 보험료의 90% 적용

다) 표고버섯 확장위험보장 특별약관

적용보험료 = 보험가입금액 × 화재위험보장특약 보험요율 × 단기요율 적용지수 × 할증 적용계수

6) 화재대물배상책임 보장특약(버섯재배사)

적용보험료 = 산출기초금액(12,025,000원) × 화재위험보장특약 영업요율 × 대물인상계수(LOL계수) × 단기요율 적용지수

〈보험요율 차등적용에 관한 사항〉

종구분	상 세	요율 상대도
1종	(원예시설) 철골유리온실, 철골펫트온실, (버섯재배사) 경량 철골조	0.70
2종	허용 적설심 및 허용 풍속이 지역별 내재해형 설계기준의 120% 이상인 하우스	0.80
3종	허용 적설심 및 허용 풍속이 지역별 내재해형 설계기준의 100% 이상 ~ 120% 미만인 하우스	0.90
4종	허용 적설심 및 허용 풍속이 지역별 내재해형 설계기준의 100% 미만이면서, 허용 적설심 7.9cm 이상이고, 허용 풍속이 10.5m/s 이상인 하우스	1.00
5종	허용 적설심 7.9cm 미만이거나, 허용 풍속이 10.5m/s 미만인 하우스	1.10

〈대물인상계수(LOL계수)〉

단위 : 백만 원

배상한도액	10	20	50	100	300	500	750	1,000	1,500	2,000	3,000
인상계수	1.00	1.56	2.58	3.45	4.70	5.23	5.69	6.12	6.64	7.00	7.12

〈단기요율 적용지수〉

- 보험기간이 1년 미만인 단기계약에 대하여는 아래의 단기요율 적용
- 보험기간을 연장하는 경우에는 원기간에 통산하지 아니하고 그 연장기간에 대한 단기요율 적용
- 보험기간 1년 미만의 단기계약을 체결하는 경우 보험기간에 6월, 7월, 8월, 9월, 11월, 12월, 1월, 2월, 3월이 포함될 때에는 단기요율에 각월마다 10%씩 가산. 다만, 화재위험보장특약은 가산하지 않음. 그러나, 이 요율은 100%를 초과할 수 없음

〈단기요율표〉

보험기간	15일까지	1개월까지	2개월까지	3개월까지	4개월까지	5개월까지	6개월까지	7개월까지	8개월까지	9개월까지	10개월까지	11개월까지
단기요율	15%	20%	30%	40%	50%	60%	70%	75%	80%	85%	90%	95%

(3) 보험료의 환급

① 이 계약이 무효, 효력상실 또는 해지된 때에는 다음과 같이 보험료를 반환한다.

구분	내용
계약자 또는 피보험자의 책임 없는 사유에 의하는 경우	• 무효의 경우에는 납입한 계약자부담보험료의 전액, 효력상실 또는 해지의 경우 경과하지 않는 기간에 대하여 일 단위로 계산한 계약자부담보험료
계약자 또는 피보험자의 책임 있는 사유에 의하는 경우	• 이미 경과한 기간에 대하여 단기요율(1년 미만의 기간에 적용되는 요율)로 계산된 보험료를 뺀 잔액. • 다만 계약자, 피보험자의 고의 또는 중대한 과실로 무효가 된 때에는 보험료를 반환하지 않는다.

② 보험기간이 1년을 초과하는 계약이 무효 또는 효력상실인 경우에는 무효 또는 효력상실의 원인이 생긴 날 또는 해지일이 속하는 보험연도의 보험료는 위1)의 규정을 적용하고 그 이후의 보험연도 속하는 보험료는 전액 돌려준다.

③ 계약자 또는 피보험자의 책임 있는 사유라 함은 다음 각 호를 말한다.

- 계약자 또는 피보험자가 임의해지하는 경우
- 사기에 의한 계약, 계약의 해지(계약자 또는 피보험자의 고의로 손해가 발생한 경우나, 고지의무·통지의무 등을 해태한 경우의 해지를 말한다.) 또는 중대사유로 인한 해지에 따라 계약을 취소 또는 해지하는 경우
- 보험료 미납으로 인한 계약의 효력상실

④ 계약의 무효, 효력상실 또는 해지로 인하여 반환해야 할 보험료가 있을 때에는 계약자는 환급금을 청구하여야 하며, 청구일의 다음 날부터 지급일까지의 기간에 대하여 '보험개발원이 공시하는 보험계약대출이율'을 연단위 복리로 계산한 금액을 더하여 지급한다.

7 보험금

(1) 시설 : 농업용 시설물(버섯재배사 포함) 및 부대시설

보장	보험의 목적	보험금 지급사유	보험금 계산(지급금액)
농업용 시설물 손해보장(보통약관)	농업용 시설물(버섯재배사) 및 부대시설	보상하는 재해로 손해액이 자기부담금을 초과 하는 경우(1사고당)	❶ 손해액의 계산 손해가 생긴 때와 곳에서의 가액에 따라 계산함 ❷ 보험금 산출방법 보험금 = 손해액 − 자기부담금

※ 재조달가액 보장특약을 가입하지 않거나, 보험의 목적이 손해를 입은 장소에서 실제로 수리 또는 복구를 하지 않는 경우 경년감가율을 적용한 시가(감가상각된 금액)로 보상

(2) 시설작물

보장	보험의 목적	보험금 지급사유	보험금 계산(지급금액)
생산비 보장 (보통 약관)	딸기, 토마토, 오이, 참외, 풋고추, 파프리카, 호박, 국화, 수박, 멜론, 상추, 가지, 배추, 백합, 카네이션, 미나리, 감자, 파(대파)	보상하는 재해로 1사고마다 1동 단위로 생산비보장 보험금이 10만 원을 초과할 때	피해작물 재배면적 × 피해작물 단위면적당 보장생산비 × 경과비율 × 피해율 $(\times \frac{\text{보험가입금액}}{\text{피해작물단위면적당 보장생산비} \times \text{피해작물재배면적}})$ 경과비율은 다음과 같이 산출한다. ❶ 수확기 이전에 보험사고 발생 준비기생산비계수 + [(1 − 준비기생산비계수) × (생장일수 ÷ 표준생장일수)] ❷ 수확기 중에 보험사고 발생 1 − (수확일수 ÷ 표준수확일수) ※ 산출된 경과비율이 10% 미만인 경우 경과비율을 10%로 한다(단, 오이, 토마토, 풋고추, 호박, 상추 제외). ※ 준비기생산비계수(딸기, 토마토, 오이, 참외, 풋고추, 파프리카, 호박, 국화, 수박, 멜론, 상추, 가지, 배추, 백합, 카네이션, 미나리, 감자) : 40%, 다만, 국화 및 카네이션 재절화재배는 20%
	장미		❶ 나무가 죽지 않은 경우 장미 재배면적 × 장미 단위면적당 나무생존시 보장생산비 × 피해율 ❷ 나무가 죽은 경우 장미 재배면적 × 장미 단위면적당 나무고사 보장생산비 × 피해율 $(\times \frac{\text{보험가입금액}}{\text{장미단위면적당 나무고사보장생산비} \times \text{장미재배면적}})$

보장	보험의 목적	보험금 지급사유	보험금 계산(지급금액)
생산비 보장 (보통 약관)	부추	보상하는 재해로 1사고마다 1동 단위로 생산비보장 보험금이 10만 원을 초과할 때	부추 재배면적 × 부추 단위면적당 보장생산비 × 피해율 × 70% $\left(\times \frac{\text{보험가입금액}}{\text{부추단위면적당 보장생산비} \times \text{부추재배면적}}\right)$
	시금치, 파, 무, 쑥갓		피해작물 재배면적 × 피해작물 단위면적당 보장생산비 × 경과비율 × 피해율 $\left(\times \frac{\text{보험가입금액}}{\text{피해작물단위면적당 보장생산비} \times \text{피해작물재배면적}}\right)$ 경과비율은 다음과 같이 산출한다. ❶ 수확기 이전에 보험사고 발생 준비기생산비계수 + [(1 − 준비기생산비계수) × (생장일수 ÷ 표준생장일수)] ❷ 수확기 중에 보험사고 발생 1 − (수확일수 ÷ 표준수확일수) ※ 산출된 경과비율이 10% 미만인 경우 경과비율을 10%로 한다.(단, 표준수확일수보다 실제수확개시일부터 수확종료일까지의 일수가 적은 경우 제외) ※ 준비기생산비계수(시금치, 파(쪽파), 무, 쑥갓) : 10%

※ 생장일수는 정식·파종일로부터 사고발생일까지 경과일수로 하며, 표준생장일수(정식·파종일로부터 수확개시일까지 표준적인 생장일수)는 아래 〈표준생장일수 및 표준수확일수〉 표를 따른다. 이때 (생장일수 ÷ 표준생장일수)는 1을 초과할 수 없다.

※ 수확일수는 수확개시일로부터 사고발생일까지 경과일수로 하며, 표준수확일수(수확개시일로부터 수확종료일까지 표준적인 생장일수)는 아래 〈표준생장일수 및 표준수확일수〉 표를 따른다. 단, 국화·수박·멜론의 경과비율은 1로 한다.

〈표준생장일수 및 표준수확일수〉

품목	표준생장일수(일)	표준수확일수(일)
딸기	90	182
오이	45(75)	-
토마토	80(120)	-
참외	90	224
풋고추	55	-
호박	40	-
수박, 멜론	100	-
파프리카	100	223
상추	30	-
시금치	40	30
국화	(스탠다드형) 120 (스프레이형) 90	-
가지	50	262
배추	70	50
파	(대파) 120 (쪽파) 60	(대파) 64 (쪽파) 19
무	(일반) 80 (기타) 50	28
백합	100	23
카네이션	150	224
미나리	130	88
쑥갓	50	51
감자	110	9

※ 단, 괄호안의 표준생장일수는 9월~11월에 정식하여 겨울을 나는 재배일정으로 3월 이후에 수확을 종료하는 경우에 적용한다.

※ 무 품목의 기타 품종은 알타리무, 열무 등 큰 무가 아닌 품종의 무를 가리킨다.

※ 피해율 : 피해비율 × 손해정도비율 × (1-미보상비율)

〈손해정도에 따른 손해정도비율〉

손해정도	1~20%	21~40%	41~60%	61~80%	81~100%
손해정도비율	20%	40%	60%	80%	100%

※ 피해비율 : 피해면적(주수) ÷ 재배면적(주수)

※ 위 산출식에도 불구하고 피해작물 재배면적에 피해작물 단위면적당 보장생산비를 곱한 값이 보험가입금액보다 큰 경우에는 상기 산출식에 따라 계산된 생산비보장보험금을 다음과 같이 다시 계산하여 지급한다.

상기 산출식에 따라 계산된 생산비보장보험금 × 보험가입금액 ÷ (피해작물 단위면적당 보장생산비 × 피해작물 재배면적)

※ 장미의 경우 (장미 단위면적당 나무고사 보장생산비 × 장미 재배면적) 적용

(3) 버섯작물

보장	보험의 목적	보험금 지급사유	보험금 계산(지급금액)
생산비 보장 (보통 약관)	표고버섯 (원목재배)	보상하는 재해로 1사고마다 생산비보장 보험금이 10만 원을 초과할 때	재배원목(본)수 × 원목(본)당 보장생산비 × 피해율 $(\times \frac{\text{보험가입금액}}{\text{원목(본)당 보장생산비} \times \text{재배원목(본)수}})$
	표고버섯 (톱밥배지재배)		재배배지(봉)수 × 배지(봉)당 보장생산비 × 경과비율 × 피해율 $(\times \frac{\text{보험가입금액}}{\text{배지(봉)당 보장생산비} \times \text{재배배지(봉)수}})$ 경과비율은 다음과 같이 산출한다. ❶ 수확기 이전에 보험사고 발생 준비기생산비계수 + [(1 − 준비기생산비계수) × (생장일수 ÷ 표준생장일수)] ❷ 수확기 중에 보험사고 발생 1 − (수확일수 ÷ 표준수확일수)
	느타리버섯 (균상재배)		재배면적 × 느타리버섯(균상재배) 단위면적당 보장생산비 × 경과비율 × 피해율 $(\times \frac{\text{보험가입금액}}{\text{단위면적당 보장생산비} \times \text{재배면적}})$ 경과비율은 다음과 같이 산출한다. ❶ 수확기 이전에 보험사고 발생 준비기생산비계수 + [(1 − 준비기생산비계수) × (생장일수 ÷ 표준생장일수)] ❷ 수확기 중에 보험사고 발생 1 − (수확일수 ÷ 표준수확일수)

<table>
<tr><th>보장</th><th>보험의 목적</th><th>보험금 지급사유</th><th>보험금 계산(지급금액)</th></tr>
<tr><td rowspan="3">생산비
보장
(보통
약관)</td><td>느타리버섯
(병재배)</td><td rowspan="3">보상하는
재해로
1사고마다
생산비보장
보험금이
10만 원을
초과할 때</td><td>재배병수 × 병당 보장생산비 × 경과비율 × 피해율
$(\times \frac{\text{보험가입금액}}{\text{병당 보장생산비} \times \text{재배병수}})$
※ 경과비율은 일자와 관계없이 88.7%를 적용한다.</td></tr>
<tr><td>새송이버섯
(병재배)</td><td>재배병수 × 병당 보장생산비 × 경과비율 × 피해율
$(\times \frac{\text{보험가입금액}}{\text{병당 보장생산비} \times \text{재배병수}})$
※ 경과비율은 일자와 관계없이 91.7%를 적용한다.</td></tr>
<tr><td>양송이버섯
(균상재배)</td><td>재배면적 × 단위면적당 보장생산비 × 경과비율 × 피해율
$(\times \frac{\text{보험가입금액}}{\text{단위면적당 보장생산비} \times \text{재배면적}})$
경과비율은 다음과 같이 산출한다.
❶ 수확기 이전에 보험사고 발생
준비기생산비계수 + [(1 − 준비기생산비계수) × (생장일수 ÷ 표준생장일수)]
❷ 수확기 중에 보험사고 발생
1 − (수확일수 ÷ 표준수확일수)</td></tr>
</table>

(4) 표고버섯(원목재배)

① 피해율 : 피해비율 × 손해정도비율 × (1 − 미보상비율)

② 피해비율 : 피해원목(본)수 ÷ 재배원목(본)수

③ 손해정도비율 : 원목(본)의 피해면적 ÷ 원목의 면적

④ 위 산출식에도 불구하고 재배원목(본)수에 원목(본)당 보장생산비를 곱한 값이 보험가입금액보다 큰 경우에는 상기 산출식에 따라 계산된 생산비보장보험금을 다음과

같이 다시 계산하여 지급한다.

> 상기 산출식에 따라 계산된 생산비보장보험금 × 보험가입금액 ÷ (원목(본)당 보장생산비 × 재배원목(본)수)

(5) 표고버섯(톱밥배지재배)

① 준비기생산비계수 : 66.3%

② 생장일수는 종균접종일로부터 사고발생일까지 경과일수로 하며, 표준생장일수(종균접종일로부터 수확개시일까지 표준적인 생장일수)는 아래 〈표준생장일수〉 표를 따른다. 이때 (생장일수 ÷ 표준생장일수)는 1을 초과할 수 없다.

③ 수확일수는 수확개시일로부터 사고발생일까지 경과일수로 하며, 표준수확일수는 수확개시일로부터 수확종료일까지 일수로 한다.

④ 피해율 : 피해비율 × 손해정도비율 × (1 − 미보상비율)

⑤ 피해비율 : 피해배지(봉)수 ÷ 재배배지(봉)수

⑥ 손해정도비율 : 손해정도에 따라 50%, 100%에서 결정한다.

⑦ 위 산출식에도 불구하고 재배배지(봉)수에 피해작물 배지(봉)당 보장생산비를 곱한 값이 보험가입금액보다 큰 경우에는 상기 산출식에 따라 계산된 생산비보장보험금을 다음과 같이 다시 계산하여 지급한다.

> 상기 산출식에 따라 계산된 생산비보장보험금 × 보험가입금액 ÷ (배지(봉)당 보장생산비 × 재배배지(봉)수)

(6) 느타리버섯, 양송이버섯(균상재배)

① 준비기생산비계수 : (느타리버섯) 67.6%, (양송이버섯) 75.3%

② 생장일수는 종균접종일로부터 사고발생일까지 경과일수로 하며, 표준생장일수(종균접종일로부터 수확개시일까지 표준적인 생장일수)는 아래 〈표준생장일수〉 표를 따른다. 이때 (생장일수 ÷ 표준생장일수)는 1을 초과할 수 없다.

③ 수확일수는 수확개시일로부터 사고발생일까지 경과일수로 하며, 표준수확일수는 수확개시일로부터 수확종료일까지 일수로 한다.

④ 피해율 : 피해비율 × 손해정도비율 × (1 − 미보상비율)

⑤ 피해비율 : 피해면적(㎡) ÷ 재배면적(균상면적, ㎡)

손해정도비율 : 아래 〈손해정도에 따른 손해정도비율〉 표를 따른다.

⑥ 위 산출식에도 불구하고 피해작물 재배면적에 피해작물 단위면적당 보장생산비를 곱한 값이 보험가입금액보다 큰 경우에는 상기 산출식에 따라 계산된 생산비보장보험금을 다음과 같이 다시 계산하여 지급한다.

> 상기 산출식에 따라 계산된 생산비보장보험금 × 보험가입금액 ÷ (단위면적당 보장생산비 × 재배면적)

(7) 느타리버섯, 새송이버섯(병재배)

① 피해율 : 피해비율 × 손해정도비율 × (1 − 미보상비율)

② 피해비율 : 피해병수 ÷ 재배병수

③ 손해정도비율 : 아래 〈손해정도에 따른 손해정도비율〉 표를 따른다.

④ 위 산출식에도 불구하고 재배병수에 병당 보장생산비를 곱한 값이 보험가입금액보다 큰 경우에는 상기 산출식에 따라 계산된 생산비보장보험금을 다음과 같이 다시 계산하여 지급한다.

> 상기 산출식에 따라 계산된 생산비보장보험금 × 보험가입금액 ÷ (병당 보장생산비 × 재배병수)

〈표준생장일수〉

품목	품종	표준생장일수(일)
느타리버섯(균상재배)	전체	28
표고버섯(톱밥배지재배)	전체	90
양송이버섯(균상재배)	전체	30

〈손해정도에 따른 손해정도비율〉

손해정도	1~20%	21~40%	41~60%	61~80%	81~100%
손해정도비율	20%	40%	60%	80%	100%

8 자기부담금

(1) 시설

30만 원 ≤ 손해액의 10% ≤ 100만 원
피복재단독사고 시, 10만 원 ≤ 손해액의 10% ≤ 30만 원

① 농업용 시설물(버섯재배사 포함)과 부대시설 모두를 보험의 목적으로 하는 보험계약은 두 보험의 목적의 손해액 합계액을 기준으로 자기부담금을 산출한다.

② 자기부담금은 단지 단위, 1사고 단위로 적용한다.

③ 화재손해는 자기부담금을 미적용한다.(농업용 시설물 및 버섯재배사, 부대시설에 한함)

(2) 작물(시설작물 및 버섯작물)

소손해면책금 : 보장하는 재해로 1사고당 생산비보험금이 10만 원 이하인 경우 보험금이 지급되지 않고, 소손해면책금을 초과하는 경우 손해액 전액을 보험금으로 지급한다.

9 특별약관

(1) 재조달가액보장 특별약관(농업용 시설물 및 버섯재배사, 부대시설)

1) 손해의 보상 : 보상하는 재해로 보험의 목적 중 농업용 시설물 및 버섯재배사, 부대시설에 손해가 생기 때에는 이 특별약관에 따라 재조달가액 기준으로 손해액을 보상한다.

※ 재조달가액 : 보험의 목적과 동형, 동질의 신품을 재조달하는데 소요되는 금액

2) 보상하지 않는 손해 : 보통약관의 보상하지 않는 손해와 동일

(2) 화재위험보장 특별약관(농업용 시설물 및 버섯재배사, 부대시설, 시설·버섯작물)

1) 보상하는 손해 : 화재로 입은 손해

2) 보상하지 않는 손해

- 계약자, 피보험자 또는 이들의 법정대리인의 고의 또는 중대한 과실로 인한 손해
- 보상하는 재해가 발생했을 때 생긴 도난 또는 분실로 생긴 손해
- 보험의 목적의 발효, 자연발열, 자연발화로 생긴 손해. 그러나, 자연 발열 또는 자연발화로 연소된 다른 보험의 목적에 생긴 손해는 보상

- 화재로 기인되지 않은 수도관, 수관 또는 수압기 등의 파열로 생긴 손해
- 발전기, 여자기(정류기 포함), 변류기, 변압기, 전압조정기, 축전기, 개폐기, 차단기, 피뢰기, 배전반 및 그 밖의 전기기기 또는 장치의 전기적 사고로 생긴 손해. 그러나 그 결과로 생긴 화재손해는 보상
- 원인의 직접·간접을 묻지 않고 지진, 분화 또는 전쟁, 혁명, 내란, 사변, 폭동, 소요, 노동쟁의, 기타 이들과 유사한 사태로 생긴 화재 및 연소 또는 그 밖의 손해
- 핵연료물질(사용된 연료를 포함한다.) 또는 핵연료 물질에 의하여 오염된 물질(원자핵 분열 생성물을 포함한다.)의 방사성, 폭발성 그 밖의 유해한 특성 또는 이들의 특성에 의한 사고로 인한 손해
- 이외의 방사선을 쬐는 것 또는 방사능 오염으로 인한 손해
- 국가 및 지방자치단체의 명령에 의한 재산의 소각 및 이와 유사한 손해

(3) 화재대물배상책임 특별약관(농업용 시설물 및 버섯재배사, 부대시설)

1) 가입대상 : 이 특별약관은 '화재위험보장 특별약관'에 가입한 경우에 한하여 가입할 수 있다.

2) 지급사유 : 피보험자가 보험증권에 기재된 농업용 시설물 및 부대시설 내에서 발생한 화재사고로 인하여 타인의 재물을 망가트려 법률상의 배상책임이 발생한 경우

3) 지급한도 : 화재대물배상책임특약 가입금액 한도

4) 보상하지 않는 손해

① 계약자, 피보험자 또는 이들의 법정대리인의 고의로 생긴 손해에 대한 배상책임

② 전쟁, 혁명, 내란, 사변, 테러, 폭동, 소요, 노동쟁의 기타 이들과 유사한 사태로 생긴 손해에 대한 배상책임

③ 지진, 분화, 홍수, 해일 또는 이와 비슷한 천재지변으로 생긴 손해에 대한 배상책임

④ 피보험자가 소유, 사용 또는 관리하는 재물이 손해를 입었을 경우에 그 재물에 대하여 정당한 권리를 가진 사람에게 부담하는 손해에 대한 배상책임

⑤ 피보험자와 타인 간에 손해배상에 관한 약정이 있는 경우, 그 약정에 의하여 가중된 배상책임

⑥ 핵연료물질(사용된 연료 포함) 또는 핵연료 물질에 의하여 오염된 물질(원자핵 분열 생성물 포함)의 방사성, 폭발성 그 밖의 유해한 특성 또는 이들의 특성에 의한 사고로 생긴 손해에 대한 배상책임

⑦ 위 ⑥ 외의 방사선을 쬐는 것 또는 방사능 오염으로 인한 손해

⑧ 티끌, 먼지, 석면, 분진 또는 소음으로 생긴 손해에 대한 배상책임

⑨ 전자파, 전자장(EMF)으로 생긴 손해에 대한 배상책임

⑩ 벌과금 및 징벌적 손해에 대한 배상책임

⑪ 에너지 및 관리할 수 있는 자연력, 상표권, 특허권 등 무체물에 입힌 손해에 대한 배상책임

⑫ 통상적이거나 급격한 사고에 의한 것인가의 여부에 관계없이 공해물질의 배출, 방출, 누출, 넘쳐흐름 또는 유출로 생긴 손해에 대한 배상책임 및 오염제거비용

⑬ 배출시설에서 통상적으로 배출되는 배수 또는 배기(연기 포함)로 생긴 손해에 대한 배상책임

⑭ 선박 또는 항공기의 소유, 사용 또는 관리로 인한 손해에 대한 배상책임

⑮ 화재(폭발 포함)사고를 수반하지 않은 자동차사고로 인한 손해에 대한 배상책임

(4) 수재위험 부보장 특별약관(농업용 시설물 및 버섯재배사, 부대시설, 시설·버섯작물)

① 상습 침수구역, 하천부지 등에 있는 보험의 목적에 한하여 적용한다.

② 홍수, 해일, 집중호우 등 수재에 의하거나 또는 이들 수재의 방재와 긴급피난에 필요한 조치로 보험의 목적에 생긴 손해는 보상하지 않는다.

(5) 표고버섯 확장위험 담보 특별약관(표고버섯)

1) 보상하는 재해

보통약관의 보상하는 재해에서 정한 규정에도 불구하고, 다음 각 호 중 하나 이상에 해당하는 경우에 한하여 자연재해 및 조수해로 입은 손해를 보상한다.

- 농업용 시설물(버섯재배사)에 직접적인 피해가 발생하지 않은 자연재해로서 작물피해율이 70% 이상 발생하여 농업용 시설물 내 전체 시설재배 버섯의 재배를 포기하는 경우
- 기상청에서 발령하고 있는 기상특보 발령지역의 기상특보 관련 재해로 인해 작물에 피해가 발생한 경우

10 계약의 소멸

① 손해를 보상하는 경우에는 그 손해액이 한 번의 사고에 대하여 보험가입금액 미만인 때에는 이 계약의 보험가입금액은 감액되지 않으며, 보험가입금액 이상인 때에는 그 손해보상의 원인이 생긴 때로부터 보험의 목적(농업용 시설물 및 버섯재배사, 부대시설)에 대한 계약은 소멸한다. 이 경우 환급보험료는 발생하지 않는다.

② 위 ①의 손해액에는 보상하는 손해의 '기타 협력비용'은 제외한다.

03 워크북으로 마무리하기

01 다음은 시설작물의 인수가능 품종에 관한 표이다. 아래 괄호에 알맞은 내용을 순서대로 쓰시오.

품목	인수가능 품종
풋고추(시설재배)	( ), ( ), ( ), ( ), ( ), ( )
호박(시설재배)	( ), ( ), ( )
토마토(시설재배)	( ), ( ), ( ), ( )
배추(시설재배)	( )
무(시설재배)	( ), ( ), ( )
파(시설재배)	( )
국화(시설재배)	( )

02 표고버섯 확장위험 담보 특별약관에 가입 중인 표고버섯작물이 자연재해나 조수해로 입은 손해를 보상 받을 수 있는 3가지 경우를 쓰시오.

03 다음은 버섯재배사, 부대시설, 시설재배 버섯에 관한 내용이다. 아래 괄호에 알맞은 내용을 순서대로 쓰시오.

(1) 버섯재배사

- 전산으로 산정된 기준 보험가입금액의 (①) 범위 내에서 결정한다.
- 전산으로 기준금액 산정이 불가능한 버섯재배사(콘크리트조, 경량철골조), 내재해형하우스, 비규격하우스는 (②)을 기초로 보험가입금액 결정한다.
  ※ 버섯재배사(콘크리트조, 경량철골조)는 m^2당 (③) 범위에서 가입금액 선택 가능하다.
- 재조달가액특약 미가입시 고지된 구조체 내용에 따라 감가율을 고려하여 (④)기준으로 결정(보험사고시 지급기준과 동일)하며, 재조달가액특약 가입시 (⑤) 기준으로 결정한다.

(2) 부대시설

- 계약자 고지사항을 기초로 보험가액을 추정하여 보험가입금액 결정한다.
- 재조달가액특약 미가입시 고지된 구조체 내용에 따라 감가율을 고려하여 (④) 기준으로 결정(보험사고시 지급기준과 동일)하며, 재조달가액특약 가입시 (⑤) 기준으로 결정한다.

(3) 시설재배 버섯

- 하우스별 연간 재배 예정인 버섯 중 (⑥)의 (⑦) 범위 내에서 계약자가 가입금액을 결정(10% 단위)한다.

04 시설작물 및 버섯작물에 적용하는 소손해면책금에 대해 약술하시오.

05 다음은 원예시설 및 시설작물의 보험기간에 관한 내용이다. 아래 괄호에 알맞은 내용을 쓰시오.

<table>
<tr><th rowspan="2">구분</th><th rowspan="2" colspan="2">보험의 목적</th><th colspan="2">보험기간</th></tr>
<tr><th>보장개시</th><th>보장종료</th></tr>
<tr><td>농업용 시설물</td><td colspan="2">단동하우스(광폭형하우스를 포함), 연동하우스 및 유리(경질판)온실의 구조체 및 피복재</td><td rowspan="4">(⑤)</td><td rowspan="4">보험증권에 기재된 (⑥)</td></tr>
<tr><td>부대시설</td><td colspan="2">모든 부대설(단, 동산시설 제외)</td></tr>
<tr><td rowspan="2">시설작물</td><td>화훼류</td><td>(①), (②), (③), (④)</td></tr>
<tr><td>비화훼류</td><td>딸기, 오이, 토마토, 참외, 풋고추, 호박, 수박, 멜론, 파프리카, 상추, 부추, 시금치, 가지, 배추, 파(대파·쪽파), 무, 미나리, 쑥갓, 감자</td></tr>
</table>

정답

01 답 : 청양고추, 오이고추, 피망, 꽈리, 하늘고추, 할라피뇨, 애호박, 주키니호박, 단호박, 방울토마토, 대추토마토, 대저토마토, 송이토마토, 안토시아닌 배추(빨간배추), 조선무, 알타리무, 열무, 실파, 거베라 끝

02 답 : ① 구조체, 피복재 등 농업용 시설물(버섯재배사)에 직접적인 피해가 발생한 경우
② 농업용 시설물(버섯재배사)에 직접적인 피해가 발생하지 않은 자연재해로서 작물피해율이 70% 이상 발생하여 농업용 시설물 내 전체 시설재배 버섯의 재배를 포기하는 경우
③ 기상청에서 발령하고 있는 기상특보 발령지역의 기상특보 관련 재해로 인해 작물에 피해가 발생한 경우 끝

03 답 : ① 90 ~ 130% ② 계약자 고지사항 ③ 5 ~ 50만 원 ④ 시가 ⑤ 재조달가액 ⑥ 생산비가 가장 높은 버섯 ⑦ 50~100% 끝

04 답 : 보장하는 재해로 1사고당 생산비보험금이 10만 원 이하인 경우 보험금이 지급되지 않고, 소손해면책금을 초과하는 경우 손해액 전액을 보험금으로 지급한다. 끝

05 답 : ① 국화, ② 장미, ③ 백합, ④ 카네이션, ⑤ 청약을 승낙하고 제1회 보험료 납입한 때, ⑥ 보험 종료일 24시 끝

제2절 농작물재해보험 상품내용(농업수입보장)

01 기출유형 확인하기

제2회 농업수입감소보장방식의 양파 품목에 있어 경작불능 보험금에 대해 쓰시오. (5점)

제3회 농업수입감소보장방식 포도 품목 캠벨얼리(노지)의 기준가격(원/kg)과 수확기가격(원/kg)을 구하고 산출식을 답란에 서술하시오. (단, 2017년 수확하는 포도를 2016년 11월에 보험가입하였고, 농가수취비율은 80.0%로 정함) (15점)

제5회 농업수입감소보장 양파 상품의 내용 중 보험금의 계산식에 관한 것이다. 다음 내용에서 ( )의 ① 용어와 ② 정의를 쓰시오. (5점)

제8회 기준가격의 계산과정과 값을 쓰시오. (5점)

수확기가격의 계산과정과 값을 쓰시오. (5점)

농업수입감소보장 보험금의 계산과정과 값을 쓰시오. (5점)

02 기본서 내용 익히기

1 농업수입보장

〈농업수입보장 주요내용〉

대상품목	• 양배추, 콩, 양파, 포도, 감자(가을재배), 고구마, 마늘
농업수입보장방식 정의	• 농업수입보장방식은 농작물의 수확량 감소나 가격 하락으로 농가 수입이 일정 수준 이하로 하락하지 않도록 보장하는 보험이다. • 기존 농작물재해보험에 농산물가격하락을 반영한 농업수입감소를 보장한다.
실제수입	• 실제수입 = (수확량 + 미보상감수량) × 최솟값(농지별 기준가격, 농지별 수확기가격)

※ 농업수입감소 보험금 산출 시 가격은 기준가격과 수확기가격 중 낮은 가격을 적용한다. 따라서 실제수입을 산정할 때 실제수확량이 평년수확량보다 적은 경우 수확기가격이 기준가격을 초과하더라도 수확량 감소에 의한 손해는 농업수입감소 보험금으로 지급 가능하다.

〈보험사업 실시지역 및 판매 기간〉

품목	사업지역	판매기간
고구마	경기(여주, 이천), 전남(해남, 영암), 충남(당진, 아산)	4~6월
콩	강원(정선), 전북(김제), 전남(무안), 경북(문경), 제주(서귀포, 제주), 경기(파주)	6~7월
양배추	제주(서귀포, 제주)	8~9월
감자(가을재배)	전남(보성)	8~9월
마늘	전남(고흥), 경북(의성), 경남(창녕), 충남(서산, 태안), 제주(서귀포, 제주)	10~11월
양파	전남(함평, 무안), 전북(익산), 경북(청도), 경남(창녕, 합천)	10~11월
포도	경기(가평, 화성), 경북(상주, 영주, 영천, 경산)	11~12월

1 보상하는 재해 및 가격하락

가입대상 품목	보상하는 재해 및 가격하락
포도	자연재해, 조수해, 화재, 가격하락 (비가림시설 화재의 경우, 특약 가입시 보상)
마늘, 양파, 고구마, 양배추, 콩	자연재해, 조수해, 화재, 가격하락
감자(가을재배)	자연재해, 조수해, 화재, 병충해, 가격하락

① 자연재해 : 태풍피해, 우박피해, 동상해, 호우피해, 강풍피해, 한해(가뭄피해), 냉해, 조해(潮害), 설해, 폭염, 기타 자연재해

② 조수해(鳥獸害) : 새나 짐승으로 인하여 발생하는 손해

③ 화재 : 화재로 인한 피해

④ 가격하락 : 기준가격보다 수확기 가격이 하락하여 발생하는 피해

⑤ 병충해 : 병 또는 해충으로 인하여 발생하는 피해(감자(가을재배)만 해당)

구분	내용
병해	역병, 갈쭉병, 모자이크병, 무름병, 둘레썩음병, 가루더뎅이병, 잎말림병, 홍색부패병, 시들음병, 마른썩음병, 풋마름병, 줄기검은병, 더뎅이병, 균핵병, 검은무늬썩음병, 줄기기부썩음병, 반쪽시들음병, 흰비단병, 잿빛곰팡이병, 탄저병, 겹둥근무늬병, 기타
충해	감자뿔나방, 진딧물류, 아메리카잎굴파리, 방아벌레류, 오이총채벌레, 뿌리혹선충, 파밤나방, 큰28점박이무당벌레, 기타

2 보상하지 않는 손해

(1) 포도 품목 외

- 계약자, 피보험자 또는 이들의 법정대리인의 고의 또는 중대한 과실로 인한 손해
- 수확기에 계약자 또는 피보험자의 고의 또는 중대한 과실로 수확하지 못하여 발생한 손해
- 제초작업, 시비 관리 등 통상적인 영농활동을 하지 않아 발생한 손해
- 원인의 직·간접을 묻지 않고 병해충으로 발생한 손해. 다만, 감자(가을재배)는 제외
- 보상하지 않는 재해로 제방, 댐 등이 붕괴되어 발생한 손해
- 하우스, 부대시설 등의 노후 및 하자로 생긴 손해
- 계약체결 시점(단, 계약체결 이후 파종 또는 정식시, 파종 또는 정식시점) 현재 기상청에서 발령하고 있는 기상특보 발령 지역의 기상특보 관련 재해로 인한 손해
- 보상하는 재해에 해당하지 않은 재해로 발생한 손해
- 개인 또는 법인의 행위가 직접적인 원인이 되어 수확기가격이 하락하여 발생한 손해
- 저장성 약화 또는 저장, 건조 및 유통 과정 중에 나타나거나 확인된 손해 저장3
- 전쟁, 혁명, 내란, 사변, 폭동, 소요, 노동쟁의, 기타 이들과 유사한 사태로 생긴 손해

(2) 포도 품목

- 계약자, 피보험자 또는 이들의 법정대리인의 고의 또는 중대한 과실
- 자연재해, 조수해가 발생했을 때 생긴 도난 또는 분실로 생긴 손해 실2
- 보험의 목적의 노후 및 하자로 생긴 손해
- 보상하지 않는 재해로 제방, 댐 등이 붕괴되어 발생한 손해
- 침식활동 및 지하수로 인한 손해
- 수확기에 계약자 또는 피보험자의 고의 또는 중대한 과실로 시설재배 농작물을 수확하지 못하여 발생한 손해
- 제초작업, 시비관리 등 통상적인 영농활동을 하지 않아 발생한 손해
- 원인의 직접·간접을 묻지 않고 병해충으로 발생한 손해
- 계약체결 시점 현재 기상청에서 발령하고 있는 기상특보 발령 지역의 기상특보 관련 재해로 인한 손해
- 전쟁, 내란, 폭동, 소요, 노동쟁의 등으로 인한 손해
- 보상하는 재해에 해당하지 않은 재해로 발생한 손해
- 직접 또는 간접을 묻지 않고 보험의 목적인 농업용 시설물의 시설, 수리, 철거 등 관계법령(국가 및 지방자치단체의 명령 포함)의 집행으로 발생한 손해
- 피보험자가 파손된 보험의 목적의 수리 또는 복구를 지연함으로써 가중된 손해
- 개인 또는 법인의 행위가 직접적인 원인이 되어 수확기가격이 하락하여 발생한 손해

3 보험기간

보장	보험의 목적	대상재해	보험기간	
			보장개시	보장종료
재파종 보장	마늘	자연재해, 조수해, 화재	계약체결일 24시	판매개시연도 10월 31일
재정식 보장	양배추	자연재해, 조수해, 화재	정식완료일 24시 다만, 보험계약시 정식완료일이 경과한 경우에는 계약체결일 24시이며 정식 완료일은 판매개시연도 9월 30일을 초과할 수 없음	재정식 종료 시점 다만, 판매개시연도 10월 15일을 초과할 수 없음
경작불능 보장	콩	자연재해, 조수해, 화재	계약체결일 24시	종실비대기 전
	감자 (가을재배)	자연재해, 조수해, 화재, 병충해	파종완료일 24시 다만, 보험계약시 파종완료일이 경과한 경우에는 계약체결일 24시	수확개시 시점
	양배추	자연재해, 조수해, 화재	정식완료일 24시 다만, 보험계약시 정식완료일이 경과한 경우에는 계약체결일 24시이며 정식 완료일은 판매개시연도 9월 30일을 초과할 수 없음	
	마늘 양파 고구마	자연재해, 조수해, 화재	계약체결일 24시	

보장	보험의 목적	대상재해	보험기간	
			보장개시	보장종료
농업수입 감소보장	마늘 양파 고구마 콩	자연재해, 조수해, 화재	계약체결일 24시	수확기종료 시점 다만, 아래 날짜를 초과할 수 없음 - 콩 : 판매개시연도 11월 30일 - 양파, 마늘 : 이듬해 6월 30일 - 고구마 : 판매개시연도 10월 31일
	감자 (가을재배)	자연재해, 조수해, 화재, 병충해	파종완료일 24시 다만, 보험계약시 파종완료일이 경과한 경우에는 계약체결일 24시	수확기종료 시점 다만, 판매개시연도 11월 30일을 초과할 수 없음
	양배추	자연재해, 조수해, 화재	정식완료일 24시 다만, 보험계약시 정식완료일이 경과한 경우에는 계약체결일 24시이며 판매개시연도 정식완료일은 9월 30일을 초과할 수 없음	수확기종료 시점 다만, 아래의 날짜를 초과할 수 없음 - 극조생, 조생 : 이듬해 2월 28일 - 중생 : 이듬해 3월 15일 - 만생 : 이듬해 3월 31일

보장	보험의 목적	대상재해	보험기간	
			보장개시	보장종료
농업수입 감소보장	마늘 양파 고구마 콩	가격하락	계약체결일 24시	수확기가격 공시시점
	감자 (가을재배)		파종완료일 24시 다만, 보험계약시 파종 완료일이 경과한 경우에는 계약체결일 24시	
	양배추		정식완료일 24시 다만, 보험계약시 정식완료일이 경과한 경우에는 계약체결일 24시이며 정식 완료일은 판매개시연도 9월 30일을 초과할 수 없음	
	포도	자연재해, 조수해, 화재	계약체결일 24시	수확기종료 시점 다만, 이듬해 10월 10일을 초과할 수 없음
		가격하락	계약체결일 24시	수확기가격 공시시점
	비가림 시설	자연재해, 조수해	계약체결일 24시	이듬해 10월 10일
화재 위험보장 (특별약관)	비가림 시설	화재	계약체결일 24시	이듬해 10월 10일
나무 손해보장 (특별약관)	포도	자연재해, 조수해, 화재	판매개시연도 12월 1일 다만, 12월 1일 이후 보험에 가입하는 경우에는 계약체결일 24시	이듬해 11월 30일

보장	보험의 목적	대상재해	보험기간	
			보장개시	보장종료
수확량 감소 추가보장 (특별약관)	포도	자연재해, 조수해, 화재	계약체결일 24시	수확기종료 시점 다만, 10월 10일을 초과할 수 없음

※ "판매개시연도"는 해당 품목 판매개시일이 속하는 연도를 말하며, "이듬해"는 판매개시연도의 다음 연도를 말한다.

4 보험가입금액

보험가입금액 = 가입수확량 × 기준(가입)가격 (천 원 단위 절사)

5 보험료

(1) 보험료의 구성

영업보험료 = 순보험료 + 부가보험료

순보험료	지급보험금의 재원이 되는 보험료
부가보험료	보험회사의 경비 등으로 사용되는 보험료
정부보조보험료	순보험료의 50%와 부가보험료의 100%를 지원한다.
지자체지원보험료	지자체별로 지원금액(비율)을 결정한다.

(2) 보험료의 산출

〈농업수입감소보장 보통약관 적용보험료〉
보통약관 보험가입금액 × 지역별 보통약관 영업요율 × (1 ± 손해율에 따른 할인·할증률) × (1 − 방재시설할인율)

※ 고구마 품목의 경우 방재시설할인율 미적용

※ 손해율에 따른 할인·할증은 계약자를 기준으로 판단

※ 손해율에 따른 할인·할증폭은 −30% ~ +50%로 제한

(3) 보험료의 환급

① 이 계약이 무효, 효력상실 또는 해지된 때에는 다음과 같이 보험료를 반환한다.

구분	내용
계약자 또는 피보험자의 책임 없는 사유에 의하는 경우	• 무효의 경우에는 납입한 계약자부담보험료의 전액, 효력상실 또는 해지의 경우에는 해당 월 미경과비율에 따라 아래와 같이 '환급보험료'를 계산한다. 환급보험료 = 계약자부담보험료 × 미경과비율 ※ 계약자부담보험료는 최종 보험가입금액 기준으로 산출한 보험료 중 계약자가 부담한 금액
계약자 또는 피보험자의 책임 있는 사유에 의하는 경우	• 계산한 해당 월 미경과비율에 따른 환급보험료. 다만 계약자, 피보험자의 고의 또는 중대한 과실로 무효가 된 때에는 보험료를 반환하지 않는다.

② 계약자 또는 피보험자의 책임 있는 사유라 함은 다음 각 호를 말한다.

- 계약자 또는 피보험자가 임의해지하는 경우
- 사기에 의한 계약, 계약의 해지(계약자 또는 피보험자의 고의로 손해가 발생한 경우나, 고지의무·통지의무 등을 해태한 경우의 해지를 말한다.) 또는 중대사유로 인한 해지에 따라 계약을 취소 또는 해지하는 경우
- 보험료 미납으로 인한 계약의 효력상실

③ 계약의 무효, 효력상실 또는 해지로 인하여 반환해야 할 보험료가 있을 때에는 계약자는 환급금을 청구하여야 하며, 청구일의 다음 날부터 지급일까지의 기간에 대하여 '보험개발원이 공시하는 보험계약대출이율'을 연단위 복리로 계산한 금액을 더하여 지급한다.

6 보험금

(1) 포도

보장	보험의 목적	보험금 지급사유	보험금 계산(지급금액)
농업수입 감소보장 (보통약관)	포도	보상하는 재해로 피해율이 자기부담비율을 초과하는 경우	보험가입금액 × (피해율 − 자기부담비율) ※ 피해율 = (기준수입 − 실제수입) ÷ 기준수입 ※ 기준수입 = 평년수확량 × 기준가격 ※ 실제수입 = (수확량 + 미보상감수량) × 최솟값(농지별 기준가격, 농지별 수확기가격)
	비가림시설	자연재해, 조수해로 인하여 비가림시설에 손해가 발생한 경우	Min(손해액 − 자기부담금, 보험가입금액) ※ 자기부담금 : 최소자기부담금(30만 원)과 최대자기부담금(100만 원)을 한도로 보험사고로 인하여 발생한 손해액(비가림시설)의 10%에 해당하는 금액. 다만, 피복재단독 사고는 최소자기부담금(10만 원)과 최대자기부담금(30만 원)을 한도로 함(단, 화재손해는 자기부담금 적용하지 않음) ※ 자기부담금은 단지 단위, 1사고 단위로 적용함
화재위험 보장 (특별약관)	비가림시설	화재로 인하여 비가림시설에 손해가 발생한 경우	
나무손해 보장 (특별약관)	포도	보상하는 재해로 나무에 자기부담비율을 초과하는 손해가 발생한 경우	보험가입금액 × (피해율 − 자기부담비율) ※ 피해율 = 피해주수(고사된 나무) ÷ 실제결과주수 ※ 자기부담비율은 5%로 함
수확량감소 추가보장 (특별약관)	포도	보상하는 재해로 피해율이 자기부담비율을 초과하는 경우	보험가입금액 × (피해율 × 10%) ※ 피해율 = (평년수확량 − 수확량 − 미보상감수량) ÷ 평년수확량

보충자료

1. 포도

- 포도의 경우, 실제수입은 수확기에 조사한 수확량(조사를 실시하지 않은 경우 평년수확량)과 미보상감수량의 합에 기준가격과 수확기가격 중 작은 값을 곱하여 산출하며, 착색불량된 송이는 상품성 저하로 인한 손해로 보아 감수량에 포함되지 않는다.
- 보상하는 재해로 보험의 목적에 손해가 생긴 경우에도 불구하고 계약자 또는 피보험자의 고의로 수확기에 수확량조사를 하지 못하여 수확량을 확인할 수 없는 경우에는 농업수입감소보험금을 지급하지 않는다.

2. 비가림시설

- 손해액은 그 손해가 생긴 때와 곳에서의 가액에 따라 계산한다.
- 1사고마다 재조달가액 기준으로 계산한 손해액에서 자기부담금을 차감한 금액을 보험가입금액 한도 내에서 보상한다.
- 보험의 목적이 손해를 입은 장소에서 실제로 수리 또는 복구되지 않은 때에는 재조달가액에 의한 보상을 하지 않고 시가(감가상각된 금액)로 보상한다.

(2) 양배추, 콩, 양파, 감자(가을재배), 고구마, 마늘

보장	보험의 목적	보험금 지급사유	보험금 계산(지급금액)
재파종보장 (보통약관)	마늘	보상하는 재해로 10a당 출현주수가 30,000주보다 작고, 10a당 30,000주 이상으로 재파종한 경우	보험가입금액 × 35% × 표준출현피해율 ※ 표준출현피해율(10a 기준) = (30,000 − 출현주수) ÷ 30,000
재정식보장 (보통약관)	양배추	보상하는 재해로 면적피해율이 자기부담비율을 초과하고 재정식한 경우	보험가입금액 × 20% × 면적피해율 ※ 면적피해율 = 피해면적 ÷ 보험가입면적
경작불능보장 (보통약관)	마늘, 양파, 감자(가을재배), 콩, 고구마, 양배추	보상하는 재해로 식물체 피해율이 65% 이상이고, 계약자가 경작불능보험금을 신청한 경우	보험가입금액 × 일정비율 ※ 일정비율은 자기부담비율에 따른 특정비율 ※ 식물체 피해율 = 식물체가 고사한 면적 ÷ 보험가입면적

보장	보험의 목적	보험금 지급사유	보험금 계산(지급금액)
농업수입감소보장 (보통약관)	마늘, 양파, 감자(가을재배), 콩, 고구마, 양배추	보상하는 재해로 피해율이 자기부담비율을 초과하는 경우	보험가입금액 × (피해율 − 자기부담비율) ※ 피해율 = (기준수입 − 실제수입) ÷ 기준수입 ※ 기준수입 = 평년수확량 × 기준가격 ※ 실제수입 = (수확량 + 미보상감수량) × 최솟값(농지별 기준가격, 농지별 수확기가격)

※ 경작불능보험금은 보험목적물이 산지폐기 된 것을 확인한 후 지급되며, 지급된 때에는 그 손해보상의 원인이 생긴 때로부터 해당 농지에 대한 보험계약은 소멸한다.

※ 보상하는 재해로 보험의 목적에 손해가 생긴 경우에도 불구하고 계약자 또는 피보험자의 고의로 수확기에 수확량조사를 하지 못하여 수확량을 확인할 수 없는 경우에는 농업수입감소 보험금을 지급하지 않는다.

〈자기부담비율에 따른 경작불능 보험금〉

자기부담비율	경작불능 보험금
20%형	보험가입금액의 40%
30%형	보험가입금액의 35%
40%형	보험가입금액의 30%

7 자기부담비율

보험사고로 인하여 발생한 손해에 대하여 계약자 또는 피보험자가 부담하는 일정 비율(금액)로 자기부담비율(금) 이하의 손해는 보험금이 지급되지 않는다.

(1) 수입감소보장 자기부담비율

① 보험계약 시 계약자가 선택한 비율 : 20%, 30%, 40%

② 20%형, 30%형, 40%형 : 제한 없음

8 가격 조항

기준가격과 수확기가격은 농림축산식품부의 농업수입보장보험 사업시행지침에 따라 산출한다.

(1) 콩

1) 기준가격과 수확기가격의 산출

기준가격과 수확기가격은 콩의 용도 및 품종에 따라 장류 및 두부용(백태), 밥밑용(서리태), 밥밑용(흑태 및 기타), 나물용으로 구분하여 산출한다.

2) 가격산출을 위한 기초통계와 기초통계 기간은 다음과 같다.

용도	품종	기초통계	기초통계 기간
장류 및 두부용	전체	서울 양곡도매시장의 백태(국산) 가격	수확연도 11월 1일부터 익년 1월 31일까지
밥밑용	서리태	서울 양곡도매시장의 서리태 가격	
	흑태 및 기타	서울 양곡도매시장의 흑태 가격	
나물용	전체	사업 대상 시·군의 지역농협의 평균 수매가격	

3) 기준가격의 산출

장류 및 두부용, 밥밑용	• 서울 양곡도매시장의 연도별 중품과 상품 평균가격의 보험가입 직전 5년 올림픽 평균값에 농가수취비율을 곱하여 산출한다. • 평균가격 산정시 중품 및 상품 중 어느 하나의 자료가 없는 경우, 있는 자료만을 이용하여 평균가격을 산정한다. 양곡 도매시장의 가격이 존재하지 않는 경우, 전국 지역농협의 평균 수매가격을 활용하여 산출한다. ※ 올림픽 평균 : 연도별 평균가격 중 최대값과 최소값을 제외하고 남은 값들의 산술평균 ~~4000~~, 2700, 3300, 3000, ~~2000~~ (2,700 + 3,300 + 3,000) ÷ 3 = 3,000 ※ 농가수취비율 : 도매시장 가격에서 유통비용 등을 차감한 농가수취가격이 차지하는 비율로 사전에 결정된 값 • 연도별 평균가격은 연도별 기초통계 기간의 일별 가격을 평균하여 산출한다.
나물용	• 사업대상 시·군의 지역농협의 보험가입 직전 5년 연도별 평균 수매가를 올림픽 평균하여 산출한다. • 연도별 평균 수매가는 지역농협별 수매량과 수매금액을 각각 합산하고, 수매금액의 합계를 수매량 합계로 나누어 산출한다.

4) 수확기 가격의 산출

장류 및 두부용, 밥밑용	• 수확연도의 기초통계기간 동안 서울 양곡도매시장 중품과 상품 평균가격에 농가수취비율의 최근 5년간 올림픽 평균값을 곱하여 산출한다. • 양곡 도매시장의 가격이 존재하지 않는 경우, 전국 지역농협의 평균 수매가격을 활용하여 산출한다.
나물용	• 기초통계 기간 동안 사업대상 시·군 지역농협의 평균 수매가격으로 한다.

5) 하나의 농지에 2개 이상 용도(또는 품종)의 콩이 식재된 경우에는 기준가격과 수확기 가격을 해당 용도(또는 품종)의 면적의 비율에 따라 가중 평균하여 산출한다.

밭밑용 500m² 기준가격 1,000원	나물용 1,500m² 기준가격 1,100원

$$\text{가중평균 기준가격} = 1{,}000 \times \frac{500}{(500 + 1{,}500)} + 1{,}100 \times \frac{1{,}500}{(500 + 1{,}500)} = 1{,}075\text{원}$$

(2) 양파

1) 기준가격과 수확기 가격의 산출

기준가격과 수확기 가격은 보험에 가입한 양파 품종의 숙기에 따라 조생종, 중만생종으로 구분하여 산출한다.

2) 가격산출을 위한 기초통계와 기초통계 기간은 아래와 같다.

가격 구분	기초통계	기초통계 기간
조생종	서울시농수산식품공사 가락도매시장 가격	4월 1일부터 5월 10일까지
중만생종		6월 1일부터 7월 10일까지

3) 기준가격의 산출

① 서울시농수산식품공사 가락도매시장 연도별 중품과 상품 평균가격의 보험가입 직전 5년 올림픽 평균값에 농가수취비율을 곱하여 산출한다.

② 연도별 평균가격은 연도별 기초통계 기간의 일별 가격을 평균하여 산출한다.

4) 수확기 가격의 산출

가격 구분별 기초통계 기간 동안 서울시농수산식품공사의 가락도매시장 중품과 상품 평균가격에 농가수취비율의 최근 5년간 올림픽 평균값을 곱하여 산출한다.

(3) 고구마

1) 기준가격과 수확기 가격의 산출

기준가격과 수확기 가격은 고구마의 품종에 따라 호박고구마, 밤고구마로 구분하여 산출한다.

2) 가격산출을 위한 기초통계와 기초통계 기간은 아래와 같다.

품종	기초통계	기초통계 기간
밤고구마	서울시농수산식품공사 가락도매시장 가격	8월 1일부터 9월 30일까지
호박고구마		

3) 기준가격의 산출

① 서울시농수산식품공사 가락도매시장의 연도별 중품과 상품 평균가의 보험가입 직전 5년 올림픽 평균값에 농가수취비율을 곱하여 산출한다.

② 연도별 평균가격은 연도별 기초통계 기간의 일별 가격을 평균하여 산출한다.

4) 수확기 가격의 산출

① 수확연도의 서울농수산식품공사 가락도매시장의 중품과 상품 평균가격에 농가수취비율을 곱하여 산출한다.

② 하나의 농지에 2개 이상 용도(또는 품종)의 고구마가 식재된 경우 기준가격과 수확기 가격을 해당 용도(또는 품종)의 면적의 비율에 따라 가중평균하여 산출한다.

(4) 감자(가을재배)

1) 기준가격과 수확기 가격의 산출

기준가격과 수확기 가격은 보험에 가입한 감자(가을재배) 품종 중 대지마를 기준으로 하여 산출한다.

2) 가격산출을 위한 기초통계와 기초통계 기간은 아래와 같다.

구분	기초통계	기초통계 기간
대지마	서울시농수산식품공사 가락도매시장 가격	12월 1일부터 1월 31일까지

3) 기준가격의 산출

① 서울시농수산식품공사 가락도매시장의 연도별 중품과 상품 평균가격의 보험가입 직전 5년 올림픽 평균값에 농가수취비율을 곱하여 산출한다.

② 연도별 평균가격은 연도별 기초통계 기간의 일별 가격을 평균하여 산출한다.

4) 수확기 가격의 산출

수확연도의 서울농수산식품공사 가락도매시장의 중품과 상품 평균가격에 농가수취 비율을 곱하여 산출한다.

(5) 마늘

1) 기준가격과 수확기 가격의 산출

기준가격과 수확기 가격은 보험에 가입한 마늘 품종에 따라 난지형(대서종, 남도종)과 한지형으로 구분하여 산출한다.

2) 가격산출을 위한 기초통계와 기초통계 기간은 아래와 같다.

구분		기초통계	기초통계 기간
난지형	대서종	사업대상 시·군 지역농협의 수매가격 ※ 지역농협 : 농협경제지주에 수매정보 등이 존재하는 지역농협	7월 1일부터 8월 31일까지
	남도종		전남지역 : 6월 1일부터 7월 31일까지 제주지역 : 5월 1일부터 6월 30일까지
한지형			7월 1일부터 8월 31일까지

3) 기준가격의 산출

① 기초통계의 연도별 평균값의 보험가입 직전 5년(가입년도 포함) 올림픽 평균값으로 산출한다.

② 연도별 평균값은 연도별 기초통계 기간의 일별 가격을 평균하여 산출한다.

4) 수확기 가격의 산출

위 2)에서 정한 기초통계의 수확연도의 평균값으로 산출한다.

(6) 양배추

1) 기준가격과 수확기 가격의 산출

기준가격과 수확기 가격은 보험에 가입한 양배추를 기준으로 하여 산출한다.

2) 가격산출을 위한 기초통계와 기초통계 기간은 아래와 같다.

가격 구분	기초통계	기초통계 기간
양배추	서울시농수산식품공사 가락도매시장 가격	2월 1일부터 3월 31일까지

3) 기준가격의 산출

① 서울시농수산식품공사 가락도매시장 연도별 중품과 상품 평균가격의 보험가입 직전 5년 올림픽평균값에 농가수취비율을 곱하여 산출한다.

② 연도별 평균가격은 연도별 기초통계 기간의 일별 가격을 평균하여 산출한다.

4) 수확기 가격의 산출

수확연도의 서울시농수산식품공사의 가락도매시장 중품과 상품 평균 가격에 농가수취비율을 곱하여 산출한다.

(7) 포도

1) 기준가격과 수확기 가격의 산출

기준가격과 수확기 가격은 보험에 가입한 포도 품종과 시설재배 여부에 따라 캠벨얼리(시설), 캠벨얼리(노지), 거봉(시설), 거봉(노지), MBA 및 델라웨어, 샤인머스켓(시설), 샤인머스켓(노지)로 구분하여 산출한다.

2) 가격산출을 위한 기초통계와 기초통계 기간은 아래와 같다.

가격 구분	기초통계	기초통계 기간
캠벨얼리(시설)	서울시 농수산식품공사 가락도매시장 가격	6월 1일부터 7월 31일까지
캠벨얼리(노지)		9월 1일부터 10월 31일까지
거봉(시설)		6월 1일부터 7월 31일까지
거봉(노지)		9월 1일부터 10월 31일까지
MBA		9월 1일부터 10월 31일까지
델라웨어		5월 21일부터 7월 20일까지
샤인머스켓(시설)		8월 1일부터 8월 31일까지
샤인머스켓(노지)		9월 1일부터 10월 31일까지

3) 기준가격의 산출

① 서울시농수산식품공사 가락도매시장 연도별 중품과 상품 평균가격의 보험가입 직전 5년(가입연도 포함) 올림픽평균값에 농가수취비율을 곱하여 산출한다.

② 연도별 평균가격은 연도별 기초통계 기간의 일별 가격을 평균하여 산출한다.

4) 수확기 가격의 산출

가격 구분별 기초통계기간 동안 서울시농수산식품공사 가락도매시장 중품과 상품 평균가격에 농가수취비율의 최근 5년간 올림픽 평균값을 곱하여 산출한다.

5) 위 2)의 가격구분 이외 품종의 가격은 가격 구분에 따라 산출된 가격 중 가장 낮은 가격을 적용한다.

9 특별약관

(1) 비가림시설 화재위험보장 특별약관(포도)

보험의 목적인 비가림시설에 화재로 입은 손해를 보상한다.

(2) 종합위험 나무손해보장 특별약관(포도)

보상하는 재해(자연재해, 조수해(鳥獸害), 화재)으로 보험의 목적인 나무에 피해를 입은 경우 동 특약에서 정한 바에 따라 피해율이 자기부담비율을 초과하는 경우 아래와 같이 계산한 보험금을 지급한다.

보험금 = 보험가입금액 × (피해율 − 자기부담비율)
※ 피해율 = 피해주수(고사된 나무) ÷ 실제결과주수
※ 자기부담비율은 5%로 한다.

(3) 수확량감소 추가보장 특별약관(포도)

보상하는 재해로 피해가 발생한 경우 동 특약에서 정한 바에 따라 피해율이 자기부담비율을 초과하는 경우 아래와 같이 계산한 보험금을 지급한다.

보험금 = 보험가입금액 × (피해율 × 10%)
※ 피해율 = (평년수확량 − 수확량 − 미보상감수량) ÷ 평년수확량

(4) 농작물 부보장 특별약관(포도)

보상하는 재해에도 불구하고 동 특약에 따라 농작물에 입은 손해를 보상하지 않는다.

(5) 비가림시설 부보장 특별약관(포도)

보상하는 재해에도 불구하고 동 특약에 따라 비가림시설에 입은 손해를 보상하지 않는다.

03 워크북으로 마무리하기

01 **다음은 농업수입보장 상품 콩의 기준가격과 수확기 가격 산출에 관한 내용이다. 아래 빈칸에 알맞은 내용을 순서대로 쓰시오.**

(1) 기초통계 자료

용도	품종	기초통계	기초통계 기간
장류 및 두부용	전체	(①)	수확연도 11월 1일부터 (③)까지
밥밑용	서리태	서울 양곡도매시장의 서리태 가격	
	흑태 및 기타	서울 양곡도매시장의 흑태 가격	
나물용	전체	(②)	

(2) 기준가격의 산출

1) 장류 및 두부용, 밥밑용

- 서울 양곡도매시장의 연도별 중품과 상품 평균가격의 보험가입 직전 5년 (④)에 (⑤)을 곱하여 산출한다.
- 평균가격 산정시 중품 및 상품 중 어느 하나의 자료가 없는 경우, 있는 자료만을 이용하여 평균가격을 산정한다. 양곡 도매시장의 가격이 존재하지 않는 경우, (⑥)의 평균 수매가격을 활용하여 산출한다.

2) 나물용

- (⑦)의 보험가입 직전 5년 연도별 평균 수매가를 올림픽 평균하여 산출한다.
- 연도별 평균 수매가는 지역농협별 수매량과 수매금액을 각각 합산하고, 수매금액의 합계를 수매량 합계로 나누어 산출한다.

(3) 수확기 가격의 산출

1) 장류 및 두부용, 밥밑용

- 수확연도의 기초 통계기간 동안 서울 양곡도매시장 중품과 상품 평균가격에 (⑤)의 최근 5년간 올림픽 평균값을 곱하여 산출한다. 양곡 도매시장의 가격이 존재하지 않는 경우, (⑥)의 평균 수매가격을 활용하여 산출한다.

2) 나물용

- 기초통계 기간 동안 (⑦)의 평균 수매가격으로 한다.

(4)

- 하나의 농지에 2개 이상 용도(또는 품종)의 콩이 식재된 경우에는 기준가격과 수확기 가격을 해당 용도(또는 품종)의 면적의 비율에 따라 (⑧)하여 산출한다.

정답

01 답 : ① 서울 양곡도매시장의 백태(국산) 가격 ② 사업 대상 시·군의 지역농협의 평균 수매가격 ③ 익년 1월 31일 ④ 올림픽 평균값 ⑤ 농가수취비율 ⑥ 전국지역농협 ⑦ 사업 대상 시·군의 지역농협 ⑧ 가중평균 끝

제3절 계약 관리

01 기출유형 확인하기

제1회 다음은 보험가입 거절 사례이다. 농작물재해보험 가입이 거절된 사유를 보험가입자격과 인수제한과수원 기준으로 모두 서술하시오. (15점)

다음 사례를 읽고 농작물재해보험 업무방법에서 정하는 기준에 따라 인수가능 여부와 해당 사유를 서술하시오. (15점)

제2회 다음과 같이 4개의 사과 과수원을 경작하고 있는 A씨가 특정위험방식 보험상품에 가입하고자 할 경우, 계약인수단위 규정에 따라 보험가입이 가능한 과수원 구성과 그 이유를 쓰시오. (5점)

다음의 조건으로 농업용 시설물 및 시설작물을 종합위험방식 원예시설보험에 가입하려고 하였으나 거절되었다. 그 이유를 쓰시오. (5점)

농업수입감소보장방식의 양파 품목에 있어 인수제한농지(10개 이상)를 쓰시오. (10점)

제8회 인수심사의 인수제한 목적물에 관한 내용이다. (　)에 들어갈 내용을 쓰시오. (5점)

제9회 종합위험 밭작물(생산비보장) 고추 품목의 인수제한 목적물에 대한 내용이다. 다음 각 농지별 보험 가입 가능 여부를 "가능" 또는 "불가능"으로 쓰고, 불가능한 농지는 그 사유를 쓰시오. (15점)

02 기본서 내용 익히기

1 계약인수

1 보험가입지역

과수 4종(사과·배·단감·떫은감), 포도, 복숭아, 자두, 밤, 참다래, 대추, 매실, 감귤, 벼, 마늘, 양파, 고추, 감자(가을재배), 고구마, 옥수수, 콩, 원예시설(시설감자 제외), 버섯, 인삼 : 전국

오미자	경북(문경, 상주, 예천), 충북(단양), 전북(장수), 경남(거창), 강원(인제)
유자	전남(고흥, 완도, 진도), 경남(거제, 통영, 남해)
오디	전북, 전남, 경북(상주, 안동)
복분자	전북(고창, 정읍, 순창), 전남(함평, 담양, 장성)
무화과	전남(영암, 신안, 목포, 무안, 해남)
살구	경북(영천)
호두	경북(김천)
밀	전북, 전남, 경남, 충남, 광주광역시
보리	전북(김제, 군산), 전남(해남, 보성), 경남(밀양)
감자	**〈봄재배〉** 경북, 충남, **〈고랭지재배〉** 강원, **〈시설재배〉** 전북(김제, 부안)
양배추, 브로콜리, 당근	제주(서귀포, 제주)
차(茶)	전남(보성, 광양, 구례), 경남(하동)
팥	강원(횡성), 전남(나주), 충남(천안)
메밀	전남, 제주(서귀포, 제주)
단호박	경기, 제주(제주)
배추	**〈고랭지재배〉** 강원(평창, 정선, 삼척, 태백, 강릉), **〈가을재배〉** 전남(해남), 충북(괴산), 경북(영양), **〈월동〉** 전남(해남)

무	**〈고랭지재배〉** 강원(홍천, 정선, 평창, 강릉), **〈월동〉** 제주(서귀포, 제주)
파	**〈대파〉** 전남(진도, 신안, 영광), 강원(평창), **〈쪽파·실파〉** 1형 – 충남(아산), 전남(보성), 2형 – 충남(아산)
시금치(노지)	전남(신안), 경남(남해)
귀리	전남(강진, 해남)
양상추	강원(횡성, 평창)
농업수입보장 포도	경기(화성, 가평), 경북(상주, 영주, 영천, 경산)
농업수입보장 마늘	전남(고흥), 경북(의성), 경남(창녕), 충남(서산, 태안), 제주(서귀포, 제주)
농업수입보장 양파	전남(무안, 함평), 전북(익산), 경남(창녕, 합천), 경북(청도)
농업수입보장 감자(가을재배)	전남(보성)
농업수입보장 고구마	경기(여주, 이천), 전남(영암, 해남), 충남(당진, 아산)
농업수입보장 양배추	제주(서귀포, 제주)
농업수입보장 콩	강원(정선), 경기(파주), 전북(김제), 전남(무안), 경북(문경), 제주(서귀포, 제주)

2 보험가입기준

(1) **과수 품목** : 사과·배·단감·떫은감(과수4종), 감귤(온주밀감류, 만감류), 포도(수입보장 포함), 복숭아, 자두, 살구, 유자, 오미자, 무화과, 오디, 복분자, 대추, 밤, 호두, 매실, 참다래

1) 계약인수

① 계약인수는 과수원 단위로 가입하고 개별 과수원당 최저 보험가입금액은 200만 원이다.

② 단, 하나의 리, 동에 있는 각각 보험가입금액 200만 원 미만의 두 개의 과수원은 하나의 과수원으로 취급하여 계약 가능하다(단, 2개 과수원 초과 구성 가입은 불가함).

※ 2개의 과수원(농지)을 합하여 인수한 경우 1개의 과수원(농지)으로 보고 손해평가를 한다.

2) 과수원 구성 방법

① 과수원이라 함은 한 덩어리의 토지의 개념으로 필지(지번)와는 관계없이 실제 경작하는 단위이므로 한 덩어리 과수원이 여러 필지로 나누어져 있더라도 하나의 농지로 취급한다.

② 계약자 1인이 서로 다른 2개 이상 품목을 가입하고자 할 경우에는 별개의 계약으로 각각 가입·처리하며, 개별과수원을 가입하고자 하는 경우 동일 증권 내 각각의 목적물로 가입·처리한다.

③ 사과 품목의 경우, 알프스오토메, 루비에스 등 미니사과 품종을 심은 경우에는 별도 과수원으로 가입·처리한다.

④ 감귤(온주밀감류,만감류) 품목의 경우, 계약자 1인이 온주밀감류와 만감류를 가입하고자 하는 경우 각각의 과수원 및 해당 상품으로 가입한다.

⑤ 대추 품목의 경우, 사과대추 가입가능 지역에서 계약자 1인이 재래종과 사과대추를 가입하고자 할 때는 각각의 과수원으로 가입한다.

⑥ 포도, 대추, 참다래의 비가림시설은 단지 단위로 가입(구조체 + 피복재)하고 최소 가입면적은 $200m^2$이다.

⑦ 과수원 전체를 벌목하여 새로운 유목을 심은 경우에는 신규 과수원으로 가입·처리한다.

⑧ 농협은 농협 관할구역에 속한 과수원에 한하여 인수할 수 있으며, 계약자가 동일한 관할구역 내에 여러 개의 과수원을 경작하고 있는 경우에는 하나의 농협에 가입하는 것이 원칙이다.

(2) 논작물 품목 : 벼, 조사료용 벼, 밀, 보리, 귀리

1) 계약인수

가) 벼, 밀, 보리, 귀리의 경우

- 벼, 밀, 보리, 귀리의 경우, 계약인수는 농지 단위로 가입하고 개별 농지당 최저 보험가입금액은 50만 원이다.
- 단, 가입금액 50만 원 미만의 농지라도 인접 농지의 면적과 합하여 50만 원 이상이 되면 통합하여 하나의 농지로 가입할 수 있다.

- 벼의 경우 통합하는 농지는 2개까지만 가능하며, 가입 후 농지를 분리할 수 없다.
- 밀, 보리·귀리의 경우 같은 동 또는 리 안에 위치한 가입조건 미만의 두 농지는 하나의 농지로 취급하여 위의 요건을 충족할 경우 가입가능하며, 이 경우 두 농지를 하나의 농지로 본다.

나) 조사료용 벼의 경우

- 조사료용 벼의 경우, 농지 단위로 가입하고 개별 농지당 최저 가입면적은 1,000m^2이다.
- 단, 가입면적 1,000m^2 미만의 농지라도 인접 농지의 면적과 합하여 1,000m^2 이상이 되면 통합하여 하나의 농지로 가입할 수 있다.
- 통합하는 농지의 개수 제한은 없으나, 가입 후 농지를 분리할 수 없다.

2) 1인 1증권 계약의 체결

① 1인이 경작하는 다수의 농지가 있는 경우, 그 농지의 전체를 하나의 증권으로 보험계약을 체결한다.

② 다만, 읍·면·동을 달리하는 농지를 가입하는 경우와 기타 보험사업 관리기관이 필요하다고 인정하는 경우는 예외로 한다.

3) 농지 구성 방법

① 리(동) 단위로 가입한다.

② 동일 "리(동)" 내에 있는 여러 농지를 묶어 하나의 경지번호를 부여한다.

③ 가입하는 농지가 여러 "리(동)"에 있는 경우 각 리(동)마다 각각 경지를 구성하고 보험계약은 여러 경지를 묶어 하나의 계약으로 가입한다.

(3) 밭작물 품목 : 메밀, 콩, 팥, 옥수수, 사료용 옥수수, 대파, 쪽파·실파, 당근, 브로콜리, 단호박, 시금치(노지), 고랭지 무, 고랭지 배추, 월동무, 월동배추, 가을배추, 양파, 마늘, 감자, 고구마, 양배추, 고추, 양상추

1) 계약인수

① 계약인수는 농지 단위로 가입하고 개별 농지당 최저 보험가입금액은 50만 원이다. 단, 하나의 리, 동에 있는 각각 50만 원 미만의 두 개의 농지는 하나의 농지로 취급하여 계약 가능하다. → 메밀

② 계약인수는 농지 단위로 가입하고 개별 농지당 최저 보험가입금액은 100만 원이다. 단, 하나의 리, 동에 있는 각각 100만 원 미만의 두 개의 농지는 하나의 농지로 취급하여 계약 가능하다.

콩(수입보장 포함), 팥, 옥수수, 대파, 쪽파·실파, 당근, 단호박, 시금치(노지), 고랭지 무, 고랭지 배추, 월동무, 월동배추, 가을배추, 양상추

③ 계약인수는 농지 단위로 가입하고 개별 농지당 최저 보험가입금액은 200만 원이다. 단, 하나의 리, 동에 있는 각각 200만 원 미만의 두 개의 농지는 하나의 농지로 취급하여 계약 가능하다.

양파(수입보장 포함), 마늘(수입보장 포함), 감자(봄·가을(수입보장 포함)·고랭지), 고구마(수입보장 포함), 양배추(수입보장 포함), 고추, 브로콜리

④ 고추의 경우, ③의 조건에 더하여 10a당 재식주수가 1,500주 이상이고 4,000주 이하인 농지만 가입 가능하다.

⑤ 사료용 옥수수의 경우, 농지 단위로 가입하고 개별 농지당 최저 가입면적은 1,000 m^2이다.

- 단, 가입면적 1,000m^2 미만의 농지라도 인접 농지의 면적과 합하여 1,000m^2 이상이 되면 통합하여 하나의 농지로 가입할 수 있다.
- 통합하는 농지는 2개까지만 가능하며 가입 후 농지를 분리할 수 없다.

2) 농지 구성 방법

① 농지라 함은 한 덩어리의 토지의 개념으로 필지(지번)와는 관계없이 실제 경작하는 단위이므로 한 덩어리 농지가 여러 필지로 나누어져 있더라도 하나의 농지로 취급한다.

② 계약자 1인이 서로 다른 2개 이상 품목을 가입하고자 할 경우에는 별개의 계약으로 각각 가입·처리한다.

③ 농협은 농협 관할구역에 속한 농지에 한하여 인수할 수 있으며, 계약자가 동일한 관할구역 내에 여러 개의 농지를 경작하고 있는 경우에는 하나의 농협에 가입하는 것이 원칙이다.

(4) 차(茶) 품목

1) 계약인수

계약인수는 농지 단위로 가입하고 개별 농지당 최저 보험가입면적은 1,000m^2이다. 단, 하나의 리, 동에 있는 각각 1,000m^2 미만의 두 개의 농지는 하나의 농지로 취급하여 계약 가능하다.

2) 보험가입대상

보험가입대상은 7년생 이상의 차나무에서 익년에 수확하는 햇차이다.

3) 농지 구성 방법

① 농지라 함은 한 덩어리의 토지의 개념으로 필지(지번)와는 관계없이 실제 경작하는 단위이므로 한 덩어리 농지가 여러 필지로 나누어져 있더라도 하나의 농지로 취급한다.

② 계약자 1인이 서로 다른 2개 이상 품목을 가입하고자 할 경우에는 별개의 계약으로 각각 가입·처리한다.

③ 농협은 농협 관할구역에 속한 농지에 한하여 인수할 수 있으며, 계약자가 동일한 관할구역 내에 여러 개의 농지를 경작하고 있는 경우에는 하나의 농협에 가입하는 것이 원칙이다.

(5) 인삼 품목

1) 계약인수

계약인수는 농지 단위로 가입하고 개별 농지당 최저 보험가입금액은 200만 원이다. 단, 하나의 리, 동에 있는 각각 보험가입금액 200만 원 미만의 두 개의 과수원은 하나의 과수원으로 취급하여 계약 가능하다.

2) 농지 구성 방법

① 농지라 함은 한 덩어리의 토지의 개념으로 필지(지번)와는 관계없이 실제 경작하는 단위이므로 한 덩어리 농지가 여러 필지로 나누어져 있더라도 하나의 농지로 취급한다.

② 계약자 1인이 서로 다른 2개 이상 품목을 가입하고자 할 경우에는 별개의 계약으로 각각 가입·처리한다.

③ 농협은 농협 관할구역에 속한 농지에 한하여 인수할 수 있으며, 계약자가 동일한 관할구역 내에 여러 개의 농지를 경작하고 있는 경우에는 하나의 농협에 가입하는 것이 원칙이다.

(6) 원예시설

1) 시설 1단지 단위로 가입(단지 내 인수 제한 목적물은 제외)

① 단지 내 해당되는 시설작물은 전체를 가입해야 하며 일부 하우스만을 선택적으로 가입할 수 없다.

② 연동하우스 및 유리온실 1동이란 기둥, 중방, 방풍벽, 서까래 등 구조적으로 연속된 일체의 시설을 말한다.

③ 한 단지 내에 단동·연동·유리온실 등이 혼재되어있는 경우 각각 개별단지로 판단한다.

2) 최소 가입면적

구분	단동하우스	연동하우스	유리(경질판)온실
최소 가입면적	$300m^2$	$300m^2$	제한 없음

※ 단지면적이 가입기준 미만인 경우 인접한 경지의 단지면적과 합하여 가입기준 이상이 되는 경우 1단지로 판단할 수 있음

3) 농업용 시설물을 가입해야 부대시설 및 시설작물 가입 가능. 단, 유리온실(경량철골조)의 경우 부대시설 및 시설작물만 가입 가능

(7) 버섯

1) 시설 1단지 단위로 가입(단지 내 인수 제한 목적물은 제외)

① 단지 내 해당되는 버섯은 전체를 가입해야 하며 일부 하우스만을 선택적으로 가입할 수 없다.

② 연동하우스 및 유리온실 1동이란 기둥, 중방, 방풍벽, 서까래 등 구조적으로 연속된 일체의 시설을 말한다.

③ 한 단지 내에 단동·연동·경량철골조(버섯재배사) 등이 혼재되어있는 경우 각각 개별단지로 판단한다.

2) 최소 가입면적

구분	버섯단동하우스	버섯연동하우스	경량철골조 (버섯재배사)
최소 가입면적	$300m^2$	$300m^2$	제한 없음

※ 단지면적이 가입기준 미만인 경우 인접한 경지의 단지면적과 합하여 가입기준 이상이 되는 경우 1단지로 판단할 수 있음

3) 버섯재배사를 가입해야 부대시설 및 버섯작물 가입 가능

2 인수심사

1 과수 품목 인수 제한 목적물

(1) 공통

- 보험가입금액이 200만 원 미만인 과수원
- 품목이 혼식된 과수원(다만, 주력 품목의 결과주수가 90% 이상인 과수원은 주품목에 한하여 가입 가능)
- 통상적인 영농활동(병충해방제, 시비관리, 전지·전정, 적과 등)을 하지 않은 과수원
- 전정, 비배관리 잘못 또는 품종갱신 등의 이유로 수확량이 현저하게 감소할 것이 예상되는 과수원
- 시험연구를 위해 재배되는 과수원
- 하나의 과수원에 식재된 나무 중 일부 나무만 가입하는 과수원(단, 감귤(만감류, 온주밀감류)의 경우 해거리가 예상되는 나무의 경우 제외)
- 하천부지 및 상습 침수지역에 소재한 과수원
- 판매를 목적으로 경작하지 않는 과수원
- 가식(假植)되어 있는 과수원
- 기타 인수가 부적절한 과수원

(2) 과수 4종(사과·배·단감·떫은감)

① 가입하는 해의 나무 수령(나이)이 다음 기준 미만인 경우

- 사과 : 밀식재배 3년, 반밀식재배 4년, 일반재배 5년
- 배 : 3년
- 단감·떫은감 : 5년

※ 수령(나이)은 나무의 나이를 말하며, 묘목이 가입 과수원에 식재된 해를 1년으로 한다.

② 노지재배가 아닌 시설에서 재배하는 과수원(단, 일소피해부보장특약을 가입하는 경우 인수 가능)

③ 시험연구, 체험학습을 위해 재배되는 과수원(단, 200만 원 이상 출하증명 가능한 과수원 제외)

④ 가로수 형태의 과수원
⑤ 보험가입 이전에 자연재해 피해 및 접붙임 등으로 당해연도의 정상적인 결실에 영향이 있는 과수원
⑥ 가입사무소 또는 계약자를 달리하여 중복 가입하는 과수원
⑦ 도서 지역의 경우 연륙교가 설치되어 있지 않고 정기선이 운항하지 않는 등 신속한 손해평가가 불가능한 지역에 소재한 과수원
⑧ 도시계획 등에 편입되어 수확종료 전에 소유권 변동 또는 과수원 형질변경 등이 예정되어 있는 과수원
⑨ 군사시설보호구역 중 통제보호구역 내의 농지(단, 통상적인 영농활동 및 손해평가가 가능하다고 판단되는 농지는 인수 가능)
※ 통제보호구역 : 민간인통제선 이북지역 또는 군사기지 및 군사시설의 최외곽 경계선으로부터 300m 범위 이내의 지역

(3) 포도(비가림시설 포함)

① 가입하는 해의 나무 수령(나이)이 3년 미만인 과수원
※ 수령(나이)은 나무의 나이를 말하며, 묘목이 가입 과수원에 식재된 해를 1년으로 한다.
② 보험가입 직전연도(이전)에 역병 및 궤양병 등의 병해가 발생하여 보험가입시 전체 나무의 20% 이상이 고사하였거나 정상적인 결실을 하지 못할 것으로 판단되는 과수원
※ 다만, 고사한 나무가 전체의 20% 미만이더라도 고사된 나무를 제거하지 않거나 방재조치를 하지 않은 경우에는 인수 제한
③ 친환경 재배과수원으로서 일반재배와 결실 차이가 현저히 있다고 판단되는 과수원
④ 비가림 폭이 2.4m ± 15%, 동고가 3m ± 5%의 범위를 벗어나는 비가림시설(과수원의 형태 및 품종에 따라 조정)

(4) 복숭아

① 가입하는 해의 나무 수령(나이)이 3년 미만인 과수원
※ 수령(나이)은 나무의 나이를 말하며, 묘목이 가입 과수원에 식재된 해를 1년으로 한다.
② 보험가입 직전연도(이전)에 역병 및 궤양병 등의 병해가 발생하여 보험가입시 전체 나무의 20% 이상이 고사하였거나 정상적인 결실을 하지 못할 것으로 판단되는 과수원

※ 다만, 고사한 나무가 전체의 20% 미만이더라도 고사된 나무를 제거하지 않거나, 방재조치를 하지 않은 경우에는 인수 제한

③ 친환경 재배과수원으로서 일반재배와 결실 차이가 현저히 있다고 판단되는 과수원

(5) 자두

① 노지재배가 아닌 시설에서 자두를 재배하는 과수원

② 가입하는 해의 나무 수령(나이)이 6년 미만인 과수원(수확연도 기준 수령이 7년 미만)

※ 수령(나이)은 나무의 나이를 말하며, 묘목이 가입과수원에 식재된 해를 1년으로 한다.

③ 품종이 귀양자두, 서양자두(푸룬, 스텐리 등) 및 플럼코드를 재배하는 과수원

④ 1주당 재배면적이 1제곱미터 미만인 과수원

⑤ 보험가입 이전에 자연재해 등의 피해로 인하여 당해연도의 정상적인 결실에 영향이 있는 과수원

⑥ 가입사무소 또는 계약자를 달리하여 중복 가입하는 과수원

⑦ 도서 지역의 경우 연륙교가 설치되어 있지 않고 정기선이 운항하지 않는 등 신속한 손해평가가 불가능한 지역에 소재한 과수원

⑧ 도시계획 등에 편입되어 수확 종료 전에 소유권 변동 또는 과수원 형질변경 등이 예정되어 있는 과수원

⑨ 군사시설보호구역 중 통제보호구역내의 농지(단, 통상적인 영농활동 및 손해평가가 가능하다고 판단되는 농지는 인수 가능)

※ 통제보호구역 : 민간인통제선 이북지역 또는 군사기지 및 군사시설의 최외곽 경계선으로부터 300미터 범위 이내의 지역

(6) 살구

① 노지재배가 아닌 시설에서 살구를 재배하는 과수원

② 가입연도 나무수령이 5년 미만인 과수원

※ 수령(나이)은 나무의 나이를 말하며, 묘목이 가입 과수원에 식재된 해를 1년으로 한다.

③ 보험가입 이전에 자연재해의 피해로 인하여 당해연도의 정상적인 결실에 영향이 있는 과수원

④ 친환경 재배과수원으로서 일반재배와 결실 차이가 현저히 있다고 판단되는 과수원

⑤ 가입사무소 또는 계약자를 달리하여 중복 가입하는 과수원

⑥ 도서 지역의 경우 연륙교가 설치되어 있지 않고 정기선이 운항하지 않는 등 신속한 손해평가가 불가능한 지역에 소재한 과수원
⑦ 도시계획 등에 편입되어 수확종료 전에 소유권 변동 또는 과수원 형질변경 등이 예정되어 있는 과수원
⑧ 군사시설보호구역 중 통제보호구역 내의 농지(단, 통상적인 영농활동 및 손해평가가 가능하다고 판단되는 농지는 인수 가능)
※ 통제보호구역 : 민간인통제선 이북지역 또는 군사기지 및 군사시설의 최외곽 경계선으로부터 300m 범위 이내의 지역
⑨ 개살구 재배 과수원
⑩ 관수시설이 없는 과수원

(7) 감귤(온주밀감류, 만감류)

① 가입하는 해의 나무 수령(나이)이 다음 기준 미만인 경우

- 온주밀감류, 만감류 재식 : 4년
- 만감류 고접 : 2년

※ 수령(나이)은 나무의 나이를 말하며, 묘목이 가입 과수원에 식재된 해를 1년으로 한다.

② 주요 품종을 제외한 실험용 기타품종을 경작하는 과수원
③ 노지 만감류를 재배하는 과수원
④ 온주밀감과 만감류 혼식 과수원
⑤ 하나의 과수원에 식재된 나무 중 일부 나무만 가입하는 과수원(단, 해걸이가 예상되는 나무의 경우 제외)
⑥ 보험가입 이전에 자연재해 등의 피해로 당해연도의 정상적인 결실에 영향이 있는 과수원
⑦ 가입사무소 또는 계약자를 달리하여 중복 가입하는 과수원
⑧ 도시계획 등에 편입되어 수확종료 전에 소유권 변동 또는 과수원 형질변경 등이 예정되어 있는 과수원

(8) 매실

① 가입하는 해의 나무 수령(나이)이 5년 미만인 경우
※ 수령(나이)은 나무의 나이를 말하며, 묘목이 가입과수원에 식재된 해를 1년으로 한다.

② 1주당 재배면적이 1제곱미터 미만인 과수원
③ 노지재배가 아닌 시설에서 매실을 재배하는 과수원
④ 보험가입 이전에 자연재해 등의 피해로 인하여 당해연도의 정상적인 결실에 영향이 있는 과수원
⑤ 가입사무소 또는 계약자를 달리하여 중복 가입하는 과수원
⑥ 도서 지역의 경우 연륙교가 설치되어 있지 않고 정기선이 운항하지 않는 등 신속한 손해평가가 불가능한 지역에 소재한 과수원
⑦ 도시계획 등에 편입되어 수확 종료 전에 소유권 변동 또는 과수원 형질변경 등이 예정되어 있는 과수원
⑧ 군사시설보호구역 중 통제보호구역내의 농지(단, 통상적인 영농활동 및 손해평가가 가능하다고 판단되는 농지는 인수 가능)
※ 통제보호구역 : 민간인통제선 이북지역 또는 군사기지 및 군사시설의 최외곽 경계선으로부터 300미터 범위 이내의 지역

(9) 유자

① 가입하는 해의 나무 수령(나이)이 4년 미만인 경우
※ 수령(나이)은 나무의 나이를 말하며, 묘목이 가입 과수원에 식재된 해를 1년으로 한다.
② 가입사무소 또는 계약자를 달리하여 중복 가입하는 과수원
③ 도서 지역의 경우 연륙교가 설치되어 있지 않고 정기선이 운항하지 않는 등 신속한 손해평가가 불가능한 지역에 소재한 과수원
④ 도시계획 등에 편입되어 수확종료 전에 소유권 변동 또는 과수원 형질변경 등이 예정되어 있는 과수원

(10) 오미자

① 삭벌 3년차 이상 과수원 또는 삭벌하지 않는 과수원 중 식묘 4년차 이상인 과수원
② 가지가 과도하게 번무하여 수관 폭이 두꺼워져 광부족 현상이 일어날 것으로 예상되는 과수원
③ 유인틀의 상태가 적절치 못하여 수확량이 현저하게 낮을 것으로 예상되는 과수원(유인틀의 붕괴, 매우 낮은 높이의 유인틀)
④ 주간거리가 50cm 이상으로 과도하게 넓은 과수원

(11) 오디

① 가입연도 기준 3년 미만(수확연도 기준 수령이 4년 미만)인 뽕나무

② 흰 오디 계통(터키-D, 백옹왕 등)

③ 보험가입 이전에 균핵병 등의 병해가 발생하여 과거 보험가입시 전체 나무의 20% 이상이 고사하였거나 정상적인 결실을 하지 못할 것으로 예상되는 과수원

④ 적정한 비배관리를 하지 않는 조방재배 과수원

※ 조방재배 : 일정한 토지면적에 대하여 자본과 노력을 적게 들이고 자연력의 작용을 주(主)로 하여 경작하는 방법

⑤ 노지재배가 아닌 시설에서 오디를 재배하는 과수원

⑥ 보험가입 이전에 자연재해 피해 및 접붙임 등으로 당해연도의 정상적인 결실에 영향이 있는 과수원

⑦ 가입사무소 또는 계약자를 달리하여 중복 가입하는 과수원

⑧ 도서 지역의 경우 연륙교가 설치되어 있지 않고 정기선이 운항하지 않는 등 신속한 손해평가가 불가능한 지역에 소재한 과수원

⑨ 도시계획 등에 편입되어 수확종료 전에 소유권 변동 또는 과수원 형질변경 등이 예정되어 있는 과수원

⑩ 군사시설보호구역 중 통제보호구역 내의 농지(단, 통상적인 영농활동 및 손해평가가 가능하다고 판단되는 농지는 인수 가능)

※ 통제보호구역 : 민간인통제선 이북지역 또는 군사기지 및 군사시설의 최외곽 경계선으로부터 300m 범위 이내의 지역

(12) 복분자

① 가입연도 기준, 수령이 1년 이하 또는 11년 이상인 포기로만 구성된 과수원

※ 수령(나이)은 나무의 나이를 말하며, 묘목이 가입 과수원에 식재된 해를 1년으로 한다.

② 계약인수시까지 구결과모지(올해 복분자 과실이 열렸던 가지)의 전정 활동(통상적인 영농활동)을 하지 않은 과수원

③ 시설(비닐하우스, 온실 등)에서 복분자를 재배하는 과수원

④ 조방재배 등 적정한 비배관리를 하지 않는 과수원

※ 조방재배 : 일정한 토지면적에 대하여 자본과 노력을 적게 들이고 자연력의 작용을 주(主)로 하여 경작하는 방법

⑤ 보험가입 이전에 자연재해 등의 피해로 인하여 당해연도의 정상적인 결실에 영향이 있는 과수원

⑥ 가입사무소 또는 계약자를 달리하여 중복 가입하는 과수원

⑦ 도서 지역의 경우 연륙교가 설치되어 있지 않고 정기선이 운항하지 않는 등 신속한 손해평가가 불가능한 지역에 소재한 과수원

⑧ 도시계획 등에 편입되어 수확종료 전에 소유권 변동 또는 과수원 형질변경 등이 예정되어 있는 과수원

⑨ 군사시설보호구역 중 통제보호구역 내의 농지(단, 통상적인 영농활동 및 손해평가가 가능하다고 판단되는 농지는 인수 가능)

※ 통제보호구역 : 민간인통제선 이북지역 또는 군사기지 및 군사시설의 최외곽 경계선으로부터 300m 범위 이내의 지역

⑩ 1주당 재식면적이 $0.3m^2$ 이하인 과수원

(13) 무화과

① 가입하는 해의 나무 수령(나이)이 4년 미만인 과수원

※ 수령(나이)은 나무의 나이를 말하며, 묘목이 가입 과수원에 식재된 해를 1년으로 한다.

※ 나무보장특약의 경우 가입하는 해의 나무 수령이 4년 ~ 9년 이내의 무화과 나무만 가입가능하다.

② 관수시설이 미설치된 과수원

③ 노지재배가 아닌 시설에서 무화과를 재배하는 과수원

④ 보험가입 이전에 자연재해 피해 및 접붙임 등으로 당해연도의 정상적인 결실에 영향이 있는 과수원

⑤ 가입사무소 또는 계약자를 달리하여 중복 가입하는 과수원

⑥ 도시계획 등에 편입되어 수확종료 전에 소유권 변동 또는 과수원 형질변경 등이 예정되어 있는 과수원

(14) 참다래(비가림시설 포함)

① 가입하는 해의 나무 수령이 3년 미만인 경우

※ 수령(나이)은 나무의 나이를 말하며, 묘목이 가입 과수원에 식재된 해를 1년으로 한다.

② 수령이 혼식된 과수원(다만, 수령의 구분이 가능하며 동일 수령군이 90% 이상인 경우에 한하여 가입 가능)
③ 보험가입 이전에 역병 및 궤양병 등의 병해가 발생하여 보험가입시 전체 나무의 20% 이상이 고사하였거나 정상적인 결실을 하지 못할 것으로 판단되는 과수원(다만, 고사한 나무가 전체의 20% 미만이더라도 고사한 나무를 제거하지 않거나 방재조치를 하지 않은 경우에는 인수를 제한)
④ 가입사무소 또는 계약자를 달리하여 중복 가입하는 과수원
⑤ 도시계획 등에 편입되어 수확종료 전에 소유권 변동 또는 과수원 형질변경 등이 예정되어 있는 과수원
⑥ 가입면적이 200m^2 미만인 참다래 비가림시설
⑦ 참다래 재배 목적으로 사용되지 않는 비가림시설
⑧ 목재 또는 죽재로 시공된 비가림시설
⑨ 구조체, 피복재 등 목적물이 변형되거나 훼손된 비가림시설
⑩ 목적물의 소유권에 대한 확인이 불가능한 비가림시설
⑪ 건축 또는 공사 중인 비가림시설
⑫ 1년 이내에 철거 예정인 고정식 비가림시설
⑬ 정부에서 보험료 일부를 지원하는 다른 계약에 이미 가입되어 있는 비가림시설
⑭ 기타 인수가 부적절한 과수원 또는 비가림시설

(15) 대추(비가림시설 포함)

① 가입하는 해의 나무 수령이 4년 미만인 경우
※ 수령(나이)은 나무의 나이를 말하며, 묘목이 가입 과수원에 식재된 해를 1년으로 한다.
② 사과대추(왕대추)류를 재배하는 과수원. 단, 다음 사업지역에서 재배하는 경우에 한하여 가입 가능, 황실·천황은 하우스재배 과수원에 한함

사업지역	충남(부여)	충남(청양)	전남(영광)
가입가능 품종	황실	천황	대능

③ 재래종대추와 사과대추(왕대추)류가 혼식되어 있는 과수원
④ 건축 또는 공사 중인 비가림시설

⑤ 목재, 죽재로 시공된 비가림시설
⑥ 피복재가 없거나 대추를 재배하고 있지 않은 시설
⑦ 작업동, 창고동 등 대추 재배용으로 사용되지 않는 시설
⑧ 목적물의 소유권에 대한 확인이 불가능한 시설
⑨ 정부에서 보험료의 일부를 지원하는 다른 계약에 이미 가입되어 있는 시설
⑩ 비가림시설 전체가 피복재로 씌여진 시설(일반적인 비닐하우스와 차이가 없는 시설은 원예시설보험으로 가입)
⑪ 보험가입 이전에 자연재해 등의 피해로 당해연도의 정상적인 결실에 영향이 있는 과수원
⑫ 가입사무소 또는 계약자를 달리하여 중복 가입하는 과수원
⑬ 도서 지역의 경우 연륙교가 설치되어 있지 않고 정기선이 운항하지 않는 등 신속한 손해평가가 불가능한 지역에 소재한 과수원
⑭ 도시계획 등에 편입되어 수확종료 전에 소유권 변동 또는 과수원 형질변경 등이 예정되어 있는 과수원

(16) 밤

① 가입하는 해의 나무 수령(나이)이 5년 미만인 과수원
※ 수령(나이)은 나무의 나이를 말하며, 묘목이 가입 과수원에 식재된 해를 1년으로 한다.
② 보험가입 이전에 자연재해 피해 및 접붙임 등으로 당해연도의 정상적인 결실에 영향이 있는 과수원
③ 가입사무소 또는 계약자를 달리하여 중복 가입하는 과수원
④ 도서 지역의 경우 연륙교가 설치되어 있지 않고 정기선이 운항하지 않는 등 신속한 손해평가가 불가능한 지역에 소재한 과수원
⑤ 도시계획 등에 편입되어 수확종료 전에 소유권 변동 또는 과수원 형질변경 등이 예정되어 있는 과수원

(17) 호두

① 통상의 영농방법에 의해 노지에서 청피호두를 경작하는 농지가 아닐 경우
② 가입하는 해의 나무 수령(나이)이 8년 미만인 경우
※ 수령(나이)은 나무의 나이를 말하며, 묘목이 가입 과수원에 식재된 해를 1년으로 한다.

③ 보험가입 이전에 자연재해 등의 피해로 당해연도의 정상적인 결실에 영향이 있는 과수원

④ 가입사무소 또는 계약자를 달리하여 중복 가입하는 과수원

⑤ 도서 지역의 경우 연륙교가 설치되어 있지 않고 정기선이 운항하지 않는 등 신속한 손해평가가 불가능한 지역에 소재한 과수원

⑥ 도시계획 등에 편입되어 수확종료 전에 소유권 변동 또는 과수원 형질변경 등이 예정되어 있는 과수원

⑦ 군사시설보호구역 중 통제보호구역 내의 농지(단, 통상적인 영농활동 및 손해평가가 가능하다고 판단되는 농지는 인수 가능)

※ 통제보호구역 : 민간인통제선 이북지역 또는 군사기지 및 군사시설의 최외곽 경계선으로부터 300m 범위 이내의 지역

2 논작물 품목 인수 제한 목적물

(1) 공통

- 보험가입금액이 50만 원 미만인 농지(조사료용 벼는 제외)
- 하천부지에 소재한 농지
- 최근 3년 연속 침수피해를 입은 농지. 다만, 호우주의보 및 호우경보 등 기상특보에 해당되는 재해로 피해를 입은 경우는 제외함
- 오염 및 훼손 등의 피해를 입어 복구가 완전히 이루어지지 않은 농지
- 보험가입 전 농작물의 피해가 확인된 농지
- 통상적인 재배 및 영농활동을 하지 않는다고 판단되는 농지
- 보험목적물을 수확하여 판매를 목적으로 경작하지 않는 농지(채종농지 등)
- 농업용지가 다른 용도로 전용되어 수용 예정 농지로 결정된 농지
- 전환지(개간, 복토 등을 통해 논으로 변경한 농지), 휴경지 등 농지로 변경하여 경작한 지 3년 이내인 농지
- 최근 5년 이내에 간척된 농지
- 도서 지역의 경우 연륙교가 설치되어 있지 않고 정기선이 운항하지 않는 등 신속한 손해평가가 불가능한 지역에 소재한 농지
  ※ 단, 벼·조사료용 벼 품목의 경우 연륙교가 설치되어 있거나, 농작물재해보험 위탁계약을 체결한 지역 농·축협 또는 품목농협(지소포함)이 소재하고 있고 손해평가인 구성이 가능한 지역은 보험가입 가능
- 기타 인수가 부적절한 농지

(2) 벼

① 밭벼를 재배하는 농지

② 군사시설보호구역 중 통제보호구역 내의 농지(단, 통상적인 영농활동 및 손해평가가 가능하다고 판단되는 농지는 인수 가능)

※ 통제보호구역 : 민간인통제선 이북지역 또는 군사기지 및 군사시설의 최외곽 경계선으로부터 300m 범위 이내의 지역

(3) 조사료용 벼

① 가입면적이 1,000m^2 미만인 농지

② 밭벼를 재배하는 농지

③ 광역시·도를 달리하는 농지(단, 본부 승인심사를 통해 인수 가능)

④ 군사시설보호구역 중 통제보호구역 내의 농지(단, 통상적인 영농활동 및 손해평가가 가능하다고 판단되는 농지는 인수 가능)

※ 통제보호구역 : 민간인통제선 이북지역 또는 군사기지 및 군사시설의 최외곽 경계선으로부터 300m 범위 이내의 지역

(4) 밀

① 파종을 11월 20일 이후에 실시한 농지

② 춘파재배 방식에 의한 봄파종을 실시한 농지

③ 출현율 80% 미만인 농지

④ 다른 작물과 혼식되어 있는 농지(단, 밀 식재면적이 농지의 90% 이상인 경우 인수가능)

(5) 보리

① 파종을 11월 20일 이후에 실시한 농지

② 춘파재배 방식에 의한 봄파종을 실시한 농지

③ 출현율 80% 미만인 농지

④ 시설(비닐하우스, 온실 등)에서 재배하는 농지

⑤ 10a 당 재식주수가 30,000주/10a(=30,000주/1,000m^2) 미만인 농지

(6) 귀리

① 파종을 11월 20일 이후에 실시한 농지

② 춘파재배 방식에 의한 봄파종을 실시한 농지

③ 출현율 80% 미만인 농지

④ 겉귀리 전 품종

⑤ 다른 작물과 혼식되어 있는 농지(단, 귀리 식재면적이 농지의 90%이상인 경우 인수 가능)

⑥ 시설(비닐하우스, 온실 등)에서 재배하는 농지

3 밭작물(수확감소·수입감소보장) 품목 인수 제한 목적물

(1) 공통

- 보험가입금액이 200만 원 미만인 농지(사료용 옥수수는 제외)
  ※ 단, 옥수수·콩·팥은 100만 원 미만인 농지
- 통상적인 재배 및 영농활동을 하지 않는 농지
- 다른 작물과 혼식되어 있는 농지
- 시설재배 농지
- 하천부지 및 상습 침수지역에 소재한 농지
- 판매를 목적으로 경작하지 않는 농지
- 도서지역의 경우 연륙교가 설치되어 있지 않고 정기선이 운항하지 않는 등 신속한 손해평가가 불가능한 지역에 소재한 농지
  ※ 단, 감자(가을재배)·감자(고랭지재배)·콩 품목의 경우 연륙교가 설치되어 있거나, 농작물재해보험 위탁계약을 체결한 지역 농·축협 또는 품목농협(지소포함)이 소재하고 있고 손해평가인 구성이 가능한 지역은 보험가입 가능
  ※ 감자(봄재배) 품목은 미해당
- 군사시설보호구역 중 통제보호구역 내의 농지(단, 통상적인 영농활동 및 손해평가가 가능하다고 판단되는 농지는 인수가능)
  ※ 통제보호구역 : 민간인통제선 이북지역 또는 군사기지 및 군사시설의 최외곽 경계선으로부터 300m 범위 이내의 지역
  ※ 감자(봄재배), 감자(가을재배) 품목은 미해당
- 기타 인수가 부적절한 농지

(2) 마늘

① 난지형의 경우 남도 및 대서 품종, 한지형의 경우는 의성 품종, 홍산 품종이 아닌 마늘

<table>
<tr><th>구분</th><th>품종</th></tr>
<tr><td rowspan="2">난지형</td><td>남도</td></tr>
<tr><td>대서</td></tr>
<tr><td>한지형</td><td>의성</td></tr>
<tr><td colspan="2">홍산</td></tr>
</table>

② 난지형은 8월 31일, 한지형은 10월 10일 이전 파종한 농지

③ 재식밀도가 30,000주/10a 미만인 농지(=30,000주/1,000m^2)

④ 마늘 파종 후 익년 4월 15일 이전에 수확하는 농지

⑤ 액상멀칭 또는 무멀칭농지

⑥ 코끼리 마늘, 주아재배 마늘

※ 단, 주아재배의 경우 2년차 이상부터 가입가능

(3) 양파

① 극조생종, 조생종, 중만생종을 혼식한 농지

② 재식밀도가 23,000주/10a 미만, 40,000주/10a 초과인 농지

③ 9월 30일 이전 정식한 농지

④ 양파 식물체가 똑바로 정식되지 않은 농지(70° 이하로 정식된 농지)

⑤ 부적절한 품종을 재배하는 농지

> 고랭지 봄파종 재배 적응 품종 → 게투린, 고떼이황, 고랭지 여름, 덴신, 마운틴1호, 스프링골드, 사포로기, 울프, 장생대고, 장일황, 하루히구마 등

⑥ 무멀칭농지

⑦ 시설재배 농지

(4) 감자(봄재배)

① 2년 이상 자가 채종 재배한 농지

② 씨감자 수확을 목적으로 재배하는 농지

③ 파종을 3월 1일 이전에 실시 농지
④ 출현율이 90% 미만인 농지(보험가입 당시 출현 후 고사된 싹은 출현이 안 된 것으로 판단)
⑤ 재식밀도가 4,000주/10a 미만인 농지
⑥ 전작으로 유채를 재배한 농지
⑦ 시설재배 농지

(5) 감자(가을재배)

① 가을재배에 부적합 품종(수미, 남작, 조풍, 신남작, 세풍 등)이 파종된 농지
② 2년 이상 갱신하지 않는 씨감자를 파종한 농지
③ 씨감자 수확을 목적으로 재배하는 농지
④ 재식밀도가 4,000주/10a 미만인 농지
⑤ 전작으로 유채를 재배한 농지
⑥ 출현율이 90% 미만인 농지(보험가입 당시 출현 후 고사된 싹은 출현이 안 된 것으로 판단함)
⑦ 시설재배 농지, 목장용지

(6) 감자(고랭지재배)

① 재배 용도가 다른 것을 혼식 재배하는 농지
② 파종을 4월 10일 이전에 실시한 농지
③ 출현율이 90% 미만인 농지(보험가입 당시 출현 후 고사된 싹은 출현이 안 된 것으로 판단)
④ 재식밀도가 3,500주/10a 미만인 농지

(7) 고구마

① '수' 품종 재배 농지
② 채소, 나물용 목적으로 재배하는 농지
③ 재식밀도가 4,000주/10a 미만인 농지
④ 무멀칭농지
⑤ 도시계획 등에 편입되어 수확종료 전에 소유권 변동 또는 농지 형질변경 등이 예정되어 있는 농지

(8) 양배추

① 관수시설 미설치 농지(물호스는 관수시설 인정 제외)

② 9월 30일 이후에 정식한 농지(단, 재정식은 10월 15일 이내 정식)

③ 재식밀도가 평당 8구 미만인 농지

④ 소구형 양배추(방울양배추 등), 적채 양배추를 재배하는 농지

⑤ 목초지, 목야지 등 지목이 목인 농지

⑥ 시설(비닐하우스, 온실 등)에서 양배추를 재배하는 농지

(9) 옥수수

① 보험가입금액이 100만 원 미만인 농지

② 자가 채종을 이용해 재배하는 농지

③ 1주 1개로 수확하지 않는 농지

④ 통상적인 재식 간격의 범위를 벗어나 재배하는 농지

- 1주 재배 : 1,000m^{2}당 정식주수가 3,500주 미만 5,000주 초과인 농지
  (단, 전남·전북·광주·제주는 1,000m^{2}당 정식주수가 3,000주 미만 5,000주 초과인 농지)
- 2주 재배 : 1,000m^{2}당 정식주수가 4,000주 미만 6,000주 초과인 농지

⑤ 3월 1일 이전 파종한 농지

⑥ 출현율이 90% 미만인 농지(보험가입 당시 출현 후 고사된 싹은 출현이 안 된 것으로 판단함)

⑦ 도시계획 등에 편입되어 수확종료 전에 소유권 변동 또는 농지 형질변경 등이 예정되어 있는 농지

(10) 사료용 옥수수

① 보험가입면적이 1,000m^2 미만인 농지

② 자가 채종을 이용해 재배하는 농지

③ 3월 1일 이전 파종한 농지

④ 도시계획 등에 편입되어 수확종료 전에 소유권 변동 또는 농지 형질변경 등이 예정되어 있는 농지

⑤ 출현율이 90% 미만인 농지(보험가입 당시 출현 후 고사된 싹은 출현이 안 된 것으로 판단)

(11) 콩

① 보험가입금액이 100만 원 미만인 농지

② 장류 및 두부용, 나물용, 밥밑용 콩 이외의 콩이 식재된 농지

③ 출현율이 90% 미만인 농지(보험가입 당시 출현 후 고사된 싹은 출현이 안 된 것으로 판단)

④ 적정 출현 개체수 미만인 농지(10개체/m^2), 제주지역 재배방식이 산파인 경우 15개체/m^2

⑤ 담배, 옥수수, 브로콜리 등 후작으로 인수 시점 기준으로 타 작물과 혼식되어 있는 경우

⑥ 논두렁에 재배하는 경우

⑦ 시험연구를 위해 재배하는 경우

⑧ 다른 작물과 간작 또는 혼작으로 다른 농작물이 재배 주체가 된 경우의 농지

⑨ 도시계획 등에 편입되어 수확종료 전에 소유권 변동 또는 농지 형질변경 등이 예정되어 있는 농지

⑩ 시설재배 농지

(12) 팥

① 보험가입금액이 100만 원 미만인 농지

② 6월 1일 이전에 정식(파종)한 농지

③ 출현율이 85% 미만인 농지(보험가입 당시 출현 후 고사된 싹은 출현이 안 된 것으로 판단)

④ 시설(비닐 하우스, 온실 등)에서 재배하는 농지

4 차(茶) 품목 인수 제한 목적물

① 보험가입면적이 1,000m^2 미만인 농지

② 가입하는 해의 나무 수령이 7년 미만인 차나무

※ 수령(나이)은 나무의 나이를 말하며, 묘목이 가입농지에 식재된 해를 1년으로 한다.

③ 깊은 전지로 인해 차나무의 높이가 지면으로부터 30cm 이하인 경우 가입면적에서 제외

④ 통상적인 영농활동을 하지 않는 농지

⑤ 말차 재배를 목적으로 하는 농지

⑥ 보험계약시 피해가 확인된 농지
⑦ 시설(비닐하우스, 온실 등)에서 촉성재배 하는 농지
⑧ 판매를 목적으로 경작하지 않는 농지
⑨ 다른 작물과 혼식되어 있는 농지
⑩ 하천부지, 상습침수 지역에 소재한 농지
⑪ 군사시설보호구역 중 통제보호구역 내의 농지(단, 통상적인 영농활동 및 손해평가가 가능하다고 판단되는 농지는 인수 가능)
※ 통제보호구역 : 민간인통제선 이북지역 또는 군사기지 및 군사시설의 최외곽 경계선으로부터 300m 범위 이내의 지역
⑫ 기타 인수가 부적절한 농지

5 인삼 품목(해가림시설 포함) 인수 제한 목적물

(1) 인삼 작물

① 보험가입금액이 200만 원 미만인 농지
② 2년근 미만 또는 6년근 이상 인삼
※ 단, 직전연도 인삼1형 상품에 5년근으로 가입한 농지에 한하여 6년근 가입 가능
③ 산양삼(장뇌삼), 묘삼, 수경재배 인삼
④ 식재연도 기준 과거 10년 이내(논은 6년 이내)에 인삼을 재배했던 농지(단, 채굴 후 8년 이상 경과되고 올해 성토(60cm이상)된 농지의 경우 인수 가능)
⑤ 두둑 높이가 15cm 미만인 농지
⑥ 보험가입 이전에 피해가 이미 발생한 농지
※ 단, 자기부담비율 미만의 피해가 발생한 경우이거나 피해 발생 부분을 수확한 경우에는 농지의 남은 부분에 한해 인수 가능
⑦ 통상적인 재배 및 영농활동을 하지 않는다고 판단되는 농지
⑧ 하천부지, 상습침수 지역에 소재한 농지
⑨ 판매를 목적으로 경작하지 않는 농지
⑩ 군사시설보호구역 중 통제보호구역 내의 농지(단, 통상적인 영농활동 및 손해평가가 가능하다고 판단되는 농지는 인수 가능)
※ 통제보호구역 : 민간인통제선 이북지역 또는 군사기지 및 군사시설의 최외곽 경계선으로부터 300m 범위 이내의 지역

⑪ 연륙교가 설치되어 있지 않고 정기선이 운항하지 않는 등 신속한 손해평가가 불가능한 도서 지역 농지

⑫ 기타 인수가 부적절한 농지

(2) 해가림시설

① 농림축산식품부가 고시하는 내재해형 인삼재배시설 규격에 맞지 않는 시설

② 목적물의 소유권에 대한 확인이 불가능한 시설

③ 보험가입 당시 공사 중인 시설

④ 정부에서 보험료의 일부를 지원하는 다른 보험계약에 이미 가입되어 있는 시설

⑤ 통상적인 재배 및 영농활동을 하지 않는다고 판단되는 시설

⑥ 하천부지, 상습침수 지역에 소재한 시설

⑦ 판매를 목적으로 경작하지 않는 시설

⑧ 군사시설보호구역 중 통제보호구역 내의 시설

※ 통제보호구역 : 민간인통제선 이북지역 또는 군사기지 및 군사시설의 최외곽 경계선으로부터 300m 범위 이내의 지역

⑨ 연륙교가 설치되어 있지 않고 정기선이 운항하지 않는 등 신속한 손해평가가 불가능한 도서 지역 시설

⑩ 기타 인수가 부적절한 시설

6 밭작물(생산비보장) 품목 인수 제한 목적물

(1) 공통

- 보험계약시 피해가 확인된 농지
- 여러 품목이 혼식된 농지(다른 작물과 혼식되어 있는 농지)
- 하천부지, 상습침수 지역에 소재한 농지
- 통상적인 재배 및 영농활동을 하지 않는 농지
- 시설재배 농지
- 판매를 목적으로 경작하지 않는 농지
- 도서 지역의 경우 연륙교가 설치되어 있지 않고 정기선이 운항하지 않는 등 신속한 손해평가가 불가능한 지역에 소재한 농지
- 군사시설보호구역 중 통제보호구역 내의 농지(단, 통상적인 영농활동 및 손해평가가 가능하다고 판단되는 농지는 인수 가능)

※ 통제보호구역 : 민간인통제선 이북지역 또는 군사기지 및 군사시설의 최외곽 경계선으로부터 300m 범위 이내의 지역

※ 대파, 쪽파(실파) 품목은 미해당

• 기타 인수가 부적절한 농지

(2) 고추

① 보험가입금액이 200만 원 미만인 농지

② 재식밀도가 조밀(1,000m²당 4,000주 초과) 또는 넓은(1,000m²당 1,500주 미만) 농지

③ 노지재배, 터널재배 이외의 재배작형으로 재배하는 농지

④ 비닐멀칭이 되어 있지 않은 농지

⑤ 직파한 농지

⑥ 4월 1일 이전과 5월 31일 이후에 고추를 식재한 농지

⑦ 동일 농지 내 재배방법이 동일하지 않은 농지(단, 보장생산비가 낮은 재배방법으로 가입하는 경우 인수 가능)

⑧ 동일 농지 내 재식일자가 동일하지 않은 농지(단, 농지 전체의 정식이 완료된 날짜로 가입하는 경우 인수 가능)

⑨ 고추 정식 6개월 이내에 인삼을 재배한 농지

⑩ 풋고추 형태로 판매하기 위해 재배하는 농지

(3) 브로콜리

① 보험가입금액이 200만 원 미만인 농지

② 정식을 하지 않았거나, 정식을 9월 30일 이후에 실시한 농지

③ 목초지, 목야지 등 지목이 목인 농지

(4) 메밀

① 보험가입금액이 50만 원 미만인 농지

② 춘파재배 방식에 의한 봄 파종을 실시한 농지

③ 9월 15일 이후에 파종을 실시 또는 할 예정인 농지

④ 오염 및 훼손 등의 피해를 입어 복구가 완전히 이루어지지 않은 농지

⑤ 최근 5년 이내에 간척된 농지

⑥ 전환지(개간, 복토 등을 통해 논으로 변경한 농지), 휴경지 등 농지로 변경하여 경작한 지 3년 이내인 농지
⑦ 최근 3년 연속 침수피해를 입은 농지(다만, 호우주의보 및 호우경보 등 기상특보에 해당되는 재해로 피해를 입은 경우는 제외함)
⑧ 목초지, 목야지 등 지목이 목인 농지

(5) 단호박

① 보험가입금액이 100만 원 미만인 농지
② 5월 29일을 초과하여 정식한 농지
③ 미니 단호박을 재배하는 농지

(6) 당근

① 보험가입금액이 100만 원 미만인 농지
② 미니당근 재배 농지(대상 품종 : 베이비당근, 미농, 파맥스, 미니당근 등)
③ 8월 31일을 지나 파종을 실시하였거나 또는 할 예정인 농지
④ 목초지, 목야지 등 지목이 목인 농지

(7) 시금치(노지)

① 보험가입금액이 100만 원 미만인 농지
② 10월 31일을 지나 파종을 실시하였거나 또는 할 예정인 농지
③ 다른 광역시·도에 소재하는 농지(단, 인접한 광역시·도에 소재하는 농지로서 보험사고시 지역 농·축협의 통상적인 손해조사가 가능한 농지는 본부의 승인을 받아 인수 가능)
④ 최근 3년 연속 침수피해를 입은 농지
⑤ 오염 및 훼손 등의 피해를 입어 복구가 완전히 이루어지지 않은 농지
⑥ 최근 5년 이내에 간척된 농지
⑦ 농업용지가 다른 용도로 전용되어 수용예정농지로 결정된 농지
⑧ 전환지(개간, 복토 등을 통해 논으로 변경한 농지), 휴경지 등 농지로 변경하여 경작한 지 3년 이내인 농지

(8) 고랭지 배추, 가을배추, 월동배추

① 보험가입금액이 100만 원 미만인 농지

② 정식을 9월 25일(월동배추), 9월 10일(가을배추) 이후에 실시한 농지

③ 다른 품종 및 품목을 정식한 농지(월동배추, 가을배추에만 해당)

④ 다른 광역시·도에 소재하는 농지(단, 인접한 광역시·도에 소재하는 농지로서 보험사고 시 지역 농·축협의 통상적인 손해조사가 가능한 농지는 본부의 승인을 받아 인수 가능)

⑤ 최근 3년 연속 침수피해를 입은 농지, 다만, 호우주의보 및 호우경보 등 기상특보에 해당되는 재해로 피해를 입은 경우는 제외함

⑥ 오염 및 훼손 등의 피해를 입어 복구가 완전히 이루어지지 않은 농지

⑦ 최근 5년 이내에 간척된 농지

⑧ 농업용지가 다른 용도로 전용되어 수용 예정 농지로 결정된 농지

⑨ 전환지(개간, 복토 등을 통해 논으로 변경한 농지), 휴경지 등 농지로 변경하여 경작한 지 3년 이내인 농지

(9) 고랭지 무

① 보험가입금액이 100만 원 미만인 농지

② 판매개시연도 7월 31일을 초과하여 정식한 농지

③ '고랭지여름재배' 작형에 해당하지 않는 농지 또는 고랭지무에 해당하지 않는 품종(예 알타리무, 월동무 등)

(10) 월동무

① 보험가입금액이 100만 원 미만인 농지

② 10월 15일 이후에 무를 파종한 농지

③ 가을무에 해당하는 품종 또는 가을무로 수확할 목적으로 재배하는 농지

④ 오염 및 훼손 등의 피해를 입어 복구가 완전히 이루어지지 않은 농지

⑤ 목초지, 목야지 등 지목이 목인 농지

⑥ '월동재배' 작형에 해당하지 않는 농지 또는 월동무에 해당하지 않는 품종(예 알타리무, 단무지무 등)

(11) 대파

① 보험가입금액이 100만 원 미만인 농지
② 5월 20일을 초과하여 정식한 농지
③ 재식밀도가 15,000주/10a 미만인 농지

(12) 쪽파, 실파

① 보험가입금액이 100만 원 미만인 농지
② 종구용(씨쪽파)으로 재배하는 농지
③ 상품 유형별 파종기간을 초과하여 파종한 농지

(13) 양상추

① 보험가입금액이 100만 원 미만인 농지
② 판매개시연도 8월 31일 이후에 정식한 농지(단, 재정식은 판매개시연도 9월 10일 이내 정식)
③ 시설(비닐하우스, 온실 등)에서 재배하는 농지

7 원예시설·버섯 품목 인수 제한 목적물

(1) 농업용 시설물·버섯재배사 및 부대시설

① 판매를 목적으로 작물을 경작하지 않는 시설
② 작업동, 창고동 등 작물 경작용으로 사용되지 않는 시설
※ 농업용 시설물 한 동 면적의 80% 이상을 작물 재배용으로 사용하는 경우 가입 가능
※ 원예시설(버섯재배사 제외)의 경우, 연중 8개월 이상 육묘를 키우는 육묘장의 경우 하우스만 가입 가능
③ 피복재가 없거나 작물을 재배하고 있지 않은 시설
※ 다만, 지역적 기후 특성에 따른 한시적 휴경은 제외
④ 목재, 죽재로 시공된 시설
⑤ 비가림시설
⑥ 구조체, 피복재 등 목적물이 변형되거나 훼손된 시설
⑦ 목적물의 소유권에 대한 확인이 불가능한 시설
⑧ 건축 또는 공사 중인 시설
⑨ 1년 이내에 철거 예정인 고정식 시설

⑩ 하천부지 및 상습침수지역에 소재한 시설

※ 다만, 수재위험 부보장특약에 가입하여 풍재만은 보장 가능

⑪ 연륙교가 설치되어 있지 않고 정기선이 운항하지 않는 등 신속한 손해평가가 불가능한 도서 지역 시설

⑫ 정부에서 보험료의 일부를 지원하는 다른 계약에 이미 가입되어 있는 시설

⑬ 기타 인수가 부적절한 하우스 및 부대시설

(2) 시설작물

① 작물의 재배면적이 시설 면적의 50% 미만인 경우

※ 다만, 백합·카네이션의 경우 하우스 면적의 50% 미만이라도 동당 작기별 200m^2 이상 재배시 가입 가능

② 분화류의 국화, 장미, 백합, 카네이션을 재배하는 경우

③ 판매를 목적으로 재배하지 않는 시설작물

④ 한 시설에서 화훼류와 비화훼류를 혼식 재배중이거나, 또는 재배 예정인 경우

⑤ 통상적인 재배시기, 재배품목, 재배방식이 아닌 경우

※ 예 : 여름재배 토마토가 불가능한 지역에서 여름재배 토마토를 가입하는 경우, 파프리카 토경재배가 불가능한 지역에서 토경재배 파프리카를 가입하는 경우 등

⑥ 시설작물별 10a당 인수제한 재식밀도 미만인 경우

〈품목별 인수제한 재식밀도〉

품목		인수제한 재식밀도
딸기		5,000주/10a 미만
오이		1,500주/10a 미만
토마토		1,500주/10a 미만
참외		600주/10a 미만
호박		600주/10a 미만
풋고추		1,000주/10a 미만
국화		30,000주/10a 미만
장미		1,500주/10a 미만
수박		400주/10a 미만
멜론		400주/10a 미만
파프리카		1,500주/10a 미만
상추		40,000주/10a 미만
시금치		100,000주/10a 미만
부추		62,500주/10a 미만
배추		3,000주/10a 미만
가지		1,500주/10a 미만
파	대파	15,000주/10a 미만
	쪽파	18,000주/10a 미만
무		3,000주/10a 미만
백합		15,000주/10a 미만
카네이션		15,000주/10a 미만

⑦ 품목별 표준생장일수와 현저히 차이나는 생장일수를 가지는 품종

〈품목별 인수제한 품종〉

품목	인수제한 품종
배추(시설재배)	얼갈이배추, 쌈배추, 양배추
딸기(시설재배)	산딸기
수박(시설재배)	애플수박, 미니수박, 복수박
고추(시설재배)	홍고추
오이(시설재배)	노각
상추(시설재배)	양상추, 프릴라이스, 버터헤드(볼라레), 오버레드, 이자벨, 멀티레드, 카이피라, 아지르카, 이자트릭스, 크리스피아노

(3) 버섯작물

1) 표고버섯(원목재배·톱밥배지재배)

① 통상적인 재배 및 영농활동을 하지 않는다고 판단되는 하우스

② 원목 5년차 이상의 표고버섯

③ 원목재배, 톱밥배지재배 이외의 방법으로 재배하는 표고버섯

④ 판매를 목적으로 재배하지 않는 표고버섯

⑤ 기타 인수가 부적절한 표고버섯

2) 느타리버섯(균상재배·병재배)

① 통상적인 재배 및 영농활동을 하지 않는다고 판단되는 하우스

② 균상재배, 병재배 이외의 방법으로 재배하는 느타리버섯

③ 판매를 목적으로 재배하지 않는 느타리버섯

④ 기타 인수가 부적절한 느타리버섯

3) 새송이버섯(병재배)

① 통상적인 재배 및 영농활동을 하지 않는다고 판단되는 하우스

② 병재배 외의 방법으로 재배하는 새송이버섯

③ 판매를 목적으로 재배하지 않는 새송이버섯

④ 기타 인수가 부적절한 새송이버섯

4) 양송이버섯(균상재배)

① 통상적인 재배 및 영농활동을 하지 않는다고 판단되는 하우스

② 균상재배 외의 방법으로 재배하는 양송이버섯

③ 판매를 목적으로 재배하지 않는 양송이버섯

④ 기타 인수가 부적절한 양송이버섯

03 워크북으로 마무리하기

다음은 농작물재해보험 계약인수와 인수심사에 관한 내용이다. 괄호에 알맞은 내용을 쓰시오.

1 보험가입기준

1 과수 품목

사과·배·단감·떫은감(과수4종), 감귤(온주밀감류, 만감류), 포도(수입보장 포함), 복숭아, 자두, 살구, 유자, 오미자, 무화과, 오디, 복분자, 대추, 밤, 호두, 매실, 참다래

(1) 계약인수

① 계약인수는 과수원 단위로 가입하고 개별 과수원당 최저 보험가입금액은 (　　)이다.

② 단, 하나의 (　　)에 있는 각각 보험가입금액 (　　)만 원 미만의 두 개의 과수원은 하나의 과수원으로 취급하여 계약 가능하다(단, 2개 과수원 초과 구성 가입은 불가함).

※ 2개의 과수원(농지)을 합하여 인수한 경우 1개의 과수원(농지)으로 보고 손해평가를 한다.

(2) 과수원 구성 방법

① 과수원이라 함은 (　　)의 개념으로 (　　)와는 관계없이 실제 경작하는 단위이므로 한 덩어리 과수원이 여러 필지로 나누어져 있더라도 하나의 농지로 취급한다.

② 계약자 1인이 서로 다른 2개 이상 품목을 가입하고자 할 경우에는 별개의 계약으로 각각 가입·처리하며, 개별 과수원을 가입하고자 하는 경우 동일 증권 내 각각의 목적물로 가입·처리한다.

③ 사과 품목의 경우, (　　), (　　) 등 (　　) 품종을 심은 경우에는 별도 과수원으로 가입·처리한다.

④ 감귤(온주밀감류, 만감류) 품목의 경우, 계약자 1인이 온주밀감류와 만감류를 가입하고자 하는 경우 각각의 과수원 및 해당 상품으로 가입한다.

⑤ 대추 품목의 경우, 사과대추 가입가능 지역에서 계약자 1인이 재래종과 사과대추를 가입하고자 할 때는 각각의 과수원으로 가입한다.

⑥ 포도, 대추, 참다래의 비가림시설은 단지 단위로 가입(구조체 + 피복재)하고 최소 가입면적은 ( )이다.

⑦ 과수원 전체를 벌목하여 새로운 유목을 심은 경우에는 ( ) 과수원으로 가입·처리한다.

⑧ 농협은 농협 관할구역에 속한 과수원에 한하여 인수할 수 있으며, 계약자가 동일한 관할구역 내에 여러 개의 과수원을 경작하고 있는 경우에는 하나의 농협에 가입하는 것이 원칙이다.

2 논작물 품목 : 벼, 조사료용 벼, 밀, 보리, 귀리

(1) 벼, 밀, 보리, 귀리의 경우

벼, 밀, 보리, 귀리의 경우, 계약인수는 농지 단위로 가입하고 개별 농지당 최저 보험가입금액은 ( )이다.

① 단, 가입금액 ( ) 미만의 농지라도 인접 농지의 면적과 합하여 ( ) 이상이 되면 통합하여 하나의 농지로 가입할 수 있다.

② 벼의 경우 통합하는 농지는 ( )까지만 가능하며, 가입 후 농지를 분리할 수 없다.

③ 밀, 보리, 귀리의 경우 같은 동(洞) 또는 리(理)안에 위치한 가입조건 미만의 두 농지는 하나의 농지로 취급하여 위의 요건을 충족할 경우 가입 가능하며, 이 경우 두 농지를 하나의 농지로 본다.

(2) 조사료용 벼의 경우

조사료용 벼의 경우, 농지 단위로 가입하고 개별 농지당 최저 가입 면적은 ( )이다.

① 단, 가입면적 ( ) 미만의 농지라도 인접 농지의 면적과 합하여 ( ) 이상이 되면 통합하여 하나의 농지로 가입할 수 있다.

② 통합하는 농지의 개수 제한은 없으나 가입 후 농지를 분리할 수 없다.

(3) 1인 1증권 계약의 체결

① 1인이 경작하는 다수의 농지가 있는 경우, 그 농지의 전체를 하나의 증권으로 보험계약을 체결한다.

② 다만, 읍·면·동을 달리하는 농지를 가입하는 경우와 기타 보험사업 관리기관이 필요하다고 인정하는 경우는 예외로 한다.

(4) 농지 구성 방법

① (　　) 단위로 가입한다.

② 동일 "리(동)"내에 있는 여러 농지를 묶어 하나의 (　　)를 부여한다.

③ 가입하는 농지가 여러"리(동)"에 있는 경우 각 리(동)마다 각각 경지를 구성하고 보험계약은 여러 경지를 묶어 (　　)으로 가입한다.

3 밭작물 품목 : 메밀, 콩, 팥, ~~옥수수~~, ~~사료용 옥수수~~, 파(대파, 쪽파·실파), 당근, 브로콜리, 단호박, 시금치(노지), 무(고랭지, 월동), 배추(고랭지, 월동, 가을), 양파, 마늘, 감자, 고구마, 양배추, 고추, 양상추

(1) 계약인수

1) 메밀

계약인수는 농지 단위로 가입하고 개별 농지당 최저 보험가입금액은 (　　)이다. 단, 하나의 리, 동에 있는 각각 (　　) 미만의 두 개의 농지는 하나의 농지로 취급하여 계약 가능하다.

2) 콩(수입보장 포함), 팥, 옥수수, 파(대파, 쪽파 · 실파), 당근, 단호박, 시금치(노지), 무(고랭지, 월동), 배추(고랭지, 월동, 가을), 양상추

계약인수는 농지 단위로 가입하고 개별 농지당 최저 보험가입금액은 (　　)이다. 단, 하나의 리, 동에 있는 각각 (　　) 미만의 두 개의 농지는 하나의 농지로 취급하여 계약 가능하다.

3) 양파(수입보장 포함), 마늘(수입보장 포함), 감자(봄 · 가을(수입보장 포함) · 고랭지), 고구마(수입보장 포함), 양배추(수입보장 포함), 고추, 브로콜리

계약인수는 농지 단위로 가입하고 개별 농지당 최저 보험가입금액은 (　　)이다. 단, 하나의 리, 동에 있는 각각 (　　) 미만의 두 개의 농지는 하나의 농지로 취급하여 계약 가능하다.

4) 고추

고추의 경우, 3)의 조건에 더하여 10a당 재식주수가 (　　)이고 (　　)인 농지만 가입 가능하다.

5) 사료용 옥수수

사료용 옥수수의 경우, (　　) 단위로 가입하고 개별 농지당 최저 가입면적은 (　　) 이다.

① 단, 가입면적 (　　) 미만의 농지라도 인접 농지의 면적과 합하여 (　　) 이상이 되면 통합하여 하나의 농지로 가입할 수 있다.

② 통합하는 농지는 2개까지만 가능하며 가입 후 농지를 분리할 수 없다.

(2) 농지 구성 방법

① 농지라 함은 한 덩어리의 토지의 개념으로 필지(지번)와는 관계없이 실제 경작하는 단위이므로 한 덩어리 농지가 여러 필지로 나누어져 있더라도 하나의 농지로 취급한다.

② 계약자 1인이 서로 다른 2개 이상 품목을 가입하고자 할 경우에는 별개의 계약으로 각각 가입·처리한다.

③ 농협은 농협 관할구역에 속한 농지에 한하여 인수할 수 있으며, 계약자가 동일한 관할구역 내에 여러 개의 농지를 경작하고 있는 경우에는 하나의 농협에 가입하는 것이 원칙이다.

4 차(茶) 품목

(1) 계약인수

① 계약인수는 농지 단위로 가입하고 개별 농지당 최저 보험가입면적은 (　　)이다. 단, 하나의 리, 동에 있는 각각 (　　) 미만의 두 개의 농지는 하나의 농지로 취급하여 계약 가능하다.

② 보험가입대상은 (　　)생 이상의 차나무에서 (　　)에 수확하는 (　　)이다.

(2) 농지 구성 방법

① 농지라 함은 한 덩어리의 토지의 개념으로 필지(지번)와는 관계없이 실제 경작하는 단위이므로 한 덩어리 농지가 여러 필지로 나누어져 있더라도 하나의 농지로 취급한다.

② 계약자 1인이 서로 다른 2개 이상 품목을 가입하고자 할 경우에는 별개의 계약으로 각각 가입·처리한다.

③ 농협은 농협 관할구역에 속한 농지에 한하여 인수할 수 있으며, 계약자가 동일한 관할구역 내에 여러 개의 농지를 경작하고 있는 경우에는 하나의 농협에 가입하는 것이 원칙이다.

5 인삼 품목

(1) 계약인수

계약인수는 농지 단위로 가입하고 개별 농지당 최저 보험가입금액은 (　　)이다. 단, 하나의 리, 동에 있는 각각 보험가입금액 (　　) 미만의 두 개의 농지은 하나의 농지으로 취급하여 계약 가능하다.

(2) 농지 구성 방법

① 농지라 함은 한 덩어리의 토지의 개념으로 (　　)와는 관계없이 실제 경작하는 단위이므로 한 덩어리 농지가 여러 필지로 나누어져 있더라도 하나의 농지로 취급한다.

② 계약자 1인이 서로 다른 2개 이상 품목을 가입하고자 할 경우에는 별개의 계약으로 각각 가입·처리한다.

③ 농협은 농협 관할구역에 속한 농지에 한하여 인수할 수 있으며, 계약자가 동일한 관할구역 내에 여러 개의 농지를 경작하고 있는 경우에는 (　　)에 가입하는 것이 원칙이다.

6 원예시설

(1) 시설 1단지 단위로 가입(단지 내 인수 제한 목적물은 제외)

① 단지 내 해당되는 시설작물은 (　　)를 가입해야 하며 (　　) 하우스만을 선택적으로 가입할 수 없다.

② 연동하우스 및 유리온실 1동이란 (　　), (　　), (　　), (　　) 등 구조적으로 연속된 일체의 시설을 말한다.

③ 한 단지 내에 단동·연동·유리온실 등이 혼재되어있는 경우 각각 개별단지로 판단한다.

(2) 최소 가입면적

구분	단동하우스	연동하우스	유리(경질판)온실
최소 가입면적	(　　)	(　　)	(　　)

※ 단지 면적이 가입기준 미만인 경우 인접한 경지의 단지 면적과 합하여 가입기준 이상이 되는 경우 1단지로 판단할 수 있음

(3) 농업용 시설물을 가입해야 부대시설 및 시설작물 가입 가능

※ 단, 유리온실(경량철골조)의 경우 부대시설 및 시설작물만 가입 가능

7 버섯

(1) 시설 1단지 단위로 가입(단지 내 인수 제한 목적물은 제외)

① 단지 내 해당되는 버섯은 (　　)를 가입해야 하며 (　　) 하우스만을 선택적으로 가입할 수 없다.

② 연동하우스 및 유리온실 1동이란 기둥, 중방, 방풍벽, 서까래 등 (　　)을 말한다.

③ 한 단지 내에 단동·연동·경량철골조(버섯재배사) 등이 혼재되어있는 경우 각각 개별 단지로 판단한다.

(2) 최소 가입면적

구분	버섯단동하우스	버섯연동하우스	경량철골조 (버섯재배사)
최소 가입면적	(　　　　)	(　　　　)	(　　　　)

※ 단지 면적이 가입기준 미만인 경우 인접한 경지의 단지 면적과 합하여 가입기준 이상이 되는 경우 1단지로 판단할 수 있음

(3) 버섯재배사를 가입해야 부대시설 및 버섯작물 가입 가능

2 인수 심사

1 과수 품목 인수 제한 목적물

(1) 공통

- 보험가입금액이 (　　) 미만인 과수원
- 품목이 (　　)된 과수원(다만, 주력 품목의 결과주수가 (　　)인 과수원은 주품목에 한하여 가입 가능)
- 통상적인 영농활동(병충해 방제, 시비관리, 전지·전정, 적과 등)을 하지 않은 과수원
- 전정, 비배관리 잘못 또는 품종갱신 등의 이유로 (　　)이 현저하게 감소할 것이 예상되는 과수원
- (　　)를 위해 재배되는 과수원
- 하나의 과수원에 식재된 나무 중 (　　) 나무만 가입하는 과수원 (단, 감귤(만감류,온주밀감류)의 경우 (　　)가 예상되는 나무의 경우 제외)

- 하천부지 및 (   ) 침수지역에 소재한 과수원
- (   )를 목적으로 경작하지 않는 과수원
- (   )되어 있는 과수원
- 기타 인수가 부적절한 과수원

(2) 과수 4종(사과·배·단감·떫은감)

① 가입하는 해의 나무 수령(나이)이 다음 기준 미만인 경우

- 사과 : 밀식재배 (   ), 반밀식재배 (   ), 일반재배 (   )
- 배 : (   )
- 단감·떫은감 : (   )

※ 수령(나이)은 나무의 나이를 말하며, 묘목이 가입과수원에 식재된 해를 1년으로 한다.

② 노지재배가 아닌 (   )에서 재배하는 과수원(단, (   )부보장특약을 가입하는 경우 인수 가능)

③ (1)공통 나)의 예외조건에도 불구 단감·떫은감이 혼식된 과수원(보험가입금액이 200만 원 이상인 단감·떫은감 품목 중 1개를 선택하여 해당 품목만 가입 가능)

④ 시험연구, 체험학습을 위해 재배되는 과수원(단, 200만 원 이상 출하증명 가능한 과수원 제외)

⑤ (   ) 형태의 과수원

⑥ 보험가입 이전에 자연재해 피해 및 접붙임 등으로 당해연도의 (   )에 영향이 있는 과수원

⑦ 가입사무소 또는 계약자를 달리하여 (   ) 가입하는 과수원

⑧ 도서 지역의 경우 (   )가 설치되어 있지 않고 (   )이 운항하지 않는 등 신속한 손해평가가 불가능한 지역에 소재한 과수원

⑨ 도시계획 등에 편입되어 수확 종료 전에 (   ) 또는 (   ) 등이 예정되어 있는 과수원

⑩ (   ) 중 (   )내의 농지(단, 통상적인 영농활동 및 손해평가가 가능하다고 판단되는 농지는 인수 가능)

※ 통제보호구역 : 민간인통제선 이북지역 또는 군사기지 및 군사시설의 (   )으로부터 (   ) 범위 이내의 지역

(3) 포도 (비가림시설 포함)

① 가입하는 해의 나무 수령(나이)이 (　　) 미만인 과수원

※ 수령(나이)은 나무의 나이를 말하며, 묘목이 가입과수원에 식재된 해를 1년으로 한다.

② 보험가입 직전연도(이전)에 역병 및 궤양병 등의 병해가 발생하여 보험가입 시 전체 나무의 (　　)이 고사하였거나 정상적인 결실을 하지 못할 것으로 판단되는 과수원

※ 다만, 고사한 나무가 전체의 (　　)이더라도 고사된 나무를 제거하지 않거나, (　　)를 하지 않은 경우에는 인수 제한

③ (　　) 재배과수원으로서 일반재배와 결실 차이가 현저히 있다고 판단되는 과수원

④ 비가림 폭이 (　　), 동고가 (　　)의 범위를 벗어나는 비가림시설(과수원의 형태 및 품종에 따라 조정)

(4) 복숭아

① 가입하는 해의 나무 수령(나이)이 (　　) 미만인 과수원

※ 수령(나이)은 나무의 나이를 말하며, 묘목이 가입과수원에 식재된 해를 1년으로 한다.

② 보험가입 직전연도(이전)에 (　　) 및 (　　) 등의 병해가 발생하여 보험가입 시 전체 나무의 20% 이상이 고사하였거나 정상적인 결실을 하지 못할 것으로 판단되는 과수원

※ 다만, 고사한 나무가 전체의 20% 미만이더라도 고사된 나무를 제거하지 않거나, 방재조치를 하지 않은 경우에는 인수 제한

③ 친환경 재배과수원으로서 (　　)와 결실 차이가 현저히 있다고 판단되는 과수원

(5) 자두

① 노지재배가 아닌 (　　)에서 자두를 재배하는 과수원

② 가입하는 해의 나무 수령(나이)이 (　　)인 과수원(수확연도 기준 수령이 (　　))

※ 수령(나이)은 나무의 나이를 말하며, 묘목이 가입과수원에 식재된 해를 1년으로 한다.

③ 품종이 (　　), (　　)(푸룬, 스텐리 등) 및 (　　)를 재배하는 과수원

④ 1주당 재배면적이 (　　) 미만인 과수원

⑤ 보험가입 이전에 자연재해 등의 피해로 인하여 당해연도의 정상적인 결실에 영향이

있는 과수원
⑥ 가입사무소 또는 계약자를 달리하여 (　　) 가입하는 과수원
⑦ 도서 지역의 경우 (　　)가 설치되어 있지 않고 (　　)이 운항하지 않는 등 신속한 손해평가가 불가능한 지역에 소재한 과수원
⑧ 도시계획 등에 편입되어 수확 종료 전에 소유권 변동 또는 과수원 형질변경 등이 (　　)되어 있는 과수원
⑨ 군사시설보호구역 중 (　　)내의 농지(단, 통상적인 영농활동 및 손해평가가 가능하다고 판단되는 농지는 인수 가능)
※ 통제보호구역 : (　　) 이북지역 또는 군사기지 및 군사시설의 최외곽 경계선으로부터 300미터 범위 이내의 지역

(6) 살구

① 노지재배가 아닌 (　　)에서 살구를 재배하는 과수원
② 가입연도 나무수령이 (　　) 미만인 과수원
※ 수령(나이)은 나무의 나이를 말하며, (　　)이 가입과수원에 식재된 해를 (　　)으로 한다.
③ 보험가입 (　　)에 자연재해 등의 피해로 인하여 당해연도의 정상적인 결실에 영향이 있는 과수원
④ (　　) 재배과수원으로서 일반재배와 결실 차이가 현저히 있다고 판단되는 과수원
⑤ 가입사무소 또는 계약자를 달리하여 (　　) 가입하는 과수원
⑥ 도서 지역의 경우 연륙교가 설치되어 있지 않고 정기선이 운항하지 않는 등 (　　)가 불가능한 지역에 소재한 과수원
⑦ 도시계획 등에 편입되어 수확 종료 전에 소유권 변동 또는 과수원 형질변경 등이 예정되어 있는 과수원
⑧ 군사시설보호구역 중 통제보호구역내의 농지(단, 통상적인 영농활동 및 손해평가가 가능하다고 판단되는 농지는 인수 가능)
※ 통제보호구역 : 민간인통제선 이북지역 또는 군사기지 및 군사시설의 (　　)으로부터 300미터 범위 이내의 지역
⑨ (　　) 재배 과수원
⑩ (　　)이 없는 과수원

(7) 감귤(온주밀감류, 만감류)

① 가입하는 해의 나무 수령(나이)이 다음 기준 미만인 경우

- 온주밀감류, 만감류 재식 : ( )
- 만감류 고접 : ( )

※ 수령(나이)은 나무의 나이를 말하며, 묘목이 가입과수원에 식재된 해를 1년으로 한다.

② 주요 품종을 제외한 ( )용 기타품종을 경작하는 과수원

③ ( )를 재배하는 과수원

④ ( )과 ( ) 혼식 과수원

⑤ 하나의 과수원에 식재된 나무 중 ( ) 나무만 가입하는 과수원(단, ( )가 예상되는 나무의 경우 제외)

⑥ 보험가입 이전에 자연재해 등의 피해로 당해연도의 정상적인 결실에 영향이 있는 과수원

⑦ 가입사무소 또는 계약자를 달리하여 중복 가입하는 과수원

⑧ 도시계획 등에 편입되어 수확 종료 전에 소유권 변동 또는 과수원 형질변경 등이 예정되어 있는 과수원

(8) 매실

① 가입하는 해의 나무 수령(나이)이 ( ) 미만인 경우

※ 수령(나이)은 나무의 나이를 말하며, 묘목이 가입과수원에 식재된 해를 1년으로 한다.

② ( )당 재배면적이 ( ) 미만인 과수원

③ 노지재배가 아닌 ( )에서 매실을 재배하는 과수원

④ 보험가입 이전에 자연재해 등의 피해로 인하여 당해연도의 정상적인 ( )에 영향이 있는 과수원

⑤ 가입사무소 또는 계약자를 달리하여 ( ) 가입하는 과수원

⑥ ( )의 경우 연륙교가 설치되어 있지 않고 정기선이 운항하지 않는 등 신속한 손해평가가 불가능한 지역에 소재한 과수원

⑦ 도시계획 등에 편입되어 수확 종료 전에 소유권 변동 또는 과수원 형질변경 등이 예정되어 있는 과수원

⑧ 군사시설보호구역 중 통제보호구역내의 농지(단, 통상적인 영농활동 및 손해평가가 가능하다고 판단되는 농지는 인수 가능)

※ 통제보호구역 : 민간인통제선 이북지역 또는 군사기지 및 군사시설의 최외곽 경계선으로부터 (　　) 범위 이내의 지역

(9) 유자

① 가입하는 해의 나무 수령(나이)이 (　　) 미만인 경우

※ 수령(나이)은 나무의 나이를 말하며, 묘목이 가입과수원에 식재된 해를 1년으로 한다.

② 가입사무소 또는 계약자를 달리하여 (　　)하는 과수원

③ 도서 지역의 경우 (　　)가 설치되어 있지 않고 (　　)이 운항하지 않는 등 신속한 손해평가가 불가능한 지역에 소재한 과수원

④ 도시계획 등에 편입되어 수확 종료 전에 (　　) 또는 과수원 (　　) 등이 예정되어 있는 과수원

(10) 오미자

① (　　)차 이상 과수원 또는 삭벌하지 않는 과수원 중 (　　)차 이상인 과수원

② 가지가 과도하게 (　　)하여 수관 폭이 두꺼워져 (　　) 현상이 일어날 것으로 예상되는 과수원

③ (　　)의 상태가 적절치 못하여 수확량이 현저하게 낮을 것으로 예상되는 과수원(유인틀의 붕괴, 매우 낮은 높이의 유인틀)

④ 주간거리가 (　　)으로 과도하게 넓은 과수원

(11) 오디

① 가입연도 기준 (　　) 미만(수확연도 기준 수령이 (　　) 미만)인 뽕나무

② (　　) 계통((　　), (　　) 등)

③ 보험가입 이전에 균핵병 등의 병해가 발생하여 과거 보험 가입 시 전체 나무의 (　　)이 고사하였거나 정상적인 결실을 하지 못할 것으로 예상되는 과수원

④ 적정한 비배관리를 하지 않는 (　　) 과수원

※ (　　) : 일정한 토지면적에 대하여 자본과 노력을 적게 들이고 자연력의 작용을 주(主)로 하여 경작하는 방법

⑤ 노지재배가 아닌 (　　)에서 오디를 재배하는 과수원

⑥ 보험가입 이전에 자연재해 피해 및 접붙임 등으로 (　　)의 정상적인 (　　)에 영향이 있는 과수원

⑦ 가입사무소 또는 계약자를 달리하여 (　　) 가입하는 과수원

⑧ 도서 지역의 경우 (　　)가 설치되어 있지 않고 (　　)이 운항하지 않는 등 신속한 손해평가가 불가능한 지역에 소재한 과수원

⑨ 도시계획 등에 편입되어 수확 종료 전에 소유권 변동 또는 과수원 (　　) 등이 예정되어 있는 과수원

⑩ (　　) 중 (　　)내의 농지(단, 통상적인 영농활동 및 손해평가가 가능하다고 판단되는 농지는 인수 가능)

※ 통제보호구역 : 민간인통제선 이북지역 또는 군사기지 및 군사시설의 (　　)으로부터 (　　) 범위 이내의 지역

(12) 복분자

① 가입연도 기준, 수령이 (　　) 또는 (　　)인 포기로만 구성된 과수원

※ 수령(나이)은 나무의 나이를 말하며, 묘목이 가입과수원에 식재된 해를 1년으로 한다.

② 계약인수 시까지 (　　)(올해 복분자 과실이 열렸던 가지)의 (　　) 활동(통상적인 영농활동)을 하지 않은 과수원

③ (　　)(비닐하우스, 온실 등)에서 복분자를 재배하는 과수원

④ (　　) 등 적정한 비배관리를 하지 않는 과수원

※ (　　) : 일정한 토지면적에 대하여 자본과 노력을 적게 들이고 자연력의 작용을 주(主)로 하여 경작하는 방법

⑤ 보험가입 이전에 자연재해 등의 피해로 인하여 당해연도의 정상적인 결실에 영향이 있는 과수원

⑥ 가입사무소 또는 계약자를 달리하여 (　　) 가입하는 과수원

⑦ 도서 지역의 경우 (　　)가 설치되어 있지 않고 (　　)이 운항하지 않는 등 신속한 손해평가가 불가능한 지역에 소재한 과수원

⑧ 도시계획 등에 편입되어 수확 종료 전에 (　　) 또는 과수원 (　　) 등이 (　　)되어 있는 과수원

⑨ (　　) 중 (　　)내의 농지(단, 통상적인 영농활동 및 손해평가가 가능하다고 판단되는 농지는 인수 가능)

※ 통제보호구역 : 민간인통제선 이북지역 또는 군사기지 및 군사시설의 최외곽 경계선으로부터 300미터 범위 이내의 지역

⑩ 1주당 재식면적이 (　　)인 과수원

(13) 무화과

① 가입하는 해의 나무 수령(나이)이 (　　) 미만인 과수원

※ 수령(나이)은 나무의 나이를 말하며, 묘목이 가입과수원에 식재된 해를 1년으로 한다.

※ 나무보장특약의 경우 가입하는 해의 나무 수령이 (　　) 이내의 무화과 나무만 가입 가능하다.

② (　　)이 미설치된 과수원

③ 노지재배가 아닌 (　　)에서 무화과를 재배하는 과수원

④ 보험가입 이전에 자연재해 피해 및 접붙임 등으로 당해연도의 (　　)에 영향이 있는 과수원

⑤ 가입사무소 또는 계약자를 달리하여 (　　) 가입하는 과수원

⑥ 도시계획 등에 편입되어 수확 종료 전에 소유권 변동 또는 과수원 형질변경 등이 (　　)되어 있는 과수원

(14) 참다래(비가림시설 포함)

① 가입하는 해의 나무 수령이 (　　) 미만인 경우

※ 수령(나이)은 나무의 나이를 말하며, 묘목이 가입과수원에 식재된 해를 1년으로 한다.

② 수령이 (　　)된 과수원(다만, 수령의 구분이 가능하며 동일 수령군이 (　　)인 경우에 한하여 가입 가능)

③ 보험가입 이전에 (　　) 및 (　　) 등의 병해가 발생하여 보험 가입 시 전체 나무의 20% 이상이 고사하였거나 정상적인 결실을 하지 못할 것으로 판단되는 과수원(다만, 고사한 나무가 전체의 20% 미만이더라도 고사한 나무를 제거하지 않거나 방재조치를 하지 않은 경우에는 인수를 제한)

④ 가입사무소 또는 계약자를 달리하여 (　　)하는 과수원

⑤ 도시계획 등에 편입되어 수확 종료 전에 소유권 변동 또는 과수원 형질변경 등이 (　　)되어 있는 과수원
⑥ 가입면적이 (　　)인 참다래 비가림시설
⑦ 참다래 재배 목적으로 사용되지 않는 비가림시설
⑧ (　　) 또는 (　　)로 시공된 비가림시설
⑨ 구조체, 피복재 등 목적물이 (　　)되거나 (　　)된 비가림시설
⑩ 목적물의 (　　)에 대한 확인이 불가능한 비가림시설
⑪ 건축 또는 공사 (　　)인 비가림시설
⑫ (　　) 이내에 철거 예정인 (　　)식 비가림시설
⑬ 정부에서 보험료 일부를 지원하는 다른 계약에 (　　)되어 있는 비가림시설
⑭ 기타 인수가 부적절한 과수원 또는 비가림시설

(15) 대추(비가림시설 포함)

① 가입하는 해의 나무 수령이 (　　) 미만인 경우
※ 수령(나이)은 나무의 나이를 말하며, 묘목이 가입과수원에 식재된 해를 1년으로 한다.
② 사과대추(왕대추)류를 재배하는 과수원. 단, 다음 사업지역에서 재배하는 경우에 한하여 가입 가능하며, (　　), (　　)은 하우스재배 과수원에 한함

사업지역	충남(부여)	충남(청양)	전남(영광)
가입가능 품종	(　　　　)	(　　　　)	(　　　　)

③ 재래종대추와 사과대추(왕대추)류가 (　　)되어 있는 과수원
④ 건축 또는 공사 (　　)인 비가림시설
⑤ (　　), (　　)로 시공된 비가림시설
⑥ (　　)가 없거나 대추를 재배하고 있지 않은 시설
⑦ (　　), (　　) 등 대추 재배용으로 사용되지 않는 시설
⑧ 목적물의 (　　)에 대한 확인이 불가능한 시설
⑨ 정부에서 보험료의 일부를 지원하는 다른 계약에 (　　) 가입되어 있는 시설
⑩ 비가림시설 (　　)가 (　　)로 씌여진 시설(일반적인 비닐하우스와 차이가 없는 시설은 원예시설보험으로 가입)

⑪ 보험가입 이전에 자연재해 등의 피해로 당해연도의 정상적인 (　　)에 영향이 있는 과수원
⑫ 가입사무소 또는 계약자를 달리하여 (　　) 가입하는 과수원
⑬ 도서 지역의 경우 (　　)가 설치되어 있지 않고 (　　)이 운항하지 않는 등 신속한 손해평가가 불가능한 지역에 소재한 과수원
⑭ 도시계획 등에 편입되어 수확 종료 전에 소유권 변동 또는 과수원 형질변경 등이 (　　)되어 있는 과수원

(16) 밤

① 가입하는 해의 나무 수령(나이)이 (　　) 미만인 과수원
※ 수령(나이)은 나무의 나이를 말하며, 묘목이 가입과수원에 식재된 해를 1년으로 한다.
② 보험가입 이전에 자연재해 등의 피해 인하여 당해연도의 (　　)이 있는 과수원
③ 가입사무소 또는 계약자를 달리하여 (　　) 가입하는 과수원
④ 도서 지역의 경우 연륙교가 설치되어 있지 않고 정기선이 운항하지 않는 등 (　　)한 지역에 소재한 과수원
⑤ 도시계획 등에 편입되어 수확 종료 전에 소유권 변동 또는 과수원 형질변경 등이 예정되어 있는 과수원

(17) 호두

① 통상의 영농방법에 의해 노지에서 (　　)를 경작하는 농지가 아닐 경우
② 가입하는 해의 나무 수령(나이)이 (　　) 미만인 경우
※ 수령(나이)은 나무의 나이를 말하며, 묘목이 가입과수원에 식재된 해를 1년으로 한다.
③ 보험가입 이전에 자연재해 등의 피해로 인하여 당해연도의 정상적인 결실에 영향이 있는 과수원
④ 가입사무소 또는 계약자를 달리하여 (　　)하는 과수원
⑤ 도서 지역의 경우 연륙교가 설치되어 있지 않고 정기선이 운항하지 않는 등 (　　)한 지역에 소재한 과수원
⑥ 도시계획 등에 편입되어 수확 종료 전에 (　　) 또는 과(　　) 등이 (　　)되어 있는 과수원

⑦ 군사시설보호구역 중 (　　)내의 농지(단, 통상적인 영농활동 및 손해평가가 가능하다고 판단되는 농지는 인수 가능)

※ (　　) : 민간인통제선 이북지역 또는 군사기지 및 군사시설의 (　　)으로부터 (　　)의 지역

2 논작물 품목 인수 제한 목적물

(1) 공통

- 보험가입금액이 (　　) 미만인 농지(조사료용 벼는 제외)
- (　　)에 소재한 농지
- 최근 (　　) 연속 침수피해를 입은 농지. 다만, 호우주의보 및 호우경보 등 (　　)에 해당되는 재해로 피해를 입은 경우는 제외함
- 오염 및 훼손 등의 피해를 입어 (　　)가 완전히 이루어지지 않은 농지
- 보험가입 전 농작물의 피해가 확인된 농지
- (　　) 재배 및 영농활동을 하지 않는다고 판단되는 농지
- 보험목적물을 수확하여 (　　)를 목적으로 경작하지 않는 농지(채종농지 등)
- 농업용지가 다른 용도로 전용되어 (　　) 농지로 결정된 농지
- 전환지(개간, 복토 등을 통해 논으로 변경한 농지), 휴경지 등 농지로 변경하여 경작한지 (　　) 이내인 농지
- 최근 (　　) 이내에 간척된 농지
- 도서 지역의 경우 연륙교가 설치되어 있지 않고 정기선이 운항하지 않는 등 신속한 손해평가가 불가능한 지역에 소재한 농지

※ 단, 벼 · 조사료용 벼 품목의 경우 연륙교가 설치되어 있거나, 농작물재해보험 위탁계약을 체결한 지역 농·축협 또는 품목농협(지소포함)이 소재하고 있고 (　　) 구성이 가능한 지역은 보험 가입 가능

- 기타 인수가 부적절한 농지

(2) 벼

① 밭벼를 재배하는 농지

② 군사시설보호구역 중 통제보호구역내의 농지(단, 통상적인 영농활동 및 손해평가가 가능하다고 판단되는 농지는 인수 가능)

※ 통제보호구역 : 민간인통제선 이북지역 또는 군사기지 및 군사시설의 최외곽 경계선으로부터 300미터 범위 이내의 지역

(3) 조사료용 벼

① 가입면적이 (　　) 미만인 농지

② (　　)를 재배하는 농지

③ (　　)를 달리하는 농지(단, (　　)를 통해 인수 가능)

④ 군사시설보호구역 중 통제보호구역내의 농지(단, 통상적인 영농활동 및 손해평가가 가능하다고 판단되는 농지는 인수 가능)

※ 통제보호구역 : 민간인통제선 이북지역 또는 군사기지 및 군사시설의 최외곽 경계선으로부터 300미터 범위 이내의 지역

(4) 밀

① 파종을 (　　) 이후에 실시한 농지

② (　　) 방식에 의한 (　　)을 실시한 농지

③ 출현율 (　　)인 농지

④ 다른 작물과 혼식되어 있는 농지(단, 밀 식재면적이 농지의 (　　)인 경우 인수 가능)

(5) 보리

① 파종을 (　　) 이후에 실시한 농지

② (　　) 방식에 의한 (　　)을 실시한 농지

③ 출현율 (　　)인 농지

④ (　　)에서 재배하는 농지

⑤ 10a당 재식주수가 (　　) 미만인 농지

(6) 귀리

① 파종을 (　　) 이후에 실시한 농지

② (　　) 방식에 의한 (　　)을 실시한 농지

③ 출현율 (　　)인 농지

④ (　　) 전 품종

⑤ 다른 작물과 혼식되어 있는 농지(단, 귀리 식재면적이 농지의 (　　) 이상인 경우 인수 가능)

⑥ 시설(비닐하우스, 온실 등)에서 재배하는 농지

3 밭작물(수확감소·수입감소보장) 품목 인수 제한 목적물

(1) 공통

- 보험가입금액이 (　　) 미만인 농지(사료용 옥수수는 제외)
※ 단, 옥수수 · 콩 · 팥은 (　　) 미만인 농지
- 통상적인 재배 및 영농활동을 하지 않는 농지
- 다른 작물과 혼식되어 있는 농지
- 시설재배 농지
- (　　) 및 (　　)에 소재한 농지
- (　　)를 목적으로 경작하지 않는 농지
- 도서지역의 경우 연륙교가 설치되어 있지 않고 정기선이 운항하지 않는 등 신속한 손해평가가 불가능한 지역에 소재한 농지
※ 단, 감자(가을재배) · 감자(고랭지재배) · 콩 품목의 경우 연륙교가 설치되어 있거나, 농작물재해보험 위탁계약을 체결한 지역 농·축협 또는 품목농협(지소포함)이 소재하고 있고 손해평가인 구성이 가능한 지역은 보험 가입 가능
※ (　　) 품목은 미해당
- 군사시설보호구역 중 통제보호구역내의 농지(단, 통상적인 영농활동 및 손해평가가 가능하다고 판단되는 농지는 인수가능)
※ 통제보호구역 : 민간인통제선 이북지역 또는 군사기지 및 군사시설의 최외곽 경계선으로부터 300미터 범위 이내의 지역
※ (　　), (　　) 품목은 미해당
- 기타 인수가 부적절한 농지

(2) 마늘

① 난지형의 경우 (　　) 및 (　　) 품종, 한지형의 경우는 (　　) 품종, (　　) 품종이 아닌 마늘

구분	품종
난지형	(　　　)
	(　　　)
한지형	(　　　)
(　　　)	

② 난지형은 (　　), 한지형은 (　　) 이전 파종한 농지

③ 재식밀도가 (   )/10a 미만인 농지(=(   )/1,000㎡)

④ 마늘 파종 후 익년 (   ) 이전에 수확하는 농지

⑤ (   )멀칭 또는 (   )농지

⑥ (   ) 마늘, (   ) 마늘

※ 단, 주아재배의 경우 (   )차 이상부터 가입가능

⑦ (   )재배 농지, (   ) 농지

(3) 양파

① 극조생종, 조생종, 중만생종을 (   )한 농지

② 재식밀도가 (   )/10a 미만, (   )/10a 초과인 농지

③ (   ) 이전 정식한 농지

④ 양파 식물체가 똑바로 정식되지 않은 농지((   )로 정식된 농지)

⑤ 부적절한 품종을 재배하는 농지

> 고랭지 봄파종 재배 적응 품종 → (   ), (   ), (   ), (   ), (   ), (   ), (   ), (   ), (   ), (   ), (   ) 등)

⑥ (   )농지

⑦ (   )재배 농지

(4) 감자(봄재배)

① (   ) 이상 (   ) 재배한 농지

② (   ) 수확을 목적으로 재배하는 농지

③ 파종을 (   ) 이전에 실시 농지

④ 출현율이 (   )인 농지(보험가입 당시 출현 후 고사된 싹은 출현이 안 된 것으로 판단)

⑤ 재식밀도가 (   )/10a 미만인 농지

⑥ 전작으로 (   )를 재배한 농지

⑦ 시설재배 농지

(5) 감자(가을재배)

① 가을재배에 부적합 품종((   ), (   ), (   ), (   ), (   ) 등)이 파종된 농지

② (   ) 이상 갱신하지 않는 (   )를 파종한 농지

③ (   ) 수확을 목적으로 재배하는 농지

④ 재식밀도가 (　　)/10a 미만인 농지
⑤ (　　)으로 (　　)를 재배한 농지
⑥ 출현율이 (　　)인 농지(보험가입 당시 출현 후 고사된 싹은 출현이 안 된 것으로 판단함)
⑦ 시설재배 농지, (　　) 용지

(6) 감자(고랭지재배)

① 재배 용도가 다른 것을 (　　) 재배하는 농지
② 파종을 (　　) 이전에 실시한 농지
③ 출현율이 (　　)인 농지(보험가입 당시 출현 후 고사된 싹은 출현이 안 된 것으로 판단)
④ 재식밀도가 (　　)/10a 미만인 농지

(7) 고구마

① '(　　)' 품종 재배 농지
② (　　), (　　) 목적으로 재배하는 농지
③ 재식밀도가 (　　)/10a 미만인 농지
④ (　　)농지
⑤ 도시계획 등에 편입되어 수확 종료 전에 소유권 변동 또는 농지 형질변경 등이 예정되어 있는 농지

(8) 양배추

① (　　) 미설치 농지((　　)는 관수시설 인정 제외)
② (　　) 이후에 정식한 농지(단, 재정식은 (　　) 이내 정식)
③ 재식밀도가 평당 (　　)인 농지
④ (　　) 양배추(방울양배추 등), (　　) 양배추를 재배하는 농지
⑤ (　　), (　　) 등 지목이 (　　)인 농지
⑥ (　　)(비닐하우스, 온실 등)에서 양배추를 재배하는 농지

(9) 옥수수

① 보험가입금액이 (　　) 미만인 농지
② (　　)을 이용해 재배하는 농지
③ (　　)로 수확하지 않는 농지

④ 통상적인 (　　)의 범위를 벗어나 재배하는 농지

- 1주 재배 : 1,000㎡당 정식주수가 (　　) 미만 (　　) 초과인 농지
  (단, 전남·전북·광주·제주는 1,000㎡당 정식주수가 (　　) 미만 (　　) 초과인 농지)
- 2주 재배 : 1,000㎡당 정식주수가 (　　) 미만 (　　) 초과인 농지

⑤ (　　) 이전 파종한 농지

⑥ 출현율이 (　　)인 농지(보험가입 당시 출현 후 고사된 싹은 출현이 안 된 것으로 판단함)

⑦ 도시계획 등에 편입되어 수확 종료 전에 소유권 변동 또는 농지 형질변경 등이 예정되어 있는 농지

(10) 사료용 옥수수

① 보험가입면적이 (　　) 미만인 농지

② (　　)을 이용해 재배하는 농지

③ (　　) 이전 파종한 농지

④ 출현율이 (　　) 미만인 농지(보험가입 당시 출현 후 고사된 싹은 출현이 안 된 것으로 판단)

⑤ 도시계획 등에 편입되어 수확 종료 전에 소유권 변동 또는 농지 형질변경 등이 예정되어 있는 농지

(11) 콩

① 보험가입금액이 (　　) 미만인 농지

② 장류 및 두부용, 나물용, 밥밑용 콩 이외의 콩이 식재된 농지

③ 출현율이 (　　) 미만인 농지(보험가입 당시 출현 후 고사된 싹은 출현이 안 된 것으로 판단)

④ 적정 출현 개체수 미만인 농지((　　)/㎡), 제주지역 재배방식이 산파인 경우 (　　)/㎡

⑤ 담배, 옥수수, 브로콜리 등 (　　)으로 인수 시점 기준으로 타 작물과 (　　)되어 있는 경우

⑥ (　　)에 재배하는 경우

⑦ (　　)를 위해 재배하는 경우

⑧ 다른 작물과 (　　) 또는 (　　)으로 다른 농작물이 재배 주체가 된 경우의 농지

⑨ 도시계획 등에 편입되어 수확 종료 전에 소유권 변동 또는 농지 형질변경 등이 예정

되어 있는 농지

⑩ (　　)재배 농지

(12) 팥

① 보험가입금액이 (　　) 미만인 농지

② (　　) 이전에 정식(파종)한 농지

③ 출현율이 (　　)인 농지(보험가입 당시 출현 후 고사된 싹은 출현이 안 된 것으로 판단)

④ (　　)(비닐하우스, 온실 등)에서 재배하는 농지

4 차(茶) 품목 인수 제한 목적물

① 보험가입면적이 (　　) 미만인 농지

② 가입하는 해의 나무 수령이 (　　) 미만인 차나무

※ 수령(나이)은 나무의 나이를 말하며, 묘목이 가입농지에 식재된 해를 1년으로 한다.

③ 깊은 전지로 인해 차나무의 높이가 지면으로부터 (　　)인 경우 가입면적에서 제외

④ 통상적인 영농활동을 하지 않는 농지

⑤ (　　) 재배를 목적으로 하는 농지

⑥ 보험계약 시 피해가 확인된 농지

⑦ 시설(비닐하우스, 온실 등)에서 (　　)재배 하는 농지

⑧ (　　)를 목적으로 경작하지 않는 농지

⑨ 다른 작물과 (　　)되어 있는 농지

⑩ 하천부지, 상습침수 지역에 소재한 농지

⑪ 군사시설보호구역 중 통제보호구역내의 농지(단, 통상적인 영농활동 및 손해평가가 가능하다고 판단되는 농지는 인수 가능)

※ 통제보호구역 : 민간인통제선 이북지역 또는 군사기지 및 군사시설의 최외곽 경계선으로부터 300미터 범위 이내의 지역

⑫ 기타 인수가 부적절한 농지

5 인삼 품목 (해가림시설 포함) 인수 제한 목적물

(1) 인삼 작물

① 보험가입금액이 (　　) 미만인 농지

② (　　)근 미만 또는 (　　)근 이상 인삼

※ 단, 직전연도 인삼(　　) 상품에 (　　)근으로 가입한 농지에 한하여 6년근 가입 가능

③ (　　), (　　), (　　)재배 인삼

④ 식재연도 기준 과거 (　　) 이내(논은 (　　) 이내)에 인삼을 재배했던 농지 (단, 채굴 후 (　　) 이상 경과되고 올해 성토((　　))된 농지의 경우 인수 가능)

⑤ 두둑 높이가 (　　)인 농지

⑥ 보험가입 이전에 피해가 이미 발생한 농지

※ 단, 자기부담비율 미만의 피해가 발생한 경우이거나 피해 발생 부분을 수확한 경우에는 농지의 남은 부분에 한해 인수 가능

⑦ 통상적인 재배 및 영농활동을 하지 않는다고 판단되는 농지

⑧ 하천부지, 상습침수 지역에 소재한 농지

⑨ 판매를 목적으로 경작하지 않는 농지

⑩ 군사시설보호구역 중 통제보호구역내의 농지(단, 통상적인 영농활동 및 손해평가가 가능하다고 판단되는 농지는 인수 가능)

※ 통제보호구역 : 민간인통제선 이북지역 또는 군사기지 및 군사시설의 최외곽 경계선으로부터 300미터 범위 이내의 지역

⑪ 연륙교가 설치되어 있지 않고 정기선이 운항하지 않는 등 신속한 손해평가가 불가능한 (　　) 지역 농지

⑫ 기타 인수가 부적절한 농지

(2) 해가림시설

① (　　)가 고시하는 (　　)형 인삼재배시설 규격에 맞지 않는 시설

② 목적물의 (　　)에 대한 확인이 불가능한 시설

③ 보험가입 당시 (　　)인 시설

④ 정부에서 보험료의 일부를 지원하는 다른 보험계약에 (　　)되어 있는 시설

⑤ (　　) 재배 및 영농활동을 하지 않는다고 판단되는 시설

⑥ 하천부지, 상습침수 지역에 소재한 시설

⑦ 판매를 목적으로 경작하지 않는 시설

⑧ 군사시설보호구역 중 통제보호구역내의 시설

※ 통제보호구역 : 민간인통제선 이북지역 또는 군사기지 및 군사시설의 최외곽 경계

선으로부터 300미터 범위 이내의 지역

⑨ 연륙교가 설치되어 있지 않고 정기선이 운항하지 않는 등 신속한 손해평가가 불가능한 도서 지역 시설

⑩ 기타 인수가 부적절한 시설

6 밭작물(생산비보장) 품목 인수 제한 목적물

(1) 공통

- 보험(　　) 피해가 확인된 농지
- 여러 품목이 (　　)된 농지(다른 작물과 혼식되어 있는 농지)
- (　　), (　　)에 소재한 농지
- (　　)적인 재배 및 영농활동을 하지 않는 농지
- (　　)재배 농지
- (　　)를 목적으로 경작하지 않는 농지
- (　　) 지역의 경우 (　　)가 설치되어 있지 않고 (　　)이 운항하지 않는 등 신속한 손해평가가 불가능한 지역에 소재한 농지
- 군사시설보호구역 중 (　　)내의 농지(단, 통상적인 영농활동 및 손해평가가 가능하다고 판단되는 농지는 인수 가능)

※ (　　) : 민간인통제선 이북지역 또는 군사기지 및 군사시설의 최외곽 경계선으로부터 300미터 범위 이내의 지역

※ (　　) 품목은 미해당

- 기타 인수가 부적절한 농지

(2) 고추

① 보험가입금액이 (　　) 미만인 농지

② 재식밀도가 조밀(1,000㎡당(　　) 초과) 또는 넓은(1,000㎡당 (　　) 미만) 농지

③ (　　)재배, (　　)재배 이외의 재배작형으로 재배하는 농지

④ (　　)이 되어 있지 않은 농지

⑤ (　　)한 농지

⑥ (　　) 이전과 (　　) 이후에 고추를 식재한 농지

⑦ 동일 농지 내 재배 방법이 (　　)하지 않은 농지(단, 보장생산비가 (　　) 재배 방법으로 가입하는 경우 인수 가능)

⑧ 동일 농지 내 (　　)가 동일하지 않은 농지(단, 농지 전체의 정식이 완료된 날짜로 가

입하는 경우 인수 가능)

⑨ 고추 정식 (　　) 이내에 인삼을 재배한 농지

⑩ (　　) 형태로 판매하기 위해 재배하는 농지

(3) 브로콜리

① 보험가입금액이 (　　) 미만인 농지

② 정식을 하지 않았거나, 정식을 (　　) 이후에 실시한 농지

③ (　　), (　　) 등 지목이 (　　)인 농지

(4) 메밀

① 보험가입금액이 (　　) 미만인 농지

② (　　)재배 방식에 의한 (　　)을 실시한 농지

③ (　　) 이후에 파종을 실시 또는 할 예정인 농지

④ 오염 및 훼손 등의 피해를 입어 복구가 완전히 이루어지지 않은 농지

⑤ 최근 (　　) 이내에 간척된 농지

⑥ 전환지(개간, 복토 등을 통해 논으로 변경한 농지), 휴경지 등 농지로 변경하여 경작한 지 (　　) 이내인 농지

⑦ 최근 (　　) 연속 침수피해를 입은 농지(다만, 호우주의보 및 호우경보 등 기상특보에 해당되는 재해로 피해를 입은 경우는 제외함)

⑧ 목초지, 목야지 등 (　　)인 농지

(5) 단호박

① 보험가입금액이 (　　) 미만인 농지

② (　　)을 초과하여 정식한 농지

③ (　　)을 재배하는 농지

(6) 당근

① 보험가입금액이 (　　) 미만인 농지

② (　　)당근 재배 농지(대상 품종 : (　　), (　　), (　　), (　　) 등)

③ (　　)을 지나 파종을 실시하였거나 또는 할 예정인 농지

④ 목초지, 목야지 등 지목이 (　　)인 농지

(7) 시금치(노지)

① 보험가입금액이 (　　) 미만인 농지

② (　　)을 지나 파종을 실시하였거나 또는 할 예정인 농지

③ 다른 광역시·도에 소재하는 농지(단, 인접한 광역시·도에 소재하는 농지로서 보험사고 시 지역 농·축협의 통상적인 손해조사가 가능한 농지는 본부의 승인을 받아 인수 가능)

④ 최근 (　　) 침수피해를 입은 농지

⑤ 오염 및 훼손 등의 피해를 입어 복구가 완전히 이루어지지 않은 농지

⑥ 최근 5년 이내에 (　　)된 농지

⑦ 농업용지가 다른 용도로 전용되어 (　　)로 결정된 농지

⑧ 전환지(개간, 복토 등을 통해 논으로 변경한 농지), 휴경지 등 농지로 변경하여 경작한 지 (　　) 이내인 농지

(8) 고랭지 배추, 가을배추, 월동 배추

① 보험가입금액이 (　　) 미만인 농지

② 정식을 (　　)(월동배추), (　　)(가을배추) 이후에 실시한 농지

③ 다른 품종 및 품목을 정식한 농지((　　)배추, (　　)배추에만 해당)

④ 다른 광역시·도에 소재하는 농지(단, 인접한 광역시·도에 소재하는 농지로서 보험사고시 지역 농·축협의 통상적인 손해조사가 가능한 농지는 본부의 승인을 받아 인수 가능)

⑤ 최근 (　　)를 입은 농지, 다만, 호우주의보 및 호우경보 등 (　　)에 해당되는 재해로 피해를 입은 경우는 제외함

⑥ 오염 및 훼손 등의 피해를 입어 (　　)가 완전히 이루어지지 않은 농지

⑦ 최근 (　　) 이내에 간척된 농지

⑧ 농업용지가 (　　)로 전용되어 수용 예정 농지로 결정된 농지

⑨ 전환지(개간, 복토 등을 통해 논으로 변경한 농지), 휴경지 등 농지로 변경하여 경작한지 (　　) 이내인 농지

(9) 고랭지 무

① 보험가입금액이 (　　) 미만인 농지

② 판매개시연도 (　　)을 초과하여 정식한 농지

③ '(　　)' 작형에 해당하지 않는 농지 또는 고랭지무에 해당하지 않는 품종(예 (　　), (　　) 등)

(10) 월동 무

① 보험가입금액이 (　　) 미만인 농지

② (　　) 이후에 무를 파종한 농지

③ '(　　)' 작형에 해당하지 않는 농지 또는 월동무에 해당하지 않는 품종(예 : (　　), (　　) 등)

④ (　　)에 해당하는 품종 또는 (　　)로 수확할 목적으로 재배하는 농지

⑤ 오염 및 훼손 등의 피해를 입어 복구가 완전히 이루어지지 않은 농지

⑥ 목초지, 목야지 등 지목이 (　　)인 농지

(11) 대파

① 보험가입금액이 (　　) 미만인 농지

② (　　)을 초과하여 정식한 농지

③ 재식밀도가 (　　)/10a 미만인 농지

(12) 쪽파, 실파

① 보험가입금액이 (　　) 미만인 농지

② (　　)으로 재배하는 농지

③ 상품 유형별 (　　)을 초과하여 파종한 농지

(13) 양상추

① 보험가입금액이 (　　) 미만인 농지

② 판매개시연도 (　　) 이후에 정식한 농지(단, 재정식은 판매개시연도 (　　) 이내 정식)

③ 시설(비닐하우스, 온실 등)에서 재배하는 농지

7 원예시설 · 버섯 품목 인수 제한 목적물

(1) 농업용 시설물 · 버섯재배사 및 부대시설

① (　　)를 목적으로 작물을 경작하지 않는 시설

② 작업동, 창고동 등 작물 (　　)용으로 사용되지 않는 시설

※ 농업용 시설물 한 동 면적의 (   )을 작물 재배용으로 사용하는 경우 가입 가능
※ 원예시설(버섯재배사 제외)의 경우, 연중 (   ) 이상 육묘를 키우는 육묘장의 경우 (   )만 가입 가능

③ 피복재가 없거나 작물을 재배하고 있지 않은 시설
※ 다만, 지역적 기후 특성에 따른 (   )은 제외

④ 목재, 죽재로 시공된 시설

⑤ (   )시설

⑥ 구조체, 피복재 등 목적물이 변형되거나 훼손된 시설

⑦ 목적물의 소유권에 대한 확인이 불가능한 시설

⑧ 건축 또는 (   )인 시설

⑨ (   ) 이내에 철거 예정인 (   )식 시설

⑩ 하천부지 및 상습침수지역에 소재한 시설
※ 다만, 수재위험 부보장특약에 가입하여 풍재만은 보장 가능

⑪ 연륙교가 설치되어 있지 않고 정기선이 운항하지 않는 등 신속한 손해평가가 불가능한 도서 지역 시설

⑫ (   )에서 (   )의 일부를 지원하는 다른 계약에 이미 가입되어 있는 시설

⑬ 기타 인수가 부적절한 하우스 및 부대시설

(2) 시설작물

① 작물의 재배면적이 시설 면적의 (   )인 경우
※ 다만, 백합 · 카네이션의 경우 하우스 면적의 (   )이라도 동당 작기별 (   ) 재배 시 가입 가능

② (   )의 국화, 장미, 백합, 카네이션을 재배하는 경우

③ (   )를 목적으로 재배하지 않는 시설작물

④ 한 시설에서 화훼류와 비화훼류를 (   ) 재배중이거나, 또는 재배 예정인 경우

⑤ 통상적인 재배시기, 재배품목, 재배방식이 아닌 경우
※ **예** : 여름재배 토마토가 불가능한 지역에서 여름재배 토마토를 가입하는 경우, 파프리카 토경재배가 불가능한 지역에서 토경재배 파프리카를 가입하는 경우 등

⑥ 시설작물별 10a당 인수제한 재식밀도 미만인 경우

〈품목별 인수제한 재식밀도〉

품목		인수제한 재식밀도
딸기		(　　)/10a 미만
오이		(　　)/10a 미만
토마토		(　　)/10a 미만
참외		(　　)/10a 미만
호박		(　　)/10a 미만
풋고추		(　　)/10a 미만
국화		(　　)/10a 미만
장미		(　　)/10a 미만
수박		(　　)/10a 미만
멜론		(　　)/10a 미만
파프리카		(　　)/10a 미만
상추		(　　)/10a 미만
시금치		(　　)/10a 미만
부추		(　　)/10a 미만
배추		(　　)/10a 미만
가지		(　　)/10a 미만
파	대파	(　　)/10a 미만
	쪽파	(　　)/10a 미만
무		(　　)/10a 미만
백합		(　　)/10a 미만
카네이션		(　　)/10a 미만

⑦ 품목별 표준생장일수와 현저히 차이나는 생장일수를 가지는 품종

〈품목별 인수제한 품종〉

품목	인수제한 품종
배추(시설재배)	(　　), (　　), (　　)
딸기(시설재배)	(　　)
수박(시설재배)	(　　), (　　), (　　)
고추(시설재배)	(　　)
오이(시설재배)	(　　)
상추(시설재배)	(　　), (　　), (　　), (　　), (　　), (　　), (　　), (　　), (　　), (　　)

(3) 버섯작물

1) 표고버섯(원목재배 · 톱밥배지재배)

① 통상적인 재배 및 영농활동을 하지 않는다고 판단되는 하우스

② 원목 (　　)차 이상의 표고버섯

③ 원목재배, 톱밥배지재배 이외의 방법으로 재배하는 표고버섯

④ 판매를 목적으로 재배하지 않는 표고버섯

⑤ 기타 인수가 부적절한 표고버섯

2) 느타리버섯(균상재배 · 병재배)

① 통상적인 재배 및 영농활동을 하지 않는다고 판단되는 하우스

② 균상재배, 병재배 이외의 방법으로 재배하는 느타리버섯

③ 판매를 목적으로 재배하지 않는 느타리버섯

④ 기타 인수가 부적절한 느타리버섯

3) 새송이버섯(병재배)

① 통상적인 재배 및 영농활동을 하지 않는다고 판단되는 하우스

② 병재배 외의 방법으로 재배하는 새송이버섯

③ 판매를 목적으로 재배하지 않는 새송이버섯

④ 기타 인수가 부적절한 새송이버섯

4) 양송이버섯(균상재배)

① 통상적인 재배 및 영농활동을 하지 않는다고 판단되는 하우스

② 균상재배 외의 방법으로 재배하는 양송이버섯

③ 판매를 목적으로 재배하지 않는 양송이버섯

④ 기타 인수가 부적절한 양송이버섯

316 ~ 347 페이지까지 참조

제 4 장

가축재해보험 제도

제1절~제3절 제도 일반/가축재해보험 약관/가축재해보험 특별약관

01 기출유형 확인하기

제3회 가축재해보험 한우·육우·젖소의 가입대상 및 정부지원 기준 중 ( )에 들어갈 내용을 답란에 쓰시오. (5점)

가축재해보험의 업무방법에서 정하는 유량검정젖소의 정의와 가입기준(대상농가, 대상젖소)에 관하여 답란에 서술하시오. (15점)

제5회 돼지를 기르는 축산농 A씨는 폭염으로 폐사된 돼지와 축사 화재로 타인에게 배상할 손해를 대비하기 위해 가축재해보험에 가입하고자 한다. 이 때, 반드시 가입해야 하는 2가지 특약을 ①의 경우와 ②의 경우로 나누어 각각 쓰시오. (5점)

가축재해보험 소, 돼지 상품에 관한 다음 내용을 쓰시오. (5점)

제6회 가축재해보험 축사 특약에 관한 다음 내용을 쓰시오. (15점)

가축재해보험 약관에서 설명하는 보상하지 않는 손해에 관한 내용이다. 다음 ( )에 들어갈 용어(약관의 명시된 용어)를 각각 쓰시오. (5점)

제9회 가축재해보험에 가입한 A축사에 다음과 같은 지진 피해가 발생하였다. 보상하는 손해내용에 해당하는 경우에는 “해당”을, 보상하지 않는 손해내용에 해당하는 경우에는 “미해당”을 쓰시오. (단, 주어진 조건 외 다른 사항은 고려하지 않음) (5점)

제9회 가축재해보험 협정보험가액 특별약관이 적용되는 가축 중 유량검정젖소에 관한 내용이다. ( )에 들어갈 내용을 쓰시오. (5점)

02-1 기본서 내용 익히기 - 제1절 제도일반

1 사업실시 개요

1 실시 배경

축산업은 축산물을 생산하는 과정에서 자연재해 및 가축 질병 등으로 인한 피해가 크며, 그 피해가 광범위하고 동시다발적으로 발생하게 되므로 개별농가로는 이를 예방하거나 복구하는 데 한계가 있다. 하지만 축산농가의 피해규모에 비해 정부지원은 미미한 수준에 머무르자, 자연재해(수해, 풍해 등) 및 화재 등으로 인해 가축 및 가축사육시설의 피해를 입은 농가에게 재생산 여건을 제공하여 안정적인 양축 기반을 조성해야 할 필요성이 대두되었다.

2 추진 경과

가축재해보험은 1997년부터 '소' 가축공제 시범사업을 시작으로 운영되기 시작하였다. 농가가 부담하는 공제료를 경감하기 위해 납입 공제료의 50%를 축산업발전기금에서 지원하였다. 2007년에는 가축재해보험의 서비스 질 향상과 가축공제 활성화를 위해 민영보험사업자의 참여를 허가하여 경쟁체제를 도입하여 민영보험사인 KB컨소시엄이 사업에 참여하였다. 2016년에는 KB손해보험, 한화손해보험, DB손해보험 3개 민영보험사가 추가로 사업에 참여하여 기존의 NH농협손해보험을 포함한 4개 사가 재해보험을 판매하게 되었다. 2017년에는 현대해상화재보험, 2023년에는 삼성화재의 참여가 허가되어 총 6개의 민영보험사가 가축재해보험 상품을 판매하고 있다.

〈가축재해보험 사업자 참여 확대〉

구분	2007	2016	2017	2023
보험 사업자	2개사 (농협중앙회, LIG컨소시엄)	4개사 (NH손보, KB손보, DB손보, 한화손보) *컨소시엄 해체	5개사 (NH손보, KB손보, DB손보, 한화손보, 현대해상)	6개사 (NH손보, KB손보, DB손보, 한화손보, 현대해상, 삼성화재)

1997년 소를 대상으로 시작된 가축재해보험은 2000년 돼지와 말, 2002년에는 닭이 대상 품목으로 추가되었고 이후 2012년까지 연차적으로 보험 대상 축종이 확대된 결과, 2023년 현재 총 16개(소·말·돼지·닭·오리·거위·꿩·메추리·칠면조·타조·관상조·사슴·

양·벌·토끼·오소리) 축종에 대해 사업을 수행 중이다.

〈가축재해보험 대상 축종 확대〉

구분	'97	'00	'02	'04	'05	'06	'07	'08	'09	'10	'11	'12
도입 축종	소	말 돼지	닭	오리	꿩 메추리	칠면조 사슴	거위 타조 축사	염소	벌	토끼	관상조	오소리

〈가축재해보험 연혁〉

연도 (축종수)	내용	사업대상
2000 (3)	•「돼지·말」 보험 판매 •가축공제 재보험 도입	소, 돼지, 말
2002 (4)	•「닭」 보험 판매 - 보장내용 : 풍수재·화재 •「돼지」 보장 확대 - 풍수재·화재 → 설해까지 확대 -「경영손실보장특약」 신설 •"소" 가입연령 확대(6개월 → 2개월)	소, 돼지, 말, 닭
2004 (5)	•「오리」 보험 판매 - 닭 공제 → 가금 공제로 명칭 변경	소, 돼지, 말, 가금(닭, 오리)
2005 (7)	•「꿩」,「메추리」 보험 판매	소, 돼지, 말, 가금(닭, 오리, 꿩, 메추리)
2006 (9)	•「칠면조」,「사슴」 보험 판매	소, 돼지, 말, 가금(닭, 오리, 꿩, 메추리, 칠면조), 사슴
2007 (11)	•「타조」,「거위」 보험 판매 •「가금」 보장 확대 - 풍수재·화재 → 설해까지 확대 •「축사보험」 판매 - 보장범위 : 풍수재·화재 - 정부지원 : 30%	소, 돼지, 말, 가금(닭, 오리, 꿩, 메추리, 칠면조, 타조, 거위), 사슴 및 축사

연도 (축종수)	내용	사업대상
2008 (12)	•「양」 보험 판매	소, 돼지, 말, 가금(타조, 거위 등), 기타 가축(사슴, 양)
2009 (13)	•「꿀벌」 보험 판매 •「축사보험」 보장 확대 - 보장범위 : 설해·풍수재·화재 - 정부지원 : 50%	소, 돼지, 말, 가금(타조, 거위 등), 기타 가축(사슴, 양, 꿀벌)
2010 (14)	•「가축재해보험」 상품 판매 - 농어업재해보험법 제정에 따른 상품명 변경 •「축사보험」 보장 확대 - 보상가액 최저 70%까지로 확대(구, 보상가액 최저 30%) •「토끼」 보험 판매	소, 돼지, 말, 가금(타조, 거위 등), 기타 가축(사슴, 양, 꿀벌, 토끼)
2011 (15)	•「관상조」 보험 판매	소, 돼지, 말, 가금(타조, 거위, 관상조 등), 기타 가축(사슴, 양, 꿀벌, 토끼)
2012 (16)	•「폭염재해보장」 판매 •「소도난손해」 판매 •「소도체결함보상특약」 판매 •「오소리」 보험 판매	소, 돼지, 말, 가금(타조, 거위, 관상조 등), 기타 가축(사슴, 양, 꿀벌, 토끼, 오소리)
2013 (16)	•「화재대물배상특약」 판매 • 젖소 축종 가입 시 사진 촬영 삭제 • 소 보험 보험금 지급 개선 • 계열화 사업회사 정부 지원 제외	소, 돼지, 말, 가금(타조, 거위, 관상조 등), 기타 가축(사슴, 양, 꿀벌, 토끼, 오소리)
2014 (16)	• 사고가축「잔존물처리비」 보상 추가 • 젖소 유량 감소로 인한 긴급도축 보장 •「유량검정젖소」 판매 • 보험요율 표준화(참조순요율)	소, 돼지, 말, 가금(타조, 거위, 관상조 등), 기타 가축(사슴, 양, 꿀벌, 토끼, 오소리)

연도 (축종수)	내용	사업대상
2015 (16)	• 돈사, 가금사 설해부보장 특약 신설 • 지자체 보조금 예산 관리 전산화	소, 돼지, 말, 가금(타조, 거위, 관상조 등), 기타 가축(사슴, 양, 꿀벌, 토끼, 오소리)
2016 (16)	• 계약자별 손해율에 따른 할인·할증률 적용 • 「소」 가입가능 월령 확대 • 보험사업자 참여 확대(2개 → 4개)	소, 돼지, 말, 가금(타조, 거위, 관상조 등), 기타 가축(사슴, 양, 꿀벌, 토끼, 오소리)
2017 (16)	• 가금 축종 폭염 담보 특약의 주계약 전환 • 「젖소」 가입연령 확대 • 가금 표준발육표 도입 • 보험사업자 참여 확대(4개 → 5개)	소, 돼지, 말, 가금(타조, 거위, 관상조 등), 기타 가축(사슴, 양, 꿀벌, 토끼, 오소리)
2018 (16)	• 동물복지인증농가 보험료 할인 도입 • 전기안전 점검 시 등급에 따른 보험료 할인 도입 • '랜더링' 비용 보장 확대 • 구내 폭발 특약 신설 • 꿀벌 질병 담보 추가 담보 • 제주 경주마 요율 신설	소, 돼지, 말, 가금(타조, 거위, 관상조 등), 기타 가축(사슴, 양, 꿀벌, 토끼, 오소리)
2019 (16)	• 태양광 설비 인수금지 • 계약자별 손해율에 따른 보험료 할인/할증율 확대 • 지역별 요율 차등 배제	소, 돼지, 말, 가금(타조, 거위, 관상조 등), 기타 가축(사슴, 양, 꿀벌, 토끼, 오소리)
2020 (16)	• 가금 요율 세분화(8종 단일 → 6종 세분) • 돼지·가금 자기부담금 개정	소, 돼지, 말, 가금(타조, 거위, 관상조 등), 기타 가축(사슴, 양, 꿀벌, 토끼, 오소리)

연도 (축종수)	내용	사업대상
2021 (16)	• 닭(육계·토종닭) 적정사육 기준 적용 • 비용손해에 대한 자기부담금 적용 배제 • 보험사업자와 Agrix간 '소' 이력제 전산 연계	소, 돼지, 말, 가금(타조, 거위, 관상조 등), 기타 가축(사슴, 양, 꿀벌, 토끼, 오소리)
2022 (16)	• 부가보험료율 인하(15% → 13%) • 축사 주계약 단독 가입 허용 및 자기부담비율 선택폭 확대 • 적정사육 기준 적용 축종 확대(육계·토종닭 → 돼지·오리 추가) • 소 포괄가입 기준 완화 • 폭염 담보 특약으로 일원화	소, 돼지, 말, 가금(타조, 거위, 관상조 등), 기타 가축(사슴, 양, 꿀벌, 토끼, 오소리)
2023 (16)	• 닭 적정사육 기준 대상 추가(육계·토종닭 → 삼계 추가) • 「한우」 및 「닭·오리 종계」 보험가액 산정방법 세분화 • 보험사업자 참여 확대(5개 → 6개)	소, 돼지, 말 가금(타조, 거위, 관상조 등) 기타 가축(사슴, 양, 꿀벌, 토끼, 오소리)

3 사업목적

가축재해보험의 사업목적은 해마다 발생하는 자연재해와 화재, 질병 등 재해로 인한 가축 및 가축사육 시설의 피해에 따른 손해를 보상하여 농가의 경영 안정, 생산성 향상을 도모하고 안정적인 재생산 활동을 지원함에 있다.

4 사업운영

〈가축재해보험 운영기관〉

구분	대상
사업총괄	농림축산식품부(재해보험정책과)
사업관리	농업정책보험금융원

구분	대상
사업운영	농업정책보험금융원과 사업운영 약정을 체결한 자 (NH손보, KB손보, DB손보, 한화손보, 현대해상, 삼성화재)
보험업 감독기관	금융위원회
분쟁해결	금융감독원
심의기구	농업재해보험심의회

① 농림축산식품부 : 가축재해보험의 사업 주관부서로, 재해보험 관계 법령의 개정, 보험료 국고 보조금 지원 등 전반적인 제도 업무를 총괄한다.

② 농업정책보험금융원 : 사업관리기관으로, 「농어업재해보험법」 제25조의 2(농어업재해보험 사업관리) 2항에 의거 농림축산식품부로부터 가축재해보험 사업관리를 수탁받아서 업무를 수행한다. 주요 업무는 재해보험사업자의 선정·관리·감독, 재해보험상품의 연구 및 보급, 재해 관련 통계 생산 및 데이터베이스 구축·분석, 조사자의 육성, 손해평가기법의 연구·개발 및 보급 등이다.

③ 재해보험사업자 : 사업시행기관으로, 사업관리기관인 농업정책보험금융원과 약정을 체결한 자를 말한다. 현재 가축재해보험사업자는 NH손보, KB손보, DB손보, 한화손보, 현대해상, 삼성화재로, 보험상품의 개발 및 판매, 손해평가, 보험금 지급 등 실질적인 보험사업 운영을 한다.

④ 금융위원회 : 보험업 감독기관

⑤ 금융감독원 : 분쟁 해결 기관

⑥ 농업재해보험심의회 : 가축재해보험을 포함한 농업재해보험에 대한 중요사항을 심의기구이다. 농림축산식품부장관 소속으로 차관을 위원장으로 설치되어 재해보험 목적물 선정, 보상하는 재해의 범위, 재해보험사업 재정지원, 손해평가 방법 등 농업재해보험에 중요사항에 대해 심의한다.

※ 전반적으로 가축재해보험은 농작물재해보험과 대체로 유사한 기관이 운영에 참여하고 비슷한 추진 체계를 갖고 있으나 몇 가지 차이가 존재한다. 농작물재해보험의 경우 국가와 국내외 민영보험사가 재해보험사업자로부터 재보험을 인수하고 있으나, 가축재해보험에서는 재해보험사업자가 국가와 재보험 약정을 체결하지 않는다. 또한 농작물재해보험의 경우 재해보험사업자는 NH농협손해보험이지만, 가축재해보험의 경우 경쟁체제 도입으로 2023년 기준 총 6개의 민영 보험사가 참여하고 있다.

〈가축재해보험 운영체계〉

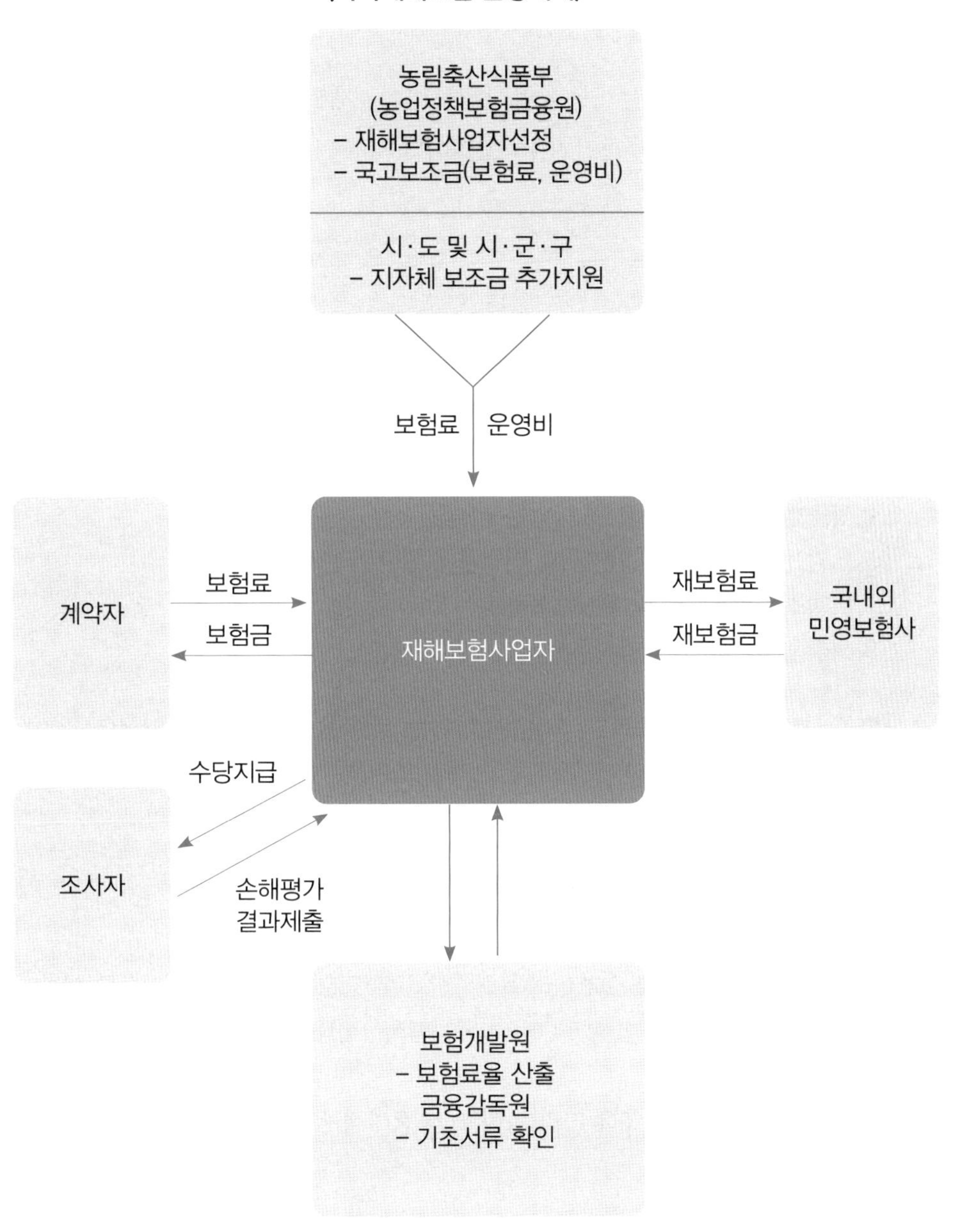

농림축산식품부
(농업정책보험금융원)
– 재해보험사업자선정
– 국고보조금(보험료, 운영비)
시·도 및 시·군·구
– 지자체 보조금 추가지원
보험료
운영비
계약자
보험료
보험금
재해보험사업자
재보험료
재보험금
국내외
민영보험사
수당지급
조사자
손해평가
결과제출
보험개발원
– 보험료율 산출
금융감독원
– 기초서류 확인

2 사업시행 주요 내용

1 사업대상자

가축재해보험 사업대상자는 「농어업재해보험법」 제5조에 따라 농림축산식품부장관이 고시하는 가축을 사육하는 개인 또는 법인이다.

보충자료

〈관련 법령〉

1. 「농어업재해보험법」

제5조(보험목적물) 보험목적물은 다음 각 호의 구분에 따르되, 그 구체적인 범위는 보험의 효용성 및 보험 실시 가능성 등을 종합적으로 고려하여 농업재해보험심의회 또는 어업재해보험심의회를 거쳐 농림축산식품부장관 또는 해양수산부장관이 고시한다.

1. 농작물재해보험 : 농작물 및 농업용 시설물
1의 2. 임산물재해보험 : 임산물 및 임업용 시설물
2. 가축재해보험 : 가축 및 축산시설물
3. 양식수산물재해보험 : 양식수산물 및 양식시설물

제7조(보험가입자) 재해보험에 가입할 수 있는 자는 농림업, 축산업, 양식수산업에 종사하는 개인 또는 법인으로 하고, 구체적인 보험가입자의 기준은 대통령령으로 정한다.

2. 「농어업재해보험법 시행령」

제9조(보험가입자의 기준) 법 제7조에 따른 보험가입자의 기준은 다음 각 호의 구분에 따른다.

1. 농작물재해보험 : 법 제5조에 따라 농림축산식품부장관이 고시하는 농작물을 재배하는 자
1의 2. 임산물재해보험 : 법 제5조에 따라 농림축산식품부장관이 고시하는 임산물을 재배하는 자
2. 가축재해보험 : 법 제5조에 따라 농림축산식품부장관이 고시하는 가축을 사육하는 자

2 정부 지원

가축재해보험가입방식은 농작물재해보험과 같은 방식으로 가입 대상자(축산농업인)가 가입 여부를 판단하여 가입하는 "임의보험" 방식이다. 가축재해보험에 가입하여 정부의 지원을 받는 요건은 농업경영체에 등록하고, 축산업 허가(등록)를 받은 자로 한다. 가축재해보험과 관련하여 정부의 지원은 개인 또는 법인당 5,000만 원 한도 내에서 납입 보험료의 50%까지 받을 수 있으며, 상세 내용은 아래와 같다.

(1) 정부지원 대상

가축재해보험 목적물(가축 및 축산시설물)을 사육하는 개인 또는 법인

(2) 정부지원 요건

1) 농업인·법인

「축산법」 제22조제1항 및 제3항에 따른 축산업 허가(등록)를 받은 자로, 「농어업경영체법」 제4조에 따라 해당 축종으로 농업경영정보를 등록한 자

단, 「축산법」 제22조제5항에 의한 축산업등록 제외 대상은 해당 축종으로 농업경영정보를 등록한 자

2) 농·축협

「농업식품기본법 시행령」 제4조제1호의 농축협으로 축산업 허가(등록)를 받은 자

「축산법」 제22조 제5항에 의한 축산업등록 제외 대상도 지원

3) 축사

가축사육과 관련된 적법한 건물(시설물 포함)로 건축물관리대장 또는 가설건축물관리대장이 있는 경우에 한함. 건축물관리대장상 주택용도 등 가축사육과 무관한 건물은 정부지원에서 제외함. 가축전염병예방법 제19조에 따른 경우에는 사육가축이 없어도 축사에 대해 정부 지원 가능

보충자료

〈가축사육업 허가 및 등록기준〉

1. 허가대상 : 4개 축종(소·돼지·닭·오리, 아래 사육시설 면적 초과 시)
   - 소·돼지·닭·오리 : 50m² 초과
2. 등록대상 : 11개 축종
   - 소·돼지·닭·오리(4개 축종) : 허가대상 사육시설 면적 이하인 경우
   - 양·사슴·거위·칠면조·메추리·타조·꿩(7개 축종)
3. 등록제외 대상
   - 등록대상 가금 중 사육시설면적이 10m² 미만은 등록 제외(닭, 오리, 거위, 칠면조, 메추리, 타조, 꿩 또는 기러기사육업)
   - 말, 노새, 당나귀, 토끼, 개, 꿀벌

(3) 정부지원 범위

① 가축재해보험에 가입한 재해보험가입자의 납입 보험료의 50% 지원. 단, 농업인(주민등록번호) 또는 법인별(법인등록번호) 5천만 원 한도 지원

※ 예시 : 보험가입하여 4천만 원 국고지원 받고 계약 만기일 전 중도해지한 후 보험을 재가입할 경우 1천만 원 국고 한도 내 지원 가능

- 말(馬)은 마리당 가입금액 4천만 원 한도내 보험료의 50%를 지원하되, 4천만 원을 초과하는 경우는 초과금액의 70%까지 가입금액을 산정하여 보험료의 50% 지원(단, 외국산 경주마는 정부지원 제외)
- 닭(육계·토종닭·삼계), 돼지, 오리 축종은 가축재해보험 가입두수가 축산업 허가(등록)증의 가축사육 면적을 기준으로 아래의 범위를 초과하는 경우 정부 지원 제외

〈가축사육면적당 보험가입 적용 기준〉

닭(두/㎡)		돼지(㎡/두)						오리(㎡/두)	
		개별가입					일괄가입		
(육계·토종닭)	(삼계)	웅돈	모돈	자돈(초기)	자돈(후기)	육성돈 비육돈		산란용	육용
22.5	41.1	6	2.42	0.2	0.3	0.62	0.79	0.333	0.246

② 정부지원을 받은 계약자 사망으로 축산업 승계, 목적물 매도 등이 발생한 경우, 변경계약자의 정부지원 요건 충족여부 철저한 확인 필요

※ 정부지원 요건 미충족 시 보험계약 해지 또는 잔여기간에 대한 정부지원금(지방비 포함) 반납처리

3 보험 목적물

가축	소, 돼지, 말, 닭, 오리, 꿩, 메추리, 칠면조, 타조, 거위, 관상조, 사슴, 양, 꿀벌, 토끼, 오소리 (16종)
축산시설물	축사, 부속물, 부착물, 부속설비

※ 단, 태양광 및 태양열 발전 시설 제외

4 보험가입 단위

① 가축재해보험은 사육하는 가축 및 축사를 전부 보험가입하는 것이 원칙

② 종모우와 말은 개별가입 가능

③ 소는 1년 이내 출하 예정인 경우 아래 조건에서 일부 가입

- 축종별 및 성별을 구분하지 않고 보험가입 시 : 소 이력제 현황의 70% 이상
- 축종별 및 성별을 구분하여 보험가입 시 : 소 이력제 현황의 80% 이상

〈축종별 가입대상·형태 및 지원비율〉

구 분	소			돼지	말	가 금	기타가축	축 사
	I (송아지)	II (큰소)	종모우					
가입 대상	생후 15일~12개월 미만	12개월~13세미만	• 종모우	제한 없음	• 종빈마 • 종모마 • 경주마 • 육성마 • 일반마 • 제주마	• 닭 • 오리 • 꿩 • 메추리 • 타조 • 거위 • 관상조 • 칠면조	• 사슴 – 만 2개월 이상 • 양 – 만 3개월 이상 • 꿀벌 • 토끼 • 오소리	• 가축사육 건물 및 부속설비
가입 형태	포괄가입		개별 가입	포괄 가입	개별 가입	포괄 가입	포괄 가입	포괄 가입
지원 비율	총 보험료의 50% 국고 지원 총 보험료의 0~50% 지자체 지원							

5 보험 판매기간

① 보험 판매 기간은 연중으로 상시 가입 가능

② 재해보험사업자는 폭염·태풍 등 기상상황에 따라 신규 가입에 한해 보험가입 기간을 제한할 수 있고, 이 경우 농업정책보험금융원에 보험가입 제한 기간을 통보

폭염	6 ~ 8월
태풍	태풍이 한반도에 영향을 주는 것이 확인된 날부터 태풍특보 해제 시

6 보상하는 재해의 범위 및 축종별 보장수준

가축재해보험에서 보상하는 재해는 자연재해(풍해, 수해, 설해, 지진 등), 질병(축종별로 다름), 화재 등이다. 가축재해보험도 대부분의 손해보험과 같이 보험가입금액의 일정 부분을 보장하고 있으며 별도 설정된 보장수준 내에서 보상한다. 축종별 구체적인 보장수준은 다음과 같다.

〈보상하는 재해의 범위 및 축종별 보장수준〉 (2023년 기준)

축종		보상하는 재해	보장수준(%)					
			60	70	80	90	95	100
소	주계약	① 질병 또는 사고로 인한 폐사 → 가축전염병예방법 제2조 제2항에서 정한 가축전염병 제외 ② 긴급도축 → 부상(경추골절·사지골절·탈구), 난산, 산욕마비, 급성고창증, 젖소의 유량감소 등으로 즉시 도살해야 하는 경우 ③ 도난·행방불명(종모우 제외) ④ 경제적도살(종모우 한정)	○	○	○	-	-	-
	특약	도체결함	-	-	○	-	-	-

<table>
<tr><th colspan="2" rowspan="2">축종</th><th rowspan="2">보상하는 재해</th><th colspan="6">보장수준(%)</th></tr>
<tr><th>60</th><th>70</th><th>80</th><th>90</th><th>95</th><th>100</th></tr>
<tr><td rowspan="3">돼지</td><td>주계약</td><td>자연재해(풍재·수재·설해·지진), 화재로 인한 폐사</td><td>-</td><td>-</td><td>○</td><td>○</td><td>○</td><td>-</td></tr>
<tr><td rowspan="2">특약</td><td>질병위험(TGE(전염성위장염), PED(돼지유행성설사병), 로타바이러스감염증), 전기적장치위험, 폭염</td><td>○</td><td>○</td><td>○</td><td>○</td><td>-</td><td>-</td></tr>
<tr><td>축산휴지위험(보장수준 미적용 특약)</td><td>-</td><td>-</td><td>-</td><td>-</td><td>-</td><td>-</td></tr>
<tr><td rowspan="2">가금1)</td><td>주계약</td><td>자연재해(풍재·수재·설해·지진), 화재로 인한 폐사</td><td>○</td><td>○</td><td>○</td><td>○</td><td>-</td><td>-</td></tr>
<tr><td>특약</td><td>전기적장치위험, 폭염</td><td>○</td><td>○</td><td>○</td><td>○</td><td>-</td><td>-</td></tr>
<tr><td rowspan="2">말</td><td>주계약</td><td>① 질병 또는 사고로 인한 폐사
→ 가축전염병예방법 제2조 제2항에서 정한 가축전염병 제외
② 긴급도축
→ 부상(경추골절·사지골절·탈구), 난산, 산욕마비, 산통, 경주마 중 실명으로 즉시 도살해야 하는 경우
③ 불임(암컷)</td><td>-</td><td>-</td><td>○</td><td>○</td><td>○</td><td>-</td></tr>
<tr><td>특약</td><td>씨수말 번식첫해 불임, 운송위험, 경주마 부적격, 경주마 보험기간 설정</td><td>-</td><td>-</td><td>○</td><td>○</td><td>○</td><td>-</td></tr>
<tr><td rowspan="3">기타 가축2)</td><td>주계약</td><td>자연재해(풍재·수재·설해·지진), 화재로 인한 폐사</td><td>○</td><td>○</td><td>○</td><td>○</td><td>○</td><td>-</td></tr>
<tr><td rowspan="2">특약</td><td>(사슴, 양) 폐사·긴급도축 확장보장</td><td>○</td><td>○</td><td>○</td><td>○</td><td>○</td><td>-</td></tr>
<tr><td>(꿀벌) 부저병·낭충봉아부패병으로 인한 폐사</td><td>○</td><td>○</td><td>○</td><td>○</td><td>○</td><td>-</td></tr>
</table>

<table>
<tr><th colspan="2" rowspan="2">축종</th><th rowspan="2">보상하는 재해</th><th colspan="6">보장수준(%)</th></tr>
<tr><th>60</th><th>70</th><th>80</th><th>90</th><th>95</th><th>100</th></tr>
<tr><td rowspan="2">축사</td><td>주계약</td><td>자연재해(풍재·수재·설해·지진), 화재로 인한 손해</td><td>-</td><td>-</td><td>-</td><td>○</td><td>○</td><td>○</td></tr>
<tr><td>특약</td><td>설해손해 부보장(돈사·가금사에 한함)</td><td>-</td><td>-</td><td>-</td><td>-</td><td>-</td><td>-</td></tr>
<tr><td colspan="2">공통특약</td><td>구내폭발위험, 화재대물배상책임</td><td>-</td><td>-</td><td>-</td><td>-</td><td>-</td><td>-</td></tr>
</table>

※ 1) 가금(8개 축종) : 닭, 오리, 꿩, 메추리, 타조, 거위, 칠면조, 관상조

※ 2) 기타가축(5개 축종) : 사슴, 양, 꿀벌, 토끼, 오소리

7 보험가입 절차

① 재해보험가입자에게 보험 홍보 및 가입 안내(대리점 등) → 가입 신청(재해보험가입자) → 사전 현지확인(대리점 등) → 청약서 작성(재해보험가입자) 및 보험료 수납(대리점 등) → 재해보험가입자에게 보험증권 발급(대리점 등)의 순서를 거친다.

② 가축재해보험은 재해보험사업자와 판매 위탁계약을 체결한 지역 대리점(지역농협 및 품목농협, 민영보험사 취급점) 등에서 보험 모집 및 판매를 담당한다.

8 보험요율 적용기준 및 할인·할증

① 축종별, 주계약별, 특약별로 각각 보험요율 적용
전문기관(「보험업법」 제176조에 따른 보험요율 산출기관(보험개발원))이 산출한 요율이 없는 경우에는 재보험사와의 협의요율 적용 가능

② 보험료 할인·할증은 축종별로 다르며, 재해보험요율서에 따라 적용
과거 손해율에 따른 할인·할증, 축사전기안전점검, 동물복지축산농장 할인 등

9 손해평가

① 가축재해보험 손해평가는 가축재해보험에 가입한 계약자에게 보상하는 재해가 발생한 경우 피해 사실을 확인하고, 손해액을 평가하여 약정한 보험금을 지급하기 위하여 실시한다.

② 재해보험사업자는 보험목적물에 관한 지식과 경험을 갖춘 자 또는 그 밖에 전문가를 조사자로 위촉하여 손해평가를 담당하게 하거나, 손해평가사 또는 보험업법에 따른 손해사정사에게 손해평가를 담당하게 할 수 있다(「농어업재해보험법」 제11조).

보충자료

1. 재해보험사업자

① 재해보험사업자는 「농어업재해보험법」 제11조 및 농림축산식품부장관이 정하여 고시하는 농업재해보험 손해평가요령에 따라 손해평가를 실시하고, 손해평가 시 고의로 진실을 숨기거나 허위로 하여서는 안 됨

- 재해보험사업자는 손해평가의 공정성 확보를 위해 보험목적물에 대한 수의사 진단 및 검안 시 시·군 공수의사, 수의사로 하여금 진단 및 검안 등 실시
- 소 사고사진은 귀표가 정확하게 나오도록 하고 매장 시 매장장소가 확인되도록 전체 배경화면이 나오는 사진 추가, 검안 시 해부사진 첨부
- 진단서, 폐사진단서 등은 상단에 연도별 일련번호 표기 및 법정서식 사용

② 재해보험사업자는 농어업재해보험법 제11조제5항에 따라 손해평가에 참여하고자 하는 손해평가인을 대상으로 연 1회 이상 실무교육(정기교육)을 실시하여야 함

2. 농업정책보험금융원

농업정책보험금융원은 「재보험사업 및 농업재해보험사업의 운영 등에 관한 규정」 제15조에 따라 손해평가에 참여하고자 하는 손해평가사를 대상으로 다음 교육을 실시하여야 함

- 1회 이상 실무교육 및 3년마다 1회 이상 보수교육 실시

3. 손해평가 교육내용

구분	내용
실무교육 (정기교육)	농업재해보험 관련 법령 및 제도에 관한 사항, 농업재해보험 손해평가의 이론 및 실무에 관한 사항, 그 밖에 농업재해보험 관련 교육, CS교육, 청렴교육, 개인정보보호 교육 등
보수교육	보험상품 및 손해평가 이론과 실무 개정사항, CS교육, 청렴교육 등

※ 현장교육이 어려울 경우 교육 대상자가 컴퓨터나 스마트폰 등의 기기를 통해 온라인교육 사이트(농정원 농업교육포털)에 접속하여 교육 수강

10 보험금 지급

① 재해보험사업자는 계약자(또는 피보험자)가 재해발생 사실 통지 시 지체없이 지급할 보험금을 결정하고, 지급할 보험금이 결정되면 7일 이내에 보험금 지급

② 지급할 보험금이 결정되기 전이라도 피보험자의 청구가 있을 때에는 재해보험사업자가 추정한 보험금의 50% 상당액을 가지급금으로 지급

〈손해평가 및 보험금 지급 과정〉

1	보험사고 접수	• 계약자·피보험자는 재해보험사업자에게 보험사고 발생 사실 통보
2	보험사고 조사	• 재해보험사업자는 보험사고 접수가 되면, 손해평가반을 구성하여 보험사고를 조사, 손해액을 산정 - 보상하지 않는 손해 해당 여부, 사고 가축과 보험목적물이 동일 여부, 사고 발생 일시 및 장소, 사고 발생 원인과 가축 폐사 등 손해 발생과의 인과관계 여부, 다른 계약 체결 유무, 의무 위반 여부 등 확인 조사 - 보험목적물이 입은 손해 및 계약자·피보험자가 지출한 비용 등 손해액 산정
3	지급보험금 결정	• 보험가입금액과 손해액을 검토하여 결정
4	보험금 지급	• 지급할 보험금이 결정되면 7일이내에 지급하되, 지급보험금이 결정되기 전이라도, 피보험자의 청구가 있으면 추정보험금의 50%까지 보험금 지급 가능

〈가축재해보험 추진절차〉

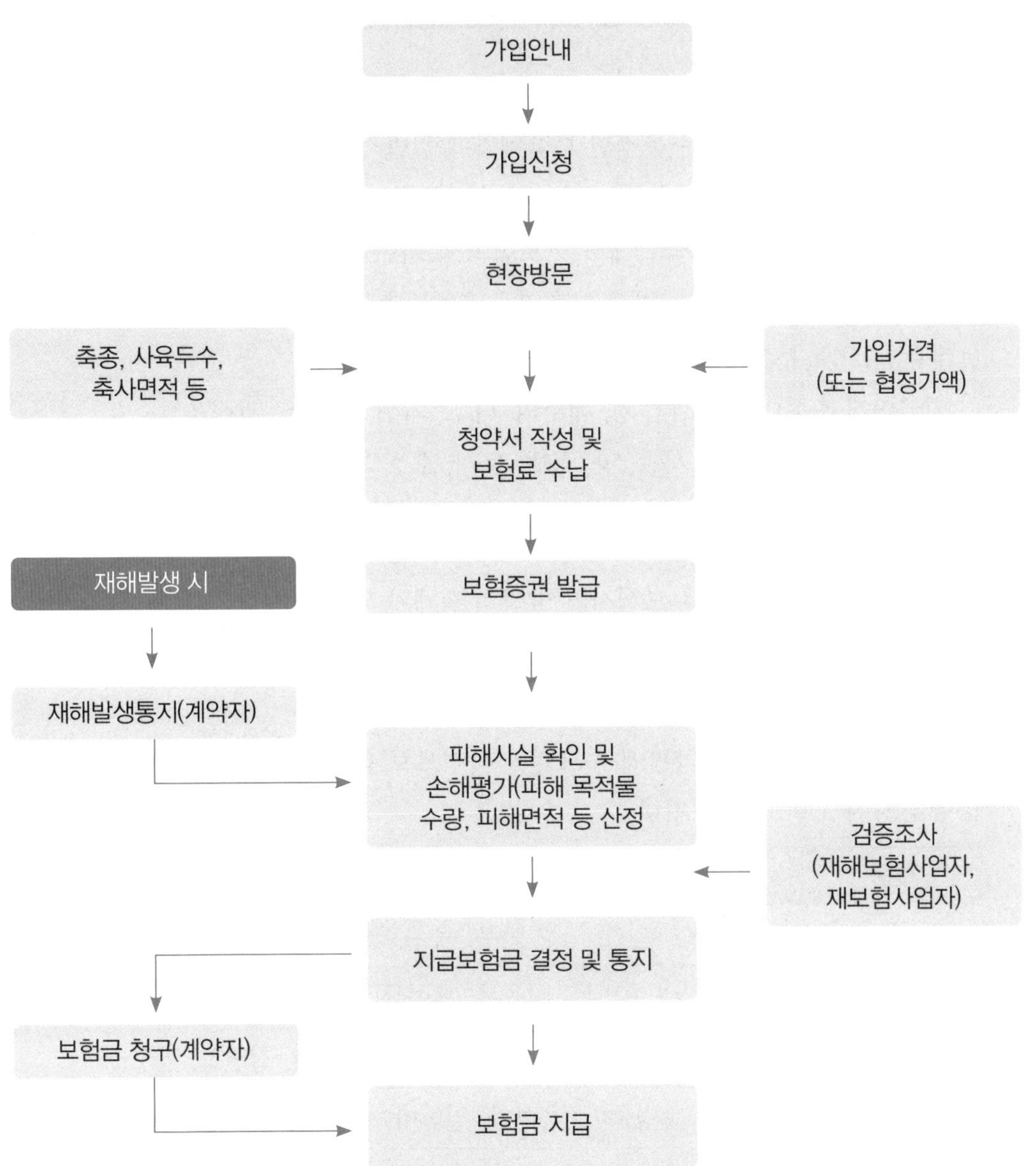

가입안내
가입신청
현장방문
축종, 사육두수,
축사면적 등
가입가격
(또는 협정가액)
청약서 작성 및
보험료 수납
재해발생 시
보험증권 발급
재해발생통지(계약자)
피해사실 확인 및
손해평가(피해 목적물
수량, 피해면적 등 산정
검증조사
(재해보험사업자,
재보험사업자)
지급보험금 결정 및 통지
보험금 청구(계약자)
보험금 지급

02-2 기본서 내용 익히기 - 제2절 가축재해보험 약관

1 가축재해보험 약관

현행 가축재해보험 약관은 특정한 보험계약에 일반적이고 정형적으로 적용하기 위하여 재해보험사업자가 미리 작성한 계약조항인 보통약관과 20개의 특별약관으로 구성되어 있다. 가축재해보험 보통약관에서는 보험의 목적인 가축과 축사를 소, 돼지, 가금(8개 축종), 말, 종모우(種牡牛), 기타 가축(5개 축종), 총 6개 부문 16개 축종 및 축사(畜舍)(1개 부문)으로 분류하고 있다.

※ 가금(8개 축종) : 닭, 오리, 꿩, 메추리, 타조, 거위, 칠면조, 관상조

※ 기타 가축(5개 축종) : 사슴, 양, 꿀벌, 토끼, 오소리

2 부문별 보험의 목적

일반적으로 보험의 목적은 보험사고 발생의 객체가 되는 경제상의 재화 또는 자연인(생명이나 신체)을 의미하며 가축재해보험에서 보험의 목적은 보험사고의 대상이 되는 가축과 축산시설물 등을 가리킨다.

현행 가축재해보험 보통약관에서 보험의 목적으로 하는 축종 및 축산시설물을 부문별로 분류하여 보면 다음과 같다.

부문	보험의 목적
소	한우, 육우, 젖소, 종모우
돼지	종모돈, 종빈돈, 비육돈, 육성돈(후보돈 포함), 자돈, 기타 돼지
가금	닭, 오리, 꿩, 메추리, 타조, 거위, 칠면조, 관상조
말	경주마, 육성마, 일반마, 종빈마, 종모마, 제주마
기타 가축	사슴, 양(염소포함), 꿀벌, 토끼, 오소리
축사	가축사육건물 (건물의 부속물, 부착물, 부속설비, 기계장치 포함)

1 소(牛) 부문

① 소 부문에서는 보험기간 중에 계약에서 정한 수용장소에서 사육하는 소를 한우, 육우, 젖소로 분류하여 보험의 목적으로 하고 있다.

육우	육우는 품종에 관계없이 쇠고기 생산을 목적으로 비육되는 소로 주로 고기생산을 목적으로 사육하는 품종으로는 샤롤레, 헤어포드, 브라만 등이 있으며, 젖소 수컷 및 송아지를 낳은 경험이 없는 젖소도 육우로 분류된다.
젖소	젖소는 가축으로 사육되는 소 중에서 우유 생산을 목적으로 사육되는 소로 대표적인 품종은 홀스타인종(Holstein)이 있다.
한우	한우는 체질이 강하고 성질이 온순하며 누런 갈색의 우리나라 재래종 소로 넓은 의미로는 한우도 육우의 한 품종으로 보아야 할 것이나 가축재해보험에서는 한우는 별도로 분류하고 있다.

② 보험의 목적인 소는 보험기간 중에 계약에서 정한 소(牛)의 수용장소(소재지)에서 사육하는 소(牛)는 모두 보험에 가입하여야 하며 위반 시 보험자는 그 사실을 안 날부터 1개월 이내에 이 계약을 해지할 수 있다. 그러나 소가 1년 이내 출하 예정인 송아지나 큰소의 경우, ❶ 축종별 및 성별을 구분하지 않고 보험가입 시에는 소 이력제 현황의 70% 이상, ❷ 축종별 및 성별을 구분하여 보험가입 시에는 소 이력제 현황의 80% 이상 가입 시 포괄가입으로 간주하고 있다.

③ 소는 생후 15일령부터 13세 미만까지 보험가입이 가능하고, 보험에 가입하는 소는 모두 귀표(가축의 개체를 식별하기 위하여 가축의 귀에 다는 표지)가 부착되어 있어야 하고 젖소 불임우(프리마틴 등)는 암컷으로, 거세우는 수컷으로 분류한다.

④ 계약에서 정한 소(牛)의 수용장소에서 사육하는 소라도 다른 계약(공제계약 포함)이 있거나, 과거 병력, 발육부진 또는 발병 등의 사유로 인수가 부적절하다고 판단되는 경우 보험목적에서 제외할 수 있으며 보험기간 중 가축 증가(출산, 매입 등)에 따라 추가보험료를 납입하지 않은 가축에 대하여는 보험목적에서 제외한다.

2 돼지(豚) 부문

① 돼지 부문에서는 보험기간 중에 계약에서 정한 수용장소에서 사육하는 돼지를 종모돈(種牡豚), 종빈돈(種牝豚), 비육돈(肥肉豚), 육성돈(후보돈 포함), 자돈(仔豚), 기타 돼지로 분류하여 보험의 목적으로 하고 있다.

② 돼지는 평균 수명이 10 ~ 15년으로 알려져 있으나 고기를 생산하기 위한 비육돈은 일반적으로 약 180일 정도 길러져서 도축된다.

③ 비육돈은 출산에서 약 4주차까지를 포유기간(포유자돈)으로 어미돼지의 모유를 섭취하고 약 4주차~8주차까지 자돈기간(이유자돈)으로 어미돼지와 떨어져서 이유식

에 해당하는 자돈사료를 섭취하게 되며 약 8 ~ 22주차까지가 육성기간(육성돈)으로 이 시기에 근육이 생성되는 급격한 성장기이며 약 22 ~ 26주차까지가 비육기간(비육돈)으로 출하를 위하여 근내지방을 침착시키는 시기로 구분된다.

④ 번식을 위하여 기르는 돼지를 '종돈'이라고 하고 종돈에는 종모돈과 종빈돈이 있으며 종돈은 통상 육성돈 단계에서 선발 과정을 거쳐서 후보돈으로 선발되어 종돈이 된다.

3 가금(家禽) 부문

① 가금 부문에서는 보험기간 중에 계약에서 정한 수용장소에서 사육하는 가금을 닭, 오리, 꿩, 메추리, 칠면조, 거위, 타조, 관상조, 기타 가금으로 분류하여 보험의 목적으로 하고 있으다.

② 닭은 종계(種鷄), 육계(肉鷄), 산란계(産卵鷄), 토종닭 및 그 연관 닭을 모두 포함한다.

〈닭의 분류〉

종계(種鷄)	능력이 우수하여 병아리 생산을 위한 종란을 생산하는 닭
육계(肉鷄)	주로 고기를 얻으려고 기르는 빨리 자라는 식육용의 닭. 즉, 육용의 영계와 채란계(採卵鷄)의 폐계(廢鷄)인 어미닭의 총칭
산란계(産卵鷄)	계란 생산을 목적으로 사육되는 닭
토종닭	우리나라에 살고 있는 재래닭

4 말(馬) 부문

① 말 부문에서는 보험기간 중에 계약에서 정한 수용장소에서 사육하는 말를 종마(종모마, 종빈마), 경주마(육성마 포함), 일반마, 기타 말(馬)로 분류하여 보험의 목적으로 하고 있다.

② 계약에서 정한 말(馬)의 수용장소에서 사육하는 말(馬)이라도 다른 계약이 있거나, 과거 병력, 발육부진 또는 발병 등의 사유로 인수가 부적절하다고 판단되는 경우에는 보험목적에서 제외할 수 있다.

종마	우수한 형질의 유전인자를 갖는 말을 생산할 목적으로 외모, 체형, 능력 등이 뛰어난 마필을 번식용으로 쓰기 위해 사육하는 씨말로 씨수말을 종모마, 씨암말을 종빈마라고 한다.

경주마	경주용으로 개량된 말과 경마에 출주하는 말을 총칭하여 경주마라고 하며 대한민국 내에서 말을 경마에 출주시키기 위해서는 말을 한국마사회에 등록해야 하고 보통 경주마는 태어난 지 대략 2년 정도 뒤 경주마 등록을 하고 등록함으로써 경주마로 인정받게 된다.

5 종모우(種牡牛) 부문

종모우 부문에서는 보험기간 중에 계약에서 정한 수용장소에서 사육하는 종모우(씨수소)를 한우, 육우, 젖소로 분류하여 보험의 목적으로 하고 있으며, 보험목적은 귀표가 부착되어 있어야 한다.

※ 종모우 : 능력이 우수하여 자손생산을 위해 정액을 이용하여 인공수정에 사용되는 수소

6 기타 가축(家畜) 부문

① 기타 가축 부문에서는 보험기간 중에 계약에서 정한 가축의 수용장소에서 사육하는 사슴, 양, 꿀벌, 토끼, 오소리, 기타 가축을 보험의 목적으로 한다. 단, 계약에서 정한 가축의 수용장소에서 사육하는 가축이라도 다른 계약(공제계약 포함)이 있거나, 과거 병력, 발육부진 또는 발병 등의 사유로 인수가 부적절하다고 판단되는 경우에는 보험목적에서 제외할 수 있다.

※ 사슴은 꽃사슴(생후 만 2개월 이상, 만 15세 미만)과 엘크(생후 만 2개월 이상, 만 13세 미만), 레드디어(생후 만 2개월 이상, 만 13세 미만), 기타 사슴(생후 만 2개월 이상, 만 13세 미만이며 보험자의 승인을 받은 가축)이 해당된다. 양은 산양(염소)(생후 만 3개월 이상, 만 10세 미만)과 면양(생후 만 3개월 이상, 만 10세 미만)을 포함한다.

② 보험기간 중 가축 증가(출산, 매입 등)에 따라 추가보험료를 납입하지 않은 가축에 대하여는 보험목적에서 제외한다.

③ 기타 가축 중 꿀벌의 경우 보험의 목적이 아래와 같은 벌통인 경우 보상이 가능하다.

- 서양종(양봉)은 꿀벌이 있는 상태의 소비(巢脾)가 3매 이상 있는 벌통
- 동양종(토종벌, 한봉)은 봉군(蜂群)이 있는 상태의 벌통

소비 (巢脾)	소비(巢脾)라 함은 소광(巢光, comb frame ; 벌집의 나무틀)에 철선을 건너매고 벌집의 기초가 되는 소초(巢礎)를 매선기로 붙여 지은 집으로 여왕벌이 알을 낳고 일벌이 새끼들을 기르며 꿀과 화분을 저장하는 6,600개의 소방을 가지고 있는 장소를 말한다.
봉군 (蜂群)	봉군(蜂群)은 여왕벌, 일벌, 수벌을 갖춘 꿀벌의 무리를 말한다. 우리말로 "벌무리"라고도 한다.

7 축사(畜舍) 부문

축사 부문에서는 보험기간 중에 계약에서 정한 가축을 수용하는 건물 및 가축사육과 관련된 건물을 보험의 목적으로 한다.

건물의 부속물	피보험자 소유인 칸막이, 대문, 담, 곳간 및 이와 비슷한 것
건물의 부착물	피보험자 소유인 게시판, 네온싸인, 간판, 안테나, 선전탑 및 이와 비슷한 것
건물의 부속설비	피보험자 소유인 전기가스설비, 급배수설비, 냉난방설비, 급이기, 통풍설비 등 건물의 주 용도에 적합한 부대시설 및 이와 비슷한 것
건물의 기계장치	착유기, 원유냉각기, 가금사의 기계류(케이지, 부화기, 분류기 등) 및 이와 비슷한 것

3 부문별 보상하는 손해

1 소(牛) 부문(종모우 부문 포함)

구분		보상하는 손해	자기부담금
주계약 (보통 약관)	한우 육우 젖소	• 법정전염병을 제외한 질병 또는 각종 사고(풍해·수해·설해 등 자연재해, 화재)로 인한 폐사 • 부상(경추골절, 사지골절, 탈구·탈골), 난산, 산욕마비, 급성고창증 및 젖소의 유량 감소로 긴급도축을 하여야 하는 경우 ※ 젖소유량감소는 유방염, 불임 및 각종 대사성 질병으로 인하여 젖소로서의 경제적 가치가 없는 경우에 한함 ※ 신규가입일 경우 가입일로부터 1개월 이내 질병 관련 사고(긴급도축 제외)는 보상하지 아니함 • 소 도난 및 행방불명에 의한 손해 ※ 도난손해는 보험증권에 기재된 보관장소 내에 보관되어 있는 동안에 불법침입자, 절도 또는 강도의 도난행위로 입은 직접손해(가축의 상해, 폐사 포함)에 한함 • 가축사체 잔존물 처리비용	보험금의 20%, 30%, 40%
	종모우	• 연속 6주 동안 정상적으로 정액을 생산하지 못하고, 종모우로서의 경제적 가치가 없다고 판정 시 ※ 정액생산은 6주 동안 일주일에 2번에 걸쳐 정액을 채취한 후 이를 근거로 경제적 도살여부 판단 • 그 외 보상하는 사고는 한우·육우·젖소와 동일	보험금의 20%

구분		보상하는 손해	자기부담금
주계약 (보통 약관)	축사	• 화재(벼락 포함)에 의한 손해 • 화재(벼락 포함)에 따른 소방손해 • 풍재, 수재, 설해, 지진에 의한 손해 • 화재(벼락 포함) 및 풍재, 수재, 설해, 지진에 의한 피난 손해 • 잔존물 제거비용	**〈풍재·수재·설해·지진〉** 지급보험금 계산방식에 따라 계산한 금액에 0%, 5%, 10%를 곱한 금액 또는 50만 원 중 큰 금액 **〈화재〉** 지급보험금 계산방식에 따라 계산한 금액에 자기부담비율 0%, 5%, 10%를 곱한 금액
특별 약관	소 도체결함 보장	• 도축장에서 도축되어 경매시까지 발견된 도체의 결함(근출혈, 수종, 근염, 외상, 근육제거, 기타 등)으로 손해액이 발생한 경우	보험금의 20%
	협정보험 가액	• 협의 평가로 보험가입한 금액 ※ 시가와 관계없이 가입금액을 보험가액으로 평가	주계약, 특약조건 준용
	화재대물 배상책임	• 축사 화재로 인해 인접 농가에 피해가 발생한 경우	-

① 폐사는 질병 또는 불의의 사고에 의하여 수의학적으로 구할 수 없는 상태가 되고 맥박, 호흡, 그 외 일반증상으로 폐사한 것이 확실한 때로 하며 통상적으로는 수의사의 검안서 등의 소견을 기준으로 판단하게 된다.

② 긴급도축은 "사육하는 장소에서 부상, 난산, 산욕마비, 급성고창증 및 젖소의 유량 감소 등이 발생한 소(牛)를 즉시 도축장에서 도살하여야 할 불가피한 사유가 있는 경우"에 한한다.

③ 긴급도축에서 부상 범위는 경추골절, 사지골절 및 탈구(탈골)에 한하며, 젖소의 유량 감소는 유방염, 불임 및 각종 대사성질병으로 인하여 수의학적으로 유량 감소가 예견되어 젖소로서의 경제적 가치가 없다고 판단이 확실시되는 경우에 한정하고 있으나, 약관에서 열거하는 질병 및 상해 이외의 경우에도 수의사의 진료 소견에 따라서 치료 불가능 사유 등으로 불가피하게 긴급도축을 시켜야 하는 경우도 포함한다.

산욕마비	일반적으로 분만 후 체내의 칼슘이 급격히 저하되어 근육의 마비를 일으켜 기립불능이 되는 질병이다.
급성고창증	이상발효에 의한 개스의 충만으로 조치를 취하지 못하면 폐사로 이어질 수 있는 중요한 소화기 질병으로 변질 또는 부패 발효된 사료, 비맞은 풀, 두과풀(알파파류) 다량 섭취, 갑작스런 사료변경 등으로 인하여 반추위내의 이상 발효로 장마로 인한 사료 변패 등으로 인하여 여름철에 많이 발생한다.
대사성 질병	비정상적인 대사 과정에서 유발되는 질병 ※ 대사 : 생명 유지를 위해 생물체가 필요한 것을 섭취하고 불필요한 것을 배출하는 일

④ 도난 손해는 보험증권에 기재된 보관장소 내에 보관되어 있는 동안에 불법침입자, 절도 또는 강도의 도난 행위로 입은 직접손해(가축의 상해, 폐사를 포함)로 한정하고 있으며 보험증권에 기재된 보관장소에서 이탈하여 운송 도중 등에 발생한 도난손해 및 도난 행위로 입은 간접손해(경제능력 저하, 전신 쇠약, 성장 지체·저하 등)는 도난 손해에서 제외된다.

⑤ 도난, 행방불명의 사고 발생 시 계약자, 피보험자, 피보험자의 가족, 감수인(監守人) 또는 당직자는 지체없이 이를 관할 경찰서와 재해보험사업자에 알려야 하며, 보험금 청구 시 관할 경찰서의 도난신고(접수) 확인서를 재해보험사업자에 제출하여야 한다.

⑥ 종모우(種牡牛)는 보험의 목적이 폐사, 긴급도축, 경제적 도살의 사유로 입은 손해를 보상한다.

폐사	• 폐사는 질병 또는 불의의 사고에 의하여 수의학적으로 구할 수 없는 상태가 되고 맥박, 호흡, 그 외 일반증상으로 폐사한 것이 확실한 때로 한다.

긴급도축	• 긴급도축의 범위는 "사육하는 장소에서 부상, 급성고창증이 발생한 소(牛)를 즉시 도축장에서 도살하여야 할 불가피한 사유가 있는 경우"에 한하여 인정한다. • 종모우는 긴급도축의 범위를 약관에서 열거하고 있는 2가지 경우에 한정하여 인정하고 있으며, 부상 범위는 경추골절, 사지골절 및 탈구(탈골)에 한하여 인정하고 있다.
경제적 도살	• 경제적 도살은 종모우가 연속 6주 동안 정상적으로 정액을 생산하지 못하고, 자격 있는 수의사에 의하여 종모우로서의 경제적 가치가 없다고 판정되었을 때로 한다. • 이 경우 정액 생산은 6주 동안 일주일에 2번에 걸쳐 정액을 채취한 후 이를 근거로 경제적 도살 여부를 판단한다.

2 돼지(豚) 부문

<table>
<tr><th colspan="2">구분</th><th>보상하는 손해</th><th>자기부담금</th></tr>
<tr><td rowspan="3">주계약
(보통
약관)</td><td>돼지</td><td>• 화재 및 풍재, 수재, 설해, 지진에 의한 손해
• 화재 및 풍재, 수재, 설해, 지진 발생시 방재 또는 긴급피난에 필요한 조치로 목적물에 발생한 손해
• 가축사체 잔존물 처리 비용</td><td>보험금의
5%, 10%, 20%</td></tr>
<tr><td rowspan="2">축사</td><td rowspan="2">• 화재(벼락 포함)에 의한 손해
• 화재(벼락 포함)에 따른 소방손해
• 태풍, 홍수, 호우(豪雨), 강풍, 풍랑, 해일(海溢), 조수(潮水), 우박, 지진, 분화 및 이와 비슷한 풍재 또는 수재로 입은 손해
• 설해로 입은 손해
• 화재(벼락 포함) 및 풍재, 수재, 설해, 지진에 의한 피난손해
• 잔존물 제거비용</td><td>〈풍재·수재·설해·지진〉
지급보험금 계산방식에 따라 계산한 금액에 0%, 5%, 10%를 곱한 금액 또는 50만 원 중 큰 금액</td></tr>
<tr><td>〈화재〉
지급보험금 계산방식에 따라 계산한 금액에 자기부담비율 0%, 5%, 10%를 곱한 금액</td></tr>
</table>

구분		보상하는 손해	자기부담금
특별약관	질병위험 보장	• TGE, PED, Rota virus에 의한 손해 ※ 신규가입일 경우 가입일로부터 1개월 이내 질병 관련 사고는 보상하지 아니함	보험금의 10%, 20%, 30%, 40% 또는 200만 원 중 큰 금액
	축산휴지 위험보장	• 주계약 및 특별약관에서 보상하는 사고의 원인으로 축산업이 휴지되었을 경우에 생긴 손해액	-
	전기적장치 위험보장	• 전기장치가 파손되어 온도의 변화로 가축 폐사 시	보험금의 10%, 20%, 30%, 40% 또는 200만 원 중 큰 금액
	폭염재해 보장	• 폭염에 의한 가축 피해 보상 ※ 폭염재해보장 특약은 전기적장치위험보장특약 가입자에 한하여 가입 가능	
	협정 보험가액	• 협의 평가로 보험가입한 금액 ※ 시가와 관계없이 가입금액을 보험가액으로 평가	주계약, 특약 조건 준용
	설해손해 부보장	• 설해에 의한 손해는 보장하지 않음	-
	화재대물 배상책임	• 축사 화재로 인해 인접 농가에 피해가 발생한 경우	-

① 화재 및 풍재·수재·설해·지진의 직접적인 원인으로 보험목적이 폐사 또는 맥박, 호흡 그 외 일반증상이 수의학적으로 폐사가 확실시되는 경우 그 손해를 보상한다.

② 화재 및 풍재·수재·설해·지진의 발생에 따라서 보험의 목적의 피해를 방재 또는 긴급피난에 필요한 조치로 보험목적에 생긴 손해도 보상한다.

③ 상기 손해는 사고 발생 때부터 120시간(5일) 이내에 폐사되는 보험목적에 한하여 보상한다. 다만, 재해보험사업자가 인정하는 경우에 한하여 사고 발생 때부터 120시간(5일) 이후에 폐사되어도 보상한다.

3 가금(家禽) 부문

<table>
<tr><th colspan="2">구분</th><th>보상하는 손해</th><th>자기부담금</th></tr>
<tr><td rowspan="3">주계약
(보통
약관)</td><td>가금</td><td>• 화재 및 풍재, 수재, 설해, 지진에 의한 손해
• 화재 및 풍재, 수재, 설해, 지진 발생시 방재 또는 긴급피난에 필요한 조치로 목적물에 발생한 손해
• 가축 사체 잔존물 처리 비용</td><td>보험금의 10%, 20%, 30%, 40%</td></tr>
<tr><td rowspan="2">축사</td><td rowspan="2">• 화재(벼락 포함)에 의한 손해
• 화재(벼락 포함)에 따른 소방손해
• 태풍, 홍수, 호우(豪雨), 강풍, 풍랑, 해일(海溢), 조수(潮水), 우박, 지진, 분화 및 이와 비슷한 풍재 또는 수재로 입은 손해
• 설해로 입은 손해
• 화재(벼락 포함) 및 풍재, 수재, 설해, 지진에 의한 피난손해
• 잔존물 제거 비용</td><td>〈풍재·수재·설해·지진〉
지급보험금 계산방식에 따라 계산한 금액에 0%, 5%, 10%를 곱한 금액 또는 50만 원 중 큰 금액</td></tr>
<tr><td>〈화재〉
지급보험금 계산방식에 따라 계산한 금액에 자기부담비율 0%, 5%, 10%를 곱한 금액</td></tr>
</table>

구분		보상하는 손해	자기부담금
특별약관	전기적장치 위험보장	• 전기장치가 파손되어 온도의 변화로 가축 폐사 시	보험금의 10%, 20%, 30%, 40% 또는 200만 원 중 큰 금액
	폭염재해 보장	• 폭염에 의한 가축 피해 보상 ※ 폭염재해보장 특약은 전기적장치 위험보장특약 가입자에 한하여 가입 가능	
	협정보험 가액	• 협의평가로 보험가입한 금액 ※ 시가와 관계없이 가입금액을 보험가액으로 평가	주계약, 특약 조건 준용
	설해손해 부보장	• 설해에 의한 손해는 보장하지 않음	-
	화재대물 배상책임	• 축사 화재로 인해 인접 농가에 피해가 발생한 경우	-

① 화재, 풍재·수재·설해·지진의 직접적인 원인으로 보험목적이 폐사 또는 맥박, 호흡 그 외 일반증상이 수의학적으로 폐사가 확실시되는 경우 그 손해를 보상한다.

② 화재, 풍재·수재·설해·지진의 발생에 따라서 보험의 목적의 피해를 방재 또는 긴급피난에 필요한 조치로 보험 목적에 생긴 손해도 보상한다.

③ 상기 손해는 사고 발생 때부터 120시간(5일) 이내에 폐사되는 보험 목적에 한하여 보상하며 다만, 재해보험사업자가 인정하는 경우에 한하여 사고 발생 때부터 120시간(5일) 이후에 폐사되어도 보상한다.

④ 폭염재해보장 추가특별약관에 따라 폭염 손해는 폭염특보 발령 전 24시간(1일) 전부터 해제 후 24시간(1일) 이내에 폐사되는 보험 목적에 한하여 보상하고 폭염특보는 보험목적의 수용 장소(소재지)에 발표된 해당 지역별 폭염특보를 적용하며 보험기간 종료일까지 폭염특보가 해제되지 않을 경우 보험기간 종료일을 폭염특보 해제일로 본다. 폭염특보는 일 최고 체감온도를 기준으로 발령되는 기상특보로 주의보와 경보로 구분되며 주의보와 경보 모두 폭염특보로 본다.

4 말(馬) 부문

<table>
<tr><th colspan="2">구분</th><th>보상하는 손해</th><th>자기부담금</th></tr>
<tr><td rowspan="3">주계약
(보통
약관)</td><td>경주마
육성마
종빈마
종모마
일반마
제주마</td><td>• 법정전염병을 제외한 질병 또는 각종 사고(풍해·수해·설해 등 자연재해, 화재)로 인한 폐사
• 부상(경추골절, 사지골절, 탈골·탈구), 난산, 산욕마비, 산통, 경주마의 실명으로 긴급도축 하여야 하는 경우
• 불임
※ 불임은 임신 가능한 암컷말(종빈마)의 생식기관의 이상과 질환으로 인하여 발생하는 영구적인 번식 장애를 의미
• 가축 사체 잔존물 처리 비용</td><td>보험금의 20%
단, 경주마
(육성마)는 사고
장소에 따라
경마장외 30%,
경마장내
5%, 10%, 20%
중 선택</td></tr>
<tr><td rowspan="2">축사</td><td rowspan="2">• 화재(벼락 포함)에 의한 손해
• 화재(벼락 포함)에 따른 소방손해
• 태풍, 홍수, 호우(豪雨), 강풍, 풍랑, 해일(海溢), 조수(潮水), 우박, 지진, 분화 및 이와 비슷한 풍재 또는 수재로 입은 손해
• 설해로 입은 손해
• 화재(벼락 포함) 및 풍재, 수재, 설해, 지진에 의한 피난손해
• 잔존물 제거비용</td><td>〈풍재·수재·
설해·지진〉
지급보험금 계산
방식에 따라 계
산한 금액에 0%,
5%, 10%를 곱한
금액 또는 50만
원 중 큰 금액</td></tr>
<tr><td>〈화재〉
지급보험금 계산
방식에 따라
계산한 금액에
자기부담비율
0%, 5%, 10%를
곱한 금액</td></tr>
</table>

구분		보상하는 손해	자기부담금
특별 약관	씨수말 번식 첫해 선천성 불임 확장보장	• 씨수말이 불임이라고 판단이 된 경우에 보상하는 특약	-
	말운송위험 확장보장	• 말 운송 중 발생되는 주계약 보상사고	-
	경주마 부적격	• 경주마 부적격 판정을 받은 경우 보상	
	화재대물 배상책임	• 축사 화재로 인해 인접 농가에 피해가 발생한 경우	-

① 보험의 목적이 폐사, 긴급도축, 불임의 사유로 입은 손해를 보상한다.

② 폐사는 질병 또는 불의의 사고에 의하여 수의학적으로 구할 수 없는 상태가 되고 맥박, 호흡, 그 외 일반증상으로 폐사한 것이 확실한 때로 한다.

③ 긴급도축의 범위는 "사육하는 장소에서 부상, 난산, 산욕마비, 산통, 경주마 중 실명이 발생한 말(馬)을 즉시 도축장에서 도살하여야 할 불가피한 사유가 있는 경우"로 한다.

④ 말은 소와 다르게 긴급도축의 범위를 약관에서 열거하고 있는 상기 5가지 경우에 한하여 인정하고 있으며, 부상의 경우도 범위를 경추골절, 사지골절 및 탈구(탈골)에 한하여 인정하고 있다.

⑤ 불임은 임신 가능한 암컷말(종빈마)의 생식기관의 이상과 질환으로 인하여 발생하는 영구적인 번식 장애를 말한다.

5 기타 가축(家畜) 부문

구분		보상하는 사고	자기부담금
주계약 (보통 약관)	사슴, 양, 오소리, 꿀벌, 토끼	• 화재 및 풍재, 수재, 설해, 지진에 의한 손해 • 화재 및 풍재, 수재, 설해, 지진 발생시 방재 또는 긴급피난에 필요한 조치로 목적물에 발생한 손해 • 가축 사체 잔존물 처리 비용	보험금의 5%, 10%, 20%, 30%, 40%

<table>
<tr><th colspan="2">구분</th><th>보상하는 사고</th><th>자기부담금</th></tr>
<tr><td rowspan="2">주계약
(보통
약관)</td><td rowspan="2">축사</td><td rowspan="2">• 화재(벼락 포함)에 의한 손해
• 화재(벼락 포함)에 따른 소방손해
• 태풍, 홍수, 호우(豪雨), 강풍, 풍랑, 해일(海溢), 조수(潮水), 우박, 지진, 분화 및 이와 비슷한 풍재 또는 수재로 입은 손해
• 설해로 입은 손해
• 화재(벼락 포함) 및 풍재, 수재, 설해, 지진에 의한 피난손해
• 잔존물 제거 비용</td><td>〈풍재·수재·설해·지진〉
지급보험금 계산 방식에 따라 계산한 금액에 0%, 5%, 10%를 곱한 금액 또는 50만 원 중 큰 금액</td></tr>
<tr><td>〈화재〉
지급보험금 계산 방식에 따라 계산한 금액에 자기부담비율 0%, 5%, 10%를 곱한 금액</td></tr>
<tr><td rowspan="4">특별
약관</td><td>폐사·
긴급도축
확장보장
특약
(사슴, 양
자동부가)</td><td>• 법정전염병을 제외한 질병 또는 각종 사고(풍해·수해·설해 등 자연재해, 화재)로 인한 폐사
• 부상(사지골절, 경추골절, 탈구·탈골), 산욕마비, 난산으로 긴급도축을 하여야 하는 경우
※ 신규가입일 경우 가입일로부터 1개월 이내 질병 관련 사고(긴급도축 제외)는 보상하지 아니합니다.</td><td>보험금의 5%, 10%, 20%, 30%, 40%</td></tr>
<tr><td>꿀벌
낭충봉아
부패병보장</td><td>• 벌통의 꿀벌이 낭충봉아부패병으로 폐사(감염 벌통 소각 포함)한 경우</td><td rowspan="2">보험금의 5%, 10%, 20%, 30% 40%</td></tr>
<tr><td>꿀벌
부저병보장</td><td>• 벌통의 꿀벌이 부저병으로 폐사(감염 벌통 소각 포함)한 경우</td></tr>
<tr><td>화재대물
배상책임</td><td>• 축사 화재로 인해 인접 농가에 피해가 발생한 경우</td><td>-</td></tr>
</table>

① 보험의 목적이 화재 및 풍재·수재·설해·지진의 직접적인 원인으로 보험목적이 폐사 또는 맥박, 호흡 그 외 일반증상으로 수의학적으로 구할 수 없는 상태가 확실시되는 경우 그 손해를 보상한다.

② 화재 및 풍재·수재·설해·지진의 발생에 따라서 보험의 목적의 피해를 방재 또는 긴급피난에 필요한 조치로 보험목적에 생긴 손해는 보상한다.

③ 상기 손해는 사고 발생 때부터 120시간(5일) 이내에 폐사되는 보험목적에 한하여 보상한다. 다만, 재해보험사업자가 인정하는 경우에는 사고 발생 때 부터 120시간(5일) 이후에 폐사되어도 보상한다.

④ 꿀벌의 경우는 아래와 같은 벌통에 한하여 보상한다.

- 서양종(양봉)은 꿀벌이 있는 상태의 소비(巢脾)가 3매 이상 있는 벌통
- 동양종(토종벌, 한봉)은 봉군(蜂群)이 있는 상태의 벌통

6 축사(畜舍) 부문

① 보상하는 손해는 보험의 목적이 화재 및 풍재·수재·설해·지진으로 입은 직접손해, 피난 과정에서 발생하는 피난손해, 화재진압 과정에서 발생하는 소방손해 그리고 약관에서 규정하고 있는 비용손해로 아래와 같다.

- 화재에 따른 손해
- 화재에 따른 소방손해
- 태풍, 홍수, 호우(豪雨), 강풍, 풍랑, 해일(海溢), 조수(潮水), 우박, 지진, 분화 및 이와 비슷한 풍재 또는 수재로 입은 손해
- 설해에 따른 손해
- 화재 또는 풍재·수재·설해·지진에 따른 피난손해(피난지에서 보험기간 내의 5일 동안에 생긴 상기 손해를 포함한다.)
- 지진 피해의 경우 아래의 최저기준을 초과하는 손해를 담보한다.
  - 기둥 또는 보 1개 이하를 해체하여 수선 또는 보강하는 것
  - 지붕틀의 1개 이하를 해체하여 수선 또는 보강하는 것
  - 기둥, 보, 지붕틀, 벽 등에 2m 이하의 균열이 발생한 것
  - 지붕재의 $2m^2$ 이하를 수선하는 것

② 사고 현장에서의 ❶ 잔존물의 해체 비용, ❷ 청소 비용 및 ❸ 차에 싣는 비용(=상차비용)인 잔존물 제거 비용은 손해액의 10%를 한도로 지급보험금 계산방식에 따라서 보상하며 잔존물 제거 비용에 사고 현장 및 인근 지역의 토양, 대기 및 수질 오염

물질 제거 비용과 차에 실은 후 폐기물 처리 비용은 포함되지 않으며, 보상하지 않는 위험으로 보험의 목적이 손해를 입거나 관계 법령에 의하여 제거됨으로써 생긴 손해에 대하여는 보상하지 않는다.

7 비용 손해

보장하는 위험으로 인하여 발생한 보험사고와 관련하여 보험계약자 또는 피보험자가 지출한 비용 중 아래 5가지 비용을 가축재해보험에서는 손해의 일부로 간주하여 재해보험사업자가 보상하고 있으며 인정되는 비용은 보험계약자나 피보험자가 여러 가지 조치를 취하면서 발생하는 휴업 손실, 일당 등의 소극적 손해는 제외되고 적극적 손해만을 대상으로 약관 규정에 따라서 보상하고 있다.

(1) 잔존물 처리 비용

1) 보험목적물이 폐사한 경우

보험목적물이 폐사한 경우 사고 현장에서의 ❶ 잔존물의 견인 비용 및 ❷ 차에 싣는 비용(사고 현장 및 인근 지역의 토양, 대기 및 수질 오염물질 제거 비용과 차에 실은 후 폐기물 처리 비용은 포함하지 않는다. 다만, ❸ 적법한 시설에서의 렌더링 비용은 포함). 다만, 보장하지 않는 위험으로 보험의 목적이 손해를 입거나 관계 법령에 의하여 제거됨으로써 생긴 손해에 대하여는 보상하지 않는다.

2) 가축재해보험에서 잔존물 처리 비용

가축재해보험에서 잔존물 처리 비용은 목적물이 폐사한 경우에 한정하여 인정하고 있으며 인정하는 비용의 범위는 폐사한 가축에 대한 매몰 비용이 아니라 견인 비용 및 차에 싣는 비용에 한정하여 인정하고 있으나 매몰에 따른 환경오염 문제 때문에 적법한 시설에서의 렌더링 비용은 잔존물 처리 비용으로 보상하고 있다.

폐사	가축 또는 동물의 생명 현상이 끝남을 말함
랜더링	사체를 고온·고압 처리하여 기름과 고형분으로 분리함으로써 유지(사료·공업용) 및 육분·육골분(사료·비료용)을 생산하는 과정

(2) 손해방지 비용

보험사고 발생 시 손해의 방지 또는 경감을 위하여 지출한 필요 또는 유익한 비용을 손해방지 비용으로 보상한다. 다만, 약관에서 규정하고 있는 보험 목적의 관리의무를 위하여 지출한 비용은 제외한다.

보충자료

〈보험목적의 관리의무에 따른 비용〉
보험목적의 관리의무에 따른 비용이란 일상적인 관리에 소요되는 비용과 예방접종, 정기검진, 기생충구제 등에 소용되는 비용 그리고 보험목적이 질병에 걸리거나 부상을 당한 경우 신속하게 치료 및 조치를 취하는 비용 등을 의미한다.

(3) 대위권 보전 비용

재해보험사업자가 보험사고로 인한 피보험자의 손실을 보상해주고, 피보험자가 보험사고와 관련하여 제3자에 대하여 가지는 권리가 있는 경우 보험금을 지급한 재해보험사업자는 그 지급한 금액의 한도에서 그 권리를 법률상 당연히 취득하게 되며 이와 같이 보험사고와 관련하여 제3자로부터 손해의 배상을 받을 수 있는 경우에는 그 권리를 지키거나 행사하기 위하여 지출한 필요 또는 유익한 비용을 보상한다.

(4) 잔존물 보전 비용

잔존물 보전 비용이란 보험사고로 인해 멸실된 보험목적물의 잔존물을 보전하기 위하여 지출한 필요 또는 유익한 비용으로 이러한 잔존물을 보전하기 위하여 지출한 비용을 보상한다. 그러나 잔존물 보전 비용은 재해보험사업자가 보험금을 지급하고 잔존물을 취득할 의사표시를 하는 경우에 한하여 지급한다. 즉 재해보험사업자가 잔존물에 대한 취득 의사를 포기하는 경우에는 지급되지 않는다.

(5) 기타 협력 비용

재해보험사업자의 요구에 따라 지출한 필요 또는 유익한 비용을 보상한다.

4 부문별 보상하지 않는 손해

1 전 부문 공통

① 계약자, 피보험자 또는 이들의 법정대리인의 고의 또는 중대한 과실
② 계약자 또는 피보험자의 도살 및 위탁 도살에 의한 가축 폐사로 인한 손해
③ 가축전염병예방법 제2조에서 정하는 가축전염병에 의한 폐사로 인한 손해 및 정부 및 공공기관의 살처분 또는 도태 권고로 발생한 손해
④ 보험목적이 유실 또는 매몰되어 보험목적을 객관적으로 확인할 수 없는 손해. 다만, 풍수해 사고로 인한 직접손해 등 재해보험사업자가 인정하는 경우에는 보상

⑤ 원인의 직접, 간접을 묻지 않고 전쟁, 혁명, 내란, 사변, 폭동, 소요, 노동쟁의, 기타 이들과 유사한 사태로 인한 손해

⑥ 지진의 경우 보험계약일 현재 이미 진행 중인 지진(본진, 여진을 포함한다)으로 인한 손해

⑦ 핵연료 물질(사용된 연료를 포함한다.) 또는 핵연료 물질에 의하여 오염된 물질(원자핵 분열 생성물을 포함한다.)의 방사성, 폭발성 그 밖의 유해한 특성 또는 이들의 특성에 의한 사고로 인한 손해

⑧ 이외의 방사선을 쬐는 것 또는 방사능 오염으로 인한 손해

⑨ 계약체결 시점 현재 기상청에서 발령하고 있는 기상특보 발령 지역의 기상특보 관련 재해(풍재, 수재, 설해, 지진, 폭염)로 인한 손해

2 소(牛) 부문

① 사료 공급 및 보호, 피난처 제공, 수의사의 검진, 소독 등 사고의 예방 및 손해의 경감을 위하여 당연하고 필요한 안전대책을 강구하지 않아 발생한 손해

② 계약자 또는 피보험자가 보험가입 가축의 번식장애, 경제능력저하 또는 전신쇠약, 성장지체·저하에 의해 도태시키는 경우. 다만, 우유방염, 불임 및 각종 대사성질병으로 인하여 수의학적으로 유량감소가 예견되어 젖소로서의 경제적 가치가 없다고 판단이 확실시 되는 경우의 도태는 보상

③ 개체 표시인 귀표가 오손, 훼손, 멸실되는 등 목적물을 객관적으로 확인할 수 없는 상태에서 발생한 손해

④ 외과적 치료행위로 인한 폐사 손해. 다만, 보험목적의 생명 유지를 위하여 질병, 질환 및 상해의 치료가 필요하다고 자격 있는 수의사가 확인하고 치료한 경우 제외

⑤ 독극물의 투약에 의한 폐사 손해

⑥ 정부, 공공기관, 학교 및 연구기관 등에서 학술 또는 연구용으로 공여하여 발생된 손해. 다만, 재해보험사업자의 승낙을 얻은 경우에는 제외

⑦ 보상하는 손해 이외의 사고로 재해보험사업자 등 관련 기관으로부터 긴급 출하 지시를 통보(구두, 유선 및 문서 등) 받았음에도 불구하고 계속하여 사육 또는 치료하다 발생된 손해 및 자격 있는 수의사가 도살하여야 할 것으로 확인하였으나 이를 방치하여 발생한 손해

⑧ 제1회 보험료 등을 납입한 날의 다음월 응당일(다음월 응당일이 없는 경우는 다음월

마지막날로 한다) 이내에 발생한 긴급도축과 화재·풍수해에 의한 직접손해 이외의 질병 등에 의한 폐사로 인한 손해. 보험기간 중에 계약자가 보험목적을 추가하고 그에 해당하는 보험료를 납입한 경우에도 같음

⑨ 도난 손해의 경우, 아래의 사유로 인한 손해

- 계약자, 피보험자 또는 이들의 법정대리인의 고의 또는 중대한 과실로 생긴 도난 손해
- 피보험자의 가족, 친족, 피고용인, 동거인, 숙박인, 감수인(監守人) 또는 당직자가 일으킨 행위 또는 이들이 가담하거나 이들의 묵인하에 생긴 도난 손해
- 지진, 분화, 풍수해, 전쟁, 혁명, 내란, 사변, 폭동, 소요, 노동쟁의 기타 이들과 유사한 사태가 발생했을 때 생긴 도난 손해
- 화재, 폭발이 발생했을 때 생긴 도난 손해
- 절도, 강도 행위로 발생한 화재 및 폭발 손해
- 보관장소 또는 작업장 내에서 일어난 좀도둑으로 인한 손해
- 재고 조사 시 발견된 손해
- 망실 또는 분실 손해
- 사기 또는 횡령으로 인한 손해
- 도난 손해가 생긴 후 30일 이내에 발견하지 못한 손해
- 보관장소를 72시간 이상 비워둔 동안 생긴 도난 손해
- 보험의 목적이 보관장소를 벗어나 보관되는 동안에 생긴 도난 손해

구분	내용
도난행위	• 도난행위라 함은 완력이나 기타 물리력을 사용하여 보험의 목적을 훔치거나 강탈하거나 무단으로 장소를 이동시켜 피보험자가 소유, 사용, 관리할 수 없는 상태로 만드는 것을 말한다. • 다만, 외부로부터 침입 시에는 침입한 흔적 또는 도구, 폭발물, 완력, 기타의 물리력을 사용한 흔적이 뚜렷하여야 한다.
피보험자의 가족, 친족	• 「민법」 제 779조 및 제777조의 규정에 따른다. • 다만, 피보험자가 법인인 경우에는 그 이사 및 법인의 업무를 집행하는 기관의 업무종사자와 법정 대리인의 가족, 친족도 포함한다.
망실, 분실	• 망실(忘失)이라 함은 보관하는 자 또는 관리하는 자가 보험의 목적을 보관 또는 관리하던 장소 및 시간에 대한 기억을 되살리지 못하여 보험의 목적을 잃어버리는 것을 말한다. • 분실(紛失)이라 함은 보관하는 자 또는 관리하는 자가 보관·관리에 일상적인 주의를 태만히 하여 보험의 목적을 잃어버리는 것을 말한다.

3 돼지(豚) 부문

① 댐 또는 제방 등의 붕괴로 생긴 손해. 다만, 붕괴가 보상하는 손해에서 정한 위험(화재 및 풍재·수재·설해·지진)으로 발생된 손해는 보상

② 바람, 비, 눈, 우박 또는 모래먼지가 들어옴으로써 생긴 손해. 다만, 보험의 목적이 들어 있는 건물이 풍재·수재·설해·지진으로 직접 파손되어 보험의 목적에 생긴 손해는 보상

③ 추위, 서리, 얼음으로 생긴 손해

④ 발전기, 여자기(정류기 포함), 변류기, 변압기, 전압조정기, 축전기, 개폐기, 차단기, 피뢰기, 배전반 및 그 밖의 전기장치 또는 설비의 전기적 사고로 생긴 손해. 그러나 그 결과로 생긴 화재손해는 보상

⑤ 화재 및 풍재·수재·설해·지진 발생으로 방재 또는 긴급피난 시 피난처에서 사료공급, 보호, 환기, 수의사의 검진, 소독 등 사고의 예방 및 손해의 경감을 위하여 당연하고 필요한 안전대책을 강구하지 않아 발생한 손해

⑥ 모돈의 유산으로 인한 태아 폐사 또는 성장 저하로 인한 직·간접 손해

⑦ 보험목적이 도난 또는 행방불명된 경우

4 가금(家禽) 부문

① 댐 또는 제방 등의 붕괴로 생긴 손해. 다만, 붕괴가 보상하는 손해에서 정한 위험(화재 및 풍재·수재·설해·지진)으로 발생된 손해는 보상

② 바람, 비, 눈, 우박 또는 모래먼지가 들어옴으로써 생긴 손해. 다만, 보험의 목적이 들어 있는 건물이 풍재·수재·설해·지진으로 직접 파손되어 보험의 목적에 생긴 손해는 보상

③ 추위, 서리, 얼음으로 생긴 손해

④ 발전기, 여자기(정류기 포함), 변류기, 변압기, 전압조정기, 축전기, 개폐기, 차단기, 피뢰기, 배전반 및 그 밖의 전기장치 또는 설비의 전기적 사고로 생긴 손해. 그러나 그 결과로 생긴 화재손해는 보상

⑤ 화재 및 풍재·수재·설해·지진 발생으로 방재 또는 긴급피난 시 피난처에서 사료공급, 보호, 환기, 수의사의 검진, 소독 등 사고의 예방 및 손해의 경감을 위하여 당연하고 필요한 안전대책을 강구하지 않아 발생한 손해

⑥ 성장 저하, 산란율 저하로 인한 직·간접 손해

⑦ 보험목적이 도난 또는 행방불명된 경우

5 말(馬) 부문

① 사료공급 및 보호, 피난처 제공, 수의사의 검진, 소독 등 사고의 예방 및 손해의 경감을 위하여 당연하고 필요한 안전대책을 강구하지 않아 발생한 손해

② 계약자 또는 피보험자가 보험가입 가축의 번식장애, 경제능력저하 또는 전신쇠약, 성장지체·저하에 의해 도태시키는 경우

③ 개체 표시인 귀표가 오손, 훼손, 멸실되는 등 목적물을 객관적으로 확인할 수 없는 상태에서 발생한 손해

④ 외과적 치료행위로 인한 폐사 손해. 다만, 보험목적의 생명 유지를 위하여 질병, 질환 및 상해의 치료가 필요하다고 자격 있는 수의사가 확인하고 치료한 경우에는 제외

⑤ 독극물의 투약에 의한 폐사 손해

⑥ 정부, 공공기관, 학교 및 연구기관 등에서 학술 또는 연구용으로 공여하여 발생된 손해. 다만, 재해보험사업자의 승낙을 얻은 경우에는 제외

⑦ 보상하는 손해 이외의 사고로 재해보험사업자 등 관련 기관으로부터 긴급 출하 지시를 통보(구두, 유선 및 문서 등) 받았음에도 불구하고 계속하여 사육 또는 치료하다 발생된 손해 및 자격 있는 수의사가 도살하여야 할 것으로 확인하였으나 이를 방치하여 발생한 손해

⑧ 보험목적이 도난 또는 행방불명된 경우

⑨ 제1회 보험료 등을 납입한 날의 다음 월 응당일(다음월 응당일이 없는 경우는 다음 월 마지막 날로 한다) 이내에 발생한 긴급도축과 화재·풍수해에 의한 직접손해 이외의 질병 등에 의한 폐사로 인한 손해. 보험기간 중에 계약자가 보험목적을 추가하고 그에 해당하는 보험료를 납입한 경우에도 같음. 다만, 이 규정은 재해보험사업자가 정하는 기간 내에 1년 이상의 계약을 다시 체결하는 경우에는 미적용

6 종모우(種牡牛) 부문

① 사료공급 및 보호, 피난처제공, 수의사의 검진, 소독 등 사고의 예방 및 손해의 경감을 위하여 당연하고 필요한 안전대책을 강구하지 않아 발생한 손해

② 계약자 또는 피보험자가 보험가입 가축의 번식장애, 경제능력저하 또는 전신쇠약, 성장지체·저하에 의해 도태시키는 경우

③ 독극물의 투약에 의한 폐사 손해

④ 외과적 치료행위로 인한 폐사 손해. 다만, 보험목적의 생명 유지를 위하여 질병, 질환 및 상해의 치료가 필요하다고 자격 있는 수의사가 확인하고 치료한 경우에는 제외

⑤ 개체표시인 귀표가 오손, 훼손, 멸실되는 등 목적물을 객관적으로 확인할 수 없는 상태에서 발생한 손해

⑥ 정부, 공공기관, 학교 및 연구기관 등에서 학술 또는 연구용으로 공여하여 발생된 손해. 다만, 재해보험사업자의 승낙을 얻은 경우에는 제외

⑦ 보상하는 손해 이외의 사고로 재해보험사업자 등 관련 기관으로부터 긴급 출하 지시를 통보(구두, 유선 및 문서 등) 받았음에도 불구하고 계속하여 사육 또는 치료하다 발생된 손해 및 자격 있는 수의사가 도살하여야 할 것으로 확인하였으나 이를 방치하여 발생한 손해

⑧ 보험목적이 도난 또는 행방불명된 경우

⑨ 제1회 보험료 등을 납입한 날의 다음 월 응당일(다음월 응당일이 없는 경우는 다음 월 마지막 날로 한다) 이내에 발생한 긴급도축과 화재·풍수해에 의한 직접손해 이외의 질병 등에 의한 폐사로 인한 손해. 보험기간 중에 계약자가 보험목적을 추가하고 그에 해당하는 보험료를 납입한 경우에도 같음. 다만, 이 규정은 재해보험사업자가 정하는 기간 내에 1년 이상의 계약을 다시 체결하는 경우에는 미적용

7 기타 가축(家畜) 부문

① 댐 또는 제방 등의 붕괴로 생긴 손해. 다만, 붕괴가 보상하는 손해에서 정한 위험(화재 및 풍재·수재·설해·지진)으로 발생된 손해는 보상

② 바람, 비, 눈, 우박 또는 모래먼지가 들어옴으로써 생긴 손해. 다만, 보험의 목적이 들어 있는 건물이 풍재·수재·설해·지진으로 직접 파손되어 보험의 목적에 생긴 손해는 보상

③ 추위, 서리, 얼음으로 생긴 손해

④ 발전기, 여자기(정류기 포함), 변류기, 변압기, 전압조정기, 축전기, 개폐기, 차단기, 피뢰기, 배전반 및 그 밖의 전기장치 또는 설비의 전기적 사고로 생긴 손해. 그러나 그 결과로 생긴 화재손해는 보상

⑤ 화재 및 풍재·수재·설해·지진 발생으로 방재 또는 긴급피난 시 피난처에서 사료공급, 보호, 환기, 수의사의 검진, 소독 등 사고의 예방 및 손해의 경감을 위하여 당연하고 필요한 안전대책을 강구하지 않아 발생한 손해

⑥ 10kg 미만(1마리 기준)의 양이 폐사하여 발생한 손해

⑦ 벌의 경우 CCD(Colony Collapse Disorder, 벌떼폐사장애), 농약, 밀원수(蜜原樹)의 황화현상(黃化現象), 공사장의 소음, 전자파로 인하여 발생한 손해 및 꿀벌의 손해가 없는 벌통만의 손해

⑧ 보험목적이 도난 또는 행방불명된 경우

8 축사(畜舍) 부문

① 화재 또는 풍재·수재·설해·지진 발생시 도난 또는 분실로 생긴 손해

② 보험의 목적이 발효, 자연발열 또는 자연발화로 생긴 손해. 그러나 자연발열 또는 자연발화로 연소된 다른 보험의 목적에 생긴 손해는 보상

③ 풍재·수재·설해·지진과 관계없이 댐 또는 제방이 터지거나 무너져 생긴 손해

④ 바람, 비, 눈, 우박 또는 모래먼지가 들어옴으로써 생긴 손해. 그러나 보험의 목적이 들어있는 건물이 풍재·수재·설해·지진으로 직접 파손되어 보험의목적에 생긴 손해는 보상

⑤ 추위, 서리, 얼음으로 생긴 손해

⑥ 발전기, 여자기(정류기 포함), 변류기, 변압기, 전압조정기, 축전기, 개폐기, 차단기, 피뢰기, 배전반 및 그 밖의 전기기기 또는 장치의 전기적 사고로 생긴 손해. 그러나 그 결과로 생긴 화재 손해는 보상

⑦ 풍재의 직접, 간접에 관계 없이 보험의 목적인 네온사인 장치에 전기적 사고로 생긴 손해 및 건식 전구의 필라멘트 만에 생긴 손해

⑧ 국가 및 지방자치단체의 명령에 의한 재산의 소각 및 이와 유사한 손해

02-3 기본서 내용 익히기 - 제3절 가축재해보험 특별약관

1 가축재해보험의 특별약관

1 특별약관의 의의

보통약관의 규정을 바꾸거나 보충하거나 배제하기 위하여 쓰이는 약관

2 가축재해보험 특별약관

현행 가축재해보험 약관에서 손해평가와 관련된 특별약관으로는 일반조항 3개와 각 부문별로 13개(소 1개, 돼지 2개, 돼지·가금 공통 2개, 말 4개, 기타 가축 3개, 축사 1개)까지 총 16개의 특별약관을 두고 있다.

2 일반조항 특별약관 주요내용

부문	일반조항 특별약관
공통	화재대물배상책임 특별약관
	구내폭발위험보장 특별약관
소	협정보험가액 특별약관(유량검정젖소 가입시)
돼지	협정보험가액 특별약관(종돈 가입시)
가금	협정보험가액 특별약관

1 협정보험가액 특별약관

특별약관에서 적용하는 가축에 대하여 계약 체결 시 재해보험사업자와 계약자 또는 피보험자와 협의하여 평가한 보험가액을 보험기간 중에 보험가액 및 보험가입금액으로 하는 기평가보험 특약이다. 이 특별약관이 적용되는 약관 가축은 종빈우(種牝牛), 종모돈(種牡豚), 종빈돈(種牝豚), 자돈(仔豚 : 포유돈, 이유돈), 종가금(種家禽), 유량검정젖소, 기타 보험자가 인정하는 가축이다.

보충자료

〈유량검정젖소〉

젖소개량사업소의 검정사업에 참여하는 농가 중에서 일정한 요건을 충족하는 농가(직전 월의 305일 평균유량이 10,000kg 이상이고 평균 체세포수가 30만 마리 이하를 충족하는 농가)의 소(최근 산차 305일 유량이 11,000kg 이상이고, 체세포수가 20만 마리 이하인 젖소)를 의미하며 요건을 충족하는 유량검정젖소는 시가에 관계 없이 협정보험가액 특약으로 보험가입이 가능하다.

2 화재대물배상책임 특별약관

피보험자가 보험증권에 기재된 축사구내에서 발생한 화재 사고로 인하여 타인의 재물에 손해를 입혀서 법률상의 손해배상책임을 부담함으로써 입은 손해를 보상하여 주는 특약이다.

3 구내폭발위험보장 특별약관

보험의 목적이 있는 구내에서 생긴 폭발, 파열(폭발, 파열이라 함은 급격한 산화반응을 포함하는 파괴 또는 그 현상을 말한다)로 보험의 목적에 생긴 손해를 보상하는 특약이다. 그러나 기관, 기기, 증기기관, 내연기관, 수도관, 수관, 유압기, 수압기 등의 물리적인 폭발, 파열이나 기계의 운동부분 또는 회전부분이 분해되어 날아 흩어지므로 인해 생긴 손해는 보상하지 않는다.

3 각 부문별 특별약관

부문	특별약관
소	소도체결함보장 특별약관
돼지	질병위험보장 특별약관
	축산휴지위험보장 특별약관
	전기적장치 위험보장 특별약관
	폭염재해보장 추가특별약관 ※ 전기적장치 특별약관 가입자만 가입가능
가금	전기적장치 위험보장 특별약관
	폭염재해보장 추가특별약관 ※ 전기적장치 특별약관 가입자만 가입가능

부문	특별약관
말	씨수말 번식첫해 선천성 불임 확장보장 특별약관
	말(馬)운송위험 확장보장 특별약관
	경주마 부적격 특별약관 (경주마, 제주마, 육성마 가입 시 자동 담보)
	경주마 보험기간 설정에 관한 특별약관
기타 가축	폐사·긴급도축 확장보장 특별약관(사슴, 양 가입 시 자동 담보)
	꿀벌 낭충봉아부패병보장 특별약관
	꿀벌 부저병보장 특별약관
축사	설해손해 부보장 추가특별약관 ※ 돈사, 가금사에 한하여 가입 가능

1 부문 1 소(牛) 특별약관

(1) 소(牛)도체결함보장 특별약관

① 도축장에서 소를 도축하면 이후 축산물품질평가사가 도체에 대하여 등급을 판정하고 그 판정내용을 표시하는 "등급판정인"을 도체에 찍고 등급판정과정에서 도체에 결함이 발견되면 추가로 "결함인"을 찍게 된다.

② 본 특약은 경매 시까지 발견된 결함인으로 인해 경락가격이 하락하여 발생하는 손해를 보상한다. 단, 보통약관에서 보상하지 않는 손해나 소 부문에서 보상하는 손해, 그리고 경매 후 발견된 결함으로 인한 손해는 보상하지 않는다.

2 부문 2 돼지(豚) 특별약관

(1) 돼지 질병위험보장 특별약관

① 가축재해보험 돼지 부문 보통약관에서는 화재 및 풍재·수재·설해·지진을 직접적인 원인으로 한 폐사로 인하여 입은 손해만 보상하고 있으나, 본 특별약관은 이외에 아래의 질병을 직접적인 원인으로 하여 보험기간 중에 폐사 또는 맥박, 호흡, 그 외 일반증상으로 수의학적으로 구할 수 없는 상태(보험기간 중에 질병으로 폐사하거나 보험기간 종료일 이전에 질병의 발생을 서면 통지한 후 30일 이내에 폐사할 경우를 포함한다.)가 확실시 되는 경우 그 손해도 보상한다.

- 전염성위장염(TGE virus 감염증)
- 돼지유행성설사병(PED virus 감염증)
- 로타바이러스감염증(Rota virus 감염증)

② 상기 질병에 대한 진단 확정은 전문 수의사가 조직(fixed tissue) 또는 분변, 혈액검사 등에 대한 형광항체법 또는 PCR(Polymerase chain reaction ; 중합효소연쇄반응) 진단법 등을 기초로 진단하여야 한다. 그러나 불가피한 사유로 병리학적 진단이 가능하지 않을 때는 예외적·보충적으로 임상학적 진단도 증거로 인정된다.

(2) 돼지 축산휴지위험보장 특별약관

보험기간 동안에 보험증권에 명기된 구내에서 보통약관 및 특별약관에서 보상하는 사고의 원인으로 피보험자가 영위하는 축산업이 중단 또는 휴지 되었을 때 생긴 손해액을 보상하는 특약이다.

3 부문 2 돼지(豚)·부문 3 가금(家禽) 특별약관

(1) 전기적 장치 위험보장 특별약관

① 가축재해보험 돼지부문과 가금부문 보통약관의 보상하지 않는 손해에도 불구하고 전기적 장치로 인한 보험목적물의 손해를 보상하는 특약이다.

② 특약에서는 여자기(정류기 포함), 변류기, 변압기, 전압조정기, 축전기, 개폐기, 차단기, 피뢰기, 배전반 및 이와 비슷한 전기장치 또는 설비 중 그 전기장치 또는 설비가 파괴 또는 변조되어 온도의 변화로 보험의 목적에 손해가 발생하였을 경우에 그 손해를 보상한다. 단, 보험자가 인정하는 특별한 경우를 제외하고 사고 발생한 때로부터 24시간 이내에 폐사된 보험목적에 한하여 보상한다.

(2) 폭염재해보장 추가특별약관

① 가축재해보험 돼지·가금 부문 보통약관의 보상하지 않는 손해에도 불구하고 폭염의 직접적인 원인으로 인한 보험목적물의 손해를 보상하는 특약이다.

② 보험목적 수용장소 지역에 발효된 폭염특보의 발령 전 24시간(1일) 전부터 해제 후 24시간(1일) 이내에 폐사되는 보험목적에 한하여 보상하며 보험기간 종료일까지 폭염특보가 해제되지 않은 경우에는 보험기간 종료일을 폭염특보 해제일로 본다.

4 부문 4 말(馬) 특별약관

(1) 씨수말 번식 첫해 선천성 불임 확장보장 특별약관

보험목적이 보험기간 중 불임이라고 판단이 된 경우에 보상하는 특약으로, "씨수말의 불임(Infertility) 또는 불임(Infertile)"은 보험목적물인 씨수말의 선천적인 교배능력 부전이나 정액상의 선천적 이상으로 인하여 번식 첫해에 60% 또는 이 이상의 수태율 획득에 실패한 경우를 가리킨다. 그러나 아래의 사유로 인해 발생 또는 증가된 손해는 보상하지 않는다.

- 씨수말 내·외부 생식기의 감염으로 일어난 불임
- 씨암말의 성병으로부터 일어난 불임
- 어떠한 이유로든지 교배시키지 않아서 일어난 불임
- 씨수말의 외상, 질병, 전염병으로부터 유래된 불임

(2) 말(馬) 운송위험 확장보장 특별약관

보험의 목적인 말을 운송 중에 보통약관 말 부문의 보상하는 손해에서 정한 손해가 발생한 경우에 보상하는 특약으로 아래 사유로 발생한 손해는 보상하지 않는다.

- 운송 차량의 덮개(차량에 부착된 덮개 포함) 또는 화물의 포장 불완전으로 생긴 손해
- 도로교통법시행령 제22조(운행상의 안전기준)의 적재중량과 적재용량 기준을 초과하여 적재함으로써 생긴 손해
- 수탁물이 수하인에게 인도된 후 14일을 초과하여 발견된 손해

보충자료

〈도로교통법 시행령 22조(운행상의 안전기준)〉

제22조(운행상의 안전기준) 법 제39조제1항 본문에서 "대통령령으로 정하는 운행상의 안전기준"이란 다음 각 호를 말한다.

1. 자동차(고속버스 운송사업용 자동차 및 화물자동차는 제외한다)의 승차인원은 승차정원의 110퍼센트 이내일 것. 다만, 고속도로에서는 승차정원을 넘어서 운행할 수 없다.
2. 고속버스 운송사업용 자동차 및 화물자동차의 승차인원은 승차정원 이내일 것
3. 화물자동차의 적재중량은 구조 및 성능에 따르는 적재중량의 110퍼센트 이내일 것
4. 자동차(화물자동차, 이륜자동차 및 소형 3륜자동차만 해당한다)의 적재 용량은 다음 각 목의 구분에 따른 기준을 넘지 아니할 것

> 가. 길이 : 자동차 길이에 그 길이의 10분의 1을 더한 길이. 다만, 이륜자동차는 그 승차 장치의 길이 또는 적재 장치의 길이에 30센티미터를 더한 길이를 말한다.
> 나. 너비 : 자동차의 후사경(後寫鏡)으로 뒤쪽을 확인할 수 있는 범위(후사경의 높이보다 화물을 낮게 적재한 경우에는 그 화물을, 후사경의 높이보다 화물을 높게 적재한 경우에는 뒤쪽을 확인할 수 있는 범위를 말한다)의 너비
> 다. 높이 : 화물자동차는 지상으로부터 4미터(도로구조의 보전과 통행의 안전에 지장이 없다고 인정하여 고시한 도로노선의 경우에는 4미터 20센티미터), 소형 3륜자동차는 지상으로부터 2미터 50센티미터, 이륜자동차는 지상으로부터 2미터의 높이 [전문개정 2013. 6. 28.]

(3) 경주마 부적격 특별약관

보험의 목적인 경주마 혹은 경주용으로 육성하는 육성마가 건염, 인대염, 골절 혹은 경주 중 실명으로 인한 경주마 부적격 판정을 받은 경우 보험증권에 기재된 보험가입금액 내에서 보상하는 특약이다. 단, 보험의 목적인 경주마가 경주마 부적격 판정 이후 종모마 혹은 종빈마로 용도가 변동된 경우에는 보상하지 않는다.

※ 경주마 부적격 판정 : 건염, 인대염, 골절 혹은 경주중 실명으로 인한 경주마 부적격 여부의 판단은 한국마사회 마필보건소의 판정 결과에 따른다.

(4) 경주마 보험기간 설정에 관한 특별약관

보통약관에서는 질병 등에 의한 폐사는 보험자의 책임이 발생하는 제1회 보험료 등을 받은 날로부터 1개월 이후에 폐사한 경우만 보상하고 있으나, 보험의 목적이 경주마인 경우에는 1개월 이내의 질병 등에 의한 폐사도 보상한다는 특약이다.

5 부문 5 종모우(특별약관 없음)

6 부문 6 기타 가축 특별약관

(1) 폐사·긴급도축 확장보장 특별약관

기타 가축 사슴과 양의 경우 보통약관에서 보상하는 손해인 화재 및 풍재·수재·설해·지진의 직접적인 원인으로 보험목적이 폐사한 경우 외에도 질병 또는 불의의 사고로 인한 폐사 및 긴급도축의 경우에도 보상하는 특약이다.

(2) 꿀벌 낭충봉아부패병보장 특별약관

보통약관에서 "가축전염병예방법 제2조(정의)에서 정하는 가축전염병에 의한 폐사로 인한 손해 및 정부 및 공공기관의 살처분 또는 도태 권고로 발생한 손해"는 보상하지 않는 손해로 규정하고 있으나, 아래 조건에 해당하는 벌통의 꿀벌이 제2종 가축전염병인 꿀벌 낭충봉아부패병으로 폐사(감염 벌통 소각 포함)했을 경우 벌통의 손해를 보상하는 특약이다.

① 개량종(서양벌, 양봉)은 꿀벌이 있는 상태의 소비(巢脾)가 3매 이상 있는 벌통

② 재래종(토종벌, 한봉)은 봉군(蜂群)이 있는 상태의 벌통

(3) 꿀벌 부저병보장 특별약관

보통약관에서 "가축전염병예방법 제2조(정의)에서 정하는 가축전염병에 의한 폐사로 인한 손해 및 정부 및 공공기관의 살처분 또는 도태 권고로 발생한 손해"는 보상하지 않는 손해로 규정하고 있으나, 아래 조건에 해당하는 벌통의 꿀벌이 제3종 가축전염병인 꿀벌 부저병으로 폐사(감염 벌통 소각 포함)했을 경우 벌통의 손해를 보상하는 특약이다.

① 개량종(서양벌, 양봉)은 꿀벌이 있는 상태의 소비(巢脾)가 3매 이상 있는 벌통

② 재래종(토종벌, 한봉)은 봉군(蜂群)이 있는 상태의 벌통

〈가축전염병예방법에서 정하는 가축전염병(가축전염병예방법 제2조)〉

구분	내용
제1종 가축전염병	우역(牛疫), 우폐역(牛肺疫), 구제역(口蹄疫), 가성우역(假性牛疫), 블루텅병, 리프트계곡열, 럼피스킨병, 양두(羊痘), 수포성구내염(水疱性口內炎), 아프리카마역(馬疫), 아프리카돼지열병, 돼지열병, 돼지수포병(水疱病), 뉴캣슬병, 고병원성 조류(鳥類)인플루엔자 및 그 밖에 이에 준하는 질병으로서 농림축산식품부령으로 정하는 가축의 전염성 질병
제2종 가축전염병	탄저(炭疽), 기종저(氣腫疽), 브루셀라병, 결핵병(結核病), 요네병, 소해면상뇌증(海綿狀腦症), 큐열, 돼지오제스키병, 돼지일본뇌염, 돼지테센병, 스크래피(양해면상뇌증), 비저(鼻疽), 말전염성빈혈, 말바이러스성동맥염(動脈炎), 구역, 말전염성자궁염(傳染性子宮炎), 동부말뇌염(腦炎), 서부말뇌염, 베네수엘라말뇌염, 추백리(雛白痢 : 병아리흰설사병), 가금(家禽)티푸스, 가금콜레라, 광견병(狂犬病), 사슴만성소모성질병(慢性消耗性疾病) 및 그 밖에 이에 준하는 질병으로서 1)농림축산식품부령으로 정하는 가축의 전염성 질병
제3종 가축전염병	소유행열, 소아카바네병, 닭마이코플라스마병, 저병원성 조류인플루엔자, 부저병 및 그 밖에 이에 준하는 질병으로서 2)농림축산식품부령으로 정하는 가축의 전염성 질병

※ 1) 타이레리아병(Theileriosis, 타이레리아 팔바 및 애눌라타만 해당한다)·바베시아병(Babesiosis, 바베시아 비제미나 및 보비스만 해당한다)·아나플라즈마(Anaplasmosis, 아나플라즈마 마지날레만 해당한다)·오리바이러스성간염·오리바이러스성장염·마(馬)웨스트나일열·돼지인플루엔자(H5 또는 H7 혈청형 바이러스 및 신종 인플루엔자 A(H1N1) 바이러스만 해당한다)·낭충봉아부패병

※ 2) 소전염성비기관염(傳染性鼻氣管染)·소류코시스(Leukosis, 지방병성소류코시스만 해당한다)·소렙토스피라병(Leptospirosis)·돼지전염성위장염·돼지단독·돼지생식기호흡기증후군·돼지유행성설사·돼지위축성비염·닭뇌척수염·닭전염성후두기관염·닭전염성기관지염·마렉병(Marek's disease)·닭전염성에프(F)낭(囊)병

7 부문 7 축사 특별약관

(1) 설해손해 부보장 특별약관

가축재해보험 보통약관 축사 부문에서 설해로 인한 손해는 보상하는 손해로 규정하고 있음에도 불구하고, 이 약관에 의하여 돈사(豚舍)와 가금사(家禽舍)에 발생한 설해로 인한 손해를 보상하지 않는 특약이다.

03 워크북으로 마무리하기

01 다음은 가축재해보험 운영기관에 관한 내용이다. 아래 괄호에 알맞은 내용을 순서대로 쓰시오.

구분	대상
사업총괄	( )
사업관리	( )
사업운영	농업정책보험금융원과 사업운영 약정을 체결한 자 (( ), ( ), ( ), ( ), ( ), ( ))
보험업 감독기관	( )
분쟁해결	( )
심의기구	( )

02 다음은 가축재해보험의 정부지원 요건에 관한 내용이다. 아래 괄호에 알맞은 내용을 순서대로 쓰시오.

〈정부지원 요건〉

(1) 농업인·법인

「축산법」 제22조제1항 및 제3항에 따른 ( )를 받은 자로, 농어업경영체법 제4조에 따라 해당 축종으로 ( )를 등록한 자

① 단, 「축산법」 제22조제5항에 의한 축산업등록 제외 대상은 해당 축종으로 농업경영정보를 등록한 자

03 다음은 가축재해보험의 정부지원 범위에 관한 내용이다. 괄호에 알맞은 내용을 순서대로 쓰시오.

(1) 정부지원 범위

가축재해보험에 가입한 재해보험가입자의 납입 보험료의 (①) 지원
단, 농업인(주민등록번호) 또는 법인별(법인등록번호) (②) 한도 지원

※ 예시 : 보험가입하여 4천만 원 국고지원 받고 계약 만기일 전 중도 해지한 후 보험을 재가입할 경우 1천만 원 국고 한도 내 지원 가능

말(馬)은 마리당 가입금액 (③) 한도내 보험료의 (①)를 지원하되, (③)을 초과하는 경우는 초과금액의 (④)까지 가입금액을 산정하여 보험료의 (①) 지원(단, (⑤)는 정부지원 제외)

04 가축재해보험에서 꿀벌의 경우, 보상 가능한 벌통 상태에 대해 서양종과 동양종으로 각각 약술하시오.

05 다음은 가축재해보험의 보상하는 손해에 관한 내용이다. 아래 괄호에 알맞은 내용을 순서대로 쓰시오.

(1) 소(牛)부문(종모우부문포함)

구 분		보상하는 손해	자기부담금
주계약(보통약관)	한우 육우 젖소	• (　　)을 제외한 질병 또는 각종 사고(풍해·수해·설해 등 자연재해, 화재)로 인한 폐사 • 부상((　　), (　　), (　　)), 난산, 산욕마비, 급성고창증 및 젖소의 유량 감소로 긴급도축을 하여야 하는 경우 ※ 젖소유량감소는 (　　), (　　) 및 (　　)으로 인하여 젖소로서의 경제적 가치가 없는 경우에 한함 ※ 신규가입일 경우 가입일로부터 (　　) 이내 질병 관련 사고((　　) 제외)는 보상하지 아니함 • 소 (　　) 및 (　　)에 의한 손해 ※ 도난손해는 보험증권에 기재된 보관장소 내에 보관되어 있는 동안에 불법침입자, 절도 또는 강도의 도난행위로 입은 직접손해(가축의 상해, 폐사 포함)에 한함 • 가축사체 (　　)비용	보험금의 (　　), (　　), (　　)
	종모우	• 연속 (　　) 동안 정상적으로 (　　)을 생산하지 못하고, 종모우로서의 (　　)가 없다고 판정 시 ※ 정액생산은 6주 동안 (　　)에 (　　)에 걸쳐 정액을 채취한 후 이를 근거로 경제적 도살여부 판단 • 그 외 보상하는 사고는 한우·육우·젖소와 동일	보험금의 (　　)

구분		보상하는 손해	자기부담금
주계약 (보통 약관)	축사	• 화재(벼락 포함)에 의한 손해 • 화재(벼락 포함)에 따른 소방손해 • 태풍, 홍수, 호우(豪雨), 강풍, 풍랑, 해일(海溢), 조수(潮水), 우박, 지진, 분화 및 이와 비슷한 풍재 또는 수재로 입은 손해 • 설해로 입은 손해 • 화재(벼락 포함) 및 풍재, 수재, 설해, 지진에 의한 피난 손해 • (　　)비용	**〈풍재·수재·설해·지진〉** 지급보험금 계산 방식에 따라 계산한 금액에 (　　), (　　), (　　)을 곱한 금액 또는 (　　) 중 큰 금액
			〈화재〉 지급보험금 계산 방식에 따라 계산한 금액에 자기부담비율 (　　), (　　), (　　)를 곱한 금액
특별 약관	(　　)	• 도축장에서 도축되어 경매시까지 발견된 도체의 결함((　　), (　　), (　　), (　　), (　　), (　　) 등)으로 손해액이 발생한 경우	보험금의 (　　)
	(　　)	• 협의 평가로 보험 가입한 금액 ※ 시가와 관계없이 가입금액을 보험가액으로 평가	주계약, 특약조건 준용
	(　　)	• 축사 화재로 인해 인접 농가에 피해가 발생한 경우	-

(2) 돼지(豚)부문

구 분		보상하는 손해	자기부담금
주계약 (보통 약관)	돼지	• 화재 및 풍재, 수재, 설해, 지진으로 인한 폐사 • 화재 및 풍재, 수재, 설해, 지진 발생시 방재 또는 긴급피난에 필요한 조치로 목적물에 발생한 손해 • 가축사체 (　　) 비용	보험금의 (　　), (　　), (　　)

<table>
<tr><th colspan="2">구 분</th><th>보상하는 손해</th><th>자기부담금</th></tr>
<tr><td rowspan="2">주계약
(보통
약관)</td><td rowspan="2">축사</td><td rowspan="2">• 화재(벼락 포함)에 의한 손해
• 화재(벼락 포함)에 따른 소방손해
• 태풍, 홍수, 호우(豪雨), 강풍, 풍랑, 해일(海溢), 조수(潮水), 우박, 지진, 분화 및 이와 비슷한 풍재 또는 수재로 입은 손해
• 설해로 입은 손해
• 화재(벼락 포함) 및 풍재, 수재, 설해, 지진에 의한 피난손해
• (　　)비용</td><td>〈풍재·수재·설해·지진〉
지급보험금 계산 방식에 따라 계산한 금액에 (　　), (　　), (　　)을 곱한 금액 또는 (　　) 중 큰 금액</td></tr>
<tr><td>〈화재〉
지급보험금 계산 방식에 따라 계산한 금액에 자기부담비율 (　　), (　　), (　　)를 곱한 금액</td></tr>
<tr><td rowspan="7">특별
약관</td><td>질병
위험
보장</td><td>• (　　), (　　), (　　)에 의한 손해
※ (　　)일 경우 가입일로부터 (　　) 이내 질병 관련 사고는 보상하지 아니함</td><td>보험금의 (　　), (　　), (　　), (　　) 또는 (　　) 중 큰 금액</td></tr>
<tr><td>(　　)</td><td>• 주계약 및 특별약관에서 보상하는 사고의 원인으로 축산업이 휴지되었을 경우에 생긴 손해액</td><td>-</td></tr>
<tr><td>(　　)</td><td>• 전기장치가 파손되어 온도의 변화로 가축 폐사 시</td><td rowspan="2">보험금의 (　　), (　　), (　　), (　　) 또는 (　　) 중 큰 금액</td></tr>
<tr><td>(　　)</td><td>• 폭염에 의한 가축 피해 보상</td></tr>
<tr><td>(　　)</td><td>• 협의 평가로 보험 가입한 금액
※ 시가와 관계없이 가입금액을 보험가액으로 평가</td><td>주계약,
특약 조건 준용</td></tr>
<tr><td>(　　)</td><td>• 설해에 의한 손해는 보장하지 않음</td><td>-</td></tr>
<tr><td>(　　)</td><td>• 축사 화재로 인해 인접 농가에 피해가 발생한 경우</td><td>-</td></tr>
</table>

(3) 가금(家禽)부문

<table>
<tr><th colspan="2">구 분</th><th>보상하는 손해</th><th>자기부담금</th></tr>
<tr><td rowspan="3">주계약
(보통
약관)</td><td>가금</td><td>• 화재 및 풍재, 수재, 설해, 지진으로 인한 폐사
• 화재 및 풍재, 수재, 설해, 지진 발생시 방재 또는 긴급피난에 필요한 조치로 목적물에 발생한 손해
• 가축 사체 잔존물 (　　) 비용</td><td>보험금의 (　　), (　　), (　　), (　　)</td></tr>
<tr><td rowspan="2">축사</td><td rowspan="2">• 화재(벼락 포함)에 의한 손해
• 화재(벼락 포함)에 따른 소방손해
• 태풍, 홍수, 호우(豪雨), 강풍, 풍랑, 해일(海溢), 조수(潮水), 우박, 지진, 분화 및 이와 비슷한 풍재 또는 수재로 입은 손해
• 설해로 입은 손해
• 화재(벼락 포함) 및 풍재, 수재, 설해, 지진에 의한 피난손해
• 잔존물 (　　) 비용</td><td>〈풍재·수재·설해·지진〉
지급보험금 계산 방식에 따라 계산한 금액에 (　　), (　　), (　　)을 곱한 금액 또는 (　　) 중 큰 금액</td></tr>
<tr><td>〈화재〉
지급보험금 계산 방식에 따라 계산한 금액에 자기부담비율 (　　), (　　), (　　)를 곱한 금액</td></tr>
<tr><td rowspan="5">특별
약관</td><td>(　　)</td><td>• 전기장치가 파손되어 온도의 변화로 가축 폐사 시</td><td rowspan="2">보험금의 (　　), (　　), (　　), (　　)
또는 (　　) 중 큰 금액</td></tr>
<tr><td>(　　)</td><td>• 폭염에 의한 가축 피해 보상</td></tr>
<tr><td>(　　)</td><td>• 협의평가로 보험 가입한 금액
※ 시가와 관계없이 가입금액을 보험가액으로 평가</td><td>주계약,
특약 조건 준용</td></tr>
<tr><td>(　　)</td><td>• 설해에 의한 손해는 보장하지 않음</td><td>-</td></tr>
<tr><td>(　　)</td><td>• 축사 화재로 인해 인접 농가에 피해가 발생한 경우</td><td>-</td></tr>
</table>

(4) 말(馬)부문

구 분		보상하는 손해	자기부담금
주계약 (보통 약관)	경주마 육성마 종빈마 종모마 일반마 제주마	• (　　)을 제외한 질병 또는 각종 사고(풍해·수해·설해 등 자연재해, 화재)로 인한 (　　) • (　　)(경추골절, 사지골절, 탈골·탈구), (　　), (　　), (　　), (　　)으로 (　　) 하여야 하는 경우 • (　　) ※ (　　)은 임신 가능한 암컷말(종빈마)의 생식기관의 이상과 질환으로 인하여 발생하는 영구적인 번식 장애를 의미 • 가축 사체 잔존물 (　　) 비용	보험금의 (　　) 단, 경주마 (육성마)는 사고장소에 따라 경마장외 (　　), 경마장내 (　　),(　　), (　　) 중 선택
	축사	• 화재(벼락 포함)에 의한 손해 • 화재(벼락 포함)에 따른 소방손해 • 태풍, 홍수, 호우(豪雨), 강풍, 풍랑, 해일(海溢), 조수(潮水), 우박, 지진, 분화 및 이와 비슷한 풍재 또는 수재로 입은 손해 • 설해로 입은 손해 • 화재(벼락 포함) 및 풍재, 수재, 설해, 지진에 의한 피난손해 • 잔존물 (　　)비용	〈풍재·수재·설해·지진〉 지급보험금 계산 방식에 따라 계산한 금액에 (　　), (　　), (　　)을 곱한 금액 또는 (　　) 중 큰 금액 〈화재〉 지급보험금 계산 방식에 따라 계산한 금액에 자기부담비율 (　　), (　　), (　　)를 곱한 금액
특별 약관	(　　)	• 씨수말이 불임이라고 판단이 된 경우에 보상하는 특약	-
	(　　)	• 말 운송 중 발생되는 주계약 보상사고	-
	(　　)	• 경주마 부적격 판정을 받은 경우 보상	-
	(　　)	• 축사 화재로 인해 인접 농가에 피해가 발생한 경우	-

(5) 기타 가축(家畜)부문

<table>
<tr><th colspan="2">구 분</th><th>보상하는 사고</th><th>자기부담금</th></tr>
<tr><td rowspan="3">주계약
(보통
약관)</td><td>사슴, 양,
오소리,
꿀벌, 토끼</td><td>• 화재 및 풍재, 수재, 설해, 지진에 의한 손해
• 화재 및 풍재, 수재, 설해, 지진 발생시 방재 또는 긴급피난에 필요한 조치로 목적물에 발생한 손해
• 가축 사체 잔존물 처리 비용</td><td>보험금의 ( ), ( ),
( ), ( ), ( )</td></tr>
<tr><td rowspan="2">축사</td><td rowspan="2">• 화재(벼락 포함)에 의한 손해
• 화재(벼락 포함)에 따른 소방손해
• 태풍, 홍수, 호우(豪雨), 강풍, 풍랑, 해일(海溢), 조수(潮水), 우박, 지진, 분화 및 이와 비슷한 풍재 또는 수재로 입은 손해
• 설해로 입은 손해
• 화재(벼락 포함) 및 풍재, 수재, 설해, 지진에 의한 피난손해
• 잔존물 ( ) 비용</td><td>〈풍재·수재·설해·지진〉
지급보험금 계산 방식에 따라 계산한 금액에
( ), ( ), ( )을
곱한 금액 또는
( ) 중 큰 금액</td></tr>
<tr><td>〈화재〉
지급보험금 계산 방식에 따라 계산한 금액에
자기부담비율 ( ),
( ), ( )를 곱한 금액</td></tr>
<tr><td>특별
약관</td><td>폐사·
긴급도축
확장보장
특약
(사슴, 양
자동부가)</td><td>• ( )을 제외한 질병 또는 각종 사고(풍해·수해· 설해 등 자연재해, 화재)로 인한 ( )
• 부상(( ), ( ), ( )), ( ), ( )으로 ( )을 하여야 하는 경우
※ ( )일 경우 가입일로부터 ( ) 이내 질병 관련 사고(( ) 제외)는 보상하지 아니합니다.</td><td>보험금의 ( ),
( ), ( ),
( ), ( )</td></tr>
</table>

<table>
<tr><td rowspan="3">특별
약관</td><td>꿀벌
(　　)보장</td><td>• 벌통의 꿀벌이 (　　　)으로 폐사
(감염 벌통 소각 포함)한 경우</td><td rowspan="2">보험금의 (　　),
(　　), (　　),
(　　), (　　)</td></tr>
<tr><td>꿀벌
(　　)보장</td><td>• 벌통의 꿀벌이 (　　　)으로 폐사
(감염 벌통 소각 포함)한 경우</td></tr>
<tr><td>(　　)</td><td>• 축사 화재로 인해 인접 농가에 피
해가 발생한 경우</td><td>–</td></tr>
</table>

06 **가축재해보험 축사 부문에서 지진 피해의 경우, 특정 최저기준을 초과하는 손해를 담보한다. 아래는 해당 최저기준에 관한 내용이다. 괄호에 알맞은 내용을 순서대로 쓰시오.**

- 기둥 또는 보 (　　　　)를 해체하여 수선 또는 보강하는 것
- (　　　)의 1개 이하를 해체하여 수선 또는 보강하는 것
- 기둥, 보, 지붕틀, 벽 등에 (　　　)의 (　　)이 발생한 것
- 지붕재의 (　　　　)를 (　　　)하는 것

07 **다음은 가축재해보험 비용손해에 관한 내용이다. 각 물음에 답하시오.**

(1) 보험목적물이 폐사한 경우 사고 현장에서의 잔존물의 견인 비용 및 차에 싣는 비용을 지칭하는 용어는?

(2) 보험사고와 관련하여 제3자로부터 손해의 배상을 받을 수 있는 경우에, 그 권리를 지키거나 행사하기 위하여 지출한 필요 또는 유익한 비용을 지칭하는 용어는?

(3) 보험사고가 발생 시 손해의 방지 또는 경감을 위하여 지출한 필요 또는 유익한 비용을 지칭하는 용어는?

08 다음은 유량검정젖소에 관한 내용이다. 아래 괄호에 알맞은 내용을 순서대로 쓰시오.

유량검정젖소란 젖소개량사업소의 검정사업에 참여하는 농가 중에서 일정한 요건을 충족하는 농가(직전 월의 (   )일 평균유량이 (   ) 이상이고 평균 체세포수가 (   ) 이하를 충족하는 농가)의 소(최근 산차 (   )일 유량이 (   ) 이상이고, 체세포수가 (   ) 이하인 젖소)를 의미하며 요건을 충족하는 유량검정젖소는 (   )에 관계 없이 (   ) 특약으로 보험가입이 가능하다.

09 씨수말 번식 첫해 선천성 불임 확장보장 특별약관에서는 보험목적이 보험기간 중 불임이라고 판단된 경우에 보상하는 특약이다. 하지만 특정 사유로 인해 발생 또는 증가된 손해에 대해서는 보상하지 않는다. 여기서 말하는 특정 사유 4가지를 쓰시오.

10 말 운송위험 확장보장 특별약관은 보험의 목적인 말을 운송 중에 보통약관 말 부문의 보상하는 손해에서 정한 손해가 발생한 경우에 보상하는 특약이다. 하지만 특정한 사유로 인해 발생한 손해에 대해서는 보상하지 않는다. 여기서 말하는 특정한 사유 3가지를 쓰시오.

정답

01 답 : 농림축산식품부(재해보험정책과), 농업정책보험금융원, NH손보, KB손보, DB손보, 한화손보, 현대해상, 삼성화재, 금융위원회, 금융감독원, 농업재해보험심의회 끝

02 답 : 축산업 허가(등록), 농업경영정보 끝

03 답 : ① 50%, ② 5천만 원, ③ 4천만 원, ④ 70%, ⑤ 외국산 경주마 끝

04 답 : ① 서양종(양봉)은 꿀벌이 있는 상태의 소비(巢脾)가 3매 이상 있는 벌통
② 동양종(토종벌, 한봉)은 봉군(蜂群)이 있는 상태의 벌통 끝

05 답 : 403 ~ 412페이지 참조

06 답 : 1개 이하, 지붕틀, 2m 이하, 균열, $2m^2$ 이하, 수선 끝

07 (1) 답 : 잔존물 처리 비용 끝
(2) 답 : 대위권 보전 비용 끝
(3) 답 : 손해방지 비용 끝

08 답 : 305, 10,000kg, 30만 마리, 305, 11,000kg, 20만 마리, 시가, 협정보험가액 끝

09 답 : ① 씨수말 내·외부 생식기의 감염으로 일어난 불임
② 씨암말의 성병으로부터 일어난 불임
③ 어떠한 이유로든지 교배시키지 않아서 일어난 불임
④ 씨수말의 외상, 질병, 전염병으로부터 유래된 불임 끝

10 답 : ① 운송 차량의 덮개 또는 화물의 포장 불완전으로 생긴 손해
② 도로교통법시행령 제22조(운행상의 안전기준)의 적재중량과 적재용량 기준을 초과하여 적재함으로써 생긴 손해
③ 수탁물이 수하인에게 인도된 후 14일을 초과하여 발견된 손해 끝

별표 미경과비율표(단위%)

1 적과종료 이전 특정위험 5종 한정보장 특약에 가입하지 않은 경우 : 착과감소보험금 보장수준 50%형

구분		품목	판매개시 연도												이듬해
			1월	2월	3월	4월	5월	6월	7월	8월	9월	10월	11월	12월	1월
보통약관		사과·배	100%	100%	100%	86%	76%	70%	54%	19%	5%	0%	0%	0%	0%
		단감·떫은감	100%	100%	99%	93%	92%	90%	84%	35%	12%	3%	0%	0%	0%
특별약관	나무손해	사과·배·단감·떫은감	100%	100%	100%	99%	99%	90%	70%	29%	9%	3%	3%	0%	0%

2 적과종료 이전 특정위험 5종 한정보장 특약에 가입하지 않은 경우 : 착과감소보험금 보장수준 70%형

구분		품목	판매개시 연도												이듬해
			1월	2월	3월	4월	5월	6월	7월	8월	9월	10월	11월	12월	1월
보통약관		사과·배	100%	100%	100%	83%	70%	63%	49%	18%	5%	0%	0%	0%	0%
		단감·떫은감	100%	100%	98%	90%	89%	87%	79%	33%	11%	2%	0%	0%	0%
특별약관	나무손해	사과·배·단감·떫은감	100%	100%	100%	99%	99%	90%	70%	29%	9%	3%	3%	0%	0%

3 적과종료 이전 특정위험 5종 한정보장 특약에 가입한 경우 : 착과감소보험금 보장 수준 50%형

구분		품목	판매개시 연도												이듬해
			1월	2월	3월	4월	5월	6월	7월	8월	9월	10월	11월	12월	1월
보통약관		사과·배	100%	100%	100%	92%	86%	83%	64%	22%	5%	0%	0%	0%	0%
보통약관		단감·떫은감	100%	100%	99%	95%	94%	93%	90%	38%	13%	3%	0%	0%	0%
특별약관	나무손해	사과·배·단감·떫은감	100%	100%	100%	99%	99%	90%	70%	29%	9%	3%	3%	0%	0%

4 적과종료 이전 특정위험 5종 한정보장 특약에 가입한 경우 : 착과감소보험금 보장 수준 70%형

구분		품목	판매개시 연도												이듬해
			1월	2월	3월	4월	5월	6월	7월	8월	9월	10월	11월	12월	1월
보통약관		사과·배	100%	100%	100%	90%	82%	78%	61%	22%	6%	0%	0%	0%	0%
보통약관		단감·떫은감	100%	100%	99%	94%	93%	92%	88%	37%	13%	4%	0%	0%	0%
특별약관	나무손해	사과·배·단감·떫은감	100%	100%	100%	99%	99%	90%	70%	29%	9%	3%	3%	0%	0%

		판매개시연도									이듬해											
품목	분류	4월	5월	6월	7월	8월	9월	10월	11월	12월	1월	2월	3월	4월	5월	6월	7월	8월	9월	10월	11월
포도 복숭아	보통약관								90	80	50	40	20	20	20	0	0	0	0	0	
	나무손해보장								100	90	80	75	65	55	50	40	30	15	0	0	
	수확량감소추가보장								90	80	50	40	20	20	20	0	0	0	0	0	
포도	비가림시설화재								90	80	75	65	60	50	40	30	25	15	5	0	
자두	보통약관								90	80	40	25	0	0	0	0	0	0	0		
	특별약관								100	90	80	75	65	55	50	40	30	15	0		
밤	보통약관	95	95	90	45	0	0	0													
호두	보통약관	95	95	95	55	0	0	0													
참다래	참다래			95	90	80	75	75	75	75	75	70	70	70	70	65	40	15	0	0	0
	비가림시설			100	70	35	20	15	15	15	5	0	0	0	0	0					
	나무손해			100	70	35	20	15	15	15	5	0	0	0	0	0					
	화재위험			100	80	70	60	50	40	30	25	20	15	10	5	0					

대추	보통약관	95	95	95	45	15	0	0													
	비가림시설	95	95	95	45	15	0	0													
	특별약관	85	70	55	40	25	10	0													
매실	보통약관								95	65	60	50	0	0	0	0					
	특별약관								100	90	80	75	65	55	50	40	30	15	0	0	
오미자	보통약관								95	90	85	85	80	65	40	40	0	0	0		
유자	보통약관								90	95	95	90	90	80	70	70	35	10	0	0	0
	특별약관								100	90	80	75	65	55	50	40	30	15	0	0	0
살구	보통약관								90	65	50	20	5	0	0						
	특별약관								100	95	95	90	90	90	90	90	55	20	5	0	
오디	보통약관								95	65	60	50	0	0	0						
복분자	보통약관								95	50	45	30	10	5	5	0					
무화과	보통약관								95	95	95	90	90	80	70	70	35	10	0	0	

		판매개시연도									이듬해								
품목	분류	4월	5월	6월	7월	8월	9월	10월	11월	12월	1월	2월	3월	4월	5월	6월	7월	8월	9월
감귤 (만감류)	보통약관		100	95	60	30	15	0	0	0	0	0							
	특약 나무손해 보장		100	95	60	30	15	0	0	0	0	0	0	0					
	수확량감소추가 보장		100	95	60	30	15	0	0	0	0	0							
감귤 (온주밀감류)	보통약관		100	95	55	25	10	0	0	0									
	특약 동상해 보장		100	100	100	100	100	100	100	70	45	0							
	특약 나무손해 보장		100	95	60	30	15	0	0	0	0	0	0	0					
	특약 과실손해 추가보장		100	95	55	25	10	0	0	0									

품목	분류	판매개시연도									이듬해										
품목	분류	4월	5월	6월	7월	8월	9월	10월	11월	12월	1월	2월	3월	4월	5월	6월	7월	8월	9월	10월	11월
인삼	인삼 1형		95	95	60	30	15	5	5	5	5	0	0	0							
	1형 (6년근)		95	95	60	20	5	0													
	인삼 2형								95	95	95	95	95	95	95	90	55	25	10	0	
벼	보통약관	95	95	95	65	20	0	0	0												
	특별약관	95	95	95	65	20	0	0	0												
조사료용벼	보통약관	95	95	95	45	0															
밀	보통약관							85	85	45	40	30	5	5	5	0					
보리	보통약관							85	85	45	40	30	5	5	5	0					
귀리	보통약관							85	85	45	40	30	5	5	5	0					
양파	보통약관							100	85	65	45	10	10	5	5	0					
마늘	보통약관							65	65	55	30	25	10	0	0	0					
고구마	보통약관	95	95	95	55	25	10	0													
옥수수	보통약관	95	95	95	50	15	0														

		판매개시연도									이듬해										
품목	분류	4월	5월	6월	7월	8월	9월	10월	11월	12월	1월	2월	3월	4월	5월	6월	7월	8월	9월	10월	11월
사료용 옥수수	보통약관	95	95	95	40	0	0														
봄감자	보통약관	95	95	95	0																
가을감자	보통약관					45	15	10	10	0											
고랭지감자	보통약관		95	95	65	20	0	0													
차(茶)	보통약관							90	90	60	55	45	0	0	0						
콩	보통약관			90	55	20	0	0	0												
팥	보통약관			95	60	20	5	0	0												
양배추	보통약관					45	25	5	5	0	0	0									
고추	보통약관	95	95	90	55	20	0	0	0												
브로콜리	보통약관					50	20	5	5	0	0	0	0								
고랭지배추	보통약관	95	95	95	55	20	5	0													
월동배추	보통약관						50	20	15	10	5	0	0								
가을배추	보통약관					45	20	0	0	0											

		판매개시연도									이듬해										
품목	분류	4월	5월	6월	7월	8월	9월	10월	11월	12월	1월	2월	3월	4월	5월	6월	7월	8월	9월	10월	11월
고랭지무	보통약관	95	95	95	55	20	5	0													
월동무	보통약관					45	25	10	5	5	0	0	0								
대파	보통약관	95	95	95	55	25	10	0	0	0											
쪽파1형	보통약관					90	35	5	0	0											
쪽파2형	보통약관					100	45	10	5	0	0	0	0	0	0						
단호박	보통약관		100	95	40	0															
당근	보통약관				60	25	10	5	5	0	0	0									
메밀	보통약관					40	15	0	0												
시금치(노지)	보통약관							40	30	10	0										
양상추	보통약관					45	15	0	0												

메 모

메 모

메 모

메모

메 모

메 모